高职高专计算机教学改革 新体系 教材

数据库技术及 SQL Server 2019 案例教程

魏宏昌 王志娟 王茜 李珩 编著

清华大学出版社
北京

内容简介

本书基于关系数据库理论和 SQL Server 数据库管理系统,围绕一个企业的真实项目——"教学质量评价系统"展开,详细介绍了在 SQL Server 2019 中实现该项目的原理和步骤,主要内容包括数据库系统概述、安装和配置数据库、创建与管理数据库和数据表、数据查询、优化查询、数据库编程、数据库的安全性管理及数据库的恢复。

本书以真实案例教学,并配有教学视频全程示范,按照职业岗位能力要求和行业实用技术编写,由浅入深地引导学习者轻松学习数据库技术。

本书可作为高等院校软件技术、大数据技术、移动应用开发、计算机应用技术、计算机网络技术、大数据与会计、电气自动化等专业的教学用书,也可作为数据库开发与维护工程技术人员的学习参考资料。

本书封面贴有清华大学出版社防伪标签,无标签者不得销售。
版权所有,侵权必究。举报: 010-62782989, beiqinquan@tup.tsinghua.edu.cn。

图书在版编目(CIP)数据

数据库技术及 SQL Server 2019 案例教程/魏宏昌等编著. —北京:清华大学出版社,2022.12
高职高专计算机教学改革新体系教材
ISBN 978-7-302-61594-1

Ⅰ.①数… Ⅱ.①魏… Ⅲ.①关系数据库系统—高等职业教育—教材 Ⅳ.①TP311.138

中国版本图书馆 CIP 数据核字(2022)第 144361 号

责任编辑:颜廷芳
封面设计:常雪影
责任校对:袁 芳
责任印制:朱雨萌

出版发行:清华大学出版社
    网 址: http://www.tup.com.cn, http://www.wqbook.com
    地 址: 北京清华大学学研大厦 A 座 邮 编: 100084
    社 总 机: 010-83470000 邮 购: 010-62786544
    投稿与读者服务: 010-62776969, c-service@tup.tsinghua.edu.cn
    质量反馈: 010-62772015, zhiliang@tup.tsinghua.edu.cn
    课件下载: http://www.tup.com.cn, 010-83470410
印 装 者: 三河市铭诚印务有限公司
经 销: 全国新华书店
开 本: 185mm×260mm 印 张: 20.5 字 数: 498 千字
版 次: 2022 年 12 月第 1 版 印 次: 2022 年 12 月第 1 次印刷
定 价: 59.00 元

产品编号: 094477-01

前　言

随着数据库技术应用范围的日益广泛和深入,数据库管理系统也非常迅速地发展起来,以 SQL Server 为例,目前微软公司已经发布 SQL Server 2019,新产品意味着新的技术发展趋势和更强大的功能。综合这些原因,并结合需要使用该教材的师生建议和新时期新形态教材的建设需要,我们编写了一本全新形式的 SQL Server 教材。

本书以技能训练为主线,以工作实际任务为起点,以岗位所需职业能力为框架。全书分为以下 10 个项目。

项目 1,数据库系统概述。介绍数据管理技术的发展阶段,数据库系统的基本概念、基础知识和体系结构,以"教学质量评价系统"数据库为案例进行数据模型的全过程设计,给读者呈现出一个数据库的完整形态。

项目 2,安装和配置 SQL Server 2019。介绍 SQL Server 的发展历史和特点,使读者了解和掌握 SQL Server 2019 的运行环境要求和安装步骤,通过登录 SQL Server 2019,使用 SQL Server 管理工具,了解主界面常用功能区的作用和数据库配置工具,并通过介绍 SQL 与 T-SQL 使读者掌握查询编辑器的使用,为后面数据库实施打下良好的基础。

项目 3,创建与管理"教学质量评价系统"数据库。介绍 SQL Server 数据库的物理和逻辑结构,并根据需求创建"教学质量评价系统"数据库,对数据库进行错误修改和数据库文件的转移,以方便在任何计算机上操作数据库,为之后的操作数据做好准备。

项目 4,创建、管理与操作"教学质量评价系统"数据表。介绍根据教学质量评价系统关系模型创建表用于存储数据,并根据实际情况对表结构进行变更。表创建后,重点介绍使用 T-SQL 语句实现数据的存储,包括向表中插入数据、修改数据和删除数据。

项目 5,"教学质量评价系统"数据查询。数据查询是数据管理中使用最频繁、最重要的语句,是本书也是数据库技术的重点。通过实例全面介绍 T-SQL 的 SELECT 语句在单表和多表中进行数据查询的语法和应用方法,为数据库应用奠定扎实的基础。

项目 6,"教学质量评价系统"优化查询。介绍在实际应用中创建和使用索引、视图等优化查询的技能技巧和知识扩展,从而提高查询数据的效率。

项目 7,"教学质量评价系统"数据库编程。介绍在应用系统中如何使用 T-SQL 编程方法对数据库进行操作的技术,包括事务、自定义函数、触发器、游标、锁等数据库对象的作用和使用方法,使读者深入了解在特定需求下可以通过相应的数据库编程技术高效、快速地完成任务。

项目 8,"教学质量评价系统"数据库的安全性管理。通过介绍登录验证模式、数据库用户管理、角色类型及角色权限管理、架构管理、数据加密等内容,使读者掌握 SQL Server 的安全管理机制。

项目 9,"教学质量评价系统"数据库的恢复。介绍在 SQL Server 数据库管理系统中如何对数据库故障进行恢复的技术,包括备份与还原数据库、设置数据库维护计划和从数据库快照恢复数据,保证数据库在发生灾难或者崩溃时能最大限度地被恢复。

项目10,综合实训——科研业务管理数据库的设计与实现。以对话形式描述一个真实的教师科研业务管理数据库的设计过程,设计和创建数据库逻辑模型和物理结构,并建立数据库及数据库对象,使之能够有效地存储和管理数据。

本书的主要特色如下。

(1) 贯彻基于工作过程的课程设计理念,以职业岗位所需职业能力为框架、以技能训练为主线、以工作实际任务为起点,基于工作过程选择真实项目作为教学载体,详尽地将一个项目的开发过程展示出来,方便学生学习。

(2) 本书将一个完整的项目按照数据库开发过程分成若干个单元,每个单元都按照单元简介、单元目标、任务分析、具体的任务实施过程和常见问题解析五部分组成。尤其是在任务实施过程部分,图文结合,叙述详细,读者只需按照步骤操作,就可以掌握开发数据库项目的流程,并体会独立完成具备一定功能数据库系统的乐趣。

(3) 本书与课程建设紧密结合,形成了一套独具特色的立体化教学资源,主要包括课程介绍、学习指南、课程标准、授课计划、考核方式与标准、单元设计、教学课件、操作视频、教学录像、作业、重难点、项目指导书、学生实训任务单、常见问题解析、企业项目案例库、教学论坛、在线考试系统等。将传统教材与辅助数字化资源集成于一体,能够在拓展教学内容、促进学生自主性学习方面起到很好的效果。

本书由魏宏昌、王志娟、王茜、李珩编著。其中,项目1、项目3由魏宏昌编写;项目2、项目4由王志娟编写;项目7、项目8和项目10由王茜编写;项目5、项目6和项目9由李珩编写。孟云侠、陈冉、魏一搏、梁晓强、平金珍、张雪梅参与了资料整理、代码调试和书稿校对,在此一并表示感谢。

由于编著者的编写水平有限,书中难免存在疏漏之处,敬请广大读者和同仁提出宝贵意见。

编著者

2022 年 7 月

在线课程学习

目 录

项目1 数据库系统概述 …………………………………………………………… 1

1.1 认识数据库 ………………………………………………………………… 1
    1.1.1 数据库技术基本概念 ………………………………………………… 1
    1.1.2 数据库系统简介 ……………………………………………………… 6
1.2 设计"教学质量评价系统"数据模型 ……………………………………… 13
    1.2.1 数据模型 ……………………………………………………………… 14
    1.2.2 数据库设计简介 ……………………………………………………… 19
    1.2.3 设计概念模型 ………………………………………………………… 22
    1.2.4 建立 E-R 模型 ……………………………………………………… 29
    1.2.5 关系模型 ……………………………………………………………… 32
    1.2.6 建立逻辑模型 ………………………………………………………… 39
    1.2.7 关系规范化 …………………………………………………………… 43

项目2 安装和配置 SQL Server 2019 …………………………………………… 48

2.1 安装 SQL Server 2019 …………………………………………………… 48
    2.1.1 SQL Server 2019 简介 ……………………………………………… 48
    2.1.2 安装数据库引擎和管理工具 ………………………………………… 52
2.2 初试 SQL Server 2019 …………………………………………………… 60
    2.2.1 使用图形用户界面 …………………………………………………… 60
    2.2.2 使用其他工具配置数据库 …………………………………………… 67
    2.2.3 SQL 与 T-SQL 简介 ………………………………………………… 71

项目3 创建与管理"教学质量评价系统"数据库 ……………………………… 77

3.1 数据库概述 ………………………………………………………………… 77
    3.1.1 SQL Server 数据库结构 …………………………………………… 77
    3.1.2 SQL Server 数据库对象 …………………………………………… 80
3.2 创建数据库 ………………………………………………………………… 83
    3.2.1 使用图形用户界面创建数据库 ……………………………………… 83
    3.2.2 使用 T-SQL 语句创建数据库 ……………………………………… 86

3.3 维护数据库 90
　　3.3.1 查看数据库信息 91
　　3.3.2 修改数据库 94
　　3.3.3 删除数据库 98
3.4 传输数据库 100
　　3.4.1 分离数据库 101
　　3.4.2 附加数据库 103

项目4　创建、管理与操作"教学质量评价系统"数据表 107

4.1 创建和管理数据表 107
　　4.1.1 字段的数据类型 108
　　4.1.2 使用图形用户界面创建数据表 114
　　4.1.3 使用 T-SQL 语句创建数据表 117
　　4.1.4 修改表 119
　　4.1.5 删除表 122
4.2 实现数据的完整性 124
　　4.2.1 数据完整性概述 125
　　4.2.2 实体完整性的主键约束 126
　　4.2.3 实体完整性的唯一约束 131
　　4.2.4 域完整性的非空约束 134
　　4.2.5 域完整性的默认约束 135
　　4.2.6 域完整性的检查约束 138
　　4.2.7 参照完整性的外键约束 140
4.3 操作数据表 145
　　4.3.1 插入数据 145
　　4.3.2 修改数据 151
　　4.3.3 删除数据 155

项目5　"教学质量评价系统"数据查询 159

5.1 简单查询 159
　　5.1.1 SELECT 查询语句的基本结构 160
　　5.1.2 SELECT 投影查询子句(一) 162
　　5.1.3 SELECT 投影查询子句(二) 165
　　5.1.4 WHERE 选择查询子句(一) 167
　　5.1.5 WHERE 选择查询子句(二) 171
5.2 高级查询 174
　　5.2.1 聚合函数 174
　　5.2.2 GROUP BY 子句分组查询 177
　　5.2.3 HAVING 子句限定查询 178

            5.2.4 ORDER BY 子句排序查询 ………………………………………………… 179
    5.3 连接查询 ………………………………………………………………………… 180
        5.3.1 内连接查询 …………………………………………………………………… 181
        5.3.2 外连接查询 …………………………………………………………………… 183
    5.4 子查询 …………………………………………………………………………… 185
        5.4.1 IN 子查询 ……………………………………………………………………… 186
        5.4.2 ANY|SOME 子查询 …………………………………………………………… 187
        5.4.3 EXISTS 子查询 ………………………………………………………………… 189
        5.4.4 UNION 联合查询 ……………………………………………………………… 190

项目6 "教学质量评价系统"优化查询 ……………………………………………………… 193
    6.1 使用索引优化查询 ……………………………………………………………… 193
        6.1.1 索引的定义与分类 …………………………………………………………… 193
        6.1.2 创建索引 ……………………………………………………………………… 195
        6.1.3 管理和优化索引 ……………………………………………………………… 198
    6.2 使用视图优化查询 ……………………………………………………………… 201
        6.2.1 视图简介 ……………………………………………………………………… 201
        6.2.2 创建视图和管理视图 ………………………………………………………… 202
        6.2.3 可更新视图 …………………………………………………………………… 204
        6.2.4 索引视图 ……………………………………………………………………… 208
        6.2.5 分区视图 ……………………………………………………………………… 210

项目7 "教学质量评价系统"数据库编程 …………………………………………………… 213
    7.1 创建与应用存储过程 …………………………………………………………… 213
        7.1.1 T-SQL 编程基础 ……………………………………………………………… 214
        7.1.2 认识存储过程 ………………………………………………………………… 222
        7.1.3 带参数的存储过程 …………………………………………………………… 225
        7.1.4 维护存储过程 ………………………………………………………………… 229
    7.2 高级编程 ………………………………………………………………………… 232
        7.2.1 事务 …………………………………………………………………………… 233
        7.2.2 用户自定义函数 ……………………………………………………………… 236
        7.2.3 触发器 ………………………………………………………………………… 239
        7.2.4 游标 …………………………………………………………………………… 242
        7.2.5 锁 ……………………………………………………………………………… 247

项目8 "教学质量评价系统"数据库的安全性管理 ………………………………………… 250
    8.1 数据库安全性控制 ……………………………………………………………… 250
        8.1.1 数据库安全性概述 …………………………………………………………… 250
        8.1.2 管理数据库角色 ……………………………………………………………… 259

8.2 实现数据加密 ··· 268
　　8.2.1 加密和解密数据 ···································· 268
　　8.2.2 使用透明数据加密 ································· 270

项目9 "教学质量评价系统"数据库的恢复 ············· 273

9.1 数据库的备份与还原 ······································ 273
　　9.1.1 数据库备份概述 ···································· 273
　　9.1.2 备份设备 ·· 275
　　9.1.3 数据库备份 ··· 278
　　9.1.4 数据库还原 ··· 281
9.2 从数据库快照恢复数据 ···································· 287
　　9.2.1 数据库快照的工作方式 ··························· 287
　　9.2.2 数据库快照的创建和恢复数据 ·················· 289
9.3 SQL Server 代理与维护计划 ···························· 291
　　9.3.1 启动 SQL Server 代理服务 ····················· 292
　　9.3.2 为数据库创建维护计划 ··························· 293

项目10 综合实训——科研业务管理数据库的设计与实现 ············· 299

10.1 分析需求 ·· 299
10.2 创建模型 ·· 303
10.3 创建数据库 ·· 305
10.4 创建数据表 ·· 307
10.5 管理和查询数据 ··· 312
10.6 创建视图 ·· 315

附录 ·· 319

参考文献 ··· 320

项目 1

数据库系统概述

1.1 认识数据库

◆ 单元简介

当人们收集了大量的数据后,一般会将其保存起来等待下一步的处理,以抽取有用的信息。以前人们是把数据存放在文件柜中,可随着社会的发展,数据量急剧增长,于是人们就借助计算机和数据库技术来科学地保存这些海量数据,以便更好地利用这些数据资源。数据库系统是为适应数据处理的需要而发展起来的一种较为理想的数据处理系统,也是一个实际可运行的存储、维护和为应用系统提供数据的软件系统,是存储介质、处理对象和管理系统的集合体。

本单元将简述数据管理技术的产生和发展,介绍数据库技术几个相关的基本概念,并对数据库系统的各个组成部分进行概述,使读者对数据库系统有一个清晰的概念,为以后的学习和工作打好基础。

◆ 单元目标

1. 了解数据管理技术的产生和发展。
2. 掌握数据库技术的基本概念。
3. 熟悉数据库系统的组成和特点。
4. 明确数据库系统中的用户角色。
5. 了解数据库系统的体系结构。

◆ 任务分析

认识数据库可通过以下两个工作任务实现。

【任务1】数据库技术基本概念

学习数据库技术应用之前,首先明确数据、数据处理、数据管理、数据库以及数据库管理系统几个基本概念,并了解数据管理技术产生和发展的主要阶段及其特点。

【任务2】数据库系统简介

数据库系统是存储介质、处理对象和管理系统的集合体。需掌握数据库系统的组成、特点和体系结构,为以后的学习和今后的工作打好基础。

1.1.1 数据库技术基本概念

目前,数据库管理已经从一种专门的计算机应用发展为现代计算环境中的一个重要成分，有关数据库技术的知识已成为计算机科学教育中的一个核心部分。在介绍数据库技术的基本概念之前，先来了解一下数据库都有哪些广泛的应用。

首先，数据库可以理解为存放数据的仓库，如同水库是存水的，而数据库则是存放数据的。其次，并非所有计算机应用都需要用到数据库，但是如果应用需要具备对大量数据的存储、整理、分析等能力的话，这就需要涉及数据库了。

数据库的应用非常广泛，以下是一些具有代表性的应用。

(1) 企业信息数据库管理系统。
- 销售：用于存储客户、产品和购买信息。
- 会计：用于存储付款、收据、账户余额、资产和其他会计信息。
- 人力资源：用于存储雇员、工资、所得税和津贴的信息，以及产生工资单。
- 生产制造：用于管理供应链，跟踪工厂中产品的生产情况、仓库和商店中产品的详细清单以及产品的订单。
- 零售：用于存储产品的销售数据，以及实时的订单跟踪、推荐品清单的生成、实时的产品评估与维护。

(2) 银行和金融业数据库管理系统。
- 银行业：用于存储客户信息、账户、贷款，以及银行的交易记录。
- 信用卡交易：用于记录信用卡消费的情况和产生每月清单。
- 金融业：用于存储股票、债券等金融票据的持有、出售和买入的信息；也可用于存储实时的市场数据，以便客户能够进行在线交易，公司能够进行自动交易。

(3) 学校数据库管理系统。用于存储学生信息、课程注册和成绩。此外，还存储通常的单位信息，如人力资源和会计信息等。

(4) 航空业数据库管理系统。用于存储订票和航班的信息。航空业是最先以地理上分布的方式使用数据库的行业之一。

(5) 电信业数据库管理系统。用于存储通话记录，产生每月账单，维护电话卡的余额和存储通信网络的信息。

正如以上所列举的，数据库已经成为当今几乎所有企业应用中默认的组成部分，它不仅存储大多数企业都有的普通的信息，也存储各类企业特有的信息。

20世纪60年代后期以来，数据库的使用在所有的企业中都有所增长。在早期，很少有人直接和数据库系统打交道，尽管没有意识到这一点，他们还是与数据库间接地打着交道。比如，通过打印的报表（如电话的每月账单）或者通过代理（如银行的出纳员和机票预订代理等）与数据库打交道。随着ATM（自动取款机）的出现，用户从而可以直接和数据库进行交互。计算机的应用程序也使得用户可以直接和数据库进行交互，使用者可以通过输入信息或选择可选项，来找出如航班的起降时间或选修大学的课程等信息。

20世纪90年代末的互联网革命急剧地增加了用户对数据库的直接访问量。很多单位将他们的访问数据库的界面改为Web界面，并提供了大量的在线服务和信息。比如，当你访问一家在线书店，浏览一本书或一个音乐集时，其实你正在访问存储在某个数据库中的数据。当你确认了一个网上订购，你的订单也就保存在了某个数据库中。当你访问一个银行网站，并检索你的账户余额和交易信息时，这些信息也是从银行的数据库系统中提取出来的。当你访问一个网站时，结合你的喜好，一些信息可能会被从某个数据库中取出，并且选择出那些适合显示给你的广告。此外,关于你访问网络的数据也可能会存储在一个数据库中。

因此,尽管用户界面隐藏了访问数据库的细节,大多数人甚至没有意识到他们正和一个数据库打交道,然而访问数据库已经成为当今几乎每个人生活中不可避免的组成部分。

了解了数据库的主要应用,下面再来了解关于数据、信息、数据处理、数据管理的基本概念,以及数据管理技术的产生与发展历程。

1. 数据与信息

数据(Data)是用来记录信息的可识别符号,是信息的具体表现形式。信息(Information)是数据经过加工处理后所获取的有用知识,是对决策产生影响的数据,是对客观世界的认识,即知识。数据处理(Data Processing)是对数据进行加工的过程,即将数据转换成信息的过程。数据本身没有意义,数据只有对实体行为产生影响时才成为信息。数据处理一般从某些已知的数据出发,推导加工出一些新的数据,这些新的数据又表示了新的信息。比如学生的考试成绩 100 和 45 就是数据,通过这些数据即可获取及格和不及格这样的信息。

日常生活中,人们使用交流语言(如汉语)去描述事物。在计算机中,为了存储和处理这些事物,就要找到对这些事物长年累月感兴趣的特征,组成一个计算机记录来描述。例如,在存储学生信息时,可以对学生的学号、姓名、性别等情况进行这样的描述:31821160401,巴雪静,女。但是,数据与其语义是不可分的。对于上面这个信息,如果我们了解其语义的人会得到一些信息,如学生的学号为:31821160401,学生的姓名是:巴雪静,学生的性别是:女。但是如果我们不了解其语义,则无法理解其含义,因此,数据的形式本身并不能完全表达其内容,需要经过语义解释,这就是数据处理。

所谓数据管理(Data Management),就是指对数据进行分类、编码、存储、检索和维护等操作,它是数据处理的基本环节,而且是任何数据处理业务中必不可少的部分。

数据管理是与数据处理相联系的,数据管理技术的优劣将直接影响数据处理的效率。

2. 数据管理技术产生与发展

随着计算机技术的不断发展,在应用需求的推动下,在计算机硬件、软件、网络发展的基础上,数据管理技术经历了人工管理、文件管理、数据库系统三个阶段。每一阶段的发展以数据存储冗余不断减小、数据独立性不断增强、数据操作更加方便和简单为标志,且各有各的特点。

在计算机出现之前,人们只能利用纸张来记录数据,利用计算工具(比如算盘、计算尺等)来进行计算,并主要使用人的大脑来管理和利用这些数据。

1) 人工管理阶段

到了 20 世纪 50 年代中期,计算机主要用于科学计算。当时没有磁盘等直接存取设备,只有纸带、卡片、磁带等外存,也没有操作系统和管理数据的专门软件。数据处理的方式是批处理。人工管理数据示意如图 1-1 所示。

该阶段管理数据的特点有以下几方面。

(1) 数据不保存。当时计算机主要用于科学计算,对于数据保存的需求尚不迫切。

(2) 应用程序管理数据。系统没有专用的软件对数据进行管理,每个应用程序都要具备数据的存储、存取数据和输入数据等功能,程序员在编写应用程序时,还要考虑数据的物

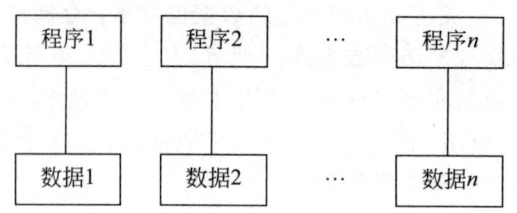

图 1-1　数据的人工管理示意图

理存储,因此程序员负担很重。

（3）数据不共享。数据是面向程序的,一组数据只能对应一个程序。

（4）数据不具有独立性。程序依赖于数据,如果数据的类型、格式或输入/输出方式等逻辑结构或物理结构发生变化,则必须对应用程序做出相应的修改。

2）文件系统阶段

20 世纪 50 年代后期到 60 年代中期,随着计算机硬件和软件技术的发展,磁盘、磁鼓等直接存取设备开始普及,这一时期的数据处理系统通过把计算机中的数据组织成相互独立的被命名的数据文件,并可按文件的名字来进行访问,而且对文件中的记录进行存取。数据可以长期保存在计算机外存上,可以对数据进行反复处理,并支持文件的查询、修改、插入和删除等操作,这就是文件系统。利用文件系统实现了记录内的结构化,但从文件的整体来看却是无结构的。文件系统数据管理示意如图 1-2 所示。

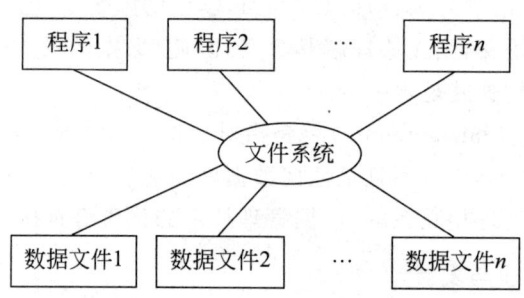

图 1-2　数据的文件系统管理示意图

该阶段管理数据的特点有以下几方面。

（1）数据可以长期保存。

（2）由文件系统管理数据。

（3）数据冗余度大,共享性差。

（4）数据独立性差。

（5）管理和维护的代价很大。

3）数据库系统阶段

20 世纪 60 年代后期以来,计算机性能得到进一步提高,更重要的是出现了大容量磁盘,存储容量大大增加且存储成本大大下降。这就克服了利用文件系统管理数据时的不足,满足和解决了实际应用中多个用户、多个应用程序共享数据的要求,数据从而能为尽可能多的应用程序服务,这就出现了数据库这样的数据管理技术。数据库的特点是数据不再只针对某一个特定的应用,而是面向全组织,具有整体的结构性,共享性高,冗余度减小,具有一定的程序与数据之间的独立性,并且对数据进行统一控制。数据库管理示意如图1-3所示。

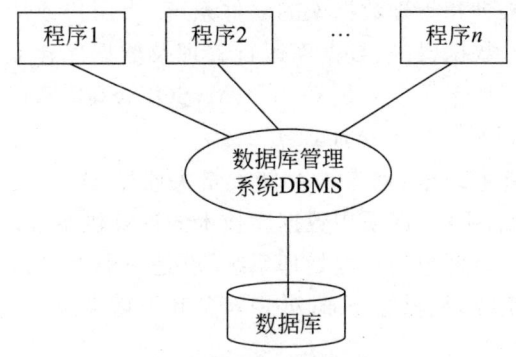

图1-3 数据库管理示意图

此阶段管理数据的特点有以下5个方面。

(1) 数据结构化。在描述数据时不仅要描述数据本身,还要描述数据之间的联系。数据结构化是数据库的主要特征之一,也是数据库系统与文件系统的本质区别。

(2) 数据共享度高、冗余少且易扩充。数据不再针对某一个应用,而是面向整个系统,数据可被多个用户和多个应用共享使用,而且容易增加新的应用,所以数据的共享度高且易扩充。数据共享可大大减少数据冗余。

(3) 数据独立性高。

(4) 数据由DBMS(Database Management System,数据管理系统)统一管理和控制。数据库为多个用户和应用程序所共享,对数据的存取往往是并发的,即多个用户可以同时存取数据库中的数据,甚至可以同时存放数据库中的同一个数据。

(5) DBMS一般都提供独立的数据操作界面。

如果说从人工管理到文件系统,是计算机开始应用于处理数据的实质进步,那么从文件系统到数据库系统,则标志着数据管理技术质的飞跃。20世纪80年代后不仅在大、中型计算机上实现并应用了数据管理的数据库技术,如Oracle、Sybase、Informix、SQL Server等,而且在微型计算机上也开始使用数据库管理软件,如常见的Access、FoxPro等软件,数据库技术得到了进一步广泛应用和普及。

数据库与学科技术的结合可建立一系列新数据库,如分布式数据库、并行数据库、非结构化数据库、知识库、多媒体数据库等,这是数据库技术发展的重要方向。

3. 数据库技术的基本概念

数据库技术涉及许多基本概念,主要包括信息、数据、数据处理、数据库、数据库管理系统以及数据库系统等,下面给出几个概念的定义。

1) 数据(Data)

数据是对现实世界的事物采用计算机能够识别、存储和处理的方式进行描述,其具体表现形式可以是数字、文本、图像、音频、视频等。

2) 数据库(Database,DB)

数据库是"按照数据结构来组织、存储和管理数据的仓库",即用来存放数据的仓库。DB是一个长期存储在计算机内的、有组织的、可共享的、统一管理的大量数据的集合。

3）数据库管理系统（Database Management System，DBMS）

数据库管理系统是操纵和管理数据库的软件系统，为用户或应用程序提供访问数据库的方法，包括数据的定义、数据操纵、数据库运行管理及数据库建立与维护等功能。目前市场上比较流行的数据库管理系统主要是 Oracle、MySQL、SQL Server 等产品。

4）数据库系统（Database System，DBS）

数据库系统是实现有组织地、动态地存储大量关联数据、方便多用户访问的计算机硬件、软件和数据资源组成的系统，即采用数据库技术的计算机系统。它是为适应数据处理的需要而发展起来的一种较为理想的数据处理系统，也是一个为实际可运行的存储、维护和应用系统提供数据的软件系统，是存储介质、处理对象和管理系统的集合体，通常由数据库、硬件、软件和相关人员组成。

5）数据库技术

数据库技术是研究、管理和应用数据库的一门软件科学。它通过研究数据库的结构、存储、设计、管理以及应用的基本理论和实现方法，并利用这些理论来实现对数据库中的数据进行处理、分析和理解。

【拓展实践】

请借助网络调查，调研目前常用的数据库管理系统（DBMS）都有哪些产品，它们又是哪家公司生产的，以及这些产品当前最新版本是什么。请找出至少 5 种产品，越多越好。

【思考与练习】

(1) 下面列出的数据库管理技术发展的阶段中，没有专门的软件对数据进行管理的阶段是（　　）。

　　Ⅰ．人工管理阶段　　　　Ⅱ．文件系统阶段　　　Ⅲ．数据库阶段
　　A．Ⅰ和Ⅱ　　　B．只有Ⅱ　　　C．Ⅱ和Ⅲ　　　D．只有Ⅰ

(2)（　　）是用来记录信息的可识别符号，是信息的具体表现形式。

　　A．数据　　　B．信息　　　C．数据处理　　　D．数据管理

(3)（　　）是对数据进行加工的过程，即将数据转换成信息的过程。

　　A．数据　　　B．信息　　　C．数据处理　　　D．数据管理

(4)（　　）是指对数据进行分类、编码、存储、检索和维护。

　　A．数据　　　B．信息　　　C．数据处理　　　D．数据管理

(5) 以下不是数据库管理阶段管理数据的特点的是（　　）。

　　A．数据结构化　　　　　　　　　B．数据共享性高、冗余少且易扩充
　　C．数据独立性高　　　　　　　　D．数据由文件系统统一管理和控制

1.1.2　数据库系统简介

数据库系统是采用了数据库技术的计算机系统，是实现有组织地、动态地存储大量关联数据、方便多用户访问的计算机硬件、软件和数据资源组成的系统。它是为适应数据处理的需要而发展起来的一种较为理想的数据处理系统，也是一个为实际可运行的存储、维护和应

用系统提供数据的软件系统,是存储介质、处理对象和管理系统的集合体。

1. 数据库系统组成

数据库系统一般由数据库、硬件、软件和相关人员 4 部分组成,如图 1-4 所示。

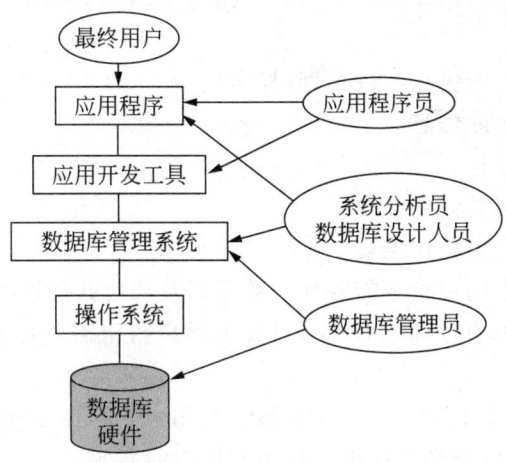

图 1-4　数据库系统组成

1) 数据库

数据库是指长期存储在计算机内的,且有组织、可共享的数据的集合。数据库中的数据按一定的数学模型进行组织、描述和存储,具有较小的冗余,较高的数据独立性和易扩展性,并可为各种用户共享。

2) 硬件

硬件是指构成计算机系统的各种物理设备,包括存储所需的外部设备。硬件的配置应满足整个数据库系统的需要,大型数据库系统的环境一般是由以超级数据服务器系统为核心的海量数据存储、处理和服务搭建而成的。

3) 软件

软件包括操作系统、数据库管理系统及应用程序。

(1) 操作系统。数据库系统应用的一个关键因素是如何正确选择操作系统,即应根据数据库系统的硬件平台、数据库的处理和安全需求选择相适应的操作系统。当前在数据库系统中比较流行和较为常用的操作系统有 Windows、UNIX 和 Linux 等。

(2) 数据库管理系统(DBMS)。DBMS 是数据库系统的核心软件,是在操作系统的支持下工作,解决如何科学地组织和存储数据,如何高效获取和维护数据的系统软件。其主要功能包括:数据定义、数据操作、数据库的运行控制和数据字典。

① 数据定义功能。DBMS 提供数据定义语言(Data Definition Language,DDL)定义数据库的模式结构,也可以定义数据的其他特征。数据库管理系统所使用的存储结构和访问方式是通过一系列特殊的 DDL 语句来说明的,这种特殊的 DDL 也称作数据存储和定义语言。DDL 定义了数据库模式的实现细节,而这些细节对用户来说通常是不可见的。存储在数据库中的数据值必须满足某些一致性约束。例如,假设学校要求一个系的账户余额必须不能为负值。DDL 语言提供了指定这种约束的工具,每当数据库被更新时,数据库系统都会检查这些约束。

正如其他任何程序设计语言一样，DDL 以一些语句作为输入，并生成一些输出。DDL 的输出一般放在数据字典中。

② 数据操作功能。DBMS 提供数据操作语言（Data Manipulation Language，DML）使得用户可以访问或操纵那些按照某种适当的数据模型组织起来的数据，通常有以下四种访问类型。

- 对存储在数据库中的信息进行查询（检索）。
- 向数据库中插入新的信息。
- 从数据库中删除信息。
- 修改数据库中存储的信息。

通常有两类基本的数据操作语言。

- 过程化 DML：要求用户指定需要什么数据以及如何获得这些数据。
- 声明式 DML：也称非过程化 DML，只要求用户指定需要什么数据，而不指明如何获得这些数据。

虽然通常声明式 DML 比过程化 DML 易学易用，但是，由于用户不必指明如何获得数据，这就要求数据库管理系统必须找出一种访问数据的高效途径。

查询是要求对信息进行检索的语句，DML 中涉及信息检索的部分称作查询语言。实践中常把查询语言和数据操纵语言作为同义词使用，尽管从技术上来说这并不正确。

目前有很多商业性的或者实验性的数据库查询语言，最广泛使用的查询语言是 SQL。

③ 数据库的运行控制功能。DBMS 提供数据控制语言（Data Control Language，DCL）实现数据库的运行控制，包括完整性控制、安全性控制、数据库的恢复、数据库的维护、数据库的并发控制。下文数据库系统特点中会详细介绍这些控制功能。

④ 数据字典（Data Dictionary，DD）。数据字典是有关数据的数据描述，存放三级结构定义的数据库。数据字典包含了元数据，元数据是关于数据的数据，可以把数据字典看作一种特殊的表，这种表只能由数据库系统本身（不是常规的用户）来访问和修改。在读取和修改实际的数据前，数据库系统先要参考数据字典。

（3）应用程序。对于应用程序，一般不采用某些数据库管理系统自含的语言开发，而是使用其他程序设计语言及数据库接口配套开发数据库系统的应用程序，为用户提供友好和快捷的操作界面。当前常用来开发数据库应用系统的开发工具有 C#、PowerBuilder、Java、Delphi 和 Python 等，数据库接口有 ADO.NET、JDBC 或 ODBC 等，开发人员从而可以用程序设计语言编写完整的数据库应用程序。

4）人员

数据库系统通常包括 4 类相关人员，包括数据库管理员、系统分析人员和数据库设计人员、应用程序员、最终用户，这些人员从事的也可能是读者将来可能选择的职业。其中，系统分析人员和数据库设计人员、应用程序员是软件公司数据库开发岗位上的工作人员，数据库管理员和最终用户往往是企事业单位信息管理部门和各应用部门岗位上的工作人员。

- 系统分析员和数据库设计人员：系统分析员负责应用系统的需求分析和规范说明，与最终用户及数据库管理员一起确定系统的硬件配置，并参与数据库系统的概要设计。数据库设计人员负责数据库中数据的确定、数据库各级模式的设计。
- 应用程序员：根据数据库设计和用户的功能需求，利用 Java、C#、PHP 或 Python 等程序设计语言开发出功能完善、操作简便、满足用户需求的数据库应用程序,供最终用户使用。应用程序员既要掌握数据库方面的知识,又要精通至少一种程序设计语言,同时还要了解数据库应用程序使用相关部门的业务流程。
- 最终用户:利用系统的接口或查询语言访问数据库,是数据库为之服务的对象。比如学校教务管理员、银行出纳员、售票员、仓库管理员等都是相应数据库系统的最终用户。他们通过已经开发好的数据库应用系统,利用含有菜单、按钮和对话框等各种控件的可视化窗口,就能够方便自如地使用数据库,开展业务工作。最终用户通常为仅熟悉本身业务工作的非计算机专业的人员。
- 数据库管理员(Database Administrator,DBA):负责数据库的总体信息控制。DBA的具体职责包括:熟悉具体数据库中的信息内容和结构;决定数据库的存储结构和存取策略;定义数据库的安全性要求和完整性约束条件;监控数据库的使用和运行;负责数据库的性能改进、数据库的重组和重构,以提高系统的性能。通常数据库管理员由经验丰富的计算机专业人员担任。

2. 数据库系统特点

与人工管理和文件系统相比,数据库系统具有显著的特点和优势。

1)数据的结构化

数据结构化是数据库与文件系统的根本区别。在文件系统中,相互独立文件的记录内部是有结构的,但是记录之间并没有联系。在数据库系统中,数据不再针对某一个应用,而是面向全组织,具有整体的结构化。数据库在设计时面向数据模型对象,是站在全局的角度抽象和组织数据,建立适合整体需要的数据模型。不仅数据是结构化的,而且存取数据的方式也很灵活,可以存取数据库中的某一个数据项、一组数据项、一个记录或一组记录。例如,教学质量评估系统中的"班级"记录由班级号、班级名称、状态等信息组成。数据库中数据的最小存取单位是数据项。

2)数据的共享度高,冗余度低

数据库系统是从整体角度看待和描述数据的,数据不再面向某个应用,而是面向整个系统,因此数据可以被多个用户、多个程序共享使用。数据库系统通过数据模型和数据控制机制提高数据的共享性,使现有用户或程序可以共同享用数据库中的数据,并且多用户或多程序可以在同一时刻共同使用同一数据,当系统需要扩充时,再开发的新用户或新程序还可以共享原有的数据资源。

数据库系统因将相同的数据在数据库中只存储一次,所以,数据共享可以大大减少数据冗余。减少冗余数据可以带来以下优点:数据量小可以节约存储空间,使数据的存储、管理和查询更容易实现;使数据统一,避免产生数据之间的不相容性与不一致性;数据冗余小便于数据维护,避免数据统计错误。

3)数据独立性高

数据独立性是指数据库中数据独立于应用程序,因此数据的逻辑结构、存储结构与存取方式的改变并不会影响应用程序。

数据独立性一般分为数据的逻辑独立性和数据的物理独立性。

数据的逻辑独立性是指应用程序对数据全局逻辑结构的依赖程度。数据逻辑独立性高是指当数据库系统的全局逻辑结构发生变化时,它们对应的应用程序不需要修改仍可以正常运行。数据库系统之所以具有较高的数据逻辑独立性,是由于它能够提供数据的全局逻辑结构和局部逻辑结构之间的映像功能。

数据的物理独立性是指应用程序对数据存储结构的依赖程度。数据物理独立性高是指当数据的物理结构发生变化时,应用程序不需要修改也可以正常工作。数据库系统之所以具有数据物理独立性高的特点,是因为数据库管理系统能够提供数据的物理结构与逻辑结构之间的映像功能。

4)数据由 DBMS 统一管理和控制

数据库管理系统是数据库系统的基础和核心。数据库中要实现多用户并发共享数据,必须通过 DBMS 来统一管理和控制。所谓的并发共享数据,是指多个用户可以同时存取数据库中的数据甚至是同一数据。DBMS 提供了以下运行控制功能。

(1)完整性保护。数据完整性的程度是决定数据库中数据的可靠程度和可信程度的重要因素。为保证数据的正确性、有效性和相容性,防止不符合语义的数据输入或输出,必须通过完整性的检查和控制,将数据控制在有效的范围内,或使数据之间满足一定的关系。完整性控制包括两项内容。

- 提供数据完整性定义的方法,用户要利用其方法定义数据应满足的完整性条件;
- 提供进行检验数据完整性的功能,特别是在数据输入和输出时,系统应自动检查其是否符合已定义的完整性条件,以避免错误的数据进入数据库或从数据库中流出,造成不良后果。

(2)安全性保护。数据安全性受到威胁是指出现了用户看到了不该看到的数据、修改了无权修改的数据、删除了不能删除的数据等现象。为防止非法使用数据造成数据的泄密、破坏和更改,必须采取某些措施对数据加以保护,使每个用户只能按规定对某些数据按照某些方式进行使用和处理。

(3)数据库恢复。当数据库系统发生故障时,DBMS 必须通过记录数据库运行的日志文件和定期做数据备份工作,能够及时使数据库恢复到某个已知的正确状态的功能。

(4)并发控制。当多个用户的并发进程同时对数据库进行存取、修改时,必须对多用户的并发操作进行控制和协调,排除由于数据共享所造成的数据错误问题。

3. 数据库的体系结构

数据库的模式是指对现实世界的抽象,是对数据库中全部数据的逻辑结构和特征的描述。模式反映的是数据的结果及其联系,数据库在其内部具有三级模式和二级映像。三级模式分别是外模式、模式和内模式,而二级映像则是外模式/模式映像、模式/内模式映像。

1)三级模式

美国国家标准学会(American National Standard Institute,ANSI)的数据库管理学系统研究小组于 1978 年提出了标准化的建议,依据不同人员的工作任务,将数据库结构分为三级:面向用户或程序员的用户级、面向建立和维护数据库人员的概念级和面向系统程序员的物理级。用户级对应外模式,概念级对应模式,物理级对应内模式。

(1)模式。模式也称逻辑模式、全局模式、全局逻辑结构。模式对应着概念级,它是由数据库设计者综合所有用户的数据,按照统一的观点构造的全局逻辑结构,是对数据库中全部数据的逻辑结构和特征的总体描述,是所有用户的公共数据视图,通常以数据表(Table)处理现实世界中的数据和信息。

模式是数据库体系结构的中间层,既不涉及数据的物理存储细节和硬件环境,也不涉及具体的应用程序及开发工具和高级程序设计语言。模式实际上是数据库数据在概念级上的视图,一个数据库只有一个模式。定义模式时不仅要定义数据的逻辑结构,而且要定义数据项之间的联系、不同记录之间的联系,以及与数据有关的完整性、安全性等要求。完整性是指数据的正确性、有效性和相容性,安全性主要是指保密性。模式是由数据库管理系统提供的数据模式描述语言来描述、定义的,体现并反映了数据库系统的整体观。

(2) 外模式。外模式也称用户模式、子模式、局部逻辑结构。外模式对应于用户级,它是某个或某几个用户看到的数据库的数据视图,是与某一应用有关的数据逻辑的表示。外模式是从模式导出的一个子集,包含模式中允许特定用户使用的那部分数据,通常用视图(View)允许特定用户使用部分数据。

一个数据库可以有多个外模式。外模式是保证数据库安全性的一个有效措施,每个用户只能看见或访问对应的外模式中的数据,数据库中的其余数据是不可见的。数据库管理系统提供外模式描述语言来描述、定义对应于用户的数据记录,也可以利用数据操纵语言对这些数据记录进行操作,体现并反映了数据库系统的用户观。

(3) 内模式。内模式也称物理模式、存储模式、物理结构。内模式对应于物理级,它是数据库中全部数据的内部表示或底层描述,是数据库最底一级的逻辑描述,它描述了数据在存储介质上存储方式的物理结构,对应着实际存储在外存储介质上的数据库,一般以文件形式存在。

在一个数据库系统中,只有唯一的数据库,因而作为定义、描述数据库存储结构的内模式和定义、描述数据库逻辑结构的模式一样,都是唯一的。内模式的设计目标是将系统的模式组织成最优的物理模式,以提高数据的存取效率,改善系统的性能指标。数据库管理系统提供内模式描述语言来定义内模式,体现并反映了数据库系统的存储观。

2) 二级映像

数据库系统的三级模式是对数据的 3 个抽象,它把数据的具体组织留给 DBMS 管理,使用户能逻辑地、抽象地处理数据,而不必关心数据在计算机中的具体表示和存储。为了能够在内部实现 3 个抽象层次的联系和转换,DBMS 在这 3 个级别之间提供了二级映像:外模式/模式映像和模式/内模式映像。

(1) 外模式/模式映像使数据具有较高的逻辑独立性。它定义了外模式和模式之间的对应关系。这些映像定义通常包含在各自外模式的描述中。当模式改变时,DBA 要求相关的外模式/模式映像也应做相应的改变,以使外模式保持不变。应用程序是依据实际的外模式编写的,外模式不变应用程序就没必要修改。所以,外模式/模式映像功能保证了数据与程序的逻辑独立性。

(2) 模式/内模式映像使数据具有较高的物理独立性。模式/内模式映像定义了数据库全局逻辑结构与存储结构之间的对应关系。该映像定义通常包含在模式描述中。当数据库的存储结构改变了,DBA 也要对模式/内模式映像做相应的改变,以使模式保持不变。模式不变,与模式没有直接联系的应用程序也不会改变。所以,模式/内模式映像功能保证了数据与程序的物理独立性。

图 1-5 所示用户应用视图根据外模式进行数据操作,通过外模式/模式映射,定义和建立某个外模式与模式间的对应关系,将外模式与模式联系起来,当模式发生改变时,只要改

变其映射,就可以使外模式保持不变,对应的应用程序也可保持不变;另外,通过模式/内模式映射,定义和建立数据的逻辑结构(模式)与存储结构(内模式)间的对应关系,当数据的存储结构发生变化时,只需改变模式/内模式映射,就能保持模式不变,因此应用程序也可以保持不变。

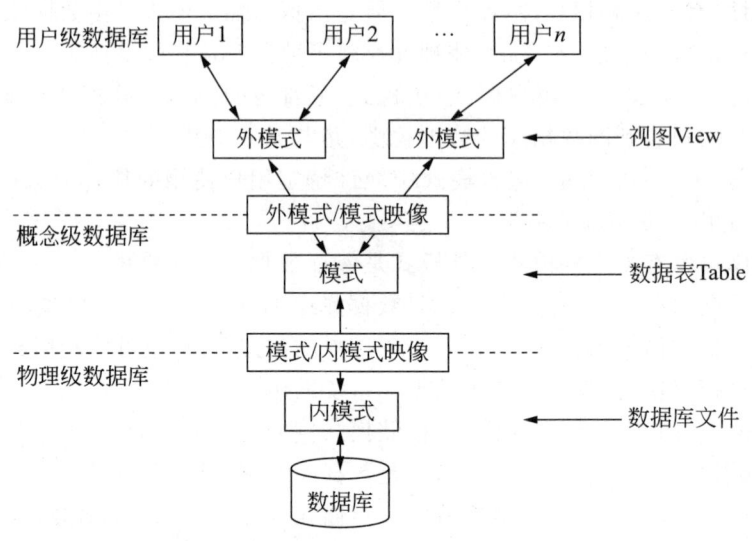

图 1-5　数据库的体系结构

通过三级模式及二级映像能有效地组织、管理数据,提高了数据库的逻辑和物理独立性。

在数据库的三级模式结构中,模式即全局逻辑结构,是数据库的中心与关键,它独立于数据库的其他层次。因此,设计数据库模式结构时,应首先确定数据库的逻辑结构。

【拓展知识】

易混淆的概念——数据库系统的体系结构。

【拓展实践】

数据库系统的体系结构

请借助网络,了解 IT 职业岗位和数据库技术的关系,并在各个人才网上搜索计算机、信息技术等职位需求,观察数据库管理、软件工程师等岗位的职责和岗位要求。

【思考与练习】

(1) 数据库(DB)、数据库系统(DBS)和数据库管理系统(DBMS)的关系是(　　)。
　　A. DBS 包括 DB 和 DBMS　　　　　　B. DBMS 包括 DB 和 DBS
　　C. DB 包括 DBS 和 DBMS　　　　　　D. DBS 就是 DB,也就是 DBMS

(2) 描述数据库整体数据的全局逻辑结构和特性的是数据库的(　　)。
　　A. 模式　　　　　　B. 内模式　　　　　　C. 外模式

(3) 在修改数据结构时,为保证数据库的数据独立性,只需要修改的是(　　　)。
　　A. 模式与外模式　　　B. 模式与内模式　　　C. 三级模式之间的两层映射
(4) 下述选项中,(　　)不是 DBA 数据库管理员的职责。
　　A. 负责整个数据库系统的建立
　　B. 负责整个数据库系统的管理
　　C. 负责整个数据库系统的维护和监控
　　D. 数据库管理系统设计

1.2　设计"教学质量评价系统"数据模型

◇ 单元简介

教学质量是学校生存和发展的基础,是学校生命力之所在,教学质量的高低关键取决于教师教学效果的好坏。近年来,各大学都把教师教学效果的评价作为教学管理的重要手段。为全面提高教育教学质量,规范教师行为,提高教师队伍的素质,培养社会需要、行业认可、企业能用的合格人才,同时为教师评先、评优及教师职称的评聘提供依据,各学校一般都制订了专门的评价方案。

为了做好教学质量的评价工作,教学管理人员拿出特定的时间,采用问卷调查的方式进行教学质量评价。这样的过程十分复杂,需要消耗大量的人力、财力,并受到时间、空间等诸多方面因素的制约。一套完整的程序下来,需要耗费几周时间,不但要耗费大量的资源,还要耗费老师和学生们的时间,相关工作人员的工作强度也非常大。而且人工统计往往会出现一定的误差,会直接影响到评价结果的准确性和客观性。

所以,将计算机和数据库技术应用到教学质量评价中是个必然的趋势。把这些烦琐的工作交由计算机来处理,不仅能够准确快速地完成相关工作,更可以公平公正地反馈信息。教学质量评价系统是用于教学评价的信息化平台,利用校园网、数据库和计算机软硬件资源,方便学生、教师和教学管理人员对教师的教学质量进行评价。

本单元将设计"教学质量评价系统"的概念模型和逻辑模型。

◇ 单元目标

1. 了解数据模型的定义和分类。
2. 掌握数据库设计的方法与步骤。
3. 能够根据需求分析进行数据库的概念设计。
4. 能够运用关系模型知识将概念模型转换为关系模型。
5. 掌握对关系模型进行关系规范化的方法。

◇ 任务分析

设计系统数据模型分为以下 7 个工作任务。

【任务1】数据模型

了解数据经历现实世界、信息世界和机器世界三个不同的世界,将客观事物抽象为数据模型,通过抽象过程形成概念模型、逻辑模型和物理模型,数据模型由数据结构、数据操作、数据完整性组成,根据数据结构将数据模型分为层次模型、网状模型、关系模型等。

【任务 2】数据库设计简介

数据库设计是建立数据库及其应用系统的技术,由于数据库应用系统的复杂性,为了支持相关程序运行,数据库设计就变得异常复杂,因此最佳设计不可能一蹴而就,而只能是一种"反复探寻,逐步求精"的过程,通过学习数据库设计的重要性、方法和步骤,掌握规划和结构化数据库中的数据对象以及这些数据对象之间关系的方法。

【任务 3】设计概念模型

将用户需求抽象为数据库的概念模型,用来描述世界的概念化结构。概念模型包括实体、联系、属性等基本要素,在进行概念设计时一般要依次经过确定实体、联系、主键、属性这四个步骤来完成概念模型的设计。

【任务 4】建立 E-R 模型

E-R 模型是借助图形描述现实世界的概念模型,提供了表示实体类型、属性和联系的方法,通过 E-R 模型学习,建立教学质量评价系统数据库的概念模型,完成概念设计。

【任务 5】关系模型

信息世界的概念模型还不能被数据库管理系统直接使用,需要将概念模型进一步转换为逻辑数据模型,形成便于计算机处理的数据形式。逻辑数据模型是具体的 DBMS 所支持的数据模型,关系数据模型是目前最流行的数据库模型,它用关系表示实体和实体间联系,简单实用。关系模型包括关系数据结构、关系数据操作和关系数据完整性约束 3 个方面。

【任务 6】建立逻辑模型

通过学习 E-R 模型向关系模型的转换规则,实现教学质量评价系统数据库从概念模型到逻辑模型的转换,完成逻辑设计。

【任务 7】关系规范化

在将 E-R 模型转换为关系模型时,为了解决在进行数据库中数据的插入、删除、修改等操作时发生的异常问题,通过一些规则,使关系达到一定的规范化程度,即通过第一范式、第二范式和第三范式,使教学质量评价系统数据库相对规范化。

1.2.1 数据模型

计算机不能直接处理现实世界中的具体事物,需要先将具体事物转换成计算机所能处理的数据,通过对现实世界数据特征的抽象就形成了数据库的数据模型。数据库系统的核心和基础是数据模型,现有的数据库系统均是基于某种数据模型的。

将客观事物抽象为数据模型,是一个逐步转换的过程,经历了现实世界、信息世界和机器世界这三个不同的世界,经历了两级抽象和转换。

1. 数据的三个世界

1) 现实世界

客观存在的世界即现实世界。数据描述的是现实世界的事物及其联系,事物都有一些特征或性质,人们总是选择感兴趣且最能表征该事物的基本特征来描述事物。事物可以是抽象的,也可以是具体的,如课程属于抽象的事物,对课程这一抽象的事物人们通常用课程名称、授课教师、课程类别、课程简介等特征来描述和区分;而学生就属于具体的事物,通常用学号、姓名、班级、性别等特征来描述和区分。

2）信息世界

人对现实世界的事物及其联系在头脑中进行分析、归纳、抽象形成信息，信息经过记录、整理、归类和格式化后构成了信息世界。经过数据处理，人们把事物的特征和联系通过符号记录下来，并用规范化的语言描述现实世界，从而构成基于现实世界的信息世界。

3）机器世界

将信息世界中的信息数据化就是机器世界，也称计算机世界。它将信息用字符或数字表示，用于计算机识别和处理。一般有严格的形式化定义，通常是基于无二义性的语法、语义的数据库语言，人们可以借助这种语言来定义、操作数据库中的数据。

2. 客观对象的抽象过程

客观对象的抽象过程就是建模的过程，将现实世界抽象到机器世界经历了两级抽象和转换。建模过程如下：第一步，现实世界到信息世界的抽象，形成概念模型；第二步，信息世界到机器世界的抽象，形成逻辑模型；第三步，存储到计算机中，形成物理模型，如图1-6所示。

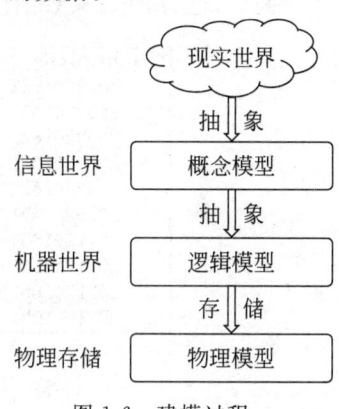

图1-6 建模过程

1）概念模型

概念模型是对现实世界的认识和抽象，用来描述世界的概念化结构，不考虑具体在什么计算机和DBMS上实现，所以称为概念数据模型，简称概念模型。

概念模型是一种面向用户、面向客观世界的模型，主要用来描述世界的概念化结构，它是数据库的设计人员在设计的初始阶段，摆脱计算机系统及数据库管理系统(DBMS)的具体技术问题，从而集中精力分析数据以及数据之间的联系等。概念数据模型必须转换逻辑数据模型，才能在DBMS中实现。

概念模型用于信息世界的建模，一方面应该具有较强的语义表达能力，能够方便直接地表达应用中的各种语义知识，另一方面它还应该简单、清晰、易于用户理解。在概念数据模型中最常用的是E-R模型、扩充的E-R模型、面向对象模型及谓词模型。

最常用的设计模型就是实体-联系模型。例如，对于教学质量评价系统中的学生、教师和选课可分别抽象为"学生"实体、"教师"实体以及两个实体之间的"选课"联系，建立的E-R概念模型如图1-7所示。

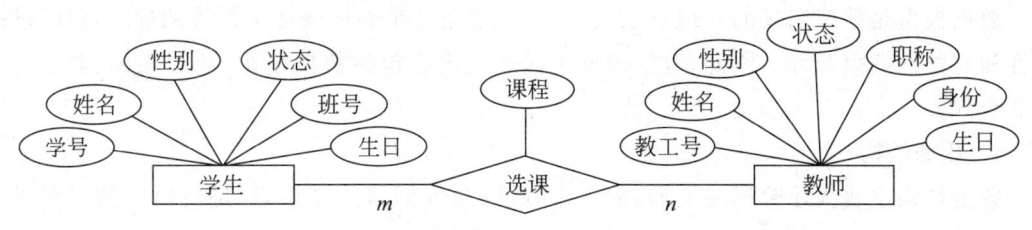

图1-7 E-R概念模型

2）逻辑模型

逻辑模型是指按计算机系统的观点对数据建模，是基于某种(关系、层次、网状)逻辑数据结构的,用于DBMS的实现,所以称为逻辑数据模型,简称逻辑模型。

信息世界的概念模型还不能被数据库管理系统直接使用,需要将概念模型进一步转换为逻辑数据模型,形成便于计算机处理的数据形式。逻辑模型既要面向用户,又要面向系统,主要用于数据库管理系统(DBMS)的实现。逻辑数据模型是具体的DBMS所支持的数据模型,主要有关系数据模型、层次数据模型和网状数据模型。关系数据模型是目前最流行的数据库模型,支持关系数据模型的数据库管理系统称为关系数据库管理系统。关系数据模型以二维表结构来表示事物与事物之间的联系,也可以称为实体与实体之间的联系。

例如,选课的关系数据模型如图1-8所示。

TeacherCode	StudentCode	CourseName	AddDate
2009261621	31821160420	普通话	2019/4/21 18:06
2009261621	31821160423	普通话	2019/4/21 18:06
2009261621	31821160426	普通话	2019/4/21 18:06
2009261621	31821160429	普通话	2019/4/21 18:06
2009261621	31821160433	普通话	2019/4/21 18:06
2009261621	31821160447	普通话	2019/4/21 18:06
2011261651	31821160403	职业沟通讲座	2019/4/21 18:06
2011261651	31821160405	职业沟通讲座	2019/4/21 18:06
2011261651	31821160408	职业沟通讲座	2019/4/21 18:06
2011261651	31821160410	职业沟通讲座	2019/4/21 18:06

图1-8 关系数据模型

3)物理模型

物理模型是面向计算机物理表示的模型,描述了数据在存储介质上的组织结构,它不但与具体的DBMS有关,而且与操作系统和硬件有关,所以称为物理数据模型,简称物理模型。

逻辑数据模型反映了数据的逻辑结构,当需要把逻辑模型数据存储到物理介质时,就需要用到物理数据模型了,每一种逻辑数据模型在实现时都有其对应的物理数据模型。DBMS为了保证其独立性与可移植性,大部分物理数据模型的实现工作由系统自动完成,而设计者只设计索引、聚集等特殊结构。本书重点讨论概念数据模型和逻辑数据模型,物理数据模型不是本书讨论的重点。

3. 组成部分及联系

数据模型是严格定义的一组概念的结合,这些概念精确地描述了系统的静态特性、动态特性和完整性约束条件。因此,数据模型所描述的内容包括数据结构、数据操作、数据完整性3个部分。

1)数据结构

数据结构主要描述数据的类型、内容、性质以及数据间的联系等,是所研究的对象类型的集合,用于描述系统的静态特征。对象类型是数据库的组成成分,一般可分为两类:数据类型、数据类型之间的联系。数据类型如数据库任务组(DBTG)网状模型中的记录型、数据项,关系模型中的关系、域等,联系部分有DBTG网状模型中的系型等。数据结构是数据模型的基础,数据操作和约束都基本建立在数据结构上,不同的数据结构具有不同的操作和约束。DBMS 的数据定义语言(DDL)实现数据库的数据结构定义功能。

2) 数据操作

数据模型中数据操作主要描述在相应的数据结构上的操作类型和操作方式。数据操作是对数据模型中各种数据对象允许执行的操作的集合,用于描述系统的动态特性,包括若干操作和推理规则,用以对对象类型的有效实例所组成的数据库进行操作。

DBMS 的数据操作语言(DML)用于对数据进行添加、删除、更新和检索(查询)等操作。例如,在 SQL Server 中可以使用 T-SQL 语句对学生表添加一行数据的代码如下。

```
INSERT INTO Student
VALUES('31821160401','巴雪静','女','正常',5,'2001/5/7')
```

3) 数据完整性

数据模型中的数据完整性主要描述数据结构内数据间的语法、词义联系、它们之间的制约和依存关系,以及数据动态变化的规则,以保证数据的正确、有效和相容。数据完整性是完整性规则的集合,用以限定符合数据模型的数据库状态,以及状态的变化。约束条件可以按不同的原则划分为数据值的约束和数据间联系的约束;静态约束和动态约束;实体约束和实体间的参照约束等。

DBMS 的数据运行控制语言(DCL)和 DDL 提供多种方法保证数据的完整性。例如,在 SQL Server 中可以使用 T-SQL 语句定义一个学生表同时进行完整性约束定义的代码如下。

```
CREATE TABLE Student (
StudentCode char(11) PRIMARY KEY,                           - - 主键约束/实体完整性
StudentName nvarchar (15) NOT NULL,                         - - 非空约束/域完整性
Sex nchar(1) NOT NULL CHECK(Sex= '男' OR Sex= '女'),        - - 检查约束/域完整性
StudentStatus nvarchar(3) NOT NULL DEFAULT('正常'),         - - 默认值约束/域完整性
ClassID intNOT NULL FOREIGN KEY REFERENCES Class(ClassID),  - - 参考完整性
Birthday datetimeNULL)
```

关于数据模型的数据结构、数据操作和数据完整性的详细内容将在后续章节中介绍。

4. 重要模型

数据库从提出到现在只有半个世纪,已经具备了坚实的理论基础、成熟的商业产品和广泛的应用领域,并吸引了越来越多的研究者加入。在数据发展过程中,逻辑数据类型产生了三种基本的数据模型,它们是层次模型、网状模型和关系模型,且这三种模型是按其数据结构而命名的,前两种采用格式化的结构,关系模型为非格式化的结构,用单一的二维表的结构表示实体及实体之间的联系。目前应用最广泛的是关系模型。

1) 层次模型

层次模型用树形结构来表示各类实体以及实体之间的联系,将数据组织成一对多关系的结构,适合组织机构、行政区划、家族关系等结构,如图 1-9 所示。层次结构采用关键字来访问其中每一层次的每一部分,其优点是存取方便且速度快,结构清晰,容易理解,数据修改和数据库扩展容易实现,检索关键属性十分方便等;而缺点是结构呆板,缺乏灵活性,且同一属性数据要存储多次,数据冗余大(如公共边),不适合于拓扑空间数据的组织等。

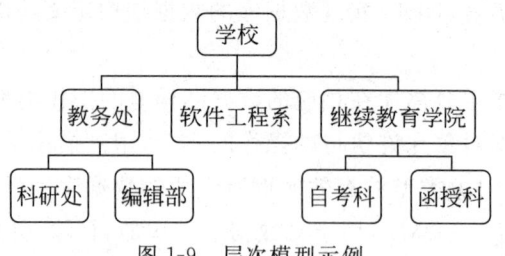

图 1-9　层次模型示例

2）网状模型

网状模型用图形结构来表示各类实体以及实体之间的联系，用连接指令或指针来确定数据间的显式连接关系，是具有多对多类型的数据组织方式，适合网络拓扑、站点地图等结构，如图 1-10 所示。网状模型优点是能明确而方便地表示数据间的复杂关系，数据冗余小；而其缺点在于网状结构的复杂，增加了用户查询和定位的困难，且需要存储数据间联系的指针，使得数据量增大，以及数据的修改不方便（指针必须修改）等。

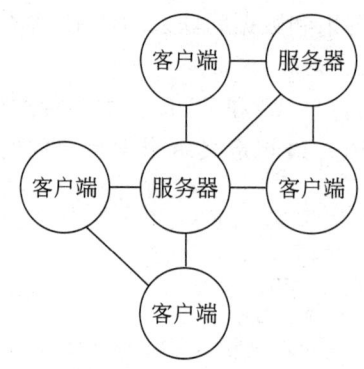

图 1-10　网状模型示例

3）关系模型

关系模型用二维表结构来表示各类实体以及实体之间的联系，以数据表的形式组织数据，如图 1-11 所示，以便于利用各种物理实体与属性之间的关系进行存储和变换，不分层也无指针，是建立空间数据和属性数据之间关系的一种非常有效的数据组织方法。关系模型优点在于结构特别灵活，概念单一，满足所有布尔逻辑运算和数学运算规则形成的查询要求，并能搜索、组合和比较不同类型的数据，且增加和删除数据非常方便，以及具有更高的数据独立性、更好的安全保密性等；而其缺点是数据库大时，查找满足特定关系的数据费时，以及对空间关系无法满足等。

学号	姓名	性别	状态
31821160401	巴雪静	女	正常
31821160402	毕晓帅	男	正常
31821160403	曹盛堂	男	正常
31821160104	柴晓迪	男	休学
31821160405	陈亚辉	男	正常
……			

图 1-11　关系模型示例

【拓展知识】

关系模型的发展史。

关系模型的发展

【思考与练习】

1. 单选题

(1) 数据模型的三个要素是(　　)。
    A. 实体完整性、参照完整性、域完整性
    B. 数据结构、数据操作、数据完整性
    C. 数据增加、数据修改、数据查询
    D. 外模式、模式、内模式

(2) 按照数据模型分类,数据库管理系统可分为(　　)。
    A. 关系型、概念型、网状模型   B. 内模式、概念模式、外模式
    C. 关系型、层次型、网状模型   D. SQL Server、Oracle、DB2

(3) (　　)属于机器世界的模型,按计算机系统观点对数据建模,用于 DBMS 的实现。
    A. 概念模型   B. 逻辑模型   C. 物理模型   D. 关系模型

2. 判断题

(1) 机器世界指将信息世界中的信息数据化,用于计算机识别和处理。　　　(　　)
(2) 对现实世界数据特征的抽象就是数据库的数据模型。　　　　　　　　(　　)

1.2.2　数据库设计简介

数据库设计是指根据用户的需求,在某一具体的数据库管理系统上,设计数据库的结构和建立数据库的过程。

设计数据库系统的目的是管理大量信息。这些大量的信息并不是孤立存在的,而是某些企业业务的一部分。这些企业的终端产品可能是来自数据库中的信息,也可能是某些设备或服务,数据库则仅为其扮演一个支持者的角色。

数据库设计用于为一个给定的应用环境,构造最优的数据库模式,建立数据库及其应用系统,使之能够有效地存储数据,满足各种用户的应用需求(信息要求和处理要求)。在数据库领域内,常常把使用数据库的各类系统统称为数据库应用系统。

数据库设计是建立数据库及其应用系统的技术,是信息系统开发和建设中的核心技术。由于数据库应用系统的复杂性,为了支持相关程序运行,数据库设计就变得异常复杂,因此最佳设计不可能一蹴而就,而只能是一种"反复探寻,逐步求精"的过程,也就是规划和结构化数据库中的数据对象以及这些数据对象之间关系的过程。

1. 数据库设计的重要性

1) 有利于资源节约

在进行计算机软件设计时人们有时过于重视计算机软件的功能模块,却没有综合、全面地分析数据库设计,这往往会导致软件在实际运行过程中频频出现性能低下问题以及产生

各类故障,甚至还会引发漏电、系统崩溃等一系列安全隐患。因此,对计算机软件数据库设计加以重视不仅可减少软件后期的维修,达到节约人力与物力的目的,同时还有利于软件功能的高效发挥。

2) 有利于软件运行速度的提高

高水平的数据库设计可满足不同计算机软件系统对于运行速度的需求,而且可充分发挥并实现系统功能。计算机软件性能提高后,系统发出的运行指令在为用户提供信息时也将更加快速有效,软件运行速度自然得以提高。此外,具有扩展性的数据库设计可帮助用户节约操作软件的时间。在数据库设计环节,利用其信息存储功能可通过清除一些不必要的数据库来提高系统的查询效率。除上述功能外,软件设计师还可依据软件功能需求进行有效的数据库设计,进而保障数据库有效发挥自身在计算机软件运行中的作用。

3) 有利于软件故障的减少

在进行数据库设计时,有些设计师的设计步骤过于复杂,也没有对软件本身进行有效分析,这必然会导致计算机软件无法有效发挥其自身功能。另外,有效的设计日志信息的缺乏还会导致软件在运行过程中出现一系列故障,用户在修改一些错误的操作时必然也会难度较大。因此,加强数据库设计可有效减少软件故障的发生概率,保障计算机软件功能的实现。

2. 数据库设计的方法

1) 手工与经验相结合的方法

由于缺乏科学理论依据和工程方法的支持,在相当长的一段时期内数据库设计都依赖于设计人员的经验和水平,数据库设计变成了一种艺术而不是工程技术。当数据库运行一段时间后常常出现不同程度的各种问题,难以保证工程的质量,增加了系统维护的代价。

2) 规范设计方法

随着软件工程理论的发展,设计人员总结出了运用软件工程思想设计数据库的方法,利用这些方法制订了各种设计准则和规程,因此称为规范设计法。著名的有新奥尔良(New Orleans)方法,它将数据库设计分为若干阶段,包括需求分析阶段、概念设计阶段、逻辑设计阶段、物理设计阶段。

此外,还有基于 E-R 模型的概念设计方法、基于 3NF(第三范式)的逻辑设计方法、基于抽象语法规范的设计方法等。

3. 数据库设计的步骤

按照规范设计的方法,同时考虑数据库及其应用系统开发的全过程,可以将数据库设计分为以下 6 个阶段:需求分析阶段、概念设计阶段、逻辑设计阶段、物理设计阶段、数据库实施阶段和数据库运行和维护阶段。

1) 需求分析阶段

需求分析是数据库设计的第一步,也是整个设计过程的基础,是最困难也是最耗时间的一步。本阶段的主要任务是对现实世界要处理的对象(人员、部门、企业等)进行详细调查,在了解现行系统的概况、确定新系统功能的过程中,收集支持系统目标的基础数据及其处理方法,确定用户对数据库系统的使用要求和各种约束条件等,形成用户需求规约。

需求分析是在用户调查的基础上,通过分析,逐步明确用户对系统的需求,包括数据需求和围绕这些数据的业务处理功能需求、完整性和安全性需求。在需求分析中,通过自顶向下,逐步分解的方法分析系统,分析的结果采用数据流程图(DFD)进行图形化的描述。经过反复修改和用户的确认,最终形成需求分析报告。

需求分析的结构是否准确地反映了用户的实际要求将直接影响到后面各个阶段的设计,并影响到设计结果是否合理和实用。

2) 概念设计阶段

概念设计阶段是整个数据库设计的关键,通过对用户需求进行综合、归纳与抽象,形成一个独立于具体 DBMS 的概念模型。这个概念模型应反映现实世界各部分的信息结构、信息流动情况、信息间的互相制约关系以及各部分对信息储存、查询和加工的要求等。

使用某种建模方法,将客观事物及其联系抽象为实体及其属性、实体间的联系以及对信息的制约条件的概念模型。所建立的概念模型应独立于计算机,独立于各种 DBMS 产品,并以一种抽象形式表示出来。

在早期的数据库设计中,在需求分析之后,就会直接进行逻辑结构设计。由于此时既要考虑现实世界信息的联系与特征,又要满足特定的数据库系统的约束要求,因而对于客观世界的描述受到一定的限制。同时,由于设计时要同时考虑多方面的问题,也使设计工作变得十分复杂。1976 年 P. P. S. Chen 提出在逻辑设计之前先设计一个概念模型,并提出了数据库设计的实体—联系方法。这种方法不包括深奥的理论,但提供了一个简便、有效的方法,成为目前数据库设计中通用的工具。

3) 逻辑设计阶段

逻辑设计阶段主要工作是将现实世界的概念数据模型设计成数据库的一种逻辑模型(如关系模型),即适应于某种特定数据库管理系统所支持的逻辑数据模式(数据库的模式)。与此同时,可能还需为各种数据处理应用领域产生相应的逻辑子模式,并对数据进行规范化和优化处理。

4) 物理设计阶段

数据库物理设计阶段是利用数据库管理系统提供的方法和技术,对已经确定的数据逻辑结构,以较优的存储结构、数据存取路径、合理的数据存储位置及存储分配,使用 DBMS 提供的数据定义语言(DDL)在数据库服务器上创建数据库(Database),建立数据库的物理模型(数据库的内模式)。在所创建的数据库中创建基本表(Table)等数据库对象,并在物理上实现数据库的模式结构。

5) 数据库实施阶段

在数据库实施阶段需根据数据处理的功能需求,使用 DBMS 提供的数据操作语言(DML),对所创建的数据库进行修改(插入、删除数据行以及更新数据)与检索(查询)操作。使用 DBMS 提供的数据定义语言(DDL)在基本表(Table)的基础上创建视图(View),建立数据库的局部逻辑结构(数据库的外模式)。

将 DBMS 提供的 SQL 嵌入在程序设计语言中,按照软件项目开发流程编制与调试应用程序,组织数据入库,并进行试运行。

6) 数据库运行与维护阶段

数据库应用系统经过试运行后即可投入正式运行,在运行过程中需要不断对其进行调整、修改与完善。数据库经常性的维护工作主要由数据库管理员来完成,运用 DBMS 提供的数据控制语言进行数据库的转储和恢复,数据库的安全性、完整性控制,数据库性能监视、分析和改进,以及数据库的重构。

设计一个完善的数据库应用系统是不可能一蹴而就的,它往往是上述六个阶段的不断反复。在实际开发过程中,软件开发并不是按顺序从第一步到最后一步,而是在任何阶段或者在进入下一个阶段前都可能进行一步或几步的回溯,比如在测试过程中出现的问题可能要修改设计,当用户随时会提出一些需要时还要去修改需求。

至今,数据库设计的很多工作仍需要人工来做,除了关系数据库已有一套较完整的数据范式理论可用来部分地指导数据库设计之外,尚缺乏一套完善的数据库设计理论、方法和工具,以实现数据库设计的自动化或交互式的半自动化设计。所以数据库设计今后的研究发展方向是研究数据库设计理论,寻求能够更有效地表达语义关系的数据模型,为各阶段的设计提供自动或半自动的设计工具和集成化的开发环境,使数据库的设计更加工程化、规范化和方便易行,使数据库的设计充分体现软件工程的先进思想和方法。

【拓展知识】

数据库设计的注意事项。

数据库设计的
注意事项

【思考与练习】

(1) 数据库设计的重要性不包括(　　)。

  A. 节约资源   B. 提高运行速度

  C. 减少故障   D. 增加冗余

(2) 下列选项中,数据库设计规范设计方法不包括的是(　　)。

  A. 新奥尔良方法   B. 基于 E-R 模型的概念设计方法

  C. 手工与经验相结合的方法   D. 基于 3NF 的逻辑设计方法

(3) 数据库设计步骤一般划分为(　　)。

  A. 概念设计阶段、逻辑设计阶段、物理设计阶段、实施阶段

  B. 需求分析阶段、概念设计阶段、实施阶段、运行维护阶段

  C. 需求分析阶段、概念设计阶段、逻辑设计阶段、实施阶段、运行维护阶段

  D. 需求分析阶段、概念设计阶段、逻辑设计阶段、物理设计阶段、实施阶段、运行维护阶段

1.2.3　设计概念模型

数据库系统的主要应用就是各种管理信息系统,管理信息系统因面向对象的不同其应用可以是面向教育的、政务的、经济的、生产的等。管理信息系统的开发类型一般有以下几种。

- 软件产品实施:通过软件的参数设置对软件做少量的功能调整。
- 在开发型平台上研发:按用户需求来设计开发,组建研发团队研发适合的管理信息系统。
- 在应用设计平台上开发:按照用户需求通过二次开发进行个性化设计,可应对管理需

求的变化,动态调整业务应用和管理流程。

不论哪一类管理信息系统的实施与开发,都需要掌握数据库技术的人才。本节以涵盖数据库全部学习内容的"教学质量评价系统"数据库设计为案例,循序渐进地介绍数据库系统开发与维护所需的数据库知识与技术。

1. 需求分析

数据库设计一般分为需求分析、概念设计、逻辑设计、物理设计、实施、运行和维护等阶段。第一步是需求分析,重点是调查、收集与分析用户数据处理中的数据需求、功能需求、完整性与安全性需求,应用分析方法与工具,经过用户的反复确认,形成需求分析报告。由于需求分析的内容非常复杂,需求分析阶段从而成为数据库设计中耗时最长的阶段。

1) 数据流图

数据流图是结构化分析方法中常用的工具,它以图形的方式描绘数据在系统中流动和处理的过程。由于数据流图只反映系统必须完成的逻辑功能,所以是一种功能模型。在结构化开发方法中,数据流图是需求分析阶段产生的结果。

数据流图从数据传递和加工的角度,以图形的方式刻画数据流从输入到输出的移动变换过程。数据流图中基本图形元素表示见表 1-1。

表 1-1 数据流图的基本图形元素

符 号	名 称	说 明
□ 或 ◻	数据源点或终点	软件系统外部环境中的实体(包括人员、组织或其他软件系统),一般只出现在数据流图的顶层图中
▭ 或 ○	数据处理	数据处理是对数据进行加工的单元,它接收一定的数据输入,对其进行处理,并产生输出
═ 或 ⊐	数据存储	又称数据文件,指临时保存的数据,它可以是数据库文件或任何形式的数据组织
→	数据流	特定数据的流动方向,是数据在系统内传播的路径

一般来说,数据的源点与终点通常指外部对象实体,用长方形或长方体表示;数据处理可以代表一系列程序、单个程序或者程序的一个模块,还可代表人工过程等,用圆形或圆角矩形表示;数据存储表示需要保存的数据流向,指处于静止状态的数据,用平行线或开口矩形表示;数据流,指处理运行中的数据,用箭头表示。

2) 数据字典

数据字典(Data Dictionary,DD)最重要的作用是作为分析阶段的工具,任何字典最重要的用途都是供人查询对不了解的条目的解释,在结构化分析中,数据字典的作用是给数据流图上每个成分加以定义和说明。换句话说,数据流图上所有的成分的定义和解释的文字集合就是数据字典,而且在数据字典中建立的一组严密一致的定义,有助于改进分析员和用户之间的通信。数据库数据字典不仅是每个数据库的中心,而且对每个用户也是非常重要的信息。

数据字典用于描述系统中数据处理的数据需求。DD 是关于数据的信息集合,也就是对 DFD 中包含的所有元素的定义的集合。值得注意的是,DD 是关于数据定义的描述,即元数据,而不是数据本身。数据字典通常包括数据项、数据结构、数据流、数据存储和处理过程 5 个部分。其中数据项是数据的最小组成单位,若干个数据项可以组成一个数据结构。数据字典通过对数据项和数据结构的定义,来描述数据流、数据存储的逻辑内容。

这里需要注意的是,需求分析工具之一的数据字典与 DBMS 自动创建的数据字典是有区别的,虽然它们均是对数据定义的描述,但前者是需求分析阶段的元数据描述,后者是 DBMS 对有关数据库定义与操作的元数据的自动存储与维护,是 DBMS 的一个服务功能。

3) 用例图

用例图(Use Case Diagram)的绘制处于软件需求分析到最终实现的第一步,是用户与系统交互的最简表示形式,展现了用户和与他相关的用例之间的关系。用例图用于描述人们如何使用一个系统,用例图也经常和其他图表配合使用。

用例图的用法

由于其简单纯粹的本质,用例图是项目参与者之间交流的好工具。用例图的绘制也是对现实世界的一种刻画,可以让项目参与者明白系统要做成什么样。用例图包含 6 个元素,分别是参与者(Actor)、用例(Use Case)、关联关系(Association)、包含关系(Include)、扩展关系(Extend)以及泛化关系(Generalization)。用例图基本图形元素如图 1-12 所示,参与者用人形图标来标识,用例用椭圆来表示,连线表示它们之间的关系。

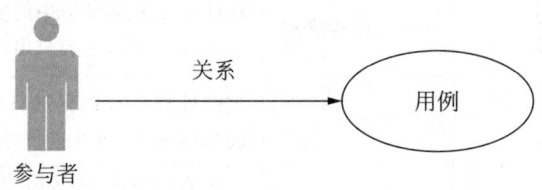

图 1-12　用例图基本图形元素

4)"教学质量评价系统"的需求分析

为了设计与实现教学质量评价系统,对某大学教务管理部门进行系统需求分析。首先了解该部门的工作岗位,明确要处理的数据和业务流程,绘制数据流图。然后,分析用户的数据管理要求,说明系统功能需求,绘制用例图。最后,分析所有的数据项,建立数据字典。为了学习方便,需求分析结果简化如下。

(1) 数据流图(DFD)。分析教学质量评价系统的业务流程,对教务管理部门各岗位进行数据传递和加工业务流程的调研,得到数据流图如图 1-13 所示。

(2) 用例图。用例图是用来描述系统功能的技术,通常指有哪些用户,要完成什么处理功能及处理方式。对教学质量评价系统各岗位用户进行数据处理调研得到的用例图如图 1-14 所示。

功能需求简要文字描述如下。

- 班级管理功能:用于添加、更新、删除和查询班级信息。
- 学生管理功能:用于添加、更新、删除和查询学生信息。
- 教师管理功能:用于添加、更新、删除和查询教师信息。
- 授课功能管理:用于添加、更新、删除和查询授课信息,包括以下两个方面。

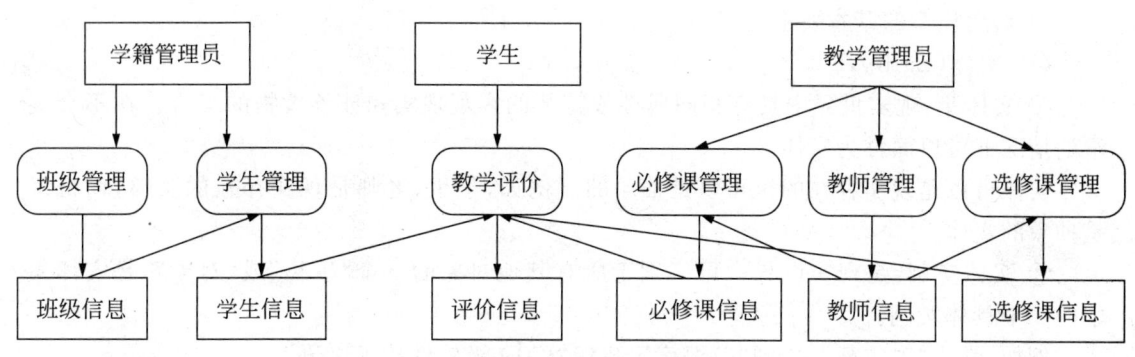

图 1-13 教学质量评价系统数据流图

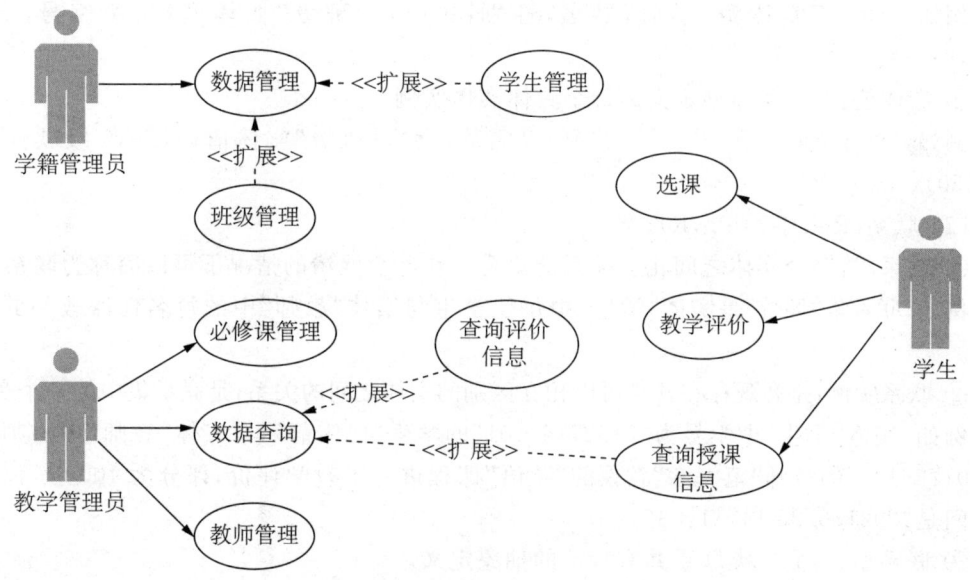

图 1-14 教学质量评价系统用例图

必修课授课管理：以班级为单位进行教师授课。

选修课授课管理：以学生为目标进行教师授课。

· 评价管理功能：用于添加、分类统计教学质量评价信息。

（3）数据字典（DD）。对系统的数据进行分析，得到相关数据项等，简述如下。

· 班级信息：包括班级编号、名称、人数、状态等。
· 学生信息：包括学号、姓名、性别、状态、班级、生日等。
· 教师信息：包括教师工号、姓名、性别、职称、状态、生日等。
· 必修课信息：包括教师工号、班级编号、课程等。
· 选修课信息：包括教师工号、学号、课程等。
· 评价信息：包括学号、教师工号、课程、评价信息、评分等。

2. 概念设计

概念设计是对现实世界的认识和抽象，用来描述世界的概念化结构，将用户需求抽象为数据库的概念模型。

1）概念模型的基本要素

（1）实体（Entity，E）。

① 实体集：现实世界中具有相同属性或特征的客观现实和抽象事物的集合。在不会混淆的情况下可以简称为实体。

实体可以是现实存在的也可以是抽象的。例如，学生、老师是现实存在的实体，而班级是抽象的实体。

② 实体实例：是现实世界中可区别于所有其他对象的一个"事物"或"对象"，是实体集中的一个具体实例。

例如，学生"巴雪静"，老师"范海彦"，班级"2019级软件技术1班"。

③ 实体型：对同一类实体共有特征的抽象定义。

例如，"学生"实体型（学号，姓名，性别，……）；"班级"实体型（班级编号，名称，人数，……）。

④ 实体值：符合实体型定义的每个具体实体实例。

例如，"学生"实体值（31821160401，巴雪静，女）；"班级"实体值（7，2019级软件技术1班，50）。

（2）联系（Relationship，R）。

① 联系集：多个实体之间相互关系的集合。在不会混淆的情况下可以简称为联系。

例如，联系集"评价"是实体"学生"中每位学生与实体"教师"中的每名任课教师的相互关系。

② 联系实例：是客观存在并且可以相互区别的实体之间的关系，是联系集中的一个实例。

例如，实体"学生"中学号为"31821160401"的学生"巴雪静"，对实体"教师"中教师工号为"201226104"的教师"范海彦"教授的"英语"课程进行了教学评价，评分为100分，评价提交时间是"2021/6/25 14:11:03"。

③ 联系型：对同一类联系共有特征的抽象定义。

例如，"评价"联系型（教师工号，学号，课程名，评分，评价时间，……）。

④ 联系值：符合联系型定义的每个具体联系实例。

例如，"评价"联系值（31821160422，201226104，英语，100，2021/6/25 14:11:03）。

⑤ 联系的分类：多个实体集间或一个实体集内的各实体存在的联系可分为以下3种。

a. 一对一联系（1∶1）：实体集 A 中的一个实体最多与实体集 B 中的一个实体相关联，并且实体集 B 中的一个实体最多与实体集 A 中的一个实体相关联，则称实体集 A 与实体集 B 具有一对一联系，记作1∶1。

例如，班级与班长的联系，在一个学校里，一个班级只有一个班长，反之，一个班长也只管理一个班级，则实体"班级"与实体"班长"具有一对一联系，记作1∶1，如图1-15(a)所示。

b. 一对多联系（1∶n）：实体集 A 中的一个实体可以与实体集 B 中的任意数目（0个或多个）实体相关联，但实体集 B 中的一个实体最多与实体集 A 中的一个实体相关联，则称实体集 A 与实体集 B 具有一对多联系，记作1∶n。

例如，班级与学生的联系，在一个学校里，一个班级可以有多个学生，反之，一个学生只能隶属于一个班级，则实体"班级"与实体"学生"具有一对多联系，记作1∶n，如图1-15(b)所示。

c. 多对多联系（$m∶n$）：实体集 A 中的一个实体可以与实体集 B 中的任意数目（0个或

多个)实体相关联,并且实体集 B 中的一个实体也可以与实体集 A 中的任意数目(0 个或多个)实体相关联,则称实体集 A 与实体集 B 具有多对多联系,记作 $m:n$。

例如,学生与教师的联系,在一个学校里,一个学生在学校每学期要听多名教师的课,反之,一名教师也会对多个学生授课,则实体"学生"与实体"教师"具有多对多联系,记作 $m:n$,如图 1-15(c)所示。

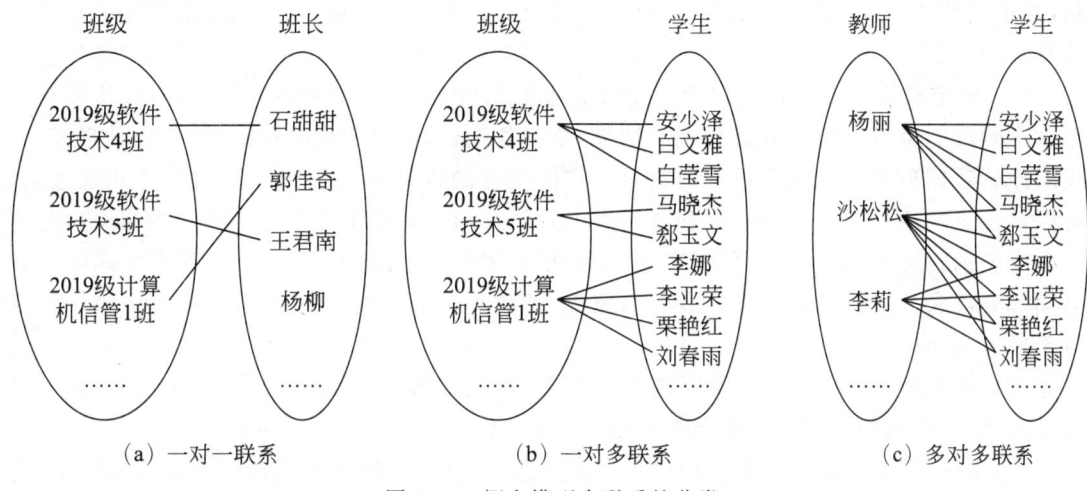

图 1-15 概念模型中联系的分类

(3) 属性(Attribute)。属性是指描述实体和联系的特征。例如,实体"学生"的学号、姓名等特征,联系"评价"中的学号、工号、评分等。

属性值是指属性的具体取值。例如,实体"学生"中某位学生姓名为"巴雪静",学号为"31821160401"。

(4) 键(Key)。键也称关键字,是用来识别实体的。键可以用来确定表中具体的一行记录。例如,在日常生活中,用姓名来标识一个实体"学生",但有时候不同的学生会叫相同的名字,这时单纯用姓名就无法唯一确定一个实体了。往往通过附加其他信息来确定这个学生,比如学号、身份证号、班级等。

键的分类

① 超键(Super Key):是指能够唯一标识实体集中每个实例的属性集。

② 候选键(Candidate Key):能够唯一标识实体集中每个实例的属性或属性组,且不包含多余属性,那么这个属性集称为候选键。

③ 主键(Primary Key):是能够唯一标识实体集或者联系集中每个实例的属性或属性组,只能设置一个。主键是建立在候选键的基础上的,所以在候选键中根据具体情况选取其中一个即为主键。

主键的编码规则

例如,实体"学生"主键为学号属性,"教师"主键是工号属性,而联系"评价"的主键为"学号+工号"属性组,称为组合主键。

④ 外键(Foreign Key):如果一个实体或联系的属性或属性组不是此实体或联系的主键,而是另一个实体的主键,则被称为是实体或联系的外键,用于实现实体之间的联系与参照完整性。

例如，用一个表用来保存学生，一个学生都归属一个班级，这个班级的基本信息保存在另一个表中，这就需要引用别的实体，班级编号是实体"班级"的主键，因此班级编号是实体"学生"的外键。

2）概念模型设计步骤

在进行数据库的概念设计时需要有较高水平的数据库管理技术和丰富的行业管理经验，这里仅简要介绍在进行概念设计时一般所要遵循的设计步骤，也让读者对数据库概念设计有一个了解。

（1）确定实体。一般在需求分析阶段会收集原材料，制定约束和规范，其中收集原材料是这个阶段的重点。通过调查和观察结果，由业务流程、原有系统的输入输出、各种报表、收集的原始数据形成大量基本数据资料表。实体集合的成员都有一个共同的特征和属性集，可以从收集的原材料——基本数据资料表中直接或间接标识出大部分实体。根据原材料名字表中表示物的术语及具有"代码""编号"结尾的术语，如学号、班级编号、课程代码等将其名词部分代表的实体标识出来，如学生、班级、课程等。我们把用户关心的这些对象和潜在对象标识为实体。

（2）确定联系。可以根据实际的业务需求、规则和实际情况，确定实体间联系、联系名和说明，确定联系类型，即前面所讲的 3 种联系类型（$1:1、1:n、m:n$）。

（3）确定主键。就是为实体和联系确定候选键属性，以便唯一识别每个实体或联系，再从候选键中确定一个为主键。一个实体的主键不能是空值，也不能在同一个时刻有一个以上的值。

（4）确定所有属性。可以从基础数据表中抽取说明性的名词开发出属性表，确定属性的所有者。定义非主键属性，还要检查完全函数依赖规则和非传递函数依赖规则，保证一个非主键属性必须仅依赖于主键，以此得到至少符合关系理论的第三范式。有关规范化的设计也可以在后续逻辑设计中进行，本书也将在 1.2.7 小节关系规范化中进行简单介绍，此处不再赘述。同时，还要定义属性的数据类型、长度、精度、非空、默认值和约束规则等，如有必要还要定义触发器、存储过程、视图、角色、同义词和序列等对象。有关定义也可以在后续逻辑设计、物理设计和数据库程序设计中逐步完成。

【拓展实践】

某单位需要开发一个图书管理系统，用于为职工提供图书借阅服务。系统面向的用户包括读者、图书操作员和系统管理员。

系统需求描述如下。

（1）读者管理。维护系统中读者信息，包括读者证号、姓名、性别、身份证号、书证状态等信息；根据读者类别确定每次可借阅书籍的本数及借阅时间；当读者借阅逾期时自动记录逾期次数；管理员可根据读者的相关信息进行检索及统计操作。

（2）图书管理。维护图书的基本信息，包括书名、条形码、ISBN、作者、出版社、页数、在馆状态及被借次数等信息。

（3）借阅管理。借阅管理分为借书和还书模块。当图书被借出时，则该书状态修改为借出；当成功还书后，该书状态修改为在馆，并将借阅数据保存为历史借阅信息。

（4）数据统计。根据读者证号查询读者当前借阅的图书情况及可借阅的数量；根据读者证号查询读者的借阅历史；根据条形码可以查询出最受欢迎的图书。

请根据需求描述，完成如下内容。

(1) 完成数据流图和用例图的绘制，制作数据字典。

(2) 分析系统中的实体，标识实体间的联系，确定实体和联系的属性。

【思考与练习】

(1) 概念设计的结果是(　　)。
  A. 一个与 DBMS 相关的概念模型 B. 一个与 DBMS 无关的概念模型
  C. 数据库系统的公用视图   D. 数据库系统的数据字典

(2) 描述信息世界的概念模型，指的是(　　)。
  A. 客观存在的事物及其相互联系 B. 将信息世界中的信息数据化
  C. 实体模型在计算机中的数据化表示 D. 现实世界到机器世界的中间层次

(3) 概念模型的基本要素不包括(　　)。
  A. 实体   B. 联系   C. 属性   D. 对象

(4) (　　)是现实世界中具有相同属性或特征的客观现实和抽象事物。
  A. 实体   B. 联系   C. 属性   D. 对象

(5) 能唯一标识实体集或者联系集中每个实例的属性或属性组且只能有一个的是(　　)。
  A. 实体   B. 联系   C. 主键   D. 外键

1.2.4 建立 E-R 模型

概念模型的表示方法有很多，其中 E-R 模型提供不受任何 DBMS 约束的表达方法，被广泛用作数据建模工具。

E-R 模型(Entity-Relationship Model)全称为实体联系模型、实体关系模型，由美籍华裔计算机科学家陈品山(Peter Pin-Shan Chen)于 1976 年提出，是概念数据模型的高层描述所使用的数据模型或模式图，提供了表示实体类型、属性和联系的方法，是用来描述现实世界的概念模型。

1. E-R 模型的构成要素

E-R 模型用 E-R 图(Entity-Relationship Diagram，ERD)表示其实体、属性和联系，在 E-R 图中有以下 4 个成分。

- 矩形框：表示实体，在框中记入实体名。
- 菱形框：表示联系，在框中记入联系名。
- 椭圆形框：表示实体或联系的属性，将属性名记入框中。
- 连线：实体与属性之间；实体与联系之间；联系与属性之间用直线相连，并在直线上标注联系的类型对于一对一联系，要在两个实体连线方向各写 1；对于一对多联系，要在一的一方写 1，多的一方写 n；对于多对多关系，则要在两个实体连线方向各写 m、n。

例如，1.2.3 小节的图 1-15 所示联系的分类有三种，班级与班长的联系是一对一联系

（1∶1），班级与学生是一对多联系（1∶n），学生与教师是多对多联系（m∶n）。用矩形框表示实体，用菱形框表示联系，用椭圆形框表示属性，则三种联系的 E-R 图如图 1-16(a)～(c)所示。

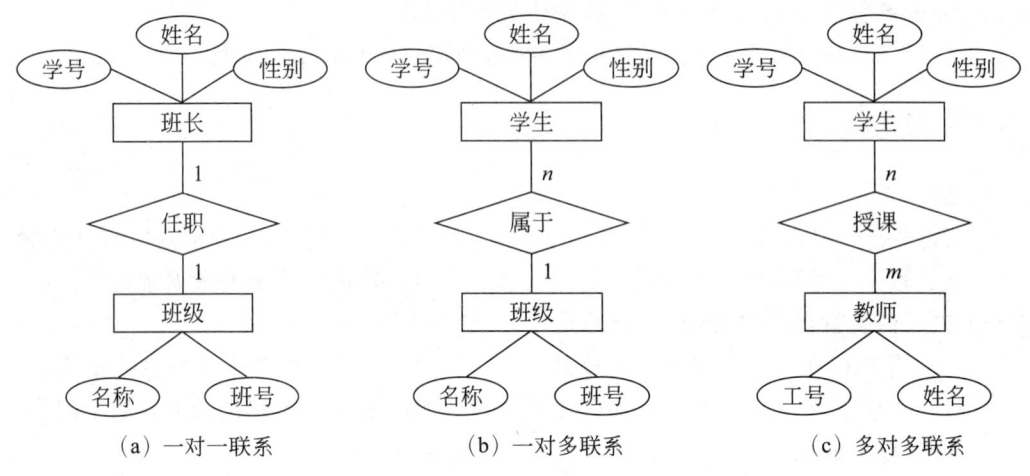

（a）一对一联系　　　　　（b）一对多联系　　　　　（c）多对多联系

图 1-16　三种联系的 E-R 图

2. E-R 模型的设计步骤

1）设计局部 E-R 图

首先选择局部应用，即根据某个系统的具体情况，选择系统中一个局部应用的子系统，作为设计局部 E-R 图的出发点。之后对每个局部应用逐一设计局部 E-R 图。

E-R 模型的详细设计步骤

2）集成局部 E-R 图

各子系统的局部 E-R 图设计完成以后，下一步就是要将所有的局部 E-R 图集成一个系统的总 E-R 图。一般来说，先将各局部 E-R 图合并起来综合为初步 E-R 图，再消除不必要的冗余，生成基本 E-R 图。

3. 建立"教学质量评价系统"的 E-R 模型

1）设计局部 E-R 图

可以选取学生信息管理子系统为局部应用，设计学生信息局部 E-R 图。学生和班级都是实体，一个班级可以有多个学生，反之，一个学生只能隶属于一个班级，它们是一对多联系。学生信息局部 E-R 图如图 1-17 所示。

教师授课有必修课和选修课两种，必修课以班级为单位统一授课，一个班级有多个授课教师，一个教师可以给多个班级授课，同一教师还可能在不同时间为一个班级讲授多门课程，因此教师与班级授课是多对多联系。这里看出，教师是一个实体，必修课是班级实体与教师实体的联系。班级授课局部 E-R 图如图 1-18 所示。

选修课类似，一个学生可以选择多个授课教师的课程学习，一个教师也对多个学生进行授课，教师与学生选课也是多对多联系。学生选课局部 E-R 图如图 1-19 所示。

最后，还有学生对任课教师的教学质量评价，是学生对授课教师的课程进行评价、评分，一个学生可以对多个教师的课程评价，一个教师也被多个学生进行评价，学生对教师评价也是多对多联系。学生评分局部 E-R 图如图 1-20 所示。

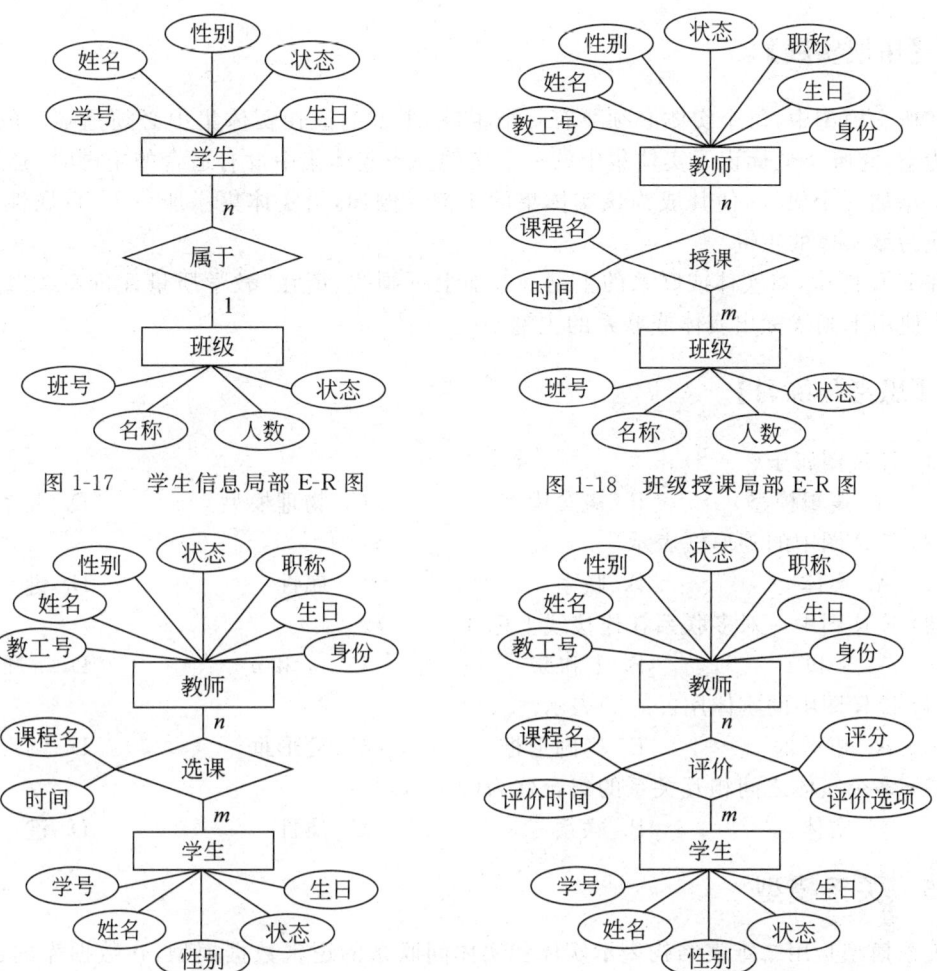

图 1-17　学生信息局部 E-R 图

图 1-18　班级授课局部 E-R 图

图 1-19　学生选课局部 E-R 图

图 1-20　学生评分局部 E-R 图

2）集成局部 E-R 图

局部 E-R 图设计好以后，综合学生信息、班级授课、学生选课以及学生评分的局部 E-R 图，构成"教学质量评价系统"综合 E-R 图，如图 1-21 所示。

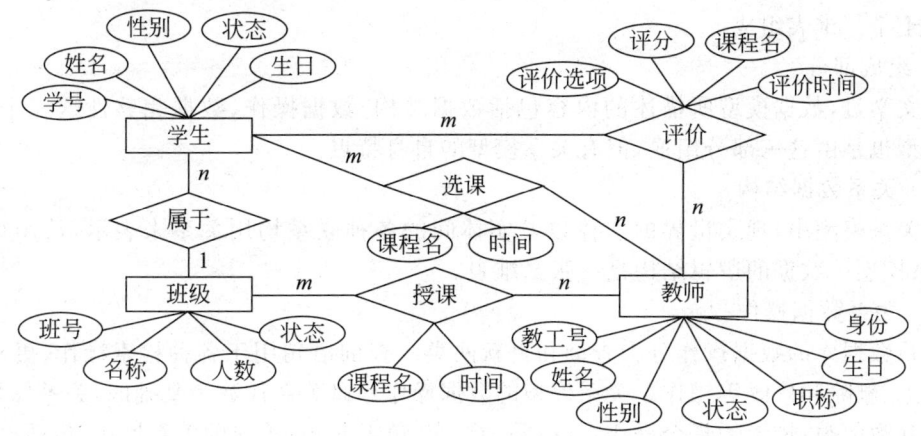

图 1-21　"教学质量评价系统"综合 E-R 图

【拓展实践】

在概念模型中，每个实体必须要有一个主键，主键的值在实体集中必须是唯一的，而且不能为空，它唯一地标识了实体集中的一个实例。当实体集中没有适合的主键时，必须给该实体集添加一个属性，使其成为该实体集的主键。例如，给实体集添加一个ID属性，ID属性就成为该实体的主键。

在E-R图中，对实体或联系的主键一般加上下画线，请在"教学质量评价系统"综合E-R图中使用下画线标出实体或联系的主键。

【思考与练习】

(1) E-R图属于(   )。
  A. 逻辑模型　　　　B. 概念模型　　　　C. 物理模型　　　　D. 关系模型
(2) E-R图中的菱形框表示(   )。
  A. 实体　　　　　　B. 联系　　　　　　C. 属性　　　　　　D. 键
(3) E-R图中一对多联系在连接线上标注(   )。
  A. 1和1　　　　　　B. 1和m　　　　　C. m和n　　　　D. 1和n
(4) E-R图中的实体用(   )表示。
  A. 矩形框　　　　　B. 椭圆形框　　　　C. 菱形框　　　　　D. 圆形框
(5) 多个实体之间相互关系的集合称为(   )。
  A. 实体　　　　　　B. 联系　　　　　　C. 属性　　　　　　D. 键

1.2.5　关系模型

关系模型是用二维表结构表示实体和实体间联系的逻辑数据模型，在数据库的逻辑设计中数据化概念模型。

1. 关系模型的特点

关系数据模型是以集合论中的关系概念为基础发展起来的，是用关系的形式表示实体和实体间联系的逻辑数据模型。关系模型中无论是实体还是实体间的联系均由单一的结构类型——关系来表示，在实际的关系数据库中的关系也称二维表或表。一个关系数据库就是由若干个二维表组成。

1) 组成部分

前文学过，数据模型所描述的内容包括数据结构、数据操作、数据完整性这三个部分。关系模型也是由这三部分组成，但有关系模型的自身特点。

(1) 关系数据结构

在关系模型中，现实世界的实体以及实体间的各种联系均用关系来表示，从用户角度看，关系模型中数据的逻辑结构是一张二维表。

(2) 关系数据操作

关系数据库的数据操作分为查询和更新两类。查询语句用于各种检索操作，更新语句用于插入、删除和修改等操作。关系模型的数据操作是以关系代数为基础的，关系代数中的操作可分为两类：传统的集合操作，包括并、差、交、笛卡儿积；扩充的关系操作，包括投影、选择、连接和自然连接、除。

(3) 关系数据完整性

数据完整性包括一系列约束或规则以保证数据的正确、有效和相容。关系模型的数据完整性规则包括实体完整性约束、域完整性约束、参照完整性约束和用户定义的完整性约束。大中型数据库管理系统(如 Oracle、SQL Server)只要对关系模型定义数据完整性约束,系统将自动检查各种操作是否违反规则,如违反规则将限制相关操作并给出错误信息。

2) 特点

关系模型用关系的形式表示实体和实体间联系,它和层次、网状模型相比有以下特点。

(1) 数据结构简单

在关系模型中,无论是实体还是实体之间的联系,都用关系来表示,而关系都对应一张二维数据表。实体通过关系的属性(即表的栏目或列)表示,实体之间的联系通过这些表中的公共属性(可以不同属性名,但必须同域)表示。结构非常简单、清晰,即使非专业人员也能一看就明白。

(2) 查询与处理方便

在关系模型中,数据的操作较非关系模型方便,用户只需用简单的查询语言就能对数据库进行操作。它的一次操作不只是一个元组(即表中的一行数据),而可以是一个元组集合。特别在高级语言的条件语句配合下,一次可操作所有满足条件的记录。

(3) 数据独立性很高

在关系模型中,用户对数据的操作可以不涉及数据的物理存储位置,而只需给出数据所在的表、属性等有关数据自身的特性即可,具有较高的数据独立性。

(4) 坚实的理论基础

与网状模型和层次模型不同,对于关系模型一开始便注重理论研究。在数据库领域专家的不懈努力下,关系系统的研究日趋完善,而且促进了其他软件分支如软件工程的发展。

2. 关系数据结构

1) 关系的定义和性质

关系(Relation)是一种规范化的二维表,一个关系对应一个二维表。它有以下特性。

- 关系中的每一个属性(列)都是不可分解的。
- 关系中不允许出现相同的元组(行)。
- 关系中不考虑元组之间的顺序。
- 元组中属性也是无序的。

由于关系模型是面向具体 DBMS 的,因此概念模型中的实体、联系及属性在关系模型中最好设计为用英文标识的标准命名标识符。

【实例1-1】 前文"教学质量评价系统"的概念模型中有实体:学生(学号,姓名,性别,状态,班号,生日),将其转换为关系模型。

首先将中文实体名、属性名转换为英文标识的标准命名标识符,学生:Student,学号:StudentCode,姓名:StudentName,性别:Sex,状态:StudentStatus,班号:ClassID,生日:Birthday。则概念模型中的"学生"转换为关系模型后成为:

Student(StudentCode,StudentName,Sex,StudentStatus,ClassID,Birthday)

然后根据上述模型设计一个关系 Student,描述概念世界中的实体"学生",见表1-2。

表 1-2 关系 Student

StudentCode	StudentName	Sex	StudentStatus	ClassID	Birthday
31821160401	巴雪静	女	正常	5	2001/5/7
31821160402	毕晓帅	男	正常	5	2000/8/27
31821160403	曹盛堂	男	正常	5	2001/1/22
31821160404	柴晓迪	男	正常	5	2000/10/25
31821160405	陈亚辉	男	正常	5	NULL

2）关系的基本术语

关系模型的基本概念和基本术语共有 14 个，有一些与前文概念模型中的术语相同。

(1) 关系(Relation)。一个关系对应着一个二维表，表名就是关系名。

(2) 元组(Tuple)。二维表中的一行，称为一个元组，描述一个实体或联系。

(3) 属性(Attribute)。二维表中的列，称为属性。属性的个数称为关系的元数或度数，属性的值称为属性值。

(4) 值域(Domain)。属性值的取值范围为域。

(5) 分量(Component)。每一行对应的列的属性值，即元组中的一个属性值。

(6) 键(Key)。如果在一个关系中存在唯一标识一个实体的一个属性或属性集，称为实体的键，即任何一个关系状态中的两个元组在该属性上的值的组合都不同。

(7) 超键(Super Key)。如果在关系的一个键中移去某个属性，它仍然是这个关系的键，则称这样的键为关系的超键。

(8) 候选键(Candidate Key)。如果在关系的一个键中不能移去任何一个属性，否则它就不是这个关系的键，则称这个被指定的键为该关系的候选键。

例如，学生表中"学号"或"身份证号"都能唯一地标识一个元组，则"学号"和"身份证号"都可作为学生关系的候选键。而在选课表中，只有属性组"学号"和"课程号"才能唯一地标识一个元组，则候选键为(学号,课程号)。

(9) 主键(Primary Key,PK)。在一个关系的若干候选键中指定一个用来唯一标识该关系的元组，则称这个被指定的候选键称为主关键字，简称为主键、关键字。每一个关系都有并且只有一个主键，通常用较小的属性组合作为主键。

例如学生表，一般选定"学号"作为数据操作的依据，则"学号"为主键。而在选课表中，主键为(学号,课程号)。

(10) 外键(Foreign Key,FK)。关系中的某个属性虽然不是这个关系的主键，或者只是主键的一部分，但它却是另外一个关系的主键时，则称为外键。

(11) 主属性和非主属性。关系中包含在任何一个候选键中的属性称为主属性，不包含在任何一个候选键中的属性为非主属性。

(12) 参照关系与被参照关系。是指以外键相互联系的两个关系，可以相互转换。

(13) 关系模式。二维表中的行定义，即对关系的描述称为关系模式。一般表示为关系名(属性1,属性2,…)，其中关系名和属性名采用英文标识的标准命名标识符。

例如，教学质量评价系统的"学生"关系模式为：

Student(StudentCode,StudentName,Sex,StudentStatus,ClassID,Birthday)

(14) 全键(Full Key)：一个关系模式中的所有属性的集合。

3. 关系数据操作

常用的关系数据操作包括查询和更新两类。查询语句用于各种检索操作，更新语句用于插入、删除和修改等操作。其中查询操作的表达能力最重要，包括选择、投影、连接、除、并、交、差等。关系模型中的数据操作能力通常是用代数方法或逻辑方法来表示，分别称为关系代数和关系演算。关系代数是用对关系的代数运算来表达查询要求的方式；关系演算是用谓词来表达查询要求的方式。

关系代数是以关系为运算对象的一组高级运算的集合。关系定义为元数相同的元组的集合。集合中的元素为元组，关系代数中的操作可分为两类：一是传统的集合操作，包括并、差、交、笛卡儿积；二是扩充的关系操作，包括投影、选择、连接和自然连接、除。

1) 传统的集合操作

(1) 并(Union)。设有两个关系 R 和 S 具有相同的关系模式，R 和 S 的并是由属于 R 和 S 的元组构成的集合，记为 R∪S。

注意：R 和 S 的元数要相同。

【实例 1-2】 关系 R 和 S 是两组学生，R∪S 的关系如图 1-22 所示。

关系R

StudentName	Sex
巴雪静	女
毕晓帅	男
曹盛堂	男

并

关系S

StudentName	Sex
巴雪静	女
陈亚辉	男

关系R∪S

StudentName	Sex
巴雪静	女
毕晓帅	男
曹盛堂	男
陈亚辉	男

图 1-22 关系 R∪S 并操作

(2) 差(Difference)。设有两个关系 R 和 S 具有相同的关系模式，R 和 S 的差是由属于 R 但不属于 S 的元组构成的集合，记为 R-S。

注意：R 和 S 的元数要相同。

【实例 1-3】 关系 R 和 S 是两组学生，R-S 的关系如图 1-23 所示。

关系R

StudentName	Sex
巴雪静	女
毕晓帅	男
曹盛堂	男

差

关系S

StudentName	Sex
巴雪静	女
陈亚辉	男

关系R-S

StudentName	Sex
毕晓帅	男
曹盛堂	男

图 1-23 关系 R-S 差操作

(3) 交(Intersection)。设有两个关系 R 和 S 具有相同的关系模式，R 和 S 的交是由属于 R 又属于 S 的元组构成的集合，记为 R∩S。

注意：R 和 S 的元数要相同。

【实例 1-4】 关系 R 和 S 是两组学生，R∩S 的关系如图 1-24 所示。

(4) 笛卡儿积(Cartesian Product)。设关系 R 和 S 的元数分别为 r 和 s。定义 R 和 S

关系R　　　　　　　　　关系S　　　　　　　　　　关系R∩S

StudentName	Sex
巴雪静	女
毕晓帅	男
曹盛堂	男

交

StudentName	Sex
巴雪静	女
陈亚辉	男

⟹

StudentName	Sex
巴雪静	女

图 1-24　关系 R∩S 交操作

的笛卡儿积是个 $r+s$ 元的元组集合，每个元组的前 r 个分量（属性值）来自 R 的一个元组，后 s 个分量来自 S 的一个元组，记为 R×S。

若 R 有 m 个元组，S 有 n 个元组，则 R×S 有 $m×n$ 个元组。

【实例 1-5】　关系 R 是学生，关系 S 是选课联系，R×S 的关系如图 1-25 所示。

关系R

StudentCode	StudentName
31821160401	巴雪静
31821160402	毕晓帅

笛卡儿积 ⟹

关系S

StudentCode	TeacherCode	CourseName
31821160401	2009261621	普通话
31821160401	2011261651	职业沟通讲座
31821160402	2009261621	普通话

关系R×S

StudentCode	StudentName	StudentCode	TeacherCode	CourseName
31821160401	巴雪静	31821160401	2009261621	普通话
31821160401	巴雪静	31821160401	2011261651	职业沟通讲座
31821160401	巴雪静	31821160402	2009261621	普通话
31821160402	毕晓帅	31821160401	2009261621	普通话
31821160402	毕晓帅	31821160401	2011261651	职业沟通讲座
31821160402	毕晓帅	31821160402	2009261621	普通话

图 1-25　关系 R×S 笛卡儿积操作

2）扩充的关系操作

（1）投影（Projection）。从关系中挑选若干属性组成的新的关系称为投影。这是从列的角度进行运算，经过投影运算能得到一个新关系，其关系所包含的属性个数往往比原关系少，或属性的排列顺序不同。如果新关系中包含重复元组，则要删除重复元组。

设关系 R 有若干属性，A 是从 R 中投影出的部分属性集，记为 $\Pi_A(R)$。

【实例 1-6】　关系 R 是学生，从 R 中投影出学生的姓名（StudentName）和性别（Sex），$\Pi_{StudentName,Sex}(R)$ 的关系如图 1-26 所示。

关系R

StudentCode	StudentName	Sex	StudentStatus	ClassID	Birthday
31821160401	巴雪静	女	正常	5	2001/5/7
31821160402	毕晓帅	男	正常	5	2000/8/27
31821160403	曹盛堂	男	正常	5	2001/1/22
31821160404	柴晓迪	男	正常	5	2000/10/25
31821160405	陈亚辉	男	正常	5	NULL

投影 ⟹

关系 $\Pi_{StudentName,Sex}(R)$

StudentName	Sex
巴雪静	女
毕晓帅	男
曹盛堂	男
柴晓迪	男
陈亚辉	男

图 1-26　关系 $\Pi_{StudentName,Sex}(R)$ 投影操作

（2）选择（Selection）。从关系中找出满足给定条件的所有元组称为选择。其中的条件是以逻辑表达式给出的，该逻辑表达式的值为真的元组被选取。这是从行的角度进行的运

算,即水平方向抽取元组。经过选择运算得到的结果能形成新的关系,其关系模式不变,但其中元组的数目小于或等于原来的关系中元组的个数,是原关系的一个子集。

设关系 R 有若干元组,F 是逻辑表达式,按 F 为真选择出的元组集合,记为 $\delta_F(R)$。

【实例 1-7】 关系 R 是学生,从 R 中选择出所有男生,$\delta_{Sex='男'}(R)$ 的关系如图 1-27 所示。

关系R

StudentCode	StudentName	Sex	StudentStatus	ClassID	Birthday
31821160401	巴雪静	女	正常	5	2001/5/7
31821160402	毕晓帅	男	正常	5	2000/8/27
31821160403	曹盛堂	男	正常	5	2001/1/22
31821160404	柴晓迪	男	正常	5	2000/10/25
31821160405	陈亚辉	男	正常	5	NULL

选择 ⇩

关系 $\delta_{Sex='男'}(R)$

StudentCode	StudentName	Sex	StudentStatus	ClassID	Birthday
31821160402	毕晓帅	男	正常	5	2000/8/27
31821160403	曹盛堂	男	正常	5	2001/1/22
31821160404	柴晓迪	男	正常	5	2000/10/25
31821160405	陈亚辉	男	正常	5	NULL

图 1-27 关系 $\delta_{Sex='男'}(R)$ 选择操作

(3) 连接(Join)。连接也称为 θ 连接。设关系 R 和 S,其中 A 和 B 分别是关系 R 和 S 上度数相同且可比属性组,θ 为比较运算符。θ 连接是从关系 R 和 S 的笛卡儿积中选择属性值满足某一 θ 操作的元组,记为 $R \underset{R.A\theta S.B}{\bowtie} S = \delta_{R.A\theta S.B}(R \times S)$。

① 等值连接:比较运算符 θ 为"="时的连接,其结果是从关系 R 和 S 的笛卡儿积中选取属性组 A 和 B 相等的元组。

【实例 1-8】 如图 1-25 所示,在关系 R 和 S 的笛卡儿积中,第 3~5 行是没有任何意义的,只有 R 和 S 的学号(StudentCode)一致时才表示每个学生的选课信息,这时就是等值连接,R 和 S 等值连接后关系如图 1-28 所示。

关系R

StudentCode	StudentName
31821160401	巴雪静
31821160402	毕晓帅

关系S

StudentCode	TeacherCode	CourseName
31821160401	2009261621	普通话
31821160401	2011261651	职业沟通讲座
31821160402	2009261621	普通话

等值连接 ⇩

R ⋈ S
R.StudentCode=S.StudentCode

StudentCode	StudentName	StudentCode	TeacherCode	CourseName
31821160401	巴雪静	31821160401	2009261621	普通话
31821160401	巴雪静	31821160401	2011261651	职业沟通讲座
31821160402	毕晓帅	31821160402	2009261621	普通话

图 1-28 关系 R 和 S 等值连接操作

② 自然连接：在两个或多个关系进行等值连接之后，会出现属性值（或属性名）相同的属性，这些重复的属性使得生成的新关系数据产生冗余，因此要去掉重复的属性，这就是自然连接。两个关系 R 和 S 的自然连接用 R S 表示。如果两个关系中没有等值连接属性，那么其自然连接就是笛卡儿积操作。

【实例 1-9】 在上例中，R 和 S 等值连接后出现了重复的属性：学号（StudentCode），去掉其中任意一个 StudentCode 就是自然连接，R 和 S 自然连接后关系如图 1-29 所示。

关系R

StudentCode	StudentName
31821160401	巴雪静
31821160402	毕晓帅

关系S

StudentCode	TeacherCode	CourseName
31821160401	2009261621	普通话
31821160401	2011261651	职业沟通讲座
31821160402	2009261621	普通话

自然连接

R ⋈ S

StudentCode	StudentName	TeacherCode	CourseName
31821160401	巴雪静	2009261621	普通话
31821160401	巴雪静	2011261651	职业沟通讲座
31821160402	毕晓帅	2009261621	普通话

图 1-29　关系 R 和 S 自然连接操作

4. 关系数据完整性

在数据存储、修改、删除等操作过程中都需要保证数据的准确性和一致性，DBMS 会按照一定的约束条件对数据进行监测，这就是数据完整性。域完整性、实体完整性和参照完整性是关系模型中必须满足的完整性约束条件，只要是关系数据库系统就应该支持域完整性、实体完整性和参照完整性。除此之外，不同的关系数据库系统根据其应用环境的不同，往往还需要一些特殊的约束条件，用户定义的完整性就是对某些具体关系数据库的约束条件。

1) 实体完整性

这条规则需要关系中元组在组成主键的属性上不能有空值。如有空值，那么主键值就起不了唯一标识元组的作用。空值（NULL）是指没有值，它既不是 0 也不是空字符串。

2) 域完整性

这条规则是指属性的值域必须满足某种特定的数据类型或约束，如数据类型、取值范围、精度、默认值、是否允许空值等。比如，性别取值应为男或女。

3) 参照完整性

如果属性（或属性组）A 是关系 R 的主键，A 也是关系 S 的外键，那么在关系 S 中，A 的取值只允许有两种可能：空值或等于关系 R 中某个主键值。

使用时应注意以下几点。

- 外键和相对应的主键可以不同名，只要定义在相同的值域上即可。
- 关系 R 和 S 可以是同一个关系，表示了关系内不同属性之间的联系。
- 外键值是否允许为空，应视具体问题而定。

【思考与练习】

(1) 关系模型是目前最重要的一种逻辑数据模型,它的 3 个组成要素是(　　　)。
  A. 外模式、模式、内模式
  B. 关系数据结构、关系数据操作、关系完整性约束
  C. 数据增加、数据修改、数据查询
  D. 实体完整性、参照完整性、域完整性

(2) 在一个关系中,能唯一标识元组的属性或属性组称为关系的(　　　)。
  A. 主键   B. 副键   C. 从键   D. 参数

(3) 关系数据库管理系统应能实现的关系运算包括(　　　)。
  A. 排序、索引、统计   B. 选择、投影、连接
  C. 关联、更新、排序   D. 显示、打印、制表

(4) 如果采用关系数据库实现应用,在逻辑设计阶段需将(　　　)转换为关系数据模型。
  A. 概念模型 B. 层次模型 C. 关系模型 D. 网状模型

(5) 关系数据完整性不包括(　　　)。
  A. 实体完整性 B. 参照完整性 C. 域完整性 D. 连接完整性

1.2.6　建立逻辑模型

本任务要根据关系模型理论,将之前的概念模型 E-R 图转换为关系模型这种逻辑数据模型,使数据进入机器世界。

1. 实体转换为关系

每个实体类型转换成一个关系模式,实体名即为关系名,实体的属性即为关系的属性,实体主键即为关系的主键。

【实例 1-10】　将实体学生(学号、姓名、性别、状态、生日),主键为学号,转换为关系。

学生关系模式为 Student(StudentCode,StudentName,Sex,StudentStatus,Birthday),PK 为 StudentCode。

2. 联系转换为关系

实体转换为关系的规则明确而简单,联系转换为关系就要稍微复杂一些了,因为联系有 3 种类型,每种类型的转换规则都是不一样的。

1) 一对一联系

可以在两个实体类型转换成两个关系模式中的任意一个关系模式的属性中加入另一个关系模式的主键和联系本身的属性。

【实例 1-11】　假设实体"班级"(班号,班名)与实体"班长"(学号,姓名)的联系是 1∶1,其 E-R 模型如图 1-30(a)所示,将此联系转换为关系模式。

可以将联系"任职"并入实体"班长"中,通过实体"班长"增加任职班级属性,表明班长管理班级,任职班级属性如果使用班级主键"班号"(如图 1-30(b)虚线所示),就能唯一指定某个班长管理哪一个班级。这样两个实体和一个联系合起来仍然是之前两个实体转换后的关系,只是班长关系中多了一个班号,它是一个外键。再将中文的实体名和属性名转换为英文

命名标识符,其关系模式可以描述为以下内容。

班级:Class (ClassID, ClassName),其中,PK 为 ClassID。

班长:Monitor(StudentCode, MonitorName, ClassID),其中,PK 为 StudentCode,FK 为 ClassID。

或者,将联系"任职"并入实体"班级"中,让实体"班级"多一个班长属性,也就明确了班级的班长由谁担任,这里使用班长的主键"学号"(如图 1-30(c)虚线所示)作为班级的班长属性。其转换后的关系模式可以描述为以下内容。

班长:Monitor(StudentCode, MonitorName),其中,PK 为 StudentCode。

班级:Class (ClassID, ClassName, StudentCode),其中,PK 为 ClassID,FK 为 StudentCode。

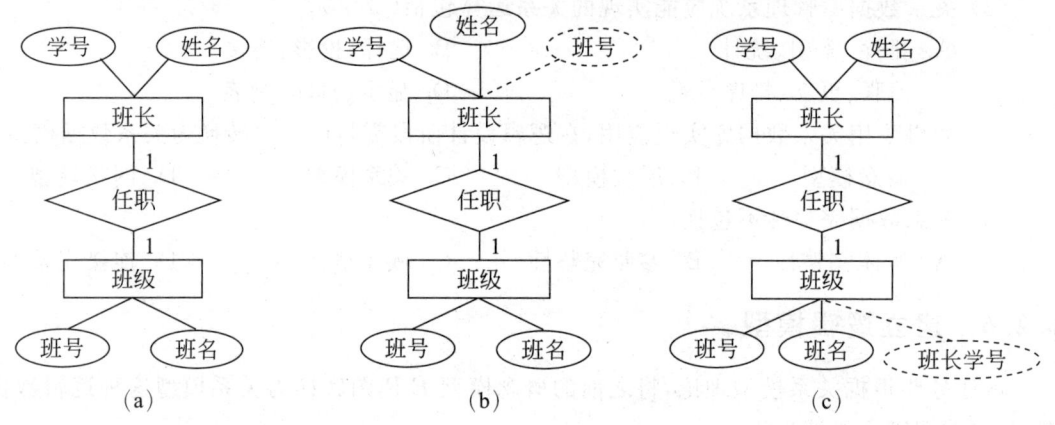

图 1-30 一对一联系转换为关系

2) 一对多联系

$1:n$ 联系与 $1:1$ 联系类似,但只能在 n 端实体类型转换成的关系模式中加入 1 端实体类型转换成的关系模式的主键和联系本身的属性。

【实例 1-12】 假设实体"班级"(班号,班名)与实体"学生"(学号,姓名)的联系是 $1:n$,其 E-R 模型如图 1-31 所示,将此联系转换为关系模式。

根据联系类型班级是 1 端而学生是 n 端,可以将联系"属于"并入实体"学生"中,通过实体"学生"增加班级的主键"班号"(如图 1-31 虚线所示),实体"班级"保持不变。其转换后的关系模式可以描述为以下内容。

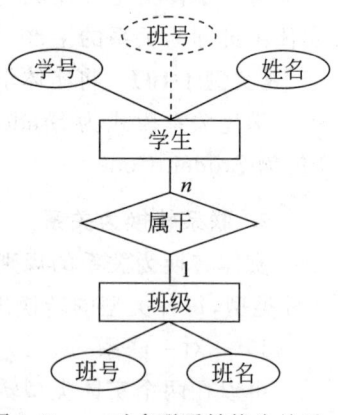

图 1-31 一对多联系转换为关系

班级:Class (ClassID, ClassName),其中,PK 为 ClassID。

学生:Student(StudentCode, StudentName, ClassID),其中,PK 为 StudentCode,FK 为 ClassID。

3) 多对多联系

对于多对多($m:n$)联系在将联系转换成关系模式时,其属性为两端实体类型的主键加上联系本身的属性,而主键为两端实体键的组合。

【实例 1-13】 在教学质量评价数据库汇总,实体"班级"与实体"教师"的联系是 $m:n$,

其 E-R 模型如图 1-32 所示,将此联系转换为关系模式。

直接将联系"授课"转换成一个关系,关系名就是联系名,属性除了联系本身的"课程名"和"时间",再加上两端的实体主键(如图 1-32 虚线所示),即实体"班级"的主键"班号"和实体"教师"的主键"教工号"构成关系的属性。因此,联系"授课"由班号、教工号和课程名组合成一个主键,其中班号和教工号又是外键。其转换后的关系模式可以描述为以下内容。

实体"班级":Class(ClassID,ClassName,ClassStatus,ClassSize),其中,PK 为 ClassID。

实体"教师":Teacher(TeacherCode,TeacherName,Title,Sex,Birthday,TeacherIdentity,TeacherStatus),其中,PK 为 TeacherCode。

联系"授课":TeachCourse(TeacherCode,ClassID,CourseName,AddDate),其中,PK 为 TeacherCode+ClassID+CourseName,FK 为 TeacherCode、ClassID。

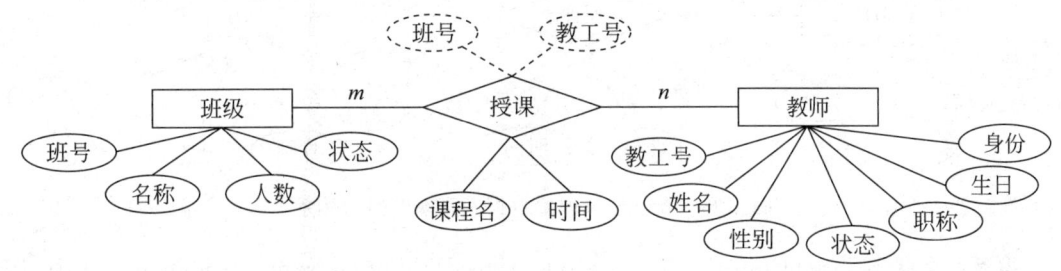

图 1-32 多对多联系转换为关系

3. E-R 图转换为关系模式

【实例 1-14】 下面以教学质量评价数据库为例,把"教学质量评价系统"的 E-R 图(见图 1-21)转换成关系模式,实现数据库的逻辑设计。

1) 实体转换为关系

首先转换实体,E-R 图中有三个实体:学生、班级和教师。按照实体转换关系的规则,分别转换成三个关系,即 Student、Class 和 Teacher。关系名和属性名都转换为英文命名的标识符,学生主键是学号,班级主键是班号,教师的主键就是教工号。其转换后的关系模式可以描述以下内容。

实体"学生":Student(StudentCode,StudentName,Sex,StudentStatus,Birthday),其中,PK 为 StudentCode。

实体"班级":Class (ClassID,ClassName,ClassStatus,ClassSize),其中,PK 为 ClassID。

实体"教师":Teacher (TeacherCode,TeacherName,Title,Sex,Birthday,TeacherIdentity,TeacherStatus),其中,PK 为 TeacherCode。

2) 联系转换为关系

接下来转换联系,这个 E-R 图中没有一对一联系,只有一对多和多对多联系。

(1) 一对多联系。只有一个,即班级和学生的联系"属于",按照规则,把联系"属于"并入实体"学生"。这样关系 Student 改动一点,加上班号 ClassID 属性。其转换后的关系模式可以描述为以下内容。

实体"学生":Student(StudentCode,StudentName,Sex,StudentStatus,Birthday,ClassID),其中,PK 为 StudentCode,FK 为 ClassID。

(2) 多对多联系。一共有"授课""选课"和"评价"3 个,这样的联系要转成新的关系。

如前所述，联系"授课"转换成关系时增加班号和教工号，同理，联系"选课"转换成关系时要增加学号和教工号，如图 1-33 所示。其转换后的关系模式可以描述为以下内容。

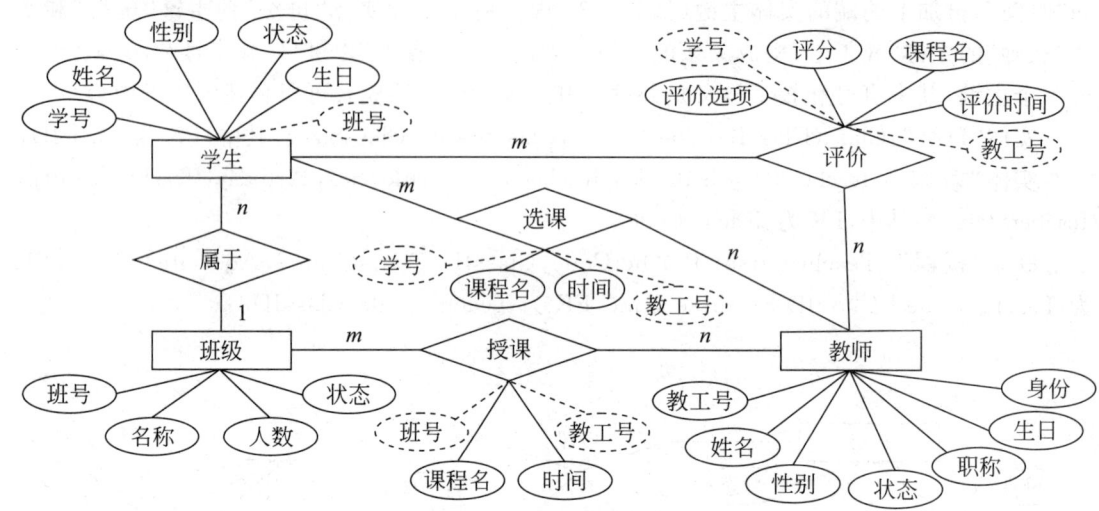

图 1-33　教学质量评价数据库联系转换为关系

联系"授课"：TeachCourse(TeacherCode，ClassID，CourseName，AddDate)，其中，PK 为 TeacherCode＋ClassID＋CourseName，FK 为 TeacherCode、ClassID。

联系"选课"：StudentCourse(TeacherCode，StudentCode，CourseName，AddDate)，其中，PK 为 TeacherCode＋StudentCode＋CourseName，FK 为 TeacherCode、StudentCode。

最后一个多对多联系"评价"，也跟联系"选课"类似，转换成关系时增加学号和教工号，由于评价的数据很多，我们建议设置一个从 1 开始的逐一自增序号 ID 属性作为主键，这样比组合主键的存储和查询效率都要高。其转换后的关系模式可以描述为以下内容。

联系"评价"：StudentGrade(ID，StudentCode，TeacherCode，AnswerOption，CourseName，TotalScore，GradeTime)，其中，PK 为 ID，FK 为 TeacherCode、StudentCode。

这样所有的实体和联系都已经转换完成，综合以上，教学质量评价数据库的逻辑设计得到以下 6 个关系模式。

实体"班级"：Class (ClassID，ClassName，ClassStatus，ClassSize)，其中，PK 为 ClassID。

实体"教师"：Teacher (TeacherCode，TeacherName，Title，Sex，Birthday，TeacherIdentity，TeacherStatus)，其中，PK 为 TeacherCode。

实体"学生"：Student (StudentCode，StudentName，Sex，StudentStatus，Birthday，ClassID)，其中，PK 为 StudentCode，FK 为 ClassID。

联系"授课"：TeachCourse(TeacherCode，ClassID，CourseName，AddDate)，其中，PK 为 TeacherCode＋ClassID＋CourseName，FK 为 TeacherCode、ClassID。

联系"选课"：StudentCourse(TeacherCode，StudentCode，CourseName，AddDate)，其中，PK 为 TeacherCode＋StudentCode＋CourseName，FK 为 TeacherCode、StudentCode。

联系"评价"：StudentGrade(ID，StudentCode，TeacherCode，AnswerOption，CourseName，TotalScore，GradeTime)，其中，PK 为 ID，FK 为 TeacherCode、StudentCode。

【拓展实践】

参考本章1.2.3小节中的"拓展实践"部分,完成该单位图书管理系统的逻辑模型设计,包括图书管理系统的E-R图以及转换后的关系模式。

【思考与练习】

(1) E-R图属于( )。
   A. 逻辑模型   B. 概念模型   C. 物理模型   D. 关系模型
(2) 多个实体之间相互关系的集合称为( )。
   A. 实体   B. 联系   C. 属性   D. 键
(3) 实体转换为关系时,( )转换为关系名。
   A. 实体名   B. 实体属性   C. 实体主键   D. 实体联系
(4) 联系转换为关系时,一对一联系( )关系。
   A. 与任意端实体合并为一个   B. 与n端实体合并为一个
   C. 转换为一个新的   D. 不用转换为
(5) 一对多联系合并为一个关系时,需要加入( )。
   A. 1端实体名   B. 1端实体主键   C. n端实体名   D. n端实体主键

1.2.7 关系规范化

关系规范化是数据库逻辑设计的指南和工具,是为了解决数据库中数据的插入、删除、修改异常等问题的一组规则。在优秀的关系模型中数据呈现结构化,并且共享性、一致性和可操作性较高。如果是不规范的关系,就会产生数据冗余,当对数据进行插入、删除、修改等操作时会产生异常。为解决这些问题,就要制订规则,将关系规范化。因此,关系规范化就是指对每个关系的内部属性都需要进行规范设计,使之达到一定的规范化程度。规范化的程度或者级别称为范式。

对于存在数据冗余、插入异常、删除异常问题的关系模式,应采取将一个关系模式分解为多个关系模式的方法进行处理。一个低一级范式的关系模式,通过模式分解可以转换为若干个高一级范式的关系模式,这就是所谓的关系规范化过程。

目前关系数据库有六种范式:第一范式(1NF)、第二范式(2NF)、第三范式(3NF)、第四范式(4NF)、第五范式(5NF)和第六范式(6NF),一般来说,数据库只需满足第三范式(3NF)就行了。下面通过第一范式、第二范式和第三范式的学习,进而了解关系规范化。

1. 第一范式(1NF)

第一范式(First Normal Form,1NF)是对关系数据库的最基本要求,不满足第一范式的数据库就不是关系数据库。

第一范式的规则就是关系中每个属性不可再分。1NF要求同一列中不能有多个值,即实体中的某个属性不能有多个值或者不能有重复的属性。如果出现重复的属性,就可能需要定义一个新的实体,新的实体由重复的属性构成,新实体与原实体之间为一对多关系。在第一范式(1NF)中表的每一行只包含一个实例的信息,行中每个属性值由基本类型构成,包括整型、实数、字符型、逻辑型、日期型等。

【**实例 1-15**】 假设有一个学生信息见表 1-3,分析其是否符合第一范式。

表 1-3 学生信息表

学 号	姓 名	性别	联系电话	
			手 机	家 庭
31821160401	巴雪静	女	139＊＊＊＊9999	0311-88＊＊＊＊88
31821160402	毕晓帅	男	130＊＊＊＊0000	0311-66＊＊＊＊66

分析发现,联系电话属性可以分为手机和家庭电话,不符合 1NF 的每个属性不可再分规则,因此该关系达不到 1NF 要求。可把联系电话属性分解为两个属性来解决,见表 1-4。

表 1-4 学生信息表(符合 1NF)

学 号	姓 名	性别	移动电话	家庭电话
31821160401	巴雪静	女	139＊＊＊＊9999	0311-88＊＊＊＊88
31821160402	毕晓帅	男	130＊＊＊＊0000	0311-66＊＊＊＊66

其实,在当前的任何关系数据库管理系统(DBMS)中,在设计数据库表时根本不允许把一列再分成二列或多列。因此,想在现有的 DBMS 中设计出不符合第一范式的数据库都是不可能的。

2. 第二范式(2NF)

第二范式(2NF)是在第一范式(1NF)的基础上建立起来的,即满足第二范式(2NF)必须先满足第一范式(1NF)。同时第二范式(2NF)还要求关系中所有非主键属性都要和主键有完全依赖关系。所谓完全依赖是指不能存在仅依赖主关键字一部分的属性,如果存在,那么这个属性和主关键字的这一部分应该分离出来形成一个新的实体,新实体与原实体之间是一对多的关系。

简而言之,第二范式就是要求数据库表中的每个实例或行必须可以被唯一地区分。这个唯一属性或属性组被称为主键。

【**实例 1-16**】 假如有一个这样的选课表,部分数据见表 1-5,其主键是由学号、教工号和课程名三个属性组合而成的。分析其是否符合第二范式。

表 1-5 选课表

学 号	学生姓名	教工号	教师名	课程名
31821160420	李祎	2009261621	陶皆霖	普通话
31821160423	刘世培	2009261621	陶皆霖	普通话

分析发现,学生姓名只依赖于学号,教师姓名只依赖于教工号,也就是说这两列只依赖于主键的一部分,而不是完全依赖于主键,即存在组合关键字中的字段决定非关键字的情况。因此,这个表不符合第二范式。

由于不符合 2NF,这个选课表会存在以下问题。
- 数据冗余:同一门课程由 n 个学生选修,"教师名"和"课程名"就重复 $n-1$ 次;同一个学生选修了 m 门课程,"学生姓名"就重复了 $m-1$ 次。
- 更新异常:若调整了某门课程的名称,数据表中所有行的"课程名"值都要更新,否则会出现同一门课程名称不同的情况。
- 插入异常:假设要开设一门新的课程,暂时还没有人选修。这样,由于还没有"学号"关键字,课程名也无法记录入数据库。
- 删除异常:假设一批学生已经完成课程的选修,这时选修记录就要从选修表中删除。但是,与此同时,教师信息也被删除了。很显然,同时这也会导致插入异常。

解决办法就是,只要列中出现数据重复,就把表拆分开来。这样学生姓名在学生表中,教师姓名在教师表中,选课表只有学号、教工号和课程名,见表 1-6~表 1-8,也就是说一行数据只做一件事。这也是为什么我们之前在进行一对多和多对多联系转换成关系时,只把实体的主键加到关系中,而不增加实体的其他属性。

表 1-6 学生表

学 号	学生姓名
31821160420	李祎
31821160423	刘世培

表 1-7 教师表

教工号	教师名
2009261621	陶皆霖

表 1-8 选课表(符合 2NF)

学 号	教工号	课程名
31821160420	2009261621	普通话
31821160423	2009261621	普通话

这样的数据库表符合第二范式,解决了数据冗余、更新异常、插入异常和删除异常等问题。
注意:所有单关键字的数据库表都符合第二范式。

3. 第三范式(3NF)

在第二范式的基础上,数据表中如果不存在非主键属性对任一候选键的传递函数依赖则符合第三范式。所谓传递函数依赖,指的是如果存在 A→B→C 的决定关系,则 C 传递函数依赖于 A。因此,满足第三范式的数据库表应该不存在如下依赖关系:主键→非主键属性 x→ 非主键属性 y。

简而言之,符合第三范式(3NF)就是指除了有唯一标识每行的主键,还要求数据表中不包含已在其他表中已包含的非主键信息。

例如,存在一个部门信息表,其中每个部门有部门编号(dept_id)、部门名称、部门简介等信息。那么在员工信息表中如果存在部门编号,就不能再将部门名称、部门简介等与部门有关的信息加入员工信息表中了。如果不存在部门信息表,则根据第三范式(3NF)也应该构建它,否则就会有大量的数据冗余。简而言之,符合第三范式就是要求属性不依赖于其他非主属性。

【实例 1-17】 存在一个学生信息表,包括学号、学生姓名、班号、班名、班级状态等信息,学号是主键,见表 1-9,分析其是否符合第三范式。

表 1-9 学生信息表 2

学 号	学生姓名	班号	班 名	班级状态
31922120101	陈瑾瑜	7	2019 级软件技术 1 班	正常
31922120102	褚健	7	2019 级软件技术 1 班	正常

由学号可以确定出学生的姓名、班号、班名等信息,因此这个表符合第二范式,但是,班名和班级状态并不只是由学号决定的,即出现了如下决定关系:(学号)→(班号)→(班名,班级状态),即存在非主键属性"班名""班级状态"对主键"学号"的传递函数依赖。同时也会存在数据冗余、更新异常、插入异常和删除异常的情况,因此,这个表不符合第三范式。

解决办法是分为两个关系,其他数据和有传递依赖的非主键数据保留下来为原表,有传递依赖关系的所有属性分出来为另一个表,在这个新表中班号就是主键,学生表中的班号为外键,两个表通过外键建立关联,见表 1-10 和表 1-11。

表 1-10 学生表(符合 3NF)

学 号	学生姓名	班号
31922120101	陈瑾瑜	7
31922120102	褚健	7

表 1-11 班级表(符合 3NF)

班 号	班名	班级状态
7	2019 级软件技术 1 班	正常

这样的数据表符合第三范式,消除了数据冗余、更新异常、插入异常和删除异常。

进行关系规范化要学会逐一分析各关系模式,考察是否存在部分函数依赖、传递函数依赖等,确定它们分别属于第几范式。要考察"异常弊病"是否在实际应用中产生影响,对于那些只进行查询而不执行更新操作的情况,则不必对模式进行规范化(分解),实际应用中并不是规范化程度越高越好,有时分解带来的消除更新异常的好处与经常查询需要频繁进行自然连接所带来的效率低下相比会得不偿失。对于那些需要分解的关系模式,可以用规范化方法和理论进行模式分解。

关系规范化理论提供了判断关系逻辑模式优劣的理论标准,帮助预测模式可能出现的问题,是产生各种模式的算法工具,因此是设计人员的有力工具。

【拓展知识】

其他范式。

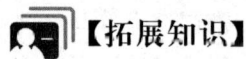

其他范式

【思考与练习】

1. 单选题

（1）关系规范不包括关系模型的（　　）。

　　A. 数据结构化　　B. 共享性高　　C. 冗余度高　　D. 一致性高

（2）在一个关系中，若每个数据项都是不可分割的，那么关系一定属于（　　）。

　　A. 第一范式　　B. 第二范式　　C. 第三范式　　D. BC范式

（3）在一个关系中，每个元组能唯一地被主键所标识，那么关系一定属于（　　）。

　　A. 第一范式　　B. 第二范式　　C. 第三范式　　D. BC范式

2. 判断题

（1）关系规范化指每个关系内部属性都需要进行规范设计，使之达到一定的规范化程度。

（　　）

（2）第三范式必须符合第二范式。（　　）

常见问题解析

【问题1】 数据库管理系统与数据库系统有什么区别？

【答】 数据库管理系统（DBMS）是操纵和管理数据库的软件，数据库系统（DBS）是采用数据库技术的计算机系统。数据库系统包含数据库管理系统，此外数据库系统还包括硬件、操作系统、应用程序、数据库甚至数据库管理员等人员。

【问题2】 数据模型是什么，这些模型都是按什么分类的？

【答】 数据模型是对现实世界数据特征的抽象，因为模型可更形象、直观地揭示事物的本质特征，使人们对事物有一个更加全面、深入的认识，从而可以帮助人们更好地解决问题。数据模型主要包括数据结构、数据操作和数据约束的描述。数据模型按不同的应用层次分成三种类型：概念数据模型、逻辑数据模型、物理数据模型，它们分别面向客观世界、数据库系统和计算机存储介质。其中，面向数据库系统的逻辑数据模型又分为层次模型、网状模型和关系模型，这三种模型是按其数据结构而命名的。数据模型本身包含的模型就很多，有的资料中又将逻辑数据模型简称为数据模型，导致数据模型容易被混淆。

【问题3】 常见关系数据库管理系统有哪些，非关系数据库管理系统又有哪些？

【答】 关系数据库是指采用了关系模型来组织数据的数据库，其以行和列的形式存储数据，以便于用户理解，关系数据库这一系列的行和列被称为表，一组表组成了数据库。主流的关系数据库有 Oracle、DB2、MySQL、Microsoft SQL Server、Microsoft Access 等多个品种，每种数据库的语法、功能和特性也各具特色。非关系数据库一般指 NoSQL，NoSQL 数据库的产生是为了解决大规模数据集合多重数据种类带来的挑战，尤其是大数据应用难题，区别于关系数据库，它们不保证关系数据的 ACID 特性，数据之间无关系，易扩展。常见 NoSQL 数据库软件包括 Membase、MongoDB、Redis、HBase 等。

项目 2

安装和配置 SQL Server 2019

2.1 安装 SQL Server 2019

◇ 单元简介

SQL Server 是由微软公司开发和推广的关系数据库管理系统,它最初是由 Microsoft、Sybase 和 Ashton-Tate 三家公司共同开发的,并于 1988 年推出了第一个 OS/2 版本。微软对 Microsoft SQL Server 近年来不断更新其版本,2019 年推出了的 SQL Server 2019。SQL Server 2019 不仅延续了原有数据库平台的强大能力,还能够跨关系、非关系、结构化和非结构化数据进行查询,利用突破性的可扩展性和性能,改善数据库的稳定性并缩短响应时间,而无须更改应用程序,让任务关键型应用程序、数据仓库和数据湖实现高可用性。

本单元介绍 SQL Server 2019 的发展历史和安装配置过程,读者可掌握 SQL Server 2019 数据库管理系统不同版本的下载和安装。

◇ 单元目标

1. 了解 SQL Server 发展历史。
2. 能够在安装 SQL Server 2019 时进行初步配置。

◇ 任务分析

安装 SQL Server 2019 分为以下两个工作任务。

【任务1】SQL Server 2019 简介

学习 SQL Server 的发展历史,了解目前比较新的 SQL Server 2019 版本的功能、特性与体系结构,分析 SQL Server 2019 每个版本的作用和特点。

【任务2】安装数据库引擎和管理工具

了解 SQL Server 2019 对安装环境软硬件的要求,学会下载 SQL Server 2019 相应版本,并掌握 SQL Server 数据库引擎和管理工具的安装步骤。

2.1.1 SQL Server 2019 简介

1. SQL Server 发展历史

1988 年,第一次提出 SQL Server。由微软、Sybase 和 Ashton-Tate 合作,在 Sybase 的基础上推出了在 OS/2 操作系统上使用的 SQL Server 1.0。

1989 年,SQL Server 1.0 面世,取得了较大的成功,自此微软和 Ashton-Tate 分道扬镳。

1992 年，微软和 Sybase 共同开发的 SQL Server 4.2 面世。

1993 年，微软推出 Windows NT 3.1，抢占服务器操作系统市场并取得了巨大的成功，同期推出的 SQL Server 4.21a 也成为畅销产品，这是一种功能较少的桌面数据库，数据库与 Windows 集成，界面友好并广受欢迎。

1995 年，SQL Server 6.0 发布。随后推出的 SQL Server 6.05 取得巨大成功，这是一款小型商业数据库，对核心数据库引擎做了重大的改写，对 SQL Server 来说这是一次"意义非凡"的发布。

1998 年，SQL Server 7.0 发布。微软开始进军企业级数据库市场，这是一种 Web 数据库，对核心数据库引擎又进行了重大改写，此后 SQL Server 的研发一直是基于网络技术。

2000 年，SQL Server 2000 发布。该版本继承了 SQL Server 7.0 版本的优点，又增加了许多更先进的功能，具有使用方便、可伸缩性好、与相关软件集成程度高等优点。

2005 年，SQL Server 2005 发布。由于引入了 .NET Framework，允许构建 .NET SQL Server 专有对象，从而使 SQL Server 具有灵活的功能。

2008 年，SQL Server 2008 发布。推出许多新特性并进行了关键改进，可以将结构化、半结构化和非结构化文档数据存储到数据库中，可以对数据进行搜索、同步和分析等操作。

2012 年，SQL Server 2012 发布。它是微软发布的新一代数据平台产品，全面支持云技术与平台，并且能快速构建相应的解决方案实现私有云与公有云间数据的扩展与迁移。

2014 年，SQL Server 2014 发布。借由突破性的效能与内建 In-Memory 技术，SQL Server 2014 带来实时的性能改进，能够大幅提升资料处理与运算的速度，能够飞速处理数以百万条的记录，甚至通过 SQL Server 分析服务，轻松扩展至数以几十亿计的分析能力。

2016 年，SQL Server 2016 发布。SQL Server 2016 再次简化了数据库分析方式，强化分析来深入接触那些需要管理的数据，是微软数据平台历史上最大的一次跨越性发展，提供了可提高性能、简化管理以及将数据转化为切实可行的见解的各种功能。

2019 年，微软公司发布了 SQL Server 2019。

可以看到，自 2000 年起，对外公布的产品名称都使用 SQL Server 加年份，如 SQL Server 2000，8.0 版本号只作为微软公司内部版本名称。每次新产品的发布都是内部版本号的一次增大，SQL Server 2019 内部版本号为 15.0，每个 SQL Server 产品对应的发布年份和内部版本号对应关系如图 2-1 所示。

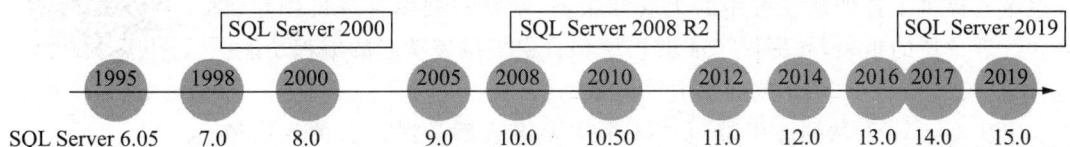

图 2-1　SQL Server 产品发布年份和内部版本号对应关系

2. SQL Server 2019

1）SQL Server 2019 的服务功能

（1）数据库引擎。数据库引擎是用于存储、处理和保护数据的核心服务，就是数据库管理系统 DBMS。利用数据库引擎可控制访问权限并快速处理事务，从而满足企业内大多数需要处理大量数据的应用程序的要求。使用数据库引擎创建用于联机事务处理或联机分析处理数据的关系数据库,这包括创建用于存储数据的表和用于查看、管理和保护数据安全的数据库对象(如索引、视图和存储过程)。

(2) 分布式异步处理(Service Broker)。SQL Server Service Broker 为消息和队列应用程序提供 SQL Server 数据库引擎本机支持。开发人员可以轻松地创建使用数据库引擎组件在完全不同的数据库之间进行通信的复杂应用程序。开发人员可以使用 Service Broker 轻松生成可靠的分布式应用程序。

(3) 复制技术。复制是将一组数据从一个数据源复制到多个数据源的技术,是将一份数据发布到多个存储站点上的有效方式。通过数据同步复制技术,利用廉价 VPN 技术,让简单宽带技术构建起各分公司的集中交易模式,数据必须实时同步,保证数据的一致性。

(4) 全文搜索。SQL Server 的全文搜索(Full-Text Search)是基于分词的文本检索功能,依赖于全文索引。全文索引不同于传统的平衡树(B-Tree)索引和列存储索引,它是由数据表构成的,称为倒转索引(Invert Index),存储分词和行的唯一键的映射关系。

(5) 通知服务。通知服务是一个应用程序,可以向上百万的订阅者发布个性化的消息,通过文件、邮件等方式向各种设备传递信息。

(6) 服务代理。SQL Server Agent 代理服务,是 SQL Server 的一个标准服务,作用是代理执行所有 SQL 的自动化任务,以及数据库事务性复制等无人值守任务。这个服务在默认安装情况下是停止状态,需要手动启动,或改为自动运行,否则 SQL Server 的自动化任务都不会执行的,还要注意服务的启动账户。

(7) 集成服务(SQL Server Integration Services)。SQL Server 集成服务是一个数据集成平台,负责完成有关数据的提取、转换和加载等操作。使用集成服务可以高效的处理各种各样的数据源,如 SQL Server、Oracle、Excel、XML 文档、文本文件等。这个服务为构建数据仓库提供了强大的数据清理、转换、加载与合并等功能。

(8) 分析服务(SQL Server Analysis Services)。分析服务是 SQL Server 的一个服务组件。分析服务在日常的数据库设计操作中应用并不是很广泛,在大型的商业智能项目中才会涉及分析服务。在使用 SQL Server 管理工具连接服务器时,可以选择服务器类型 Analysis Services 进入分析服务。

(9) 报表服务(SQL Server Reporting Services)。报表服务基于服务器的解决方案,从多种关系数据源和多维数据源提取数据,并生成报表。报表服务提供了各种现成可用的工具和服务,帮助数据库管理员创建、部署和管理单位的报表,并提供了能够扩展和自定义报表功能的编程功能。

数据库引擎体系结构

2) SQL Server 2019 数据库引擎体系结构

SQL Server 的数据库引擎包含 4 个主要组成部分:协议、关系引擎、存储引擎和 SQLOS,如图 2-2 所示。

3) SQL Server 2019 的版本类型

SQL Server 2019 产品有多个版本,可以根据不同的数据库应用环境需求,选择合适的版本用于特定环境和任务。理解这些版本之间的差异至关重要,以便于根据需要选择最合适的版本。SQL Server 2019 的常用版本有以下几种。

(1) 企业版(Enterprise Edition)。该版本提供了全面的高端数据中心功能,性能极为快捷,虚拟化不受限制,可满足大型企业的高难度需求。另外,还具有端到端的商业智能,可

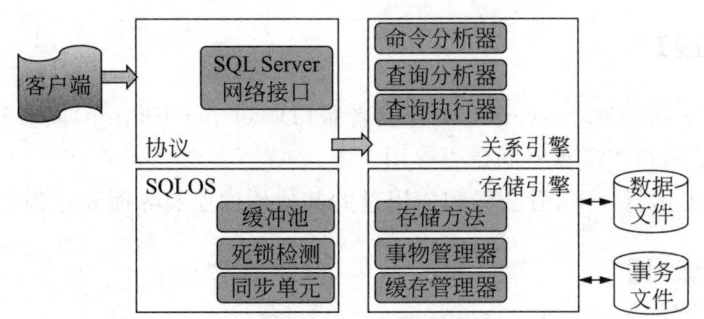

图 2-2　数据库引擎体系结构

为关键任务工作负荷提供较高的服务级别,支持最终用户访问深层数据。

(2) 标准版(Standard Edition)。该版本提供了全面的数据管理和商业智能平台,使部门和中小企业能够顺利运行其应用程序,并将常用开发工具用于内部部署和云部署,可帮助用户以最少的 IT 资源获得高效的数据库管理。

(3) Web 版(Web Edition)。该版本是 SQL Server 面向 Web 业务工作负荷的专业化版本。Web 版本是 Web 服务器和 Web 增值服务商的低成本的选择,使得从小到大规模的 Web 资产具有扩展性、可支付性和管理性。

(4) 开发者版(Developer Edition)。该版本支持开发人员基于 SQL Server 构建任意类型的应用程序。开发者版包括企业版的所有功能,但有许可限制,只能用作开发和测试系统,而不能用作生产服务,是构建和测试应用程序人员的理想之选。

(5) 精简版(Express Edition)。精简版是入门级的免费数据库,是学习和构建桌面及小型服务器数据驱动应用程序的理想选择。精简版是独立软件供应商、开发人员等的最佳选择。

(6) 评估版(Evaluation Edition)。评估版可供 180 天试用。该版本包含企业版的所有功能,可供 IT 专业人员试用体验,也可供读者学习使用。因为有许可和时间限制,一般不用于生产服务。

微软官方网站提供了 SQL Server 2019 评估版、精简版和开发者版的免费下载,官网免费下载网址为"https://www.microsoft.com/zh-cn/sql-server/sql-server-downloads"。读者可以根据数据库应用环境需求,选择合适的版本进行下载。建议读者下载 SQL Server 2019 开发者版,如图 2-3 所示。

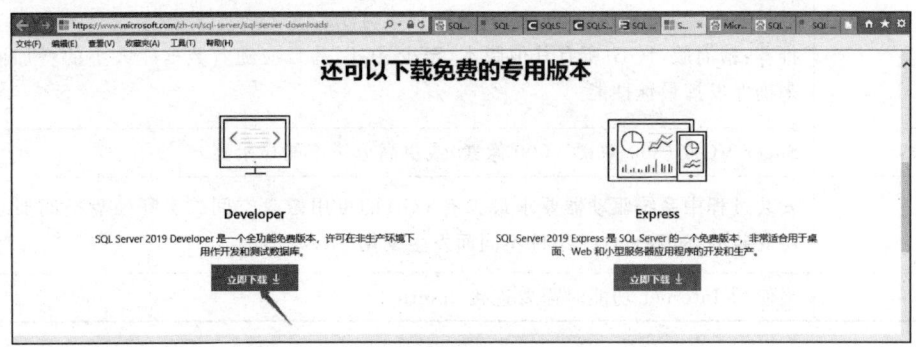

图 2-3　SQL Server 2019 开发者版下载地址

【拓展实践】

从微软官网下载 SQL Server 2019 开发者版(Developer Edition)安装程序。安装程序约 1.5GB,下载前请检查磁盘空间是否够用。

下载完毕试着运行一下,看一看和你用过的其他软件安装界面和过程有什么区别。

【思考与练习】

(1) SQL Server 数据库是( )数据库。

    A. 概念　　　　　　B. 层次　　　　　　C. 关系　　　　　　D. 网状

(2) SQL Server 2019 的服务功能不包括( )。

    A. 数据库引擎　　　B. 复制和全文搜索　C. 系统测试　　　　D. 商业智能

(3) ( )功能是 SQL Server 2019 所有功能的核心和基础。

    A. 数据库引擎　　　B. 集成服务　　　　C. 分析服务　　　　D. 报表服务

2.1.2 安装数据库引擎和管理工具

1. 安装环境要求

由于 SQL Server 2019 版本、用户数据量、机器规模和扩展功能等的不同,在安装 SQL Server 2019 时对硬件和软件的环境要求也各有不同,下面主要介绍安装和运行 SQL Server 2019 的最低硬件和软件环境要求。

1) 硬件环境要求

针对 SQL Server 2019 所有版本,对内存、处理器等硬件环境的要求见表 2-1。

表 2-1 安装 SQL Server 2019 时对硬件环境的要求

组　件	要　求
处理器类型	x64 处理器:AMD Opteron、AMD Athlon 64、支持 Intel EM64T 的 Intel Xeon,以及支持 EM64T 的 Intel Pentium Ⅳ
处理器速度	最低要求:x64 处理器,1.4GHz 推荐:x64 处理器,2.0GHz 或更快
内存	最低要求:精简版,512MB;所有其他版本,1GB 推荐:精简版,1GB;所有其他版本,至少 4GB,并且应随着数据库大小的增加而增加来确保发挥最佳性能
显示器	Super-VGA (800 像素×600 像素)或更高分辨率的显示器
硬盘	安装过程中系统驱动器要求最少有 6GB 的可用磁盘空间。实际硬盘空间要求将随所安装的 SQL Server 组件不同而发生变化
Internet	当使用 Internet 功能时需要连接 Internet

注意:仅 x64 处理器支持 SQL Server 2019 的安装,x86 处理器不再支持 SQL Server 2019 的安装。

2) 软件环境要求

针对 SQL Server 2019 所有版本，对软件环境的要求见表 2-2。

表 2-2 安装 SQL Server 2019 时对软件环境的要求

组件	要求
操作系统	Windows 10 TH1 1507 或更高版本 Windows Server 2016 或更高版本
.NET Framework	最低版本操作系统包括最低版本的.NET 框架
网络软件	SQL Server 支持的操作系统具有内置网络软件。独立安装项的命名实例和默认实例支持以下网络协议：共享内存、命名管道和 TCP/IP

2. 安装过程与配置

下面以在 Windows 10 专业版 64 位操作系统中 SQL Server 2019 开发者版的安装为例，重点介绍使用 SQL Server 安装向导在安装过程中如何进行相关设置。

1) 准备安装程序

建议从微软官网（https://www.microsoft.com/zh-cn/sql-server/sql-server-downloads）下载 SQL Server 2019 开发者版的安装程序，如图 2-3 所示。

作为一个强大、全面的专业软件，SQL Server 2019 的安装程序也是比较庞大的，大约 1.5GB。从微软官网下载的可能只是一个名为 SQL2019-SSEI-Dev.exe 大小约 5MB 的可执行程序，这只是一个下载引导程序，最好借助因特网继续下载 SQL Server 2019 完整安装程序，运行 SQL2019-SSEI-Dev.exe 文件，打开如图 2-4 所示窗口，选择"下载介质"选项，然后在打开的对话框中选中"ISO(1562MB)未经压缩的可装入磁盘映像介质"单选按钮，选择好下载位置后，最后单击"下载"按钮开始下载完整安装程序。

图 2-4 下载完整安装程序

2) 安装 SQL Server 2019

（1）启动安装程序。首先确保操作系统登录账号拥有计算机管理员权限，使用 Windows 资源管理器或其他虚拟光驱程序打开下载的 ISO 格式 SQL Server 2019 安装程序，双击运行 setup.exe 安装文件，将打开"SQL Server 安装中心"窗口，如图 2-5 所示。

（2）准备安装。单击选中"SQL Server 安装中心"窗口左窗格中的"安装"选项卡，在右

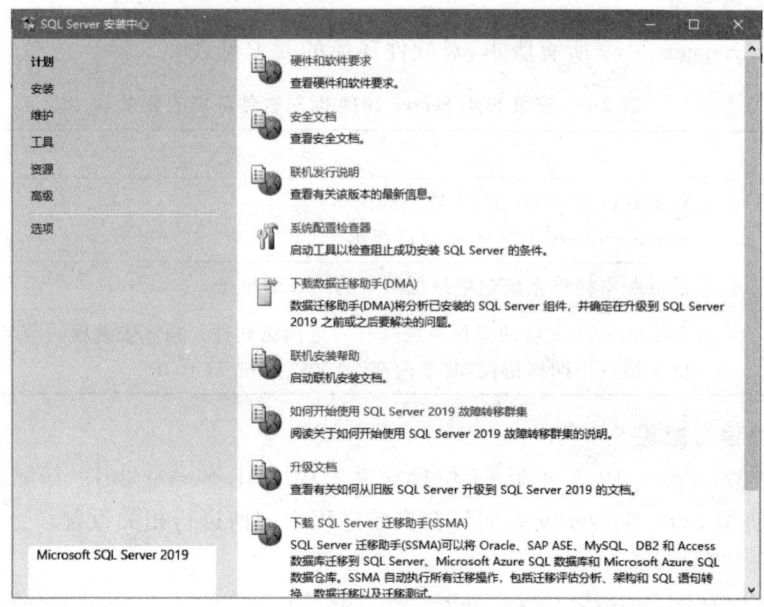

图 2-5 "SQL Server 安装中心"窗口

窗格中出现"全新 SQL Server 独立安装或向现有安装添加功能""安装 SQL Server 管理工具"等 8 个安装选项。本书所讲数据库知识和技术需要选择安装 SQL Server 2019 第一项"全新 SQL Server 独立安装或向现有安装添加功能"和第三项"安装 SQL Server 管理工具",如图 2-6 所示。

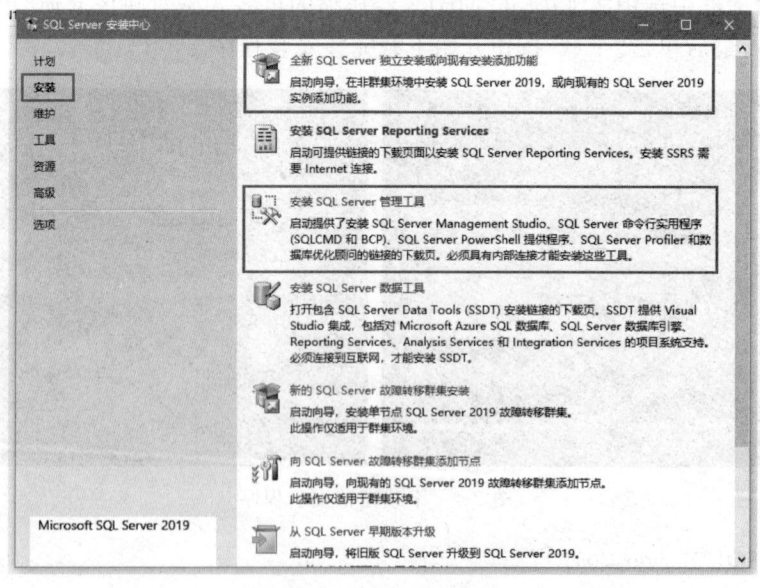

图 2-6 "SQL Server 安装中心"的"安装"选项卡

(3) 开始 SQL Server 2019 数据库引擎安装流程。单击如图 2-6 所示的第一项"全新 SQL Server 独立安装或向现有安装添加功能"后,弹出"SQL Server 2019 安装"窗口,如图 2-7 所示。

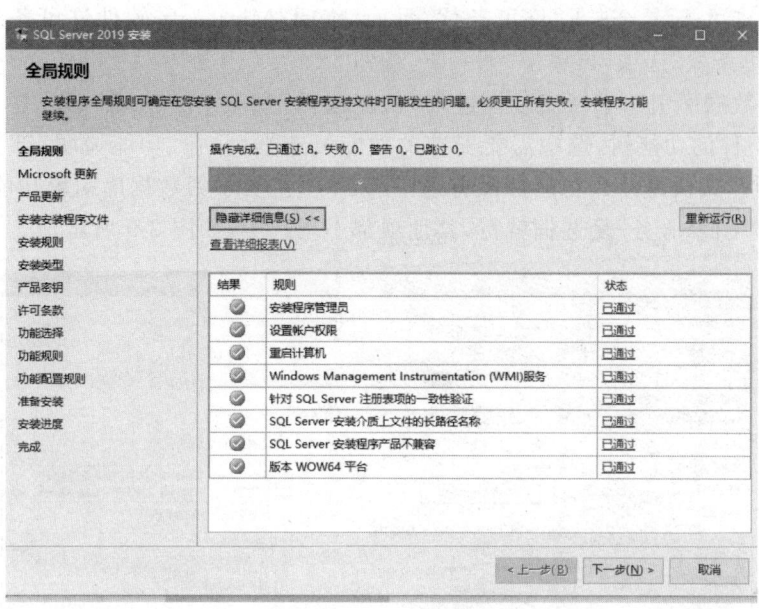

图 2-7 "SQL Server 2019 安装"窗口

全局规则主要作用是验证计算机的系统状态,在检查过程中没有发现问题且全部通过后,单击"下一步"按钮。接下来将会进行微软更新、产品更新、安装程序文件等一系列步骤,这几项基本和其他软件的安装类似,直接单击"下一步"按钮即可。

(4) 选择 SQL Server 2019 版本。在"产品密钥"窗口指定可用版本并输入产品密钥,这里可以根据需要选择评估版或精简版免费版本,或是输入购买产品的密钥。本书选择"指定可用版本"中的 Developer 选项是开发者版,不用输入密钥,如图 2-8 所示,单击"下一步"按钮。

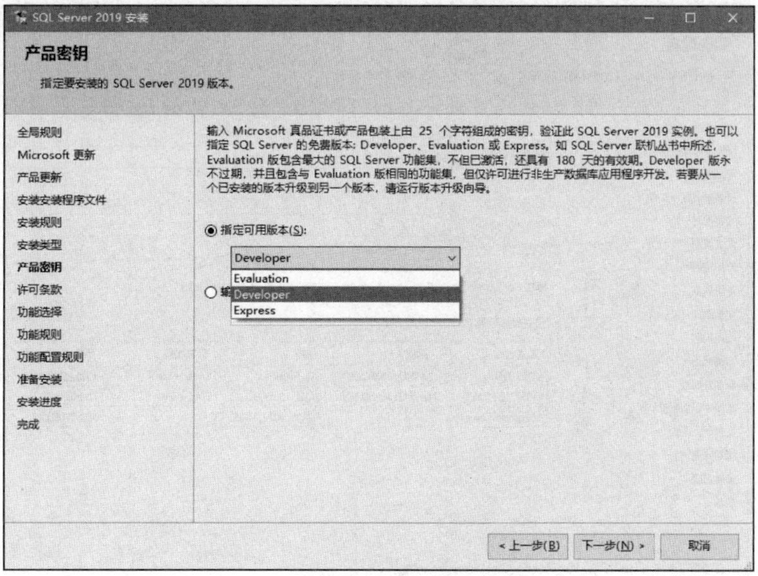

图 2-8 在"产品密钥"窗口输入

(5) 同意许可条款。进入"许可条款"页面,查阅"Microsoft 软件许可条款",在下面选中"我接受许可条款"选项,再单击"下一步"按钮。

(6) 选择数据库引擎进行安装。进入"功能选择"窗口,在"功能"部分显示了安装所有 SQL Server 组件的功能树,选中需要安装的功能复选框后,在"功能说明"部分将显示每个功能组的说明。默认是什么功能都没有选中的,本书主要学习数据库引擎功能,因此只选中第一项"数据库引擎服务"复选框就行,其他项都不用选中,如图 2-9 所示。

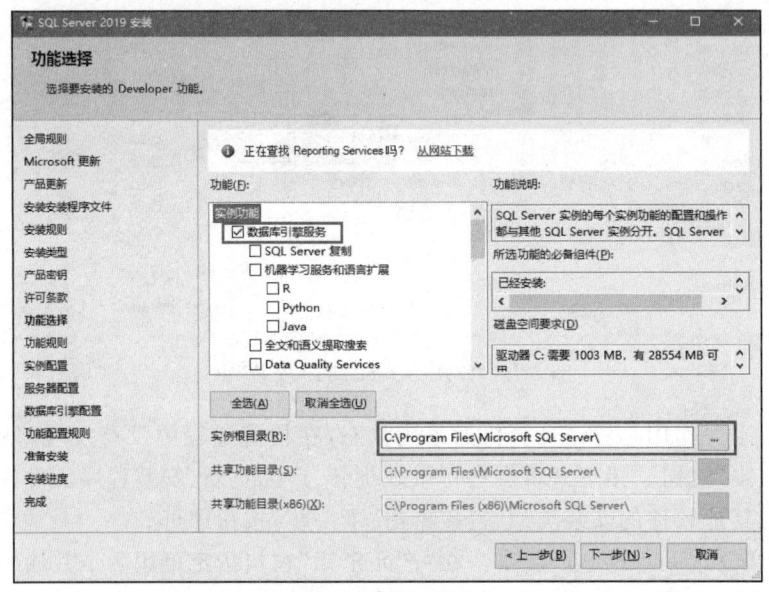

图 2-9 "功能选择"窗口

(7) 设置数据库引擎服务实例名称。进入"实例配置"窗口,如图 2-10 所示。

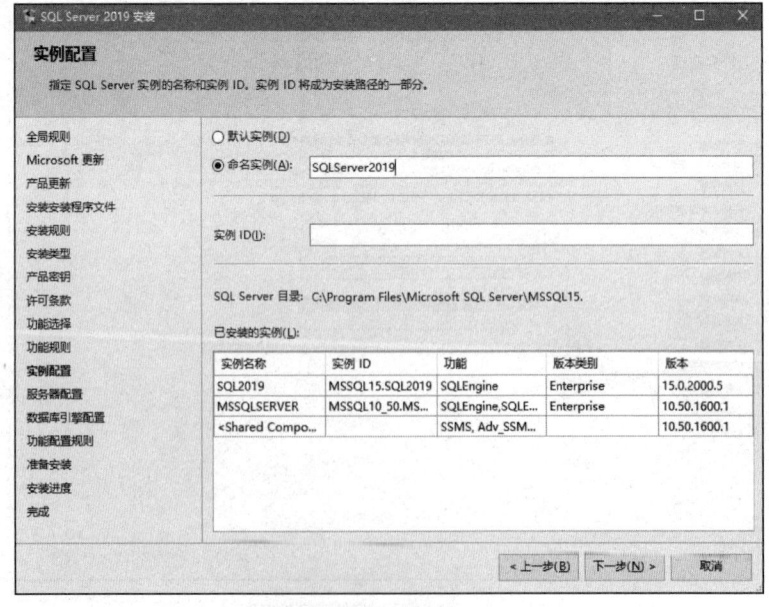

图 2-10 "实例配置"窗口

首先选择使用"默认实例"或"命名实例",如果是第一次在计算机上安装 SQL Server 2019,系统会使用默认实例命名,建议选择默认实例,默认实例名称为 MSSQLSERVER(SQL Server 精简版的默认实例名称为 SQLEXPRESS)。无论版本如何,一台计算机只能安装一个 SQL Server 默认实例,如果曾经安装过其他版本的 SQL Server,将会在下方"已安装的实例"中显示已安装的实例信息,这时就要对本次安装的实例重新命名。

(8) 配置服务器的服务。实例名称设置完成后,继续单击"下一步"按钮,进入"服务器配置"窗口,如图 2-11 所示。

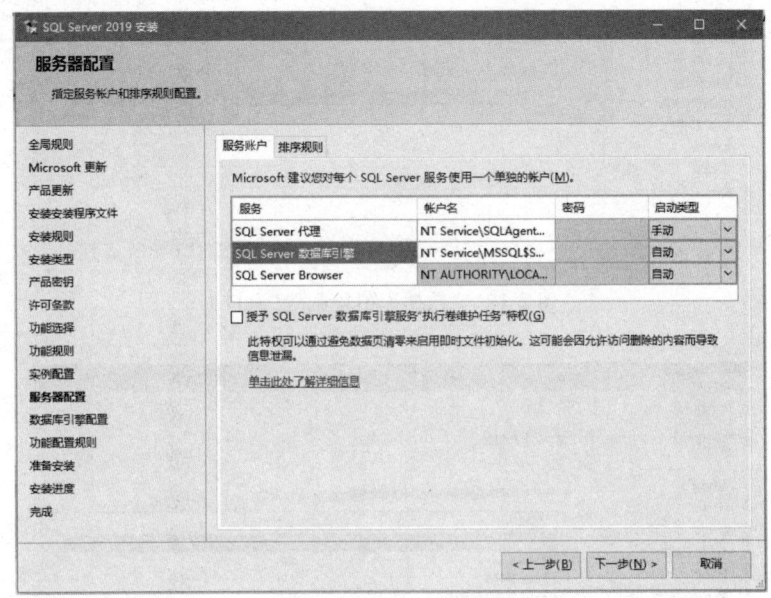

图 2-11 "服务器配置"窗口

在"服务账户"选项卡中配置 SQL Server 服务的登录账户。所有的服务都要分配一个账户,即使该服务是禁用的。在每个服务对应的账户名下拉列表中选择一个该服务的启动账户,密码不用填写,可以为所有的 SQL Server 服务分配相同的登录账户,也可以单独配置每个服务账户。对于 SQL Server 2019,建议使用服务账户默认值。

(9) 设置数据库引擎管理员。服务器的账户设置完成后,继续单击"下一步"按钮,出现"数据库引擎配置"窗口,可以进行服务器配置、数据目录等配置。此处要指定当前引擎的 SQL Server 管理员,单击"添加当前用户"按钮,把当前 Windows 用户作为 SQL Server 的第一个管理员,以后可以使用当前 Windows 用户连接 SQL Server 2019,如图 2-12 所示。

(10) 安装规则检查。在"数据库引擎配置"窗口继续单击"下一步"按钮,进入"功能配置规则"窗口,系统将检查前面的配置是否满足 SQL Server 的安装规则,如果规则没有全部通过,则应根据提示修改数据库或服务器中的相应配置,直至全部通过。

(11) 准备安装。进入"准备安装"窗口,查看要安装的 SQL Server 2019 功能无误后,单击"安装"按钮,开始 SQL Server 的自动安装进程。

(12) 完成数据库引擎安装。根据计算机的配置不同,需要 5~10min 完成安装,安装过程中会显示相应的状态,供安装者监视安装进度。安装进度完成后,会显示"完成"窗口,表示数据库引擎安装完成,如图 2-13 所示。单击"关闭"按钮返回到"SQL Server 安装中心"窗口。

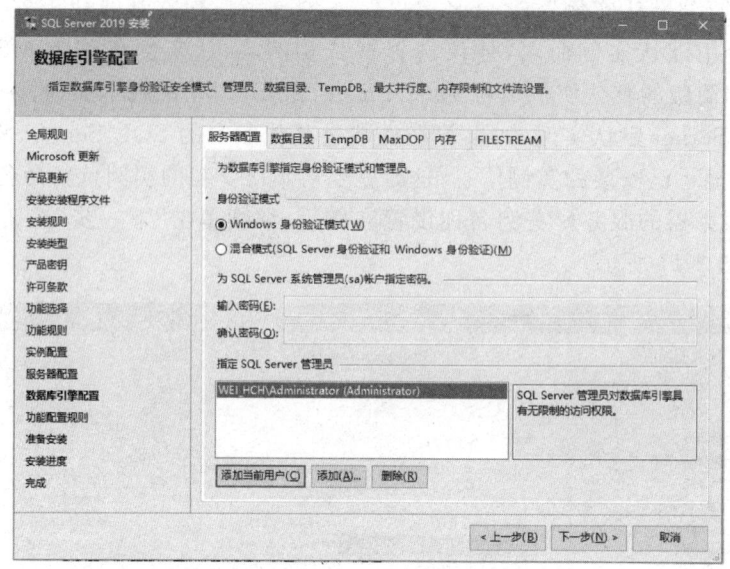

图 2-12 "数据库引擎配置"窗口

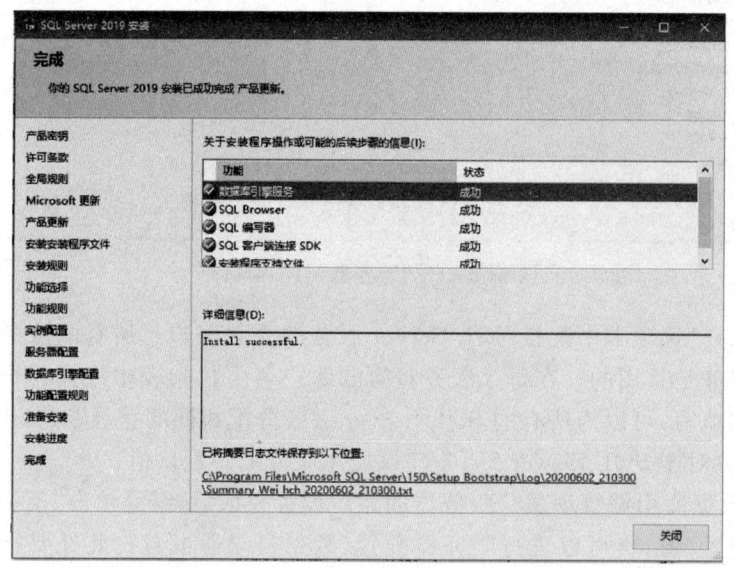

图 2-13 "完成"窗口

(13)下载管理工具。在"SQL Server 安装中心"窗口中选择第 3 项"安装 SQL Server 管理工具",会自动打开一个网页,如图 2-14 所示。因为自 SQL Server 2016 起,安装包里不再包含管理工具,需要在微软官网中下载管理工具 SQL Server Management Studio (SSMS),大约 650MB。

(14)安装管理工具。下载完毕 SSMS-Setup-CHS.exe 管理工具安装程序后,双击运行该文件,会出现安装界面,如图 2-15 所示。管理工具的安装基本不需要配置,选择好安装位置后,单击"安装"按钮就开始自动安装了,3~5min 就可以完成管理工具的安装。

项目 2　安装和配置 SQL Server 2019

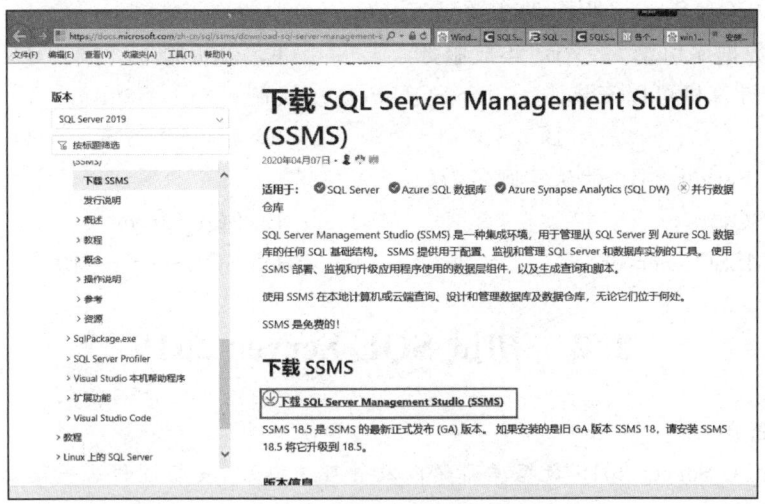

图 2-14　下载管理工具 SSMS 网页

图 2-15　安装管理工具窗口

【拓展实践】

　　SQL Server 2019 精简版是入门级的免费数据库，是学习和构建桌面及小型服务器数据驱动应用程序的理想选择，是开发人员和热衷于构建客户端应用程序的人员的最佳选择。请下载 SQL Server 2019 精简版的安装程序，按照本节讲述的安装过程，在个人计算机上安装 SQL Server 2019 精简版，安装过程中将身份验证模式设置为混合模式，并为默认用户 sa 设置密码。

【思考与练习】

　　（1）SQL Server 2019 要求是（　　）位处理器。
　　　　A. 8　　　　　　B. 32　　　　　　C. 64　　　　　　D. 128
　　（2）SQL Server 2019 需要 .NET Framework（　　）或以上版本。
　　　　A. 2.0　　　　　B. 3.5　　　　　C. 4.0　　　　　D. 4.6

（3）安装 SQL Server 2019 时主要是安装（　　）功能。
　　A. 数据库引擎　　　B. 集成服务　　　　C. 分析服务　　　　D. 报表服务
（4）一台计算机可以安装（　　）个 SQL Server 实例。
　　A. 1　　　　　　　B. 2　　　　　　　C. 4　　　　　　　D. 无数
（5）SQL Server 2019 默认实例名为（　　）。
　　A. SQL　　　　　　　　　　　　　　　B. SQLServer
　　C. MSSQLServer　　　　　　　　　　　D. SQLServer2019

2.2 初试 SQL Server 2019

◆ 单元简介

安装了 SQL Server 2019 数据库引擎以及管理工具后，安装过程告一段落，接下来就是漫长的使用及学习阶段。安装完毕后，需要确认安装完成的数据库服务以及管理工具是否正常可用，当一切检验以及对基本工具功能了解后，才能进行后续正式的学习。

本单元将对 SQL Server 配置管理器进行简述，介绍当数据库连接出现异常时，需要如何检测配置项是否正常，在数据库使用过程中，按照实际使用和需求情况，了解图形用户界面（SQL Server Management Studio）的常用功能，并简单介绍 T-SQL 作为现实与计算机服务器通信的工具，在编辑和运行过程中的注意事项，使读者对数据库使用有一个清晰的概念，为以后的学习和工作打好基础。

◆ 单元目标

1. 熟悉管理数据库的常用基本工具。
2. 了解数据库服务的配置属性。
3. 了解 SQL 以及 T-SQL 的区别和联系。

◆ 任务分析

初试 SQL Server 2019 分为以下 3 个工作任务。

【任务1】使用图形用户界面

正式学习使用数据库之前，了解如何使用图形用户界面进行访问、配置和操作数据库，学习启动过程中如何选择配置项，并对主界面以及常用功能窗口进行简要介绍。

【任务2】使用其他工具配置数据库

了解数据库配置工具中对数据库服务器的配置管理项，以及选择不同的项对数据库服务的不同影响，通过设置不同的数据库属性，来自定义布局和样式。

【任务3】SQL 与 T-SQL 简介

T-SQL 语句作为与数据库服务器沟通的语言，了解其与 SQL 的区别、联系和作用，编辑 T-SQL 的基本语法，为后续学习使用 T-SQL 创建库、表、存储过程等奠定基础。

2.2.1 使用图形用户界面

SQL Server 2019 中数据库的主要管理工具采用的是 SQL Server 图形用户界面，英文名称为 Microsoft SQL Server Management Studio，它是用于访问、配置、控制、管理和开发 SQL Server 的所有组件构成的集成环境，汇集了大量图形工具和丰富的脚本编辑器，为各种技能水平的开发者和数据库管理员提供对 SQL Server 数据库的管理、维护、更改和查询。SQL Server 2019 继承了 SQL Server 2005 的操作风格,将 SQL Server 2000 及早期版本中所包含的企业管理器、查询分析器等功能整合到单一的环境中,并通过统一的图形用户界面操作和管理数据库。

1. 启动和连接服务器

正确安装 SQL Server 2019 后,就可以启动图形用户界面来创建和管理数据库了。首先,以 Windows 管理员的身份登录计算机,在开始菜单中选择"所有程序"→Microsoft SQL Server Tools 18→Microsoft SQL Server Management Studio 18 命令,打开"连接到服务器"对话框,该对话框包含服务器类型、服务器名称和身份验证几项信息,如图 2-16 所示。

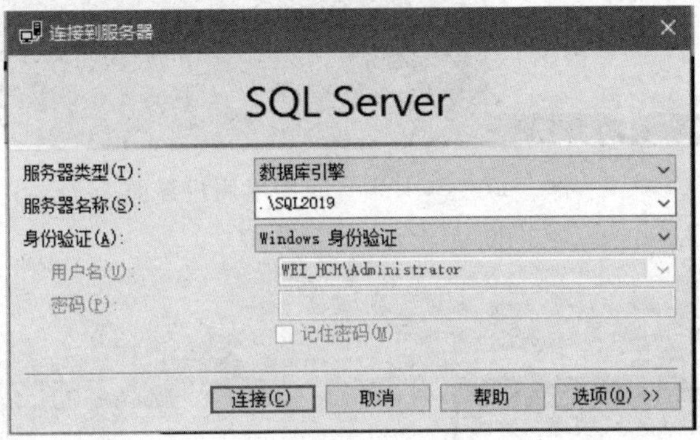

图 2-16 "连接到服务器"对话框

在"连接到服务器"对话框中,在"服务器类型"下拉列表中可选项有数据库引擎、分析服务、报表服务以及集成服务等,其中"数据库引擎"为默认选择类型,它对应了 SQL Server 数据库的基本功能,这里选择默认项"数据库引擎"即可。

服务器名称是指数据库引擎实例名称,默认为当前计算机的名称,因为已经安装了数据库引擎,一般不需要更改,连接到默认实例时可不用写实例名称 MSSQLSERVER,使用当前计算机的名称,或者输入英文点号(.)、"(local)"、计算机 IP 地址等代替计算机名称,其他命名实例必须在计算机名后加上反斜杠(\)和实例名,例如"WEI_HCH\ SQL2019"或". \ SQL2019"。注意,本书后续涉及的计算机名全部使用 WEI_HCH,读者练习时要修改为自己的计算机名。

在"身份验证"下拉列表中可以选择"Windows 身份验证"和"SQL Server 身份验证"选项,选择"Windows 身份验证"则会默认加载当前 Windows 的用户名,不需要输入密码;而选择"SQL Server 身份验证"则需使用系统管理员或注册 SQL Server 用户来登录,这里推荐选择"Windows 身份验证"选项。

选择和设置完成后单击"连接"按钮,进入"Microsoft SQL Server Management Studio"界面,即 SQL Server 图形用户界面。系统默认打开"对象资源管理器"窗口,右窗格是空白的工作区,如图 2-17 所示。

SQL Server 图形用户界面中通常以窗口形式分配空间,习惯性布局如图 2-18 所示。左侧为"对象资源管理器"窗口,中部为"文档"窗口,可显示"查询编辑器""查询结果集""表编辑器""表设计器""视图设计器"等子窗口,右侧为"模板浏览器"和"属性"窗口。可以通过"视图"主菜单打开这些窗口。

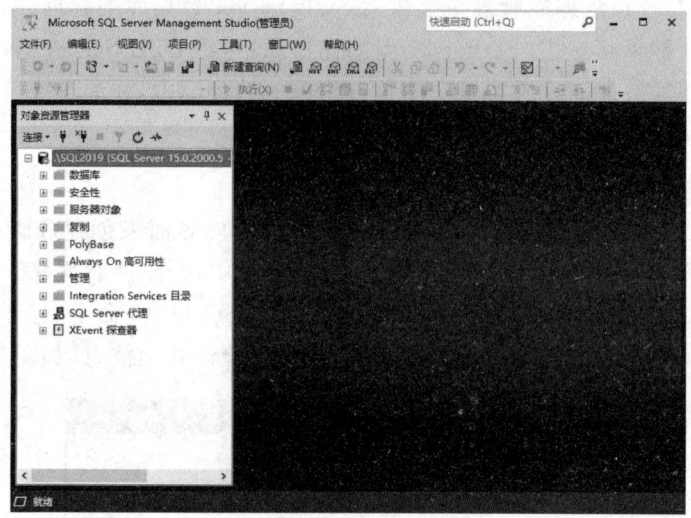

图 2-17 SQL Server 图形用户界面

图 2-18 SQL Server 图形用户界面常用布局

2. 使用对象资源管理器

对象资源管理器采用树状结构将信息分组到文件夹中，显示和管理所连接服务器的所有对象，常用的有数据库、表、视图和存储过程。

根节点名称是连接的数据库引擎服务器信息，如图 2-19 中所示的".\SQL2019（SQL Server 15.0.2000.5-WEI_HCH\Administrator）"。其中，".\SQL2019"为服务器名称，即当前计算机中实例名为 SQL2019 的数据库引擎，SQL Server 15.0.2000.5 是服务类型与版本标识，最后的 WEI_HCH\Administrator 为当前 Windows 登录名。

注意：数据库引擎根节点的图标如果有绿色的圆点并内含一个白色箭头，表示数据库引擎正在运行。如果图标变成了有红色的圆点并内含一个白色正方形，则表示数据库引擎已停止工作。可以右击数据库引擎根节点，在弹出的快捷菜单中选择"启动""停止""重新启动"等命令改变数据库引擎的运行状态。

在对象资源管理器中，单击资源对象节点前的加号（＋）或减号（－），或者双击资源对象节点，可以展开或折叠该资源的下级节点列表，层次化管理资源对象。右击某个节点，支持在弹出的快捷菜单中选择可执行的常见任务，这些功能项在后面都会逐一介绍。

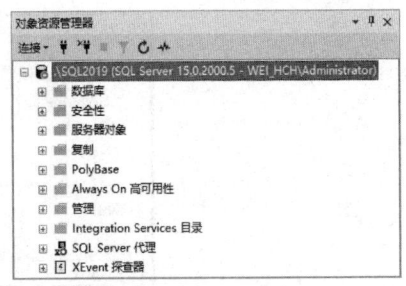

图 2-19　对象资源管理器

3. 使用"文档"窗口

根据应用需要可以在"文档"窗口中打开多个组件，用以交互方式编辑并测试 T-SQL、XML 或纯文本文件，通常以选项卡的模式展示，满足对服务器上对象资源的不同操作，常见的有"查询编辑器""查询结果集""表编辑器""表设计器""视图设计器"等，如图 2-20 所示。

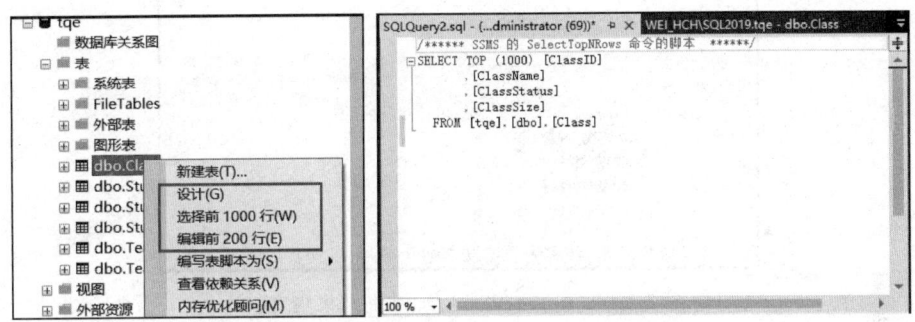

图 2-20　"文档"窗口

例如，在对象资源管理器中，选择"数据库"→teq→"表"→dbo.Class 选项，右击该节点，从弹出的快捷菜单中选择"设计"命令，打开"表设计器"窗口，如图 2-21 所示；从弹出的快捷菜单中选择"选择前 1000 行"命令，打开"查询编辑器"窗口，以及展示当前查询结果的"查询结果集"窗口，显示结果支持网格或文本两种形式，如图 2-22 所示；从弹出的快捷菜单中选择"编辑前 200 行"命令，打开"表编辑器"窗口，在此窗口可对表中的每条记录进行编辑，如图 2-23 所示。这些窗口的具体使用方法将在后面的章节中详细介绍。

每个操作都打开一个独立的窗口，可通过切换选项卡定位到需要操作的窗口上。

4. 使用"模板浏览器"窗口

可以选择"视图"菜单中的"模板资源管理器"命令，打开"模板浏览器"窗口。单击展开"SQL Server 模板"，按代码类型对模板进行分组，比如有关对数据库的操作都放在 Database 目录下，可以双击 Database 目录下面的 Create Database 模板，在"查询编辑器"窗口中打开创建数据库的代码模板，如图 2-24 所示。

将光标定位到"查询编辑器"窗口，此时菜单中将会多出一个"查询"菜单，选择"指定模板参数的值"菜单命令，打开"指定模板参数的值"对话框，在"值"文本框中输入要创建数据库的名称，例如 test_db，输入完成后，单击"确定"按钮，返回到代码模板的"查询编辑器"窗

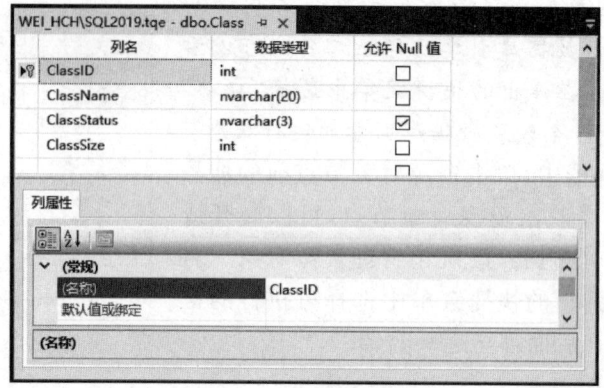

图 2-21 "表设计器"窗口

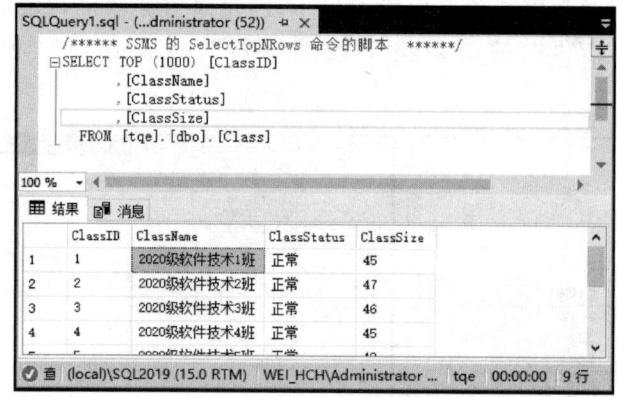

图 2-22 "查询编辑器"及"查询结果集"窗口

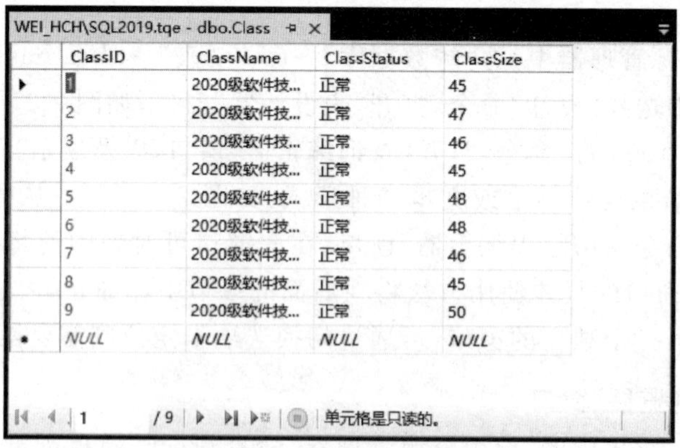

图 2-23 "表编辑器"窗口

口,此时模板中的代码发生了变化,Database_Name 的值都被替换为 test_db。然后选择"查询"菜单中的"执行"命令,将会创建一个 test_db 数据库。

5. 图形用户界面环境布局

为了合理利用图形用户界面窗口空间,可对组件窗口进行外观布局和环境设置。

项目 2　安装和配置 SQL Server 2019

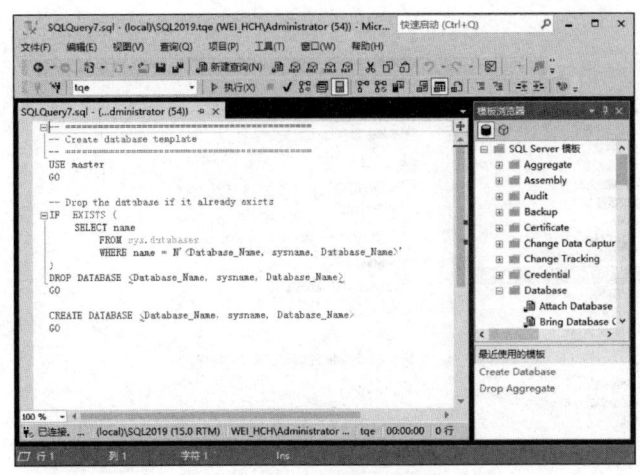

图 2-24　"模板浏览器"窗口

1）窗口设置

选择主菜单"窗口"中的命令即可对活动窗口进行外观布局，可以选择管理、保存、应用或者重置窗口布局。例如，选择"浮动"命令，可以将当前窗口浮于上层，通过放大或者缩小调整大小，也可以在组件标题处直接将窗口拖动到合适的位置。

对某些窗口，也可以直接单击其标题栏右侧的"关闭"/"切换固定状态"等按钮，或者在标题栏上右击并在弹出的快捷菜单中选择"浮动"/"固定选项卡"命令，即可对该窗口进行相应的设置。

2）环境样式设置

在主菜单中选择"工具"→"选项"命令，在"选项"对话框中对外观样式进行设置，支持对环境、文本编辑器、查询执行、查询结果、设计器等多种窗口的呈现样式进行设置。

例如，在"启动"页中，设置启动时默认打开的窗口为"打开新查询窗口"。在"字体和颜色"页中，可设置某些窗口所希望的字体、颜色和大小等，如图 2-25 所示。选择"文本编辑器"→Transact-SQL→"常规"选项可设置启用行号功能，如图 2-26 所示。

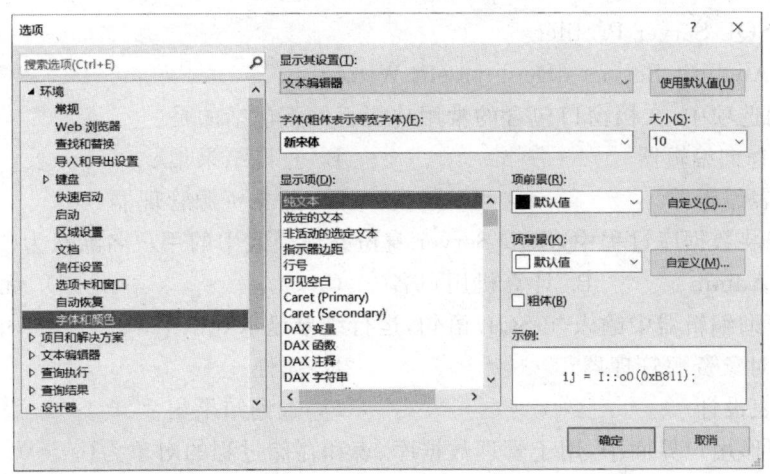

图 2-25　设置字体和颜色

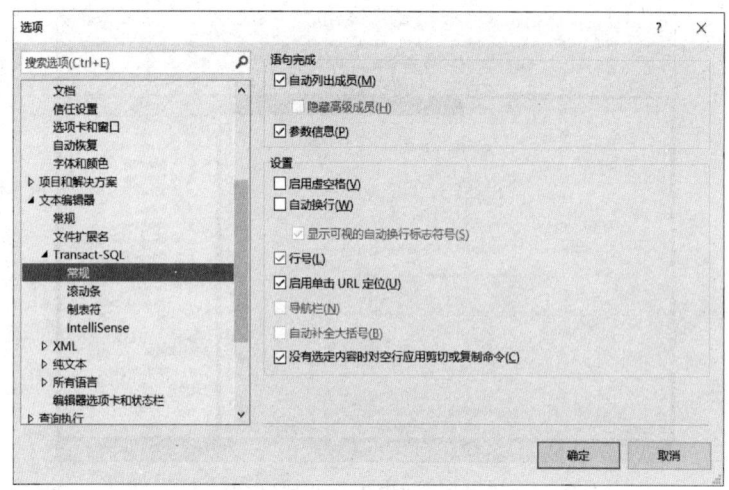

图 2-26　启用行号

不熟悉 SQL Server 图形用户界面的用户可能会因疏忽关闭或隐藏了一些窗口,无法将图形用户界面还原为原始布局,可以在主菜单中选择"窗口"→"重置窗口布局"命令即可。

【拓展实践】

启动 SQL Server 图形用户界面,完成以下任务。
- 查看服务器中包含的对象。
- 在查询编辑器中输入代码 EXEC sp_helpdb,运行并查看结果。
- 按照自己的喜好设置独特的图形用户界面环境样式风格。

【思考与练习】

(1) 采用 SQL Server 图形用户界面的是(　　)。
　　A. Microsoft SQL Server Tools
　　B. Microsoft SQL Server Management Studio
　　C. SQL Server Profiler
　　D. Analysis Services Deployment Wizard

(2) 下列选项中,文档窗口包含的常用功能组件不包括的是(　　)。
　　A. 查询编辑器　　　　　　　　B. 查询结果集
　　C. 表编辑器　　　　　　　　　D. 对象资源管理器

(3) 在安装数据库过程中,SQL Server 身份验证模式中的用户名默认为(　　)。
　　A. Admin　　　B. 计算机用户名　　C. sa　　　　　D. 无

(4) 在查询编辑器中输入 T-SQL 语句,运行结果显示到以下(　　)窗口中。
　　A. 对象资源管理器　　　　　　B. 属性
　　C. 表设计　　　　　　　　　　D. 查询结果集

(5) 在图形用户界面中,用于管理数据库、表和存储过程的对象为(　　)。
　　A. 表编辑器　　B. 表设计器　　C. 对象资源管理器　　D. 文档窗口

2.2.2 使用其他工具配置数据库

在数据库使用过程中,为了保障数据安全,尤其是在共享同一服务器时,需要管理员对数据库进行相关配置后,才能更好地管理和使用数据库。使用图形化实用工具和命令提示符都可以配置和管理 SQL Server 2019,表 2-3 列举了管理 SQL Server 2019 的常用工具。

表 2-3 SQL Server 2019 常用工具

工 具	说 明
SQL Server 2019 配置管理器	用于为 SQL Server 服务、服务器协议、客户端协议和客户端别名提供基本配置管理
SQL Server 2019 错误和使用情况报告	用于设置将使用情况发送到 Microsoft 公司的错误报告服务器
SQL Server 2019 安装中心(64 位)	用于打开"SQL Server 安装中心"窗口,便于安装、修复、升级 SQL Server 2019
SQL Server 2019 导入和导出数据(64 位)	提供了 SQL Server 导入和导出数据的向导,用于实现源数据与目标数据的相互传输
SQL Server Profiler 18	提供了用于监视 SQL Server 数据库引擎实例或 Analysis Services 实例的图形化界面
数据库引擎优化顾问 18	协助用户创建索引、索引视图和分区
SQL Server 数据工具	包含"数据库项目",为数据库开发人员提供集成环境,以便在 Visual Studio 内为任何 SQL Server 平台执行其所有数据库设计工作。数据库开发人员可以使用 Visual Studio 中功能增强的服务器资源管理器,轻松创建、编辑数据库对象和数据,并能执行查询
SQL Server 2019 联机丛书	帮助读者开始、管理、开发和使用 SQL Server 及相关产品的技术文档

配置数据库的方法包含使用操作系统服务管理工具、SQL Server 2019 配置管理器和数据库属性页等方法来对服务器进行配置。

1. 使用操作系统服务管理工具

在"计算机管理"窗口中,选择"服务和应用程序"→"服务"选项,或者选择"控制面板"→"管理工具"→"服务"选项,可以看到 Windows 操作系统中的所有服务,也可以看到所安装的 SQL Server 服务,SQL Server 数据库引擎服务的名称是 SQL Server(实例名称)。如图 2-27 所示,可以找到 SQL Server(MSSQLSERVER)和 SQL Server(SQL2019)两个服务,表示当前计算机安装了两个 SQL Server 数据库引擎服务,一个是默认实例 SQL Server(MSSQLSERVER),另一个是命名实例名称为 SQL2019 的数据库引擎服务 SQL Server(SQL2019)。

在该窗口中右击任一数据库引擎服务,可以从弹出的快捷菜单中选择"启动""暂停""停止""恢复"或"重新启动"命令进行数据库服务的启动、停止等操作;或者从弹出的快捷菜单

图 2-27　计算机管理工具的"服务"选项

中选择"属性"命令,在"SQL Server 的属性"窗口中配置数据库引擎的启动类型或服务的运行状态。

2. SQL Server 2019 配置管理器

SQL Server 2019 配置管理器随着 SQL Server 2019 一起安装,是 Microsoft 管理控制台程序的一个单元。它是 SQL Server 2019 重要的系统配置工具之一,主要用于管理 SQL Server 的服务、网络配置和客户端配置,主要是针对本地服务器的配置。

启动方法为选择"开始"→"所有程序"→Microsoft SQL Server 2019→"SQL Server 2019 配置管理器",打开 SQL Server Configuration Manager 窗口,如图 2-28 所示。

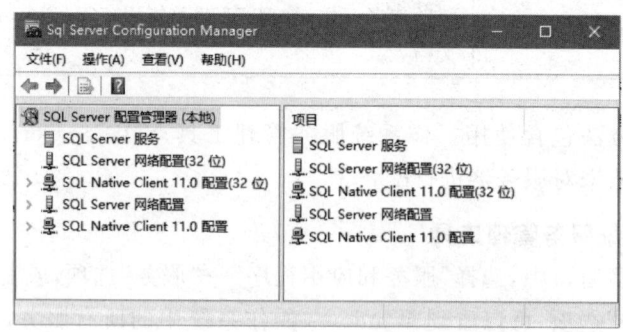

图 2-28　SQL Server 配置管理器

1) SQL Server 服务

SQL Server 服务即数据库引擎服务,如图 2-29 右窗格所示的 SQL Server (MSSQLSERVER) 和 SQL Server (SQL2019) 两个数据库引擎服务是必须要启动的。

右击某一项服务名称,从弹出的快捷菜单中选择"启动""停止""暂停""继续"或"重新启动"等命令可以对服务进行相应的控制,还可以通过选择"属性"命令查看或设置该服务。

如果暂时不需要某项 SQL Server 服务时,可以将其停止以免过多占用计算机的资源。

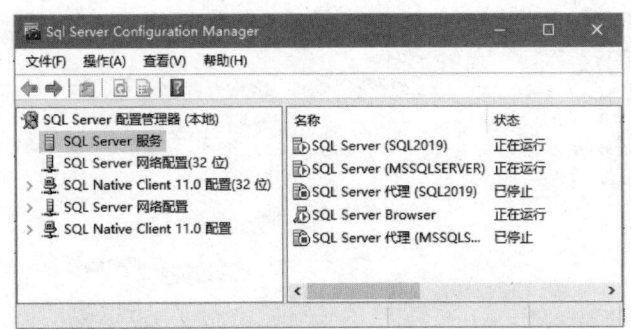

图 2-29　SQL Server 服务

例如,希望停止服务 SQL Server Integration Services,则可右击该服务名称,从弹出的快捷菜单中选择"停止"命令即可。

2) SQL Server 网络配置

利用 SQL Server 网络配置可以管理服务器和客户端网络协议,在"SQL Server 2019 配置管理器"窗口选择"SQL Server 网络配置"选项,显示出当前服务器中所有 SQL Server 实例及其协议,主要包括以下 3 种协议,如图 2-30 所示。

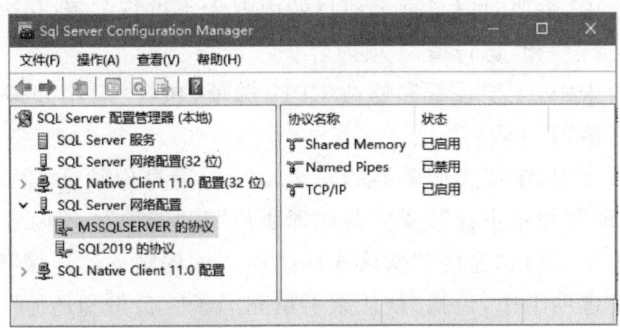

图 2-30　SQL Server 网络配置

(1) Shared Memory(共享内存协议),是 SQL Server 默认开启的协议,它通过客户端和服务器端共享内存的方式进行通信。客户端和服务器端是一台计算机时,可使用该协议。

(2) Named Pipes(命名管道协议),该协议是为局域网而开发的协议。客户端和服务器端可以在同一台计算机中,也可以是局域网中的两台计算机之中。

(3) TCP/IP。该协议是 Internet 网上广为使用的协议,它可以用于不同硬件、不同操作系统、不同地域的计算机之间相互通信。

3. 使用"服务器属性"窗口

为保证 SQL Server 2019 服务器安全、稳定和高效的运行,应对服务器进行必要的优化配置,主要从内存、安全性、数据库设置和权限 4 个方面根据具体业务需求进行重新设置。

启动图形用户界面,在"对象资源管理器"主窗口中右击当前连接数据库引擎根节点,并在弹出的快捷菜单中选择"属性"命令,打开"服务器属性"窗口,如图 2-31 所示。

右窗格默认显示的是"常规"选项的详细信息,包括服务器名称、产品信息、操作系统、平台、版本、语言、内存、处理器、根目录、服务器排序规则、是否集群化等属性,这些信息不能修改。

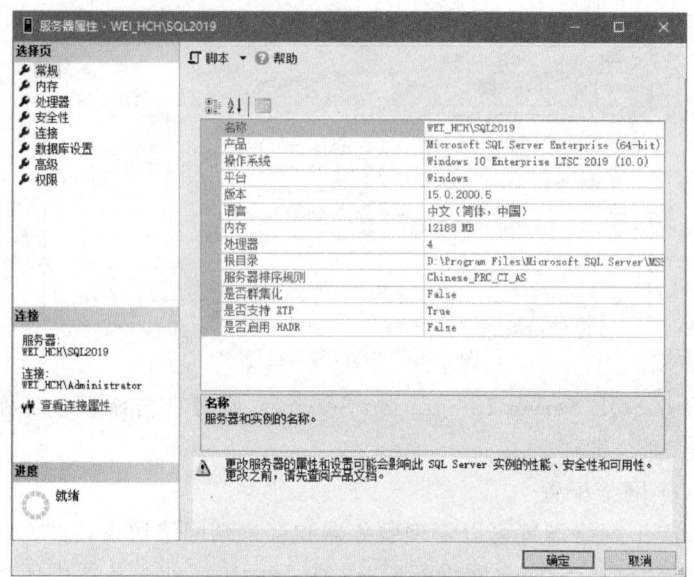

图 2-31 "服务器属性"窗口

在"内存"选项卡中,主要对服务器等项目的内存大小进行配置,包含"服务器内存选项""其他内存选项""配置值"和"运行值"4 项内容。

在"处理器"选项卡中,主要查看和修改 CPU 选项,包含"启用处理器""最大工作线程数""配置值"和"运行值"4 项内容。

在"安全性"选项卡中,主要为服务器的安全运行配置身份验证、登录审核方面的信息,包括"服务器身份验证""登录审核""服务器代理账户"和"选项"4 项内容。

在"连接"选项卡中,包括"连接""默认连接选项""远程服务器连接"3 个选项设置。

在"数据库设置"选项卡中,包括"默认索引填充因子""备份和还原""恢复""数据库默认位置""配置值"和"运行值"等选择项目。

在"高级"选项卡中,包括 FILESTREAM、"包含""并行""网络"和"杂项"等参数设置。

在"权限"选项卡中,包括"登录名或角色""显示权限"两个选项组。

【拓展实践】

尝试"数据库属性"→"安全性"中的"服务器身份验证"的不同选项和"登录审核"中不同选项的使用差异。

【思考与练习】

(1) 主要用于管理 SQL Server 的服务、网络配置和客户端配置工具是( )。
  A. 数据库系统   B. 图形用户界面
  C. 服务器属性   D. SQL Server 配置管理器

(2) 在使用数据库服务过程中,SQL Server 服务中必须开启的服务是( )。
  A. SQL Server 代理   B. MSSQLSERVER
  C. SQL Server Browser   D. shared memory

(3) 利用 SQL Server 配置管理器不可以配置的网络协议是（　　）。
  A. Named Pipes   B. TCP/IP
  C. ICMP   D. Shared Memory
(4) 如果用户想用 sa 用户登录服务器，服务器身份验证需设置为（　　）。
  A. SQL Server 和 Windows 身份验证 B. Windows 身份验证
  C. SQL Server 身份验证   D. 管理员身份
(5) 下列选项中，服务器属性窗口中设置不支持的是（　　）。
  A. 安全性   B. 查询模板   C. 数据库设置   D. 权限

2.2.3　SQL 与 T-SQL 简介

  在自然界中人与人之间交流时需要通过语言来传递信息，那人与机器之间的沟通则需要特殊的语言，比如与开发工具间交流有 C 语言、Java 语言、Python 语言等，那么与数据库系统的交流就需要 SQL。虽然使用图形用户界面能很容易操作数据库中的各种对象，但是当应用程序访问数据库时，就只能借助 SQL 了，通过 SQL 语句把自然语言"翻译"成数据库能理解的内容，然后执行。下面一起来认识 SQL 和 T-SQL。

1. SQL 简介

  SQL(Structured Query Language，结构化查询语言)是一种数据库查询和程序设计语言，用于存取数据以及查询、更新和管理关系数据库系统，同时也是关系数据库语言的标准。

  如今，所有的数据库生产厂家都推出了各自支持 SQL 的关系数据库管理系统(RDBMS)，在 Oracle 中使用的 SQL 被称为 PL-SQL，而在 SQL Server 中使用的 SQL 则被称为 T-SQL(Transact-SQL)。

1) SQL 的功能

  SQL 具有 DBMS 所有的功能。它定义了一组语句或者称为操作命令，用户通过交互方式或程序执行方式，使用命令就能够实现相应关系数据库的管理功能，其主要负责管理功能的语言如下。

  (1) 数据定义语言。定义数据库(CREATE DATABASE)、定义表(CREATE TABLE)和定义视图(CREATE VIEW)等，实现对数据库三级模式结构的内模式、模式和外模式的描述。

  (2) 数据操作语言。实现对基本表和视图的数据行插入(INSERT)、数据行删除(DELETE)以及数据更新(UPDATE)，特别是它具有很强的数据查询(SELECT)功能。

  (3) 数据控制语言。对用户的访问权限及对数据库操作事务的控制，以保证系统的安全性。

2) SQL 特点

  (1) 一体化。SQL 虽然被称为结构化查询语言，除了可实现数据库的查询功能外，实际上它还可以实现数据定义、操作和控制等全部功能。它把关系数据库的数据定义语言、数据操作语言和数据控制语言集为一体，即统一在一种语言中。

  (2) 非过程化。用 SQL 进行数据操作，只需指出"做什么"，无须指明"怎么做"，存取路径的选择和操作的执行由数据库管理系统自动完成。

  (3) 使用方式灵活。SQL 既是自含式语言，又是嵌入式语言。作为自含式语言，用户可以在各种 DBMS 提供的查询编辑器上直接编辑、编译和执行 SQL 语句以实现对数据库的操作，也可以通过编写存储过程、触发器和用户定义函数等服务器程序实现对数据库的操作。作为嵌入式语言，它可以嵌入在各种高级语言中实现对数据库的访问。

（4）语言简洁、语法简单、好学好用。在 ANSI 标准中，只包含了 94 个英文单词，核心功能只用 6 个动词实现，语法接近英语口语。

2. T-SQL 简介

T-SQL(Transact-SQL)是微软对 SQL 的扩展，它是用来让应用程序与 SQL Server 沟通的主要语言。T-SQL 是 SQL Server 的核心，不管应用程序的用户界面是什么形式，与 SQL Server 实例通信的应用程序都通过向服务器发送 T-SQL 语句来进行。

下面简单介绍 T-SQL 的功能和特点，具体用法将在后续章节中逐步涉及。

1) T-SQL 的功能

T-SQL 具有 SQL 的所有功能，符合 ANSI SQL-92 和 ANSI SQL-99 标准，并且对标准 SQL 做了许多扩充，具有了高级语言的编程功能，加入了局部变量、全局变量、表达式和分支、循环、错误检查等语言元素。

T-SQL 依据管理功能被划分为数据定义语言、数据控制语言和数据操作语言。

（1）数据定义语言。用于创建数据库和数据库对象，为数据库操作提供对象，例如数据库、表、视图、存储过程等都是数据库对象，都需要先定义才能被使用。主要的 T-SQL 语句包括 CREATE、ALTER、DROP 语句，分别用来实现数据库对象的创建、修改和删除操作。

（2）数据控制语言。主要用来执行有关安全性管理的操作，包括对表、视图的访问权限和对数据库事务的操作控制，主要的 T-SQL 语句包括 GRANT、REVOKE、COMMIT、ROLLBACK 等，其中 GRANT 语句将指定的安全对象的权限授予相应主体，REVOKE 语句则删除授予的权限，COMMIT 语句用于提交事务，ROLLBACK 用于回滚事务。

（3）数据操作语言。主要用于操作表和视图中的数据，主要的 T-SQL 语句包括 SELECT、INSERT、DELETE、UPDATE 语句，分别用来实现查询数据、插入数据、删除数据和修改数据。

2) T-SQL 的特点

T-SQL 具有 SQL 的所有特点，并且还可以使用采用图形用户界面的"查询编辑器"进行编辑、编译、执行和保存等操作。

3) T-SQL 语法要素

T-SQL 作为编程语言与大多数高级编程语言一样，具有一定的语法规则，下面简要介绍如下，后续章节中会详细展开。

（1）T-SQL 的语法约定。参照 SQL Server 2019 的 T-SQL 语法约定，本书中在语法说明中所使用的标记符号简化说明见表 2-4。

表 2-4　T-SQL 语法约定标记符号

约　　定	作　　用
大写字母	T-SQL 关键字，例如：CREATE DATABASE
[ ]（方括号）	可选语法项，例如：[PRIMARY]

续表

约 定	作 用
< >(尖括号)	语法块的名称,可在语句中的多个位置对使用的过长语法段或语法单元进行分组和标记。例如:<文件参数设置>
|(竖线)	分隔括号或花括号中的语法项,只能使用其中一项。例如:初始大小[KB|MB|GB|TB]
{ }(花括号)	必选语法项,也用于聚集语法元素。例如:MAXSIZE = {最大大小[KB|MB|GB|TB]| UNLIMITED }
[,...n]	指示前面的项可以重复 n 次,各项之间以逗号分隔。例如:FILEGROUP 文件组名[,...n]

(2) 标识符。标识符用来标识数据库对象的名称。对象标识符通常在定义对象时创建,并用于引用该对象。SQL Server 2019 中的所有对象都可以有标识符,大多数对象必须有标识符,而有些对象(如约束)的标识符是可选的。

(3) 数据类型。SQL Server 2019 提供了非常丰富的数据类型,数据类型决定了数据在计算机中的存储格式、存储长度、数据位数和小数精度等属性,在设计概念模型时对于实体属性的确定就必须充分考虑各属性的数据类型。

(4) 变量。变量是具有名称和数据类型的一组内存单元,用于暂时存放数据,变量值在程序运行过程中可以随时改变。变量通常用于批处理或脚本代码中,主要用于存储计数器计算循环执行的次数或控制循环执行的次数,保存存储过程或函数的返回值等。SQL Server 2019 中变量分为局部变量和全局变量。

(5) 运算符和表达式。运算符是执行数学运算、字符串连接以及进行比较的符号。

表达式是按照一定的原则,用运算符将常量、变量、标识符等对象连接而成的有意义的式子。

(6) 批处理。批处理是由一条或多条 T-SQL 语句组成的语句集。SQL Server 2019 将批处理的语句编译为单个可执行单元,称为执行计划,执行计划中的语句每次执行一条。每个不同的批处理之间使用 GO 进行分隔,GO 的作用是通知 SOL Server 实用工具将当前 GO 命令之前的所有 SQL 语句作为一个批处理发送到数据库服务器进行编译与运行。如果批处理中包含语法错误,则整个批处理就不能被成功编译;如果批处理中有一条语句产生执行错误,则该错误仅影响该条语句的执行,对批处理中的其他语句没有影响。

(7) 注释。注释是指在程序代码中的描述性文本字符串(也称为备注)。注释功能常用于对代码进行说明或暂时禁用部分 T-SQL 语句。注释在对代码进行说明时,主要是记录程序名、作者、常量、变量、语句功能、修订日期和算法描述等信息,便于将来对程序代码进行维护。SQL Server 2019 支持双连字符(--)和斜杠—星号字符对(/ * …… * /)两种注释字符。

- --:用来实现单行注释。从双连字符开始到行尾的内容均为注释信息。
- / * …… * /:用来注释多行。该注释方式以 / * 字符对作为注释信息的开始,以 * / 字符对作为注释信息的结束,它们之间的所有内容均视为注释。本注释方式与 C、Java 等高级语言注释相同。

(8) 编码规范。在书写代码时要遵循一定的规范,包括使用缩进和注释;定义对象名要望文知义;SQL Server 关键字全部使用大写,一般情况下在每个关键字处要换行等。

SQL Server 编码规范

3. 使用"查询编辑器"

本书各章中的 T-SQL 语句均可在 SQL Server 中采用图形用户界面的"查询编辑器"中实现。查询编辑器是 SQL Server 自带的编写代码、测试代码的工具,用于创建和运行包含 T-SQL 语句的脚本。

1) 新建查询

单击 SQL Server 主窗口工具栏中的"新建查询"按钮或"数据库引擎查询"按钮,或者在主菜单中选择"文件"→"新建"→"数据库引擎查询"命令,或者在"对象资源管理器"窗口中右击服务器或者具体数据库节点,并从弹出的快捷菜单中选择"新建查询"命令,均可打开"查询编辑器"。

与此同时,还会自动出现"SQL 编辑器"工具栏,如图 2-32 所示。用户可以使用工具栏中的"当前数据库"下拉列表、"分析""调试"和"执行"等按钮完成相应功能。

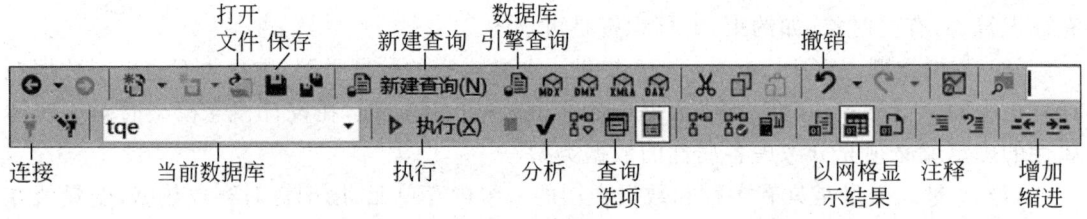

图 2-32 "SQL 编辑器"工具栏

2) 编辑 T-SQL 语句

在"查询编辑器"的编辑区中,可以对 T-SQL 语句使用插入、删除、复制和移动等编辑方法进行操作。为方便编写 T-SQL 语句,"查询编辑器"还提供以下一些编辑功能。

(1) 智能感知功能。SQL Server 查询编辑器提供一种智能感知形式的自动完成功能,当输入 T-SQL 语句时,它会提示用户应该使用的正确命令、标识符和格式。

(2) 使用缩进。在编写大段语句代码时,特别是一些复杂的带有嵌套的 T-SQL 语句时,缩进能够使语句更容易辨认,更符合用户的阅读习惯。选择需要缩进的代码行,在"SQL 编辑器"工具栏中单击"增加缩进"和"减少缩进"按钮,即可完成缩进。

3) 分析 T-SQL 语句

单击"SQL 编辑器"工具栏中的"分析"按钮,可以检查所选语句的语法。如果没有选任何语句,则检查"查询编辑器"编辑区中所有语句的语法。

4) 执行 T-SQL 语句

单击"SQL 编辑器"工具栏中的"执行"按钮,可以执行编辑区的 T-SQL 语句。

例如,执行下面编辑的 T-SQL 查询语句,并在查询结果栏中显示出执行结果。默认以网格显示结果,如图 2-33 所示。

单击"SQL 编辑器"工具栏中的"以文本格式显示结果"按钮或"以网格显示结果"按钮,可以改变查询输出格式。例如,单击"以文本格式显示结果"按钮,再单击"SQL 编辑器"工具栏中的"执行"按钮,将以文本格式显示查询结果。

5) 打开和保存 T-SQL 语句脚本文件

(1) 保存 T-SQL 语句脚本文件。在主菜单中选择"文件"→"保存"(或"另存为")命令,

项目 2　安装和配置 SQL Server 2019

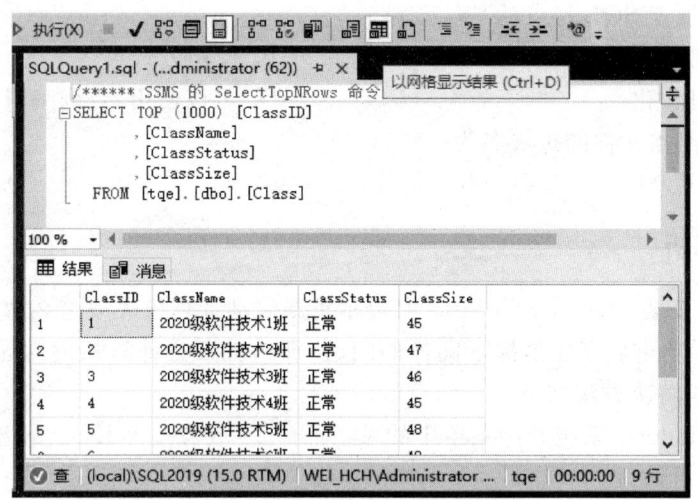

图 2-33　以网格显示结果

可以保存"查询编辑器"编辑区的 T-SQL 语句为脚本文件（.sql）。

（2）打开 T-SQL 语句脚本文件。在主菜单中选择"文件"→"打开"→"文件"命令，在"打开文件"对话框中选择要打开的 T-SQL 语句脚本文件，如图 2-34 所示。单击"打开"按钮，即可在"查询编辑器"的编辑区中打开该文件。

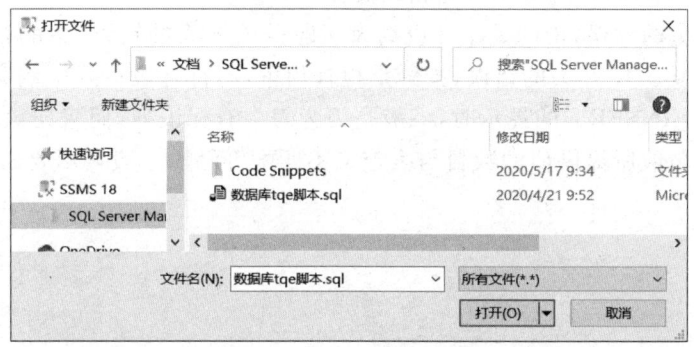

图 2-34　打开脚本文件

【思考与练习】

（1）关系数据库语言的标准是（　　）。
　　A. 计算机语言　　　　　　　　　　B. 结构化查询语言
　　C. 程序设计语言　　　　　　　　　D. 数据库访问语言

（2）用于定义数据结构，例如对数据库、表、视图等数据库对象的定义的是（　　）。
　　A. 数据操纵语言　　　　　　　　　B. 数据控制语言
　　C. 数据库语言　　　　　　　　　　D. 数据定义语言

（3）用于创建和运行包含 T-SQL 语句脚本的工具是（　　）。
　　A. 查询编辑器　　　　　　　　　　B. 对象资源管理器
　　C. 表编辑器　　　　　　　　　　　D. 文本文档

(4) 以下不属于 SQL 特点的是（　　）。
　　A. 一体化　　　　　　　　　　　　B. 使用方式灵活
　　C. 非过程化　　　　　　　　　　　D. 可以使用"查询编辑器"编辑
(5) 数据库脚本文件的扩展名为（　　）。
　　A. .mdf　　　　B. .ldf　　　　C. .sql　　　　D. 以上都不对

➡ 常见问题解析

【问题 1】 在安装 SQL Server 2019 时提示重新启动计算机失败怎么解决？

【答】 如果手动重启完还是提示同样的问题，那么就不是计算机的问题了，很可能是系统注册表在作怪，解决方法如下。

(1) 选择 Windows 系统开始菜单中的"运行"命令，或者按 WIN ＋ R 组合键，计算机上会弹出来一个运行窗口。

(2) 在运行窗口中输入 regedit 命令，打开注册表管理器。

(3) 选择 HKEY_LOCAL_MACHINE\SYSTEM\CurrentControlSet\Control\Session Manager 节点。

(4) 将该节点名称为 PendingFileRenameOperations 的项删除。

(5) 重新启用安装或修复程序即可。

【问题 2】 T-SQL 执行过程中常见错误类型。

【答】 FK 开头的错误，指的是主外键约束问题；PK 开头的错误，指的是主键约束，一般是主键不允许重复；CK 开头的错误，指的是检查约束，不符合表达式中约束的规则；当看到含有 IDENTITY_INSERT 的提示时，一般是因为表中有标识列，而且向该标识列手动插入了值；若出现"列名或所提供值的数目与表定义不匹配"问题，一般表示要插入的值的数目跟列的数目不匹配。

项目 3

创建与管理"教学质量评价系统"数据库

3.1 数据库概述

◇ **单元简介**

SQL Server 数据库不仅可以存储数据,还能使数据存储和检索以安全可靠的方式进行管理。从数据物理存储方式来看,SQL Server 数据库以数据文件形式存储在计算机磁盘上,即一个数据库由一个或多个文件组成。从数据逻辑管理方式来看,SQL Server 数据库是数据表和对表中数据进行各种操作的逻辑对象的集合,这就是数据库对象。

本单元介绍 SQL Server 2019 的数据库结构、数据库对象等基本概念,读者可掌握 SQL Server 数据库的构成、文件、文件组和对象等相关内容。

◇ **单元目标**

1. 了解 SQL Server 数据库的构成。
2. 初步认识 SQL Server 数据库对象。

◇ **任务分析**

对于数据库概述分为以下两个工作任务。

【任务 1】SQL Server 数据库结构

学习 SQL Server 数据库由系统数据库和用户数据库构成,数据库文件分为主要数据文件、次要数据文件和事务日志文件,数据库文件组分为主要文件组、次要文件组和默认文件组。

【任务 2】SQL Server 数据库对象

通过分类、标识符和引用结构三个方面了解 SQL Server 数据库对象。

3.1.1 SQL Server 数据库结构

1. 数据库的分类

SQL Server 数据库可以分为两大类,即系统数据库和用户数据库。用户数据库是由用户自行创建的,保存了用户的重要数据;而系统数据库是在安装 SQL Server 2019 时由安装程序自动创建的数据库,当系统数据库遭到损坏时,SQL Server 引擎将不能正常启动。可以在采用图形用户界面的"对象资源管理器"窗口中展开"数据库"节点,查看当前数据库引擎中的所有数据库,如图 3-1 所示。

1）系统数据库

系统数据库已经固定在数据库引擎实例"数据库"节点下的"系统数据库"节点内,这些数据库记录了 SQL Server 数据库管理系统的一些必要信息,用户一定不要直接修改系统数据库中的信息,防止数据库管理系统出错。系统数据库包括以下 5 个数据库。

（1）master 数据库。master 数据库是 SQL Server 的核心,保存当前 SQL Server 实例所有系统级信息,包括登录账户、系统配置和设置、服务器中数据库的名称、相关信息和这些数据库文件的位置,以及 SQL Server 初始化信息等。由于 master 数据库记录了如此

图 3-1　系统数据库和用户数据库

多且重要的信息,一旦数据库文件损失或损毁,将对整个 SQL Server 系统的运行造成重大的影响,甚至会使整个系统瘫痪,因此,要经常对 master 数据库进行备份,以便在发生问题时,对数据库进行恢复。

（2）model 数据库。model 数据库是模板数据库,在创建用户数据库时往往以此库为模板。它包含建立新数据库时所需的基本对象,如系统表、查看表、登录信息等。在系统执行建立新数据库操作时,它会复制这个模板数据库的内容到新的数据库上。

（3）msdb 数据库。msdb 数据库是与 Windows 操作系统关联的,保存了 Windows 计划作业服务。它在"SQL Server 代理服务"调度警报、作业以及记录操作员时使用,如果不使用这些 SQL Server 代理服务,就不会使用到该系统数据库。SQL Server 代理服务是 SQL Server 中的一个 Windows 服务,用于运行任何已创建的计划作业,作业是指 SQL Server 中定义的能自动运行的一系列操作。

（4）tempdb 数据库。tempdb 数据库是个临时中间库,保存操作中的临时对象供稍后处理,SQL Server 关闭后该数据库中数据就会被清空,重启动 SQL Server 时,系统将依据 model 数据库重新创建新的 tempdb 数据库。

（5）resource 数据库。resource 数据库是一个只读的数据库,默认是隐藏的,因此在对象资源管理器中看不到它。resource 数据库与其他的系统数据库分隔开来,单独存放在了另一个目录下,和其他的 SQL Server 可执行文件和 DLL 文件放在了一起。这是因为 resource 数据库是只读且不可修改的,它仅是用来提供 SQL Server 所有的系统对象,因此从功能上来看 resource 数据库更接近一个 SQL Server 的 DLL 而不是一个系统数据库。

2）用户数据库

用户数据库是用户根据实际业务需求建立的数据库,比如我们之前提到的教学质量评价数据库。一个数据库引擎服务下可以管理无数个用户数据库,只要用户的硬盘有足够的空间来存储这些数据库文件就行。

2. 数据库文件

所有信息在操作系统中只能以文件形式被保存下来,数据库也不例外。但和其他程序

文件不一样的是，每个数据库都对应三类文件类型，包括主要数据文件、次要数据文件和事务日志文件。

1）主要数据文件

主要数据文件是最重要的，它包含数据库的启动信息和数据库中其他文件的指针，另外还存储用户数据和数据表、视图等数据库对象。每个数据库有且仅有一个主要数据文件，它的扩展名为.mdf，是Primary Database File的缩写形式。

2）次要数据文件

次要数据文件是主要数据文件的辅助，存储在主要数据文件中未存储的其他数据和对象，可以使用它将数据分散到多个磁盘上，如果数据库超过了单个Windows文件的最大限制或者磁盘分区没有空间了，可以使用次要数据文件扩充数据库，这样数据库就能继续增长。一个数据库可以没有也可以有多个次要数据文件，它的扩展名是.ndf，是Secondary Database File的缩写形式。

3）事务日志文件

事务日志文件用于记录所有事务以及每个事务对数据库所做的修改，可用于恢复数据库。每个数据库至少要有一个事务日志文件，它的扩展名是.ldf，是Log Database File的缩写形式。

因此，每个数据库至少要有一个主要数据文件和一个事务日志文件，也就是必须包含.mdf和.ldf两类文件。

通常情况下，对于小型的数据库并不需要创建多个文件来分布数据。但是随着数据的增长，使用单个数据文件的弊端就开始显现。使用次要数据文件的优点包括以下内容。

- 使用多个文件分布数据到多个硬盘中可以极大地提高I/O性能。
- 多个文件对于数据略多的数据库来说，备份和恢复都会轻松很多。

3. 数据库文件组

如果有多个数据文件，SQL Server允许将不同磁盘的多个数据文件划分为一个文件集合，从而方便数据布局和管理任务，这个文件集合就称为文件组，数据库文件组不适用于事务日志文件，只管理数据文件，分为主要文件组、次要文件组和默认文件组。

1）主要文件组

主要文件组是必须有的而且只有一个，由SQL Server自动生成，名为PRIMARY。主要文件组包含系统表和主要数据文件，如果没有其他设置它就是默认的文件组。

2）次要文件组

次要文件组是用户自己定义的文件组，用于将次要数据文件集合起来，便于数据分配，也就是可以把不同磁盘分区的多个次要数据文件划分为一个次要文件组，当将数据表指定为该文件组时，就可以把一个表中的数据存储到不同的磁盘，从而提高读写效率。

3）默认文件组

默认文件组不是用户命名的文件组，而是设置主要文件组或次要文件组为数据文件所归属的默认文件组，在每个数据库中，同一时间只能有一个文件组是默认文件组，可根据需要随时修改。当没有指定对象所属文件组时，该对象就被分配给默认文件组。

【拓展知识】

数据库数据的存储方式

页是 SQL Server 中数据存储的基本单位。在 SQL Server 中,页的大小为 8KB,每页的开头是 96 字节的标头,用于存储相关的系统信息,包括页码、页类型、页的可用空间及拥有该页的对象的分配单元 ID。在 SQL Server 中存储 1MB 的数据需要 128 页。

SQL Server 以区作为管理页的基本单位,所有页都存储在区中。一个区包括 8 个物理上连续的页(即 64KB),1MB 存储空间有 16 个区。

SQL Server 有两种类型的区,即统一区和混合区。统一区指该区仅属于一个对象,混合区则是指该区由多个对象共享,但一个页只能属于一个对象所有。SQL Server 在分配数据页时,通常首先从混合区分配页给表或索引,当表和索引的数据容量增长到 8 页时,就改为统一区给表或索引的后续内容分配数据页。

【思考与练习】

(1)(　　)数据库保存当前 SQL Server 实例所有系统级信息。
　　A. master　　　　B. model　　　　C. msdb　　　　D. tempdb

(2)(　　)数据库是模板数据库,创建用户数据库时以此库为模板。
　　A. master　　　　B. model　　　　C. msdb　　　　D. tempdb

(3)SQL Server 数据库不包括(　　)文件。
　　A. 主要数据　　　B. 次要数据　　　C. 主要日志　　　D. 事务日志

(4)SQL Server 数据库的(　　)文件扩展名是 mdf。
　　A. 主要数据　　　B. 次要数据　　　C. 主要日志　　　D. 事务日志

(5)SQL Server 数据库的(　　)文件扩展名是 ldf。
　　A. 主要数据　　　B. 次要数据　　　C. 主要日志　　　D. 事务日志

3.1.2　SQL Server 数据库对象

在创建数据库时,数据库管理系统预先分配了数据和事务日志所要使用的物理存储空间,在创建一个新的数据库时,仅是创建了一个空壳,只有在这个空壳中创建了对象后才能使用这个数据库。在一个数据库中,除了需要数据表存储数据外,还需要很多东西去管理数据操作和数据安全性,这些东西都统称为数据库对象。

1. 数据库对象的分类

SQL Server 数据库对象是存储、管理和使用数据的不同结构形式,它包括数据表和键,还有数据库关系图、约束、默认值、规则、索引、视图、存储过程、函数、触发器、用户、角色等不同类型的对象。

可以从 SQL Server 对象资源管理器窗口中展开任一数据库下的节点,数据库对象以树状结构组织在每一个数据库节点下,主要包括以下对象。

(1) 表(Table)。数据库中最重要的对象,由行(Row)和列(Column)构成。列又称字段,列的标题被称为字段名。对于数据库表中的行,一行数据称为一条记录,多数是同类信息组成。一般来说,一个表是由一条或多条记录组成,如果是没有记录的表,则称为空表。

(2) 视图(View)。也有一组数据项和命名字段,只是在用户执行查询操作的时候才会出现,其实在数据库中并不存在,通过控制用户对数据的访问权限,简化数据,只显示用户需要的数据项。

(3) 数据库关系图(Diagram)。用于表示表与表之间的关系,可以理解为数据库表之间的一种关系示意图。

(4) 索引(Index)。是为了给用户提供快速访问数据的途径,时刻监督数据库表的数据,从而参照特定数据库表列建立起来的一种顺序,主要是便于用户访问指定数据,避免数据的重复。

(5) 序列(Sequence)。定义存储在数据字典里面,序列提供了唯一数值的顺序表从而来简化程序的设计工作。

(6) 规则(Rule)。规则是实现对数据库表中列数据的一种限制。

(7) 默认值(Default)。是在数据库表中插入数据或创建列时,对于有些列或者列的数据没有予以设定具体数值,那么就会直接以预先设置的内容赋值。

(8) 存储过程(Stored Procedure)。为了实现某个特定功能而汇集在一起的一组 SQL 语句,经过编译之后会存储在数据库的 SQL 程序中。

(9) 触发器(Trigger)。在数据库表中属于用户定义的 SQL 事务语句集合。如果在对一个数据库表执行删除、插入、修改的时候,触发器就能够自动去执行。

(10) 用户(User)。指能够访问数据库的特定对象,需要有相关的登录名和密码及访问权限。

(11) 角色(Role)。是一组数据库用户的集合,与 Windows 操作系统中的用户组类似,当用户加入某个角色时,就拥有了该角色的所有权限。

2. 数据库对象的标识符

数据库对象有很多类型,每个类型也有多个对象。因此,要给每个数据库对象指定一个唯一的名称,数据库对象的名称即为其标识符。数据库对象标识符是在定义对象时创建的,标识符随后用于引用该对象。

SQL Server 中的所有内容都可以有标识符。服务器、数据库和数据库对象都可以有标识符,大多数对象要求有标识符,但有些对象(例如约束)标识符则是可选的。

SQL Server 有两类标识符,规则标识符和界定标识符。

1) 规则标识符

符合标识符的格式规则,在 T-SQL 语句中使用规则标识符时不必使用界定符。标识符的格式规则如下。

(1) 第一个字符必须是下列字符之一。

- Unicode 标准 3.2 定义的字母,Unicode 中定义的字母包括拉丁字符 a~z 和 A~Z,以及来自其他语言的字母字符。
- 下画线(_)、at 符号(@)或数字符号(#)。在 SQL Server 中,某些位于标识符开头位置的符号具有特殊意义。以@符号开头的常规标识符始终表示局部变量或参数,并且不能用作任何其他类型的对象的名称;以一个数字符号(#)开头的标识符表示临时表或过程；以两个数字符号(##)开头的标识符表示全局临时对象。某些 T-SQL 函数的名称以两个 at 符号(@@)开头，为了避免与这些函数混淆，不应使用以@@开头的名称。

(2) 后续字符可以包括以下内容。

- Unicode 标准 3.2 定义的字母。
- 基本拉丁字符或其他国家/地区字符中的十进制数字。
- at 符号(@)、美元符号($)、数字符号或下画线。

(3) 标识符必须不能是 T-SQL 关键字，无论是大写还是小写。

(4) 不允许嵌入空格或特殊字符。

(5) 长度不能超过 128 位。

标识符的命名最好根据数据库对象有一定实际意义，能够望文知义，具体要求请查看 SQL Server 编码规范。

2) 界定标识符

界定标识符包含在方括号([ ])或者双撇号("")内，在 T-SQL 语句中，必须对不符合所有标识符规则的标识符进行界定。规则标识符加上界定标识符后与原意相同，不影响数据库对象的定义和引用。

例如，school name 包含空格符号，datetime 是关键字，加上界定标识符方括号或双撇号后，[school name]和"datetime"就是合法标识符了。

3. 数据库对象的引用结构

数据库对象一般是通过其标识符来被引用的，在一个数据库内部可以使用其唯一的标识符引用对象，但在与其他数据库甚至其他服务器进行交互时仅使用这个标识符显然不够，因此 SQL Server 数据库对象的完整结构名称可以由 4 个部分组成，完整的描述如下：

[[[服务器].数据库].架构].对象

也就是说，SQL Server 对象被引用的完整结构是通过服务器名.数据库名.架构名.对象名这样四级序列。架构是数据库对象的分组容器，是数据库对象的命名空间，每一个数据库对象都存在于一个特定的架构中，用户通过架构访问其中的数据库对象，如果没有指定架构，默认使用 dbo 作为架构名。关于架构的概念在后面还会介绍，这里不再赘述。

比如，学生表 Student 被引用的完整结构名称是 WEI_HCH.tqe.dbo.Student，其中，WEI_HCH 是服务器名，这里使用的是默认实例；tqe 是一个数据库的名；dbo 是默认架构名；最后才是 Student 表名。

现实中很少在数据库中操作另一个数据库，因此一般省略前三部分，使用数据库对象名即可。

【思考与练习】

(1) SQL Server 数据库对象是存储、管理和使用数据的(　　)。

　　A. 结构形式　　　B. 数据库　　　C. 方法　　　D. 数据

(2) SQL Server 数据库对象不包括以下的(　　)。
　　A. 数据表　　　　B. 约束　　　　C. 索引　　　　D. 文件
(3) 以下(　　)不是数据库对象的规则标识符的组成元素。
　　A. 字母　　　　B. @　　　　　C. 数字　　　　D. %
(4) 以下(　　)符合数据库对象的规则标识符。
　　A. 123　　　　B. School Code　　C. schoolName　　D. int
(5) 假设服务器名是 WEI，数据库名是 tqe，架构名是 dbo，数据库对象名是 Student，以下(　　)是不正确的引用。
　　A. tqe. Student　　　　　　　　B. WEI. tqe. dbo. Student
　　C. Student　　　　　　　　　　D. tqe. dbo. Student

3.2　创建数据库

◇ 单元简介

每个数据库物理结构上都包括数据文件和事务日志文件。在使用数据库前，必须要先创建数据库，也就是生成数据文件和事务日志两类文件并指定数据库的名称。

本单元介绍使用 SQL Server Management Studio 图形用户界面创建数据库和使用 T-SQL 语句创建数据库，使读者了解数据库文件设置选项，掌握创建数据库的方法。

◇ 单元目标

1. 掌握使用图形用户界面创建数据库的方法。
2. 了解使用 T-SQL 语句创建数据库的方法。

◇ 任务分析

创建数据库分为两个工作任务。

【任务 1】使用图形用户界面创建数据库

SQL Server 图形用户界面提供了"新建数据库"窗口来创建数据库，我们通过图形用户界面创建教学质量评价数据库 tqe，并设置数据文件和事务日志文件选项。

【任务 2】使用 T-SQL 语句创建数据库

除了使用图形用户界面创建数据库，还可以使用 T-SQL 语句创建数据库，按照与使用图形用户界面创建教学质量评价数据库相同的设置，用 T-SQL 语句来创建教学质量评价数据库 tqe。

3.2.1　使用图形用户界面创建数据库

若要创建数据库，必须先规划好数据库的名称、数据文件和事务日志文件的初始大小以及存储位置等。

【实例 3-1】 创建教学质量评价数据库，数据库名称 tqe。教学质量评价的英文名称为 Teaching Quality Evaluation，三个单词字符较多，因此不适合用全称作为数据库名，可以取每个单词首字母为数据库名，即 tqe。主要数据文件保存在"D:\教学质量评价"文件夹下，文件的初始大小为 10MB，最大限制为 1024MB，自动增长速度为 10%；事务日志文件同样保

规划 SQL Server 数据库

存在"D:\教学质量评价"文件夹下,文件初始大小为 5MB,不限制文件大小,自动增长速度为 5MB。

创建数据库的操作步骤如下。

(1) 启动 SQL Server 图形用户界面,在主窗口的"对象资源管理器"中,右击"数据库"节点,在弹出的快捷菜单中选择"新建数据库"命令,打开"新建数据库"窗口,如图 3-2 所示。

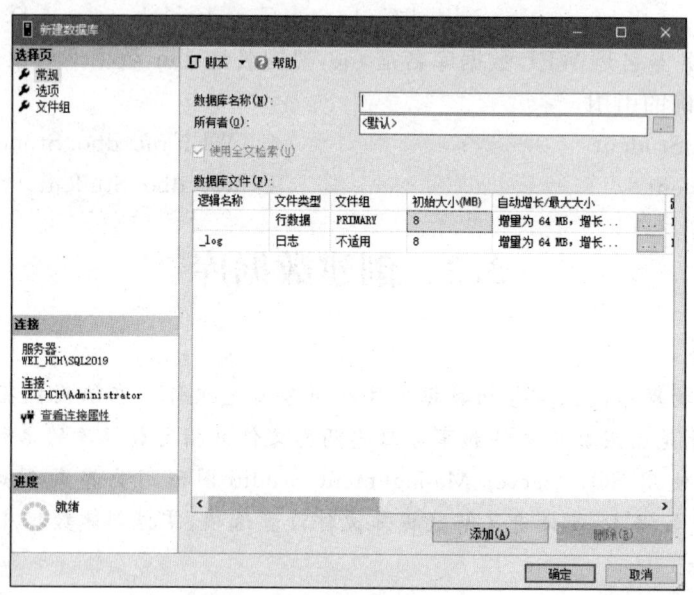

图 3-2 "新建数据库"窗口

(2) "新建数据库"窗口有常规、选项和文件组三个选项卡,单击选中"常规"选项卡(默认)。在"常规"选项卡中输入数据库名称、所有者,如图 3-3 所示。

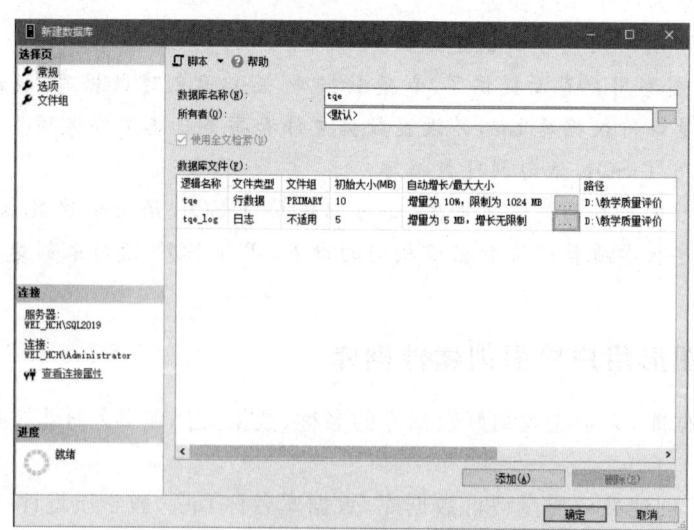

图 3-3 "新建数据库"窗口的"常规"选项卡

- 数据库名称:在"数据库名称"文本框中输入 tqe 为数据库名。
- 所有者:在"所有者"文本框中选择"默认"即可,指此数据库的所有者为当前登录用户。

（3）在"新建数据库"窗口的"常规"选项卡中设置数据库文件信息，如图 3-3 所示。系统根据用户输入的数据库名称，自动生成数据库的主要数据文件 tqe 和事务日志文件 tqe_log。

第一行中的文件是设置主要数据文件，它的类型"行数据"也表明了是数据文件。第二行中的文件的文件类型"日志"表示是设置事务日志文件。

- 逻辑名称：文件的引用名，用于以后维护该文件使用。主要数据文件逻辑名默认与数据库同名；事务日志文件的逻辑名称默认是数据库名加后缀_log，在输入数据库名称时会自动填充为 tqe_log。
- 文件类型："行数据"为数据文件，"日志"表示是事务日志文件。
- 文件组：为数据文件指定文件组使用，此处使用默认的主要文件组（PRIMARY）即可；文件组仅作用于数据文件，因此事务日志文件的文件组属性为"不适用"。
- 初始大小：数据库的初始大小（MB）默认是模板数据库 model 数据库的大小，默认为 8MB。此处将主要数据文件设为 10MB，事务日志文件设为 5MB。
- 自动增长/最大大小：当初始大小的数据空间都使用完了，就要向操作系统申请一部分空间资源扩充数据文件的大小，这个申请以及申请多少都是由数据库管理系统设置"自动增长"后自动完成的。单击"自动增长/最大大小"列中右侧的"…"按钮，将打开"更改自动增长设置"对话框，在对话框中可以设置是否启用自动增长、文件增长方式和最大文件大小选项，本任务的数据文件 tqe 和事务日志文件 tqe_log 的相关设置如图 3-4 所示。

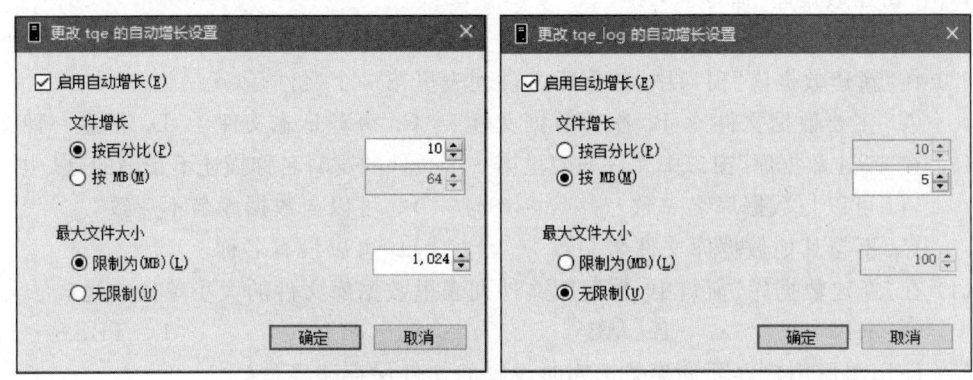

图 3-4 "更改 tqe 的自动增长设置"与"更改 tqe_log 的自动增长设置"对话框

- 路径：指文件存放的物理位置，默认是在 SQL Server 的安装目录之下。按任务要求将路径直接修改路径为"D:\教学质量评价"，也可以通过单击"路径"列中右侧的"…"按钮选择"D:\教学质量评价"文件夹。

（4）数据文件和事务日志文件设置好后，检查无误，单击"新建数据库"窗口下方的"确定"按钮，系统开始创建数据库。创建成功后，"新建数据库"窗口会自动关闭，然后在"对象资源管理器"窗口中的数据库节点下会自动出现 tqe，如图 3-5 所示。同时在"D:\教学质量评价"文件夹下出现了 tqe.mdf 和 tqe_log.ldf 两个文件，分别是主要数据文件和事务日志文件。

注意：

- 在启动 SQL Server 时应选择"以管理员身份运行"，以便有权限在磁盘创建文件。

- 本任务的数据库文件都存放在"D:\教学质量评价"文件夹内,必须提前建好这个文件夹,否则由于文件夹不存在会导致创建失败。
- 数据库节点下不允许有重名的数据库,如果已经创建了 tqe 数据库,想再练习一次的话,就不能再创建名称为 tqe 的数据库了,可以改一个名称,或者先右击创建好的 tqe 数据库,选择"删除"命令删除这个数据库后再进行下一次的练习。

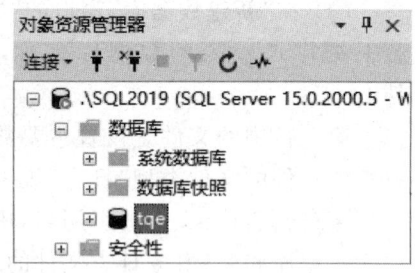

图 3-5　创建完成的数据库 tqe

【拓展任务】

创建一个学生管理数据库。数据库名称为 student。主要数据文件保存路径为"D:\学生管理数据",初始大小为 8MB,最大大小无限制,增长速度为 10%;次要数据文件逻辑名称为 student2,保存路径为"D:\学生管理数据",初始大小 10MB,最大大小为 500MB,增长速度为 10MB;事务日志文件保存路径为"E:\学生管理日志",初始大小为 5MB,最大大小为 1GB,增长速度为 3MB。

【思考与练习】

(1) 在使用图形用户界面创建数据库时,在"对象资源管理器"窗口中右击(　　)节点可以弹出"新建数据库"命令。
　　　A. 服务器　　　　B. 数据库　　　　C. 系统数据库　　　D. 数据库快照
(2) 在"新建数据库"窗口中,数据库文件列表里第一个文件是(　　)。
　　　A. 主要数据文件　B. 次要数据文件　C. 事务日志文件　　D. 任意一种文件
(3) 在"新建数据库"窗口中文件列表里第一个文件的逻辑名称描述不正确的是(　　)。
　　　A. 可以与数据库名一致　　　　　　B. 可以与数据库名不一致
　　　C. 不与其他数据库文件名一致　　　D. 可以没有名称
(4) 在"新建数据库"窗口中,数据库文件列表里数据库文件的大小单位均是(　　)。
　　　A. KB　　　　　B. MB　　　　　　C. GB　　　　　　　D. TB
(5) 使用图形用户界面创建数据库时设置的文件保存路径是(　　)。
　　　A. SQL Server 自动创建　　　　　 B. 操作系统自动创建
　　　C. 手动创建　　　　　　　　　　　D. 不用手动创建

3.2.2　使用 T-SQL 语句创建数据库

早期的数据库管理系统没有图形用户界面时,只能使用 T-SQL 语句来进行操作,而且学会了 T-SQL 语句,还能脱离 SQL Server 工具,只利用接口就能实现很多数据库操作。

1. CREATE DATABASE 语句

使用 T-SQL 的 CREATE DATABASE 语句可以创建数据库,其语法如下。

```
CREATE DATABASE 数据库名
[ON [PRIMARY]
```

```
    (   NAME = 逻辑文件名,
        FILENAME ='物理文件名'
        [,SIZE = 初始大小[KB|MB|GB|TB]]
        [,MAXSIZE = {最大大小[KB|MB|GB|TB]|UNLIMITED}]
        [,FILEGROWTH = 自动增长量[KB|MB|GB|TB|% ]]
    )[,...n]
        [,FILEGROUP 文件组名[,...n]]
]
[LOG ON
        <事务日志文件参数设置> [,...n]
]
```

此语句的参数说明如下。

- 数据库名:表示要创建该名称的数据库。
- ON:表示后面设置的是主要数据文件、次要数据文件或文件组。
- PRIMARY:指其后的主要数据文件(默认第一个文件)和次要数据文件创建在主要文件组中,也是默认文件组,可省略不写。
- NAME:文件的逻辑名,也是文件被引用的标识符。
- FILENAME:是文件的物理名,必须包括完整的存储路径和文件扩展名,注意物理文件名是一个字符串,必须用单引号将其括起来。
- SIZE:设置文件初始大小,大小值的单位可以写 KB、MB、GB、TB 等,也可以不写单位,默认为 MB。
- MAXSIZE :设置文件最大大小,当不限制大小时用 UNLIMITED 作为值,可以不指定 MAXSIZE,因为默认就是不限制大小的。
- FILEGROWTH:是文件自动增长量,单位可以是容量也可以是百分比。当指定其值为 0 时表示文件不增长。

以上 5 个参数两两之间用逗号隔开,注意最后一个参数后不要写逗号。

- FILEGROUP:表示要创建的次要文件组,在其后可指定要创建在该文件组内的次要数据文件。
- LOG ON:表明后面设置的是事务日志文件,事务日志文件参数设置与数据文件参数相同,如果有多个事务日志文件也像次要数据文件一样用逗号将其隔开。

2. 使用 T-SQL 语句创建教学质量评价数据库

【实例 3-2】 下面还以创建教学质量评价数据库为任务。数据库名为 tqe。主要数据文件逻辑名称为 tqe,物理文件名称为"D:\教学质量评价\tqe.mdf",文件的初始大小为 10MB,最大大小为 1024MB,自动增长速度为 10%;事务日志文件逻辑名称为 tqe_log,物理文件名称为"D:\教学质量评价\tqe_log.ldf",文件的初始大小为 5MB,不限制文件大小,自动增长速度为 5MB。

下面使用 T-SQL 语句完成数据库的创建,操作步骤如下。

(1) 确认磁盘中有"D:\教学质量评价"文件夹,若没有先创建这个文件夹,否则由于文件夹不存在会导致创建数据库失败。

(2) 启动 SQL Server 图形用户界面,单击主窗口工具栏中的"新建查询"按钮,在"查询编辑器"的编辑区中输入如下 T-SQL 语句。

```
CREATE DATABASE tqe
ON
(
    NAME = tqe, - - 逻辑名称
    FILENAME = 'D:\教学质量评价\tqe.mdf', - - 物理文件名称
    SIZE = 10, - - 初始大小 10MB,默认是以 MB 为单位
    MAXSIZE = 1024, - - 最大大小 1024MB,默认是以 MB 为单位
    FILEGROWTH = 10% - - 自动增长速度 10%
)
LOG ON
(
    NAME = tqe_log, - - 逻辑名称
    FILENAME = 'D:\教学质量评价\tqe_log.ldf', - - 物理文件名称
    SIZE = 5, - - 初始大小 5MB,默认是以 MB 为单位
    MAXSIZE = UNLIMITED, - - 不限制文件大小,默认是不限制大小
    FILEGROWTH = 5 - - 自动增长速度 5MB,默认是以 MB 为单位
)
```

（3）检查无误后，单击"SQL 编辑器"工具栏中的"执行"按钮或按 F5 快捷键，可以执行编辑区的 T-SQL 语句，没有拼写错误的话就会在下方"查询结果"窗口中显示"命令已成功完成"，如图 3-6 所示，这就表示数据库创建成功了。

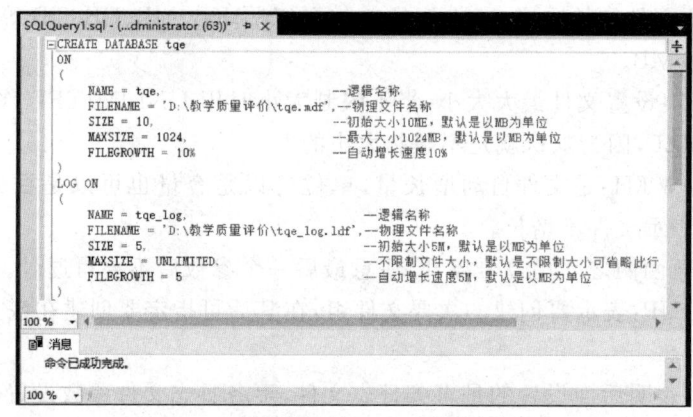

图 3-6 使用 T-SQL 语句创建数据库 tqe

（4）在"对象资源管理器"窗口右击数据库节点，在弹出的快捷菜单中选择"刷新"命令，数据库节点下会显示出创建好的 tqe 数据库。

3. 综合练习

【实例 3-3】 使用模板创建一个简单的数据库 testDB。

（1）单击 SQL Server 图形用户界面主窗体工具栏中的"新建查询"按钮，在新打开的"查询编辑器"编辑区中输入如下 T-SQL 语句。

```
CREATE DATABASE testDB
```

（2）单击"SQL 编辑器"工具栏中的"执行"按钮或按 F5 快捷键，运行结果如图 3-7 所示，表示数据库 testDB 创建成功了。

由于没有指定数据文件和事务日志文件的参数，testDB 数据库将使用 model 模板数据

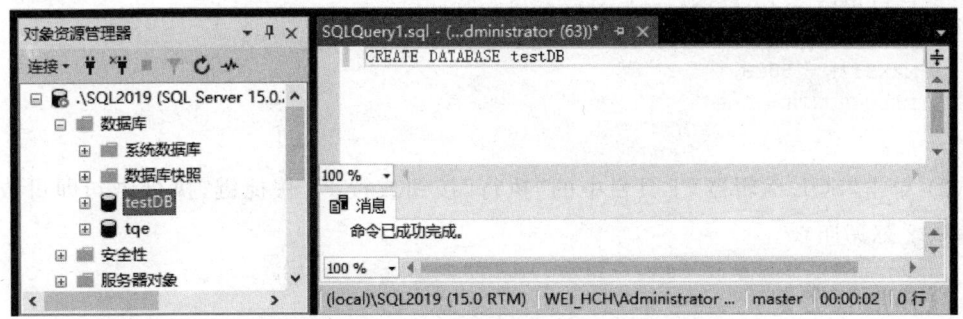

图 3-7 使用 T-SQL 语句创建数据库 testDB

库中所规定的默认值来创建。

【实例 3-4】 创建具有多个数据文件和事务日志文件的数据库 factory,包含 10MB 和 20MB 的数据文件以及两个 10MB 的事务日志文件,均存储在"D:\Project"文件夹下。数据文件逻辑名称分别为 factory1 和 factory2,物理文件名称分别为 factory1.mdf 和 factory2.ndf,主要数据文件是 factory1,两个数据文件最大分别为无限大和 100MB,增长速度分别为 10% 和 1MB。事务日志文件的逻辑名分别为 factory_log1 和 factory_log2,物理文件名分别为 factory_log1.ldf 和 factory_log2.ldf,最大均为 50MB,文件增长速度均为 1MB。

操作步骤如下。

(1) 单击 SQL Server 图形用户界面主窗体工具栏中的"新建查询"按钮,在新打开的"查询编辑器"编辑区中输入如下 T-SQL 语句。

```
CREATE DATABASE factory
ON PRIMARY
(
    NAME = factory1,
    FILENAME = 'D:\Project\factory1.mdf',
    SIZE = 10MB,
    FILEGROWTH = 10%
),
(
    NAME = factory2,
    FILENAME = 'D:\Project\factory2.ndf',
    SIZE = 20MB,
    MAXSIZE = 100MB,
    FILEGROWTH = 1MB
)
LOG ON
(
    NAME = factory_log1,
    FILENAME = 'D:\Project\factory_log1.ldf',
    SIZE = 10MB,
    MAXSIZE = 50MB,
    FILEGROWTH = 1MB
),
(
    NAME = factory_log2,
```

```
        FILENAME = 'D:\Project\factory_log2.ldf',
        SIZE = 10MB,
        MAXSIZE = 50MB,
        FILEGROWTH = 1MB
)
```

(2) 单击"SQL 编辑器"工具栏中的"执行"按钮或按 F5 快捷键,执行语句即可成功创建 factory 数据库。

【拓展任务】

使用 T-SQL 语句创建图书管理数据库 library。主要数据文件逻辑名称为 library,物理文件名称为"D:\数据\library.mdf",初始大小为 10MB,最大容量为 1GB,增长速度为 10%;次要数据文件逻辑名称为"library1",物理文件名称为"D:\数据\library1.ndf",其他与主要数据文件一样;事务日志文件逻辑名称为 library_log,物理文件名称为"E:\日志\library_log.ldf",初始大小为 1MB,最大容量为 300MB,增长速度为 1MB。

【思考与练习】

(1) 使用 T-SQL 语句创建数据库的命令是( )。
  A. CREATE DATA   B. CREATE DB
  C. CREATE DATABASE   D. 以上都正确

(2) T-SQL 语句中,以下( )关键字之后是设置主要数据文件。
  A. ON   B. LOG ON   C. IN   D. LOG IN

(3) T-SQL 语句中,( )关键字指文件的逻辑名称。
  A. FILENAME   B. LOGICNAME   C. NAMES   D. NAME

(4) T-SQL 语句中,( )关键字是指文件的自动增长量。
  A. GROWTH   B. FILEGROWTH
  C. AUTOGROWTH   D. UNLIMITED

(5) T-SQL 语句中,文件大小的单位如果没有写明,默认是( )。
  A. KB   B. MB   C. GB   D. TB

3.3 维护数据库

◆ 单元简介

当一个数据库被创建以后的工作都叫作数据库维护,包括查看、修改、删除数据库、备份系统数据、恢复数据库系统、产生用户信息表,并为信息表授权、监视系统运行状况,及时处理系统错误、保证系统数据安全,以及周期更改用户口令等,数据库维护某种程度上比数据库的创建和使用更加复杂。本节仅从维护数据库本身基本信息如做增、删、改、查操作入手加以讲解,包括用户当在创建过程中因考虑不周或者设计、创建出现问题时可做的补救性工作。

◆ 单元目标

1. 了解使用 SQL Server 图形用户界面和系统存储过程查看数据库信息的方法。

2. 学会分别使用图形用户界面和 T-SQL 语句两种方式修改和删除数据库。

◇ **任务分析**

维护数据库分为以下 3 个工作任务。

【任务 1】查看数据库信息

数据库创建完成后，往往需要对创建的数据库进行查看以确认信息是否有误，这时需要在数据库属性窗口中去了解更多关于本数据库的相关信息。除了在创建过程中设置的信息，还会有其他属性使用默认值进行了配置，在数据库属性窗口中均可以查看到。

【任务 2】修改数据库

但在实际使用过程中，对于已经创建完的数据库，如果在建库过程中不慎出现了错误，或者后期系统需求发生变更、设计时考虑不周全的时候，需要对数据库信息进行变更。但并不是数据库所有信息都可以进行随便地修改，任务中介绍了哪些属性允许修改，哪些属性不支持修改。

【任务 3】删除数据库

当某数据库不再使用时应当将其删除，从磁盘空间上清除，以确保数据库存储空间中存放的是有效数据。

3.3.1 查看数据库信息

1. 使用图形用户界面查看数据库信息

在图形用户界面中，选择"对象资源管理器"→"数据库"→tqe 选项，右击 tqe，在弹出的快捷菜单中选择"属性"命令，弹出"数据库属性"对话框，在此窗口中可查看 tqe 数据库的全部内容。除了在创建过程中看到的常规、选项和文件组三个选项卡外，还包括文件、更改跟踪、权限、扩展属性、镜像、事务日志传送、查询存储等十个选项卡，如图 3-8 所示。

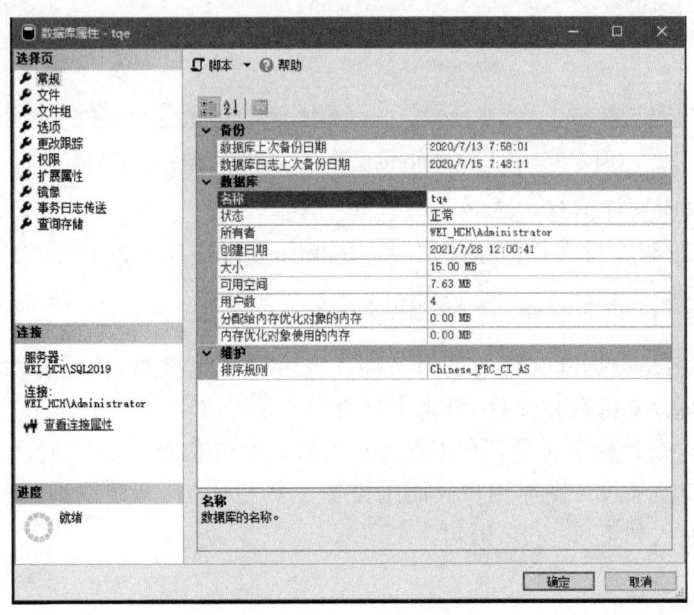

图 3-8　数据库属性"常规"选项卡

其中，在"文件"选项卡中可以查看当前数据库的数据文件和日志文件的名称、存储位置、初始容量大小、文件增长和文件最大限制等信息。

2. 使用 T-SQL 语句查看数据库信息

系统存储过程是由系统创建的存储过程,目的在于能够方便地从系统表中查询信息,或完成与更新数据库表相关的管理任务或其他的系统管理任务,以 sp_开头,执行时增加关键字 EXECUTE(通常简写为 EXEC)进行调用。

1) 查看数据库结构

可以使用系统存储过程 sp_ helpdb 查看数据库结构,其 T-SQL 语句格式如下。

```
sp_helpdb [[@ dbname= ] '数据库名']
```

可以不写参数@dbname=而直接指定要查看的数据库名,如果没有指定数据库名将会查看当前数据库结构。

运行该语句后可以显示数据库名称、尺寸、所有者、数据库 ID、创建时间、数据库状态、更新情况(可读写)、多用户、完全恢复、版本等信息。如不加可选项则显示系统中所有数据库信息。

【实例 3-5】 显示教学质量评价系统 tqe 的数据库信息。

(1) 启动 SQL Server 图形用户界面,单击主窗体工具栏中的"新建查询"按钮,在"查询编辑器"的编辑区中输入如下 T-SQL 语句。

```
EXEC sp_helpdb tqe
```

(2) 单击"SQL 编辑器"工具栏中的"执行"按钮或按 F5 快捷键,运行结果如图 3-9 所示。

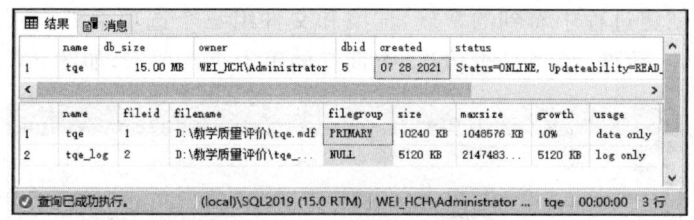

图 3-9　用 T-SQL 语句查看 tqe 数据库结构运行结果

2) 查看数据库文件信息

用系统存储过程查看文件信息使用 sp_ helpfile 语句,其 T-SQL 语句格式如下。

```
sp_helpfile [[@ filename = ] '数据库文件名']
```

数据库文件名是数据库文件的逻辑名称。也可以不带参数,执行时默认输出当前数据库的所有文件信息,支持数据文件、日志文件都可查看。

【实例 3-6】 查看教学质量评价系统 tqe 的数据文件信息。

(1) 单击 SQL Server 图形用户界面主窗体工具栏中的"新建查询"按钮,在"查询编辑器"的编辑区中输入如下 T-SQL 语句。

```
EXEC sp_helpfile tqe
```

此处的 tqe 指数据库 tqe 的数据文件逻辑名 tqe。

(2) 单击"SQL 编辑器"工具栏中的"执行"按钮或按 F5 快捷键,运行结果如图 3-10 所示。

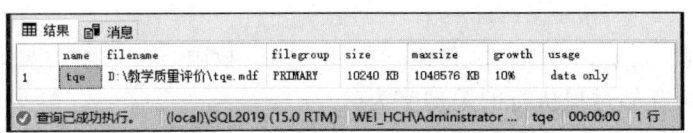

图 3-10 查看数据库文件信息运行结果

3) 查看数据库文件组信息

用系统存储过程查看数据库文件组信息使用 helpfilegroup 语句,其 T-SQL 语句格式如下。

```
sp_helpfilegroup [[@ filegroupname = ] '文件组名']
```

这里的参数也是文件组的逻辑名称,不带参数时仅支持查看当前数据库的文件组信息。带上具体的文件组名称时,除了显示当前文件组信息外,还显示该文件组下的数据文件信息,这时就同执行 sp_helpfile 存储过程效果是一样的。

【实例 3-7】 查看教学质量评价系统 tqe 的主要文件组信息。

(1) 单击 SQL Server 图形用户界面主窗体工具栏中的"新建查询"按钮,在"查询编辑器"的编辑区中输入如下 T-SQL 语句。

```
EXEC sp_helpfilegroup 'PRIMARY'
```

tqe 数据库的主要文件组为默认的 PRIMARY。

(2) 单击"SQL 编辑器"工具栏中的"执行"按钮或按 F5 快捷键,运行结果如图 3-11 所示。

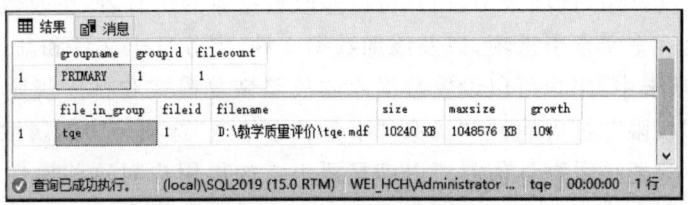

图 3-11 查看数据库文件组信息运行结果

除了可以查看以上三种信息外,还支持查看表上的约束信息、有关表或视图上的索引等多项信息,更多内容可通过 SQL Server 文档了解更多的关于系统存储过程的内容。

【拓展实践】

使用系统存储过程查看教学质量评价系统数据库结构、数据文件信息,并分析结果属性与创建数据库时哪些值对应。

【思考与练习】

1. 单选题

(1) 下面( )是查看当前数据库上所有文件包括数据文件和日志文件的信息。
　　A. show databases　　B. sp_helpfile　　C. sp_helpdb　　D. show helpfile

(2) 用来对数据库的更改信息跟踪记录开关控制的是在数据库属性对话框的(　　)选

项卡下。

  A. 常规   B. 文件组   C. 权限   D. 更改跟踪

（3）调用系统存储过程执行的关键字为（ ）。

  A. EXEC   B. SP   C. PRIMARY   D. DO

（4）用系统存储过程显示数据库结构的命令为是（ ）。

  A. show helpfile   B. sp_helpdb

  C. sp_helpfile   D. sp_helpfilegroup

2. 判断题

（1）每个数据库中都有一个默认的文件组在运行，默认为主文件组。 （ ）

（2）数据库属性信息可以通过图形用户界面查看，在外部程序中无法访问。 （ ）

3.3.2 修改数据库

  数据库管理员必须了解数据库的状态，才能有效地进行数据库的管理。创建数据库后，可以使用 SQL Server 图形用户界面或 T-SQL 语句查看或修改数据库的配置。

1. 使用图形用户界面修改数据库

  使用图形用户界面修改数据库的方法如下。

  在"对象资源管理器"窗口中，展开"数据库"节点，右击目标数据库，如数据库 tqe，从弹出的快捷菜单中选择"属性"命令，打开"数据库属性-tqe"对话框。用户可以根据要求选择相应的选项卡查看或修改数据库的相应设置。

  在"文件"和"文件组"选项卡中，用户可以修改数据库的所有者，更改数据库文件的大小和自动增长值，设置全文索引选项，以及添加数据文件、事务日志文件和新的文件组。

  在"选项"选项卡中，用户可以设置数据库的故障恢复模式和排序规则。"选项"选项卡中的其他属性和"权限""扩展属性""镜像""事务日志传送"选项卡中的属性是数据库的高级属性，通常情况下只要接受默认值就可以满足要求。如果用户对这些属性的定义和设置方法感兴趣，可以查阅 SQL Server 文档。

  在"文件""文件组"和"选项"选项卡中参数设置方法与"新建数据库"对话框中的参数设置方法相同。

  【**实例 3-8**】 修改教学评价管理系统数据库 tqe 的主要数据文件大小为 20MB，自动增长为 20MB，事务日志文件大小为 8MB，最大大小为 1GB。

  （1）启动图形用户界面，选择"对象资源管理器"→"数据库"→tqe 选项，右击 tqe，在弹出的快捷菜单中选择"属性"命令，弹出"数据库属性"对话框，在"选择页"下单击选中"文件"选项卡，显示 tqe 数据库的文件信息，如图 3-12 所示。

  （2）在"数据库文件"窗口中单击第一行主要数据文件 tqe 的"大小"单元格，变为可编辑单元格，将其中的 10 修改为 20；同样地，把第二行中事务日志文件 tqe_log 的大小由 5MB 修改为 8MB。

  （3）接下来修改主要数据文件的自动增长为 20MB。单击主要数据文件 tqe 行的"自动增长/最大大小"列中右侧的"…"按钮，打开"更改 tqe 的自动增长设置"对话框，将文件增长选择为"按 MB"，在其后的文本框中输入 20。

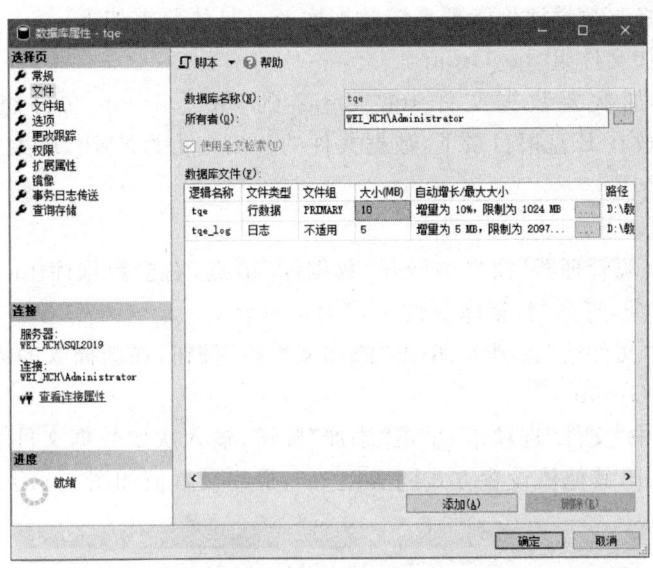

图 3-12 "数据库属性-tqe"对话框中的"文件"选项卡

（4）再修改事务日志文件最大大小为 1GB。单击事务日志文件 tqe_log 行的"自动增长/最大大小"列中右侧的"…"按钮，打开"更改 tqe_log 的自动增长设置"对话框，将最大文件大小"限制为(MB)"后文本框中的值改为 1024。因为单位是 MB，所以输入的 1024MB 等于 1GB 大小。

（5）设置好了数据文件和事务日志文件，设置值如图 3-13 所示。单击窗口下方的"确定"按钮，完成数据库 tqe 的修改。同时可以发现"D:\教学质量评价"文件夹下的 tqe.mdf 和 tqe_log.ldf 两个文件大小分别变成了 20MB 和 8MB 大小。

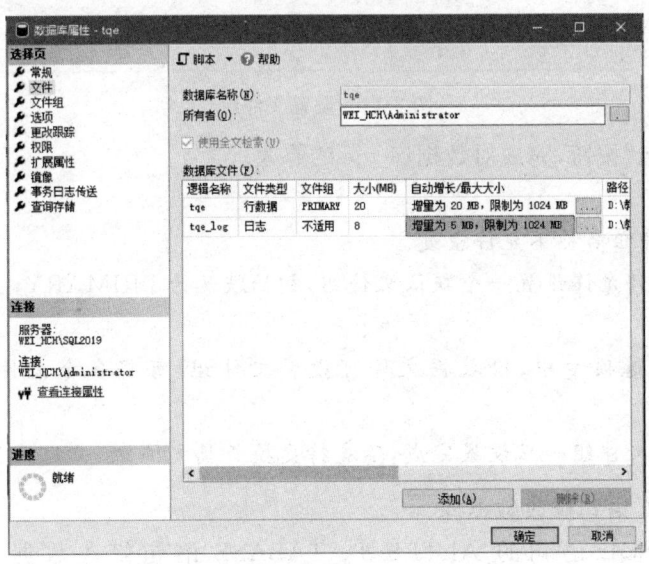

图 3-13 数据库文件的设置值

可使用此办法手动增大数据库的数据和事务日志文件，达到增大存储空间的目的。

【实例3-9】 修改教学评价管理系统数据库tqe,具体要求如下。

(1) 为tqe添加文件组tqe_Group。

(2) 为tqe添加次要数据文件tqe_data2到tqe_Group文件组,文件名为tqe_data2.ndf,文件存放在E盘根目录下,数据文件的初始大小为8MB,最大文件容量512MB,自动增长速度为5MB。

具体操作步骤如下。

(1) 在"对象资源管理器"窗口中展开"数据库"节点,右击数据库tqe,从弹出的快捷菜单中选择"属性"命令,打开"数据库属性-tqe"对话框。

(2) 单击选中"文件组"选项卡,单击"添加文件组"按钮,在新插入的第二行的名称列输入文件组名称tqe_Group。

(3) 再单击选中"文件"选项卡,单击"添加"按钮,输入次要数据文件名称tqe_data2,选择文件组tqe_Group,其他值设置方式同实例3-8,最终设置值如图3-14所示。

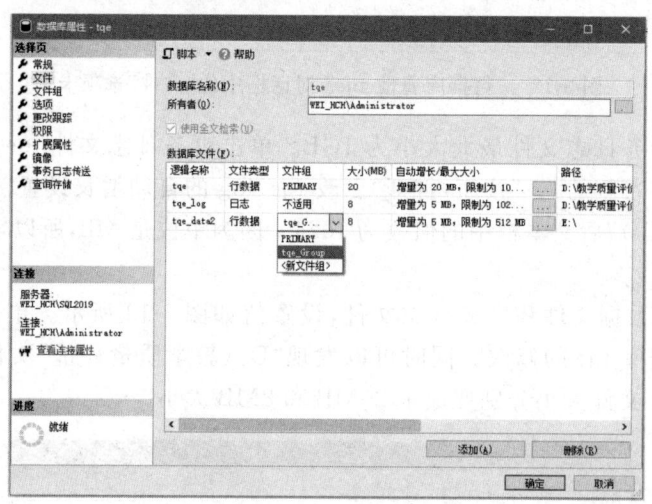

图3-14 设置文件组

(4) 单击"确定"按钮,完成对数据库tqe的修改。

注意:

(1) 文件、文件组名称不允许重复。

(2) 文件组下只允许设置一个默认文件组,初始默认为PRIMARY,支持将新建的文件组设置为默认。

(3) 在"文件"选项卡中,仅数据文件可设置文件组,可将多个文件放置到同一文件组下。

(4) 文件所属文件组一旦设置完成,不支持更换所属文件组。

2. 使用T-SQL语句修改数据库

可以使用T-SQL语句的ALTER DATABASE语句修改数据库,利用ALTER DATABASE语句可以修改数据库属性或与该数据库关联的文件和文件组。例如,在数据库中添加或删除文件和文件组、更改数据文件的属性等。

ALTER DATABASE语句详细语法与功能可参阅SQL Server文档。其基本语法如下。

```
ALTER DATABASE 数据库名
MODIFY NAME 新数据库名              - - 修改数据库名称
    ADD FILEGROUP 文件组名          - - 添加文件组
| REMOVE FILEGROUP 文件组名         - - 删除文件组
| MODIFY FILEGROUP 文件组名         - - 修改文件组
| { READ ONLY[READ WRITE,
| DEFAULT,
| NAME = 新文件组名}
ADD FILE                           - - 添加文件
    (NAME = 文件逻辑名称
    [, FILENAME= '物理文件名']
    [, SIZE = 初始文件大小]
    [, MAXSIZE = 文件最大容量]
    [, FILEGROWTH = 文件自动增长容量]
    )[TO FILEGROUP 文件组名]        - - 设置所属文件组
| REMOVE FILE 文件逻辑名称          - - 删除文件
| MODIFY FILE                      - - 修改文件
(具体文件格式)
|ADD LOGFILE (文件参数设置)[,...n]  - - 添加日志文件
```

【实例 3-10】 使用 T-SQL 语句完成实例 3-9。

（1）添加文件组 tqe_Group 的 T-SQL 语句如下。

```
ALTER DATABASE tqe
ADD FILEGROUP tqe_ Group           - - 添加文件组
```

（2）设置文件组及文件格式的 T-SQL 语句如下。

```
ALTER DATABASE tqe
ADD FILE                           - - 添加文件
(
    NAME = tqe_data2,              - - 文件逻辑名称
    SIZE = 10,                     - - 初始文件大小
    FILENAME ='E:\tqe_data2.ndf',  - - 物理文件名称
    MAXSIZE = 512,                 - - 文件最大容量
    FILEGROWTH = 5MB               - - 文件自动增长容量
)
TO FILEGROUP tqe_Group             - - 所属文件组
```

注意：看上去修改数据库过程比较简单易操作，但是并不建议大家经常对数据库随意修改，尤其是当数据库里已有数据的时候，再去调整文件组或者文件属性，操作不慎就会造成数据丢失，这就要求我们在系统数据库分析和设计的时候尽可能考虑周全。如果必须要修改的时候，也要注意之前讲解过程中的语法以及特别说明的问题，妥善修改。

【思考与练习】

（1）在 SQL Server 2019 中修改数据库的 T-SQL 语句是（　　）。
  A. ALTER DATABASE   B. ALTER DATA
  C. UPDATE DATA   D. UPDATE DATABASE

(2) 通过使用文件组,不可以（　　）。
　　A. 提高存取数据的效率　　　　B. 提高数据库备份与恢复的效率
　　C. 简化数据库的维护　　　　　D. 固定数据文件大小
(3) 在使用 ALTER DATABASE 语句修改数据库时,NAME 选项定义的是(　　)。
　　A. 文件增长量　　B. 文件大小　　C. 逻辑文件名　　D. 物理文件名
(4) 在使用 ALTER DATABASE 语句修改数据库时,FILENAME 选项定义的是(　　)。
　　A. 文件增长量　　B. 文件大小　　C. 逻辑文件名　　D. 物理文件名
(5) 对于数据库的容量,(　　)。
　　A. 只能指定固定的大小　　　　B. 最小为 10MB
　　C. 最大 100MB　　　　　　　　D. 可以设置为自动增长

3.3.3 删除数据库

为了不影响正常数据库的使用和造成数据丢失,在学习删除数据库之前,我们先来创建五个测试数据库,分别是数据库 db1、db2、db3、db4、db5,创建好测试数据库后再练习如何删除数据库。

1. 使用图形用户界面删除数据库

当不再需要用户之前定义的数据库,或者已将其数据移到其他数据库或服务器上时,即可删除该数据库。数据库删除之后将被永久删除,其中的文件及其数据都将从服务器上的磁盘中删除。如果不使用以前的备份,则将无法检索该数据库。值得注意的是,任何情况下都不能删除系统数据库。

【实例 3-11】　使用图形用户界面删除数据库 db1。

(1) 在"对象资源管理器"窗口中展开"数据库"节点,右击要删除的数据库 db1,从弹出的快捷菜单中选择"删除"命令。

(2) 在打开的"删除对象"对话框中确认显示的数据库是否为目标数据库,并通过选中复选框决定是否要删除备份及关闭已存在的数据库连接,如图 3-15 所示。

说明：

① 删除数据库备份和还原历史记录信息。
　• 选中此项,该数据库对应的备份历史记录就会消失。
　• 不选此项,那些曾经进行的备份操作历史会保留下来。

② 关闭现有连接。
　• 如果有连接到这个数据库的进程正在占用此库,不选中此选项则会删除失败。
　• 选中此选项再删除则会先断开当前的连接即可安全删除。

(3) 单击"确定"按钮,完成数据库删除操作。当数据库删除成功后,在"对象资源管理器"对话框中将不会再出现被删除的数据库,相应的数据库文件也会从磁盘上的物理位置上消失。

2. 使用 T-SQL 语句删除数据库

使用 DROP DATABASE 语句可以删除数据库,其功能是从 SQL Server 中一次删除一个或多个用户数据库。删除数据库的 T-SQL 语句基本语法如下。

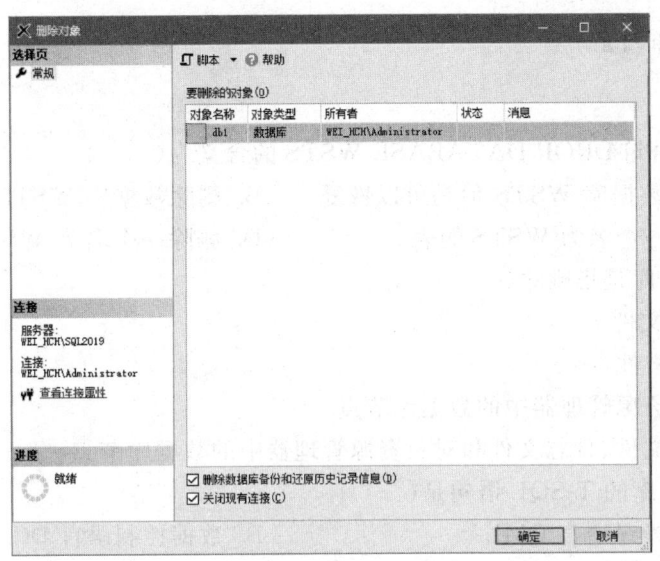

图 3-15 删除对象设置

```
DROP DATABASE 数据库名称[,...n]
```

【实例 3-12】 使用 T-SQL 语句删除数据库 db2。

(1) 启动图形用户界面,在"查询编辑器"窗口中输入如下 T-SQL 语句。

```
USE master
DROP DATABASE db2
```

注意:不能删除当前正在使用的数据库,否则会提示"无法删除数据库,因为该数据库当前正在使用"错误。写上 USE master 是使用 master 数据库,这样就能解除要删除的当前数据库的正在使用的状态了。

(2) 单击"SQL 编辑器"工具栏中的"执行"按钮,提示"命令已成功完成"。

(3) 在"对象资源管理器"窗口中展开"数据库"节点,刷新其中的内容,可以看到已经删除了之前所建的数据库 db2。

【实例 3-13】 使用一条 T-SQL 语句删除数据库 db3、db4、db5。

(1) 启动图形用户界面,在"查询编辑器"窗口中输入如下 T-SQL 语句。

```
USE master
DROP DATABASE db3,db4,db5
```

(2) 单击"SQL 编辑器"工具栏中的"执行"按钮,提示"命令已成功完成"。

(3) 在"对象资源管理器"窗口中展开"数据库"节点,刷新其中的内容,可以看到已经同时删除了之前所建的数据库 db3、db4 和 db5。

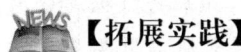【拓展实践】

使用 T-SQL 语句完成对教学质量评价系统数据库 tqe 的删除和创建。

【思考与练习】

1. 单选题

(1) T-SQL 语句 DROP DATABASE WSTS 的含义为( )。
  A. 删除数据库 WSTS 但是可以恢复　　B. 删除数据库 WSTS 不可以恢复
  C. 创建一个名为 WSTS 的表　　D. 删除一个名为 WSTS 的表

(2) 删除数据库是指删除( )。
  A. 数据文件
  B. 日志文件
  C. 对象资源管理器中的数据库节点
  D. 数据文件、日志文件和对象资源管理器中的数据库节点

(3) 删除数据库的 T-SQL 语句是( )。
  A. 数据操纵语言 DML　　B. 数据控制语言 DCL
  C. 数据库语言 SQL　　D. 数据定义语言 DDL

2. 判断题

(1) 使用 DROP DATABASE 语句可以将处于正在使用中的数据库直接删除。
                      ( )

(2) 使用 DROP DATABASE 语句删除数据库时,数据库名称支持同时删除多个。
                       ( )

3.4 传输数据库

◇ 单元简介

在进行系统维护或数据库需要从一台计算机转移到另一台计算机时,就需要将数据库进行转移,数据库转移最简单有效的方法就是分离和附加数据库。

本单元的任务就是介绍如何通过分离和附加数据库来实现数据库的转移。

◇ 单元目标

1. 能够分离数据库。
2. 能够附加数据库。

◇ 任务分析

传输数据库分为以下两个工作任务。

【任务 1】分离数据库

在 SQL Server 中建立的数据库文件是不能传输到其他磁盘或服务器上的,一般默认情况下数据库在联机状态下不能对数据库文件进行任何复制、删除等操作,如果将数据库分离的话就可以对数据文件进行复制、剪切、删除等操作了。分离后的数据库将脱离数据库引擎的管理,在 SQL Server 数据库节点下不再能显示、读取其中的信息了。

【任务 2】附加数据库

附加数据库与分离数据库相反,分离的数据库文件可以传输到其他位置,如果需要数据库

引擎再次管理该数据库,就要进行附加操作,只有附加数据库后才能读取数据库中的信息。

3.4.1 分离数据库

分离数据库是指将数据库从 SQL Server 实例中删除,但数据库的数据文件和事务日志文件保持不变。分离之后,就可以传输这些文件并将数据库附加到任何 SQL Server 实例,包括之前分离该数据库的服务器。

如果存在下列任何情况,则不能分离数据库。

- 已复制并发布数据库。如果进行复制,则数据库必须是未发布的。必须通过运行 sp_replicationdboption 系统存储过程禁用发布后,才能分离数据库。如果无法使用 sp_replicationdboption 系统存储过程,可以通过运行 sp_removedbreplication 系统存储过程删除复制。
- 数据库中存在数据库快照。有关数据库快照内容将在后续章节介绍。
- 数据库是 Always On 可用性组的一部分。
- 该数据库正在某个数据库镜像会话中进行镜像。除非终止该会话,否则无法分离该数据库。
- 数据库处于可疑状态。必须将数据库设为紧急模式,才能对可疑数据库进行分离。
- 有其他用户正在与数据库进行连接活动。
- 系统数据库也不能被分离。

分离数据库可以通过使用 T-SQL 语句和使用 SQL Server 图形用户界面两种方法实现。

1. 使用 T-SQL 语句分离数据库

使用系统存储过程 sp_detach_db 可以实现数据库的分离。其 T-SQL 语法格式如下。

```
sp_detach_db [@ dbname=] '数据库名'
```

其中,参数@dbname=可以省略。

【实例 3-14】 使用 T-SQL 语句分离教学质量评价系统数据库 tqe。

(1) 启动图形用户界面,在"查询编辑器"窗口中输入如下 T-SQL 语句。

```
ALTER DATABASE tqe
SET SINGLE_USER       - - 设置 SINGLE_USER 模式以获取独占访问权限,才能进行分离
GO
USE master
EXEC sp_detach_db tqe
```

注意: 此处使用 ALTER DATABASE 语句设置数据库为 SINGLE_USER(单用户)模式,以断开所有用户与数据库的连接。

(2) 单击"SQL 编辑器"工具栏中的"执行"按钮,运行结果如图 3-16 所示。

图 3-16 使用 T-SQL 语句分离数据库

(3) 在"对象资源管理器"窗口中展开"数据库"节点,刷新其中的内容,可以看到已经没有了 tqe 数据库,表示分离成功。

2. 使用图形用户界面分离数据库

【实例 3-15】 使用图形用户界面分离教学质量评价系统数据库 tqe。

(1) 启动图形用户界面,在"对象资源管理器"中选择"服务器"→"数据库"→tqe 选项,右击 tqe,从弹出的快捷菜单中选择"任务"→"分离"命令,打开"分离数据库"对话框,如图 3-17 所示。

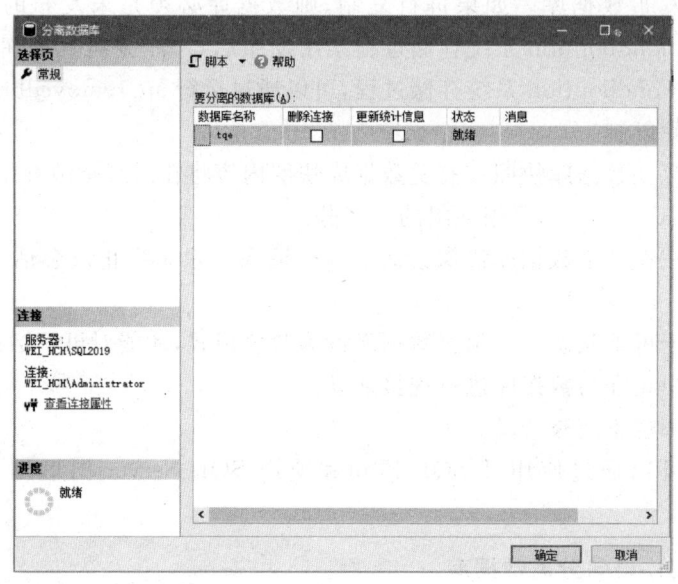

图 3-17 "分离数据库"对话框

(2) 选中"删除连接"复选框断开与所有活动连接的连接,单击"确定"按钮,数据库引擎执行数据库分离操作。

(3) 在"对象资源管理器"窗口中展开"数据库"节点,刷新其中的内容,可以看到已经没有了 tqe 数据库。

分离数据库后,就可以将存储数据库信息的 .MDF 和.ldf 等数据库文件像其他文件一样,复制到其他的介质(例如 U 盘)进行存储。分离后的数据库文件可以再到其他的计算机上进行附加操作,或者在本机也可以使用附加操作进行恢复。

【拓展实践】

将教学质量评价系统数据库 tqe 分离后,复制数据文件和事务日志文件到"E:\教学质量评价"文件夹中。

【思考与练习】

1. 单选题

(1) 用 T-SQL 语句分离数据库,要先写( )语句,断开所有用户与数据库的连接。
    A. CREATE   B. ALTER   C. DROP   D. DELETE

(2) 数据库分离,是将(　　)进行了分离。
　　A. 数据文件　　　　　　　　　　B. 事务日志文件
　　C. 数据文件和事务日志文件　　　D. 程序文件
(3) 使用系统存储过程(　　)可以实现数据库的分离。
　　A. sp_helpdb　　　　　　　　　　B. sp_replicationdboption
　　C. sp_removedbreplication　　　　D. sp_detach_db

2. 判断题

(1) 数据库的转移包括分离数据库和附加数据库两部分。　　　　　　　　(　　)
(2) 数据库不用分离直接可以被拷贝到另外的设备。　　　　　　　　　　(　　)

3.4.2　附加数据库

附加数据库是指将分离的数据库重新定位到相同服务器或不同服务器的数据库中去的操作,数据库引擎会启动数据库,将数据库重置为分离前的状态。

分离数据库可以通过使用 T-SQL 语句和使用图形用户界面两种方法实现。

1. 使用 T-SQL 语句附加数据库

附加数据库的 T-SQL 语句只要在创建数据库 CREATE DATABASE 语句的末尾添加 FOR ATTACH 关键字即可。

【实例 3-16】 使用 T-SQL 语句附加教学质量评价系统数据库 tqe。

(1) 启动图形用户界面,在"查询编辑器"中输入如下 T-SQL 语句。

```
CREATE DATABASE tqe
ON PRIMARY
(
    FILENAME = 'D:\教学质量评价\tqe.mdf'
)
LOG ON
(
    FILENAME = 'D:\教学质量评价\tqe_log.ldf'
)
FOR ATTACH
```

注意:在附加数据库的 T-SQL 语句中,关于数据文件和事务日志文件的参数只需要指定 FILENAME(物理文件名)即可,其他参数如 NAME、SIZE、MAXSIZE、FILEGROWTH 等参数不需要指定,即使指定了其他参数也会忽略,仍然保持分离前文件的属性不变。

(2) 单击"SQL 编辑器"工具栏中的"执行"按钮,提示"命令已成功完成"。

(3) 在"对象资源管理器"窗口中展开"数据库"节点,刷新其中的内容,可以看到又出现了 tqe 数据库,表示附加数据库成功。

2. 使用图形用户界面附加数据库

【实例 3-17】 使用图形用户界面附加教学质量评价系统数据库 tqe。

(1) 启动图形用户界面,在"对象资源管理器"中选择"服务器"→"数据库"选项,右击并从弹出的快捷菜单中选择"附加"命令,如图 3-18 所示。

（2）在打开的"附加数据库"对话框中设置要附加的数据库，单击"添加"按钮，会弹出"定位数据库文件"对话框，选择要附加的 tqe.mdf 数据库文件（在"D:\教学质量评价"文件夹中）。

（3）单击"定位数据库文件"对话框中的"确定"按钮，返回到"附加数据库"对话框，如图 3-18 所示。此时可以在"附加为"列中为附加的数据库指定不同的名称，也可以在"所有者"列中更改数据库的所有者。

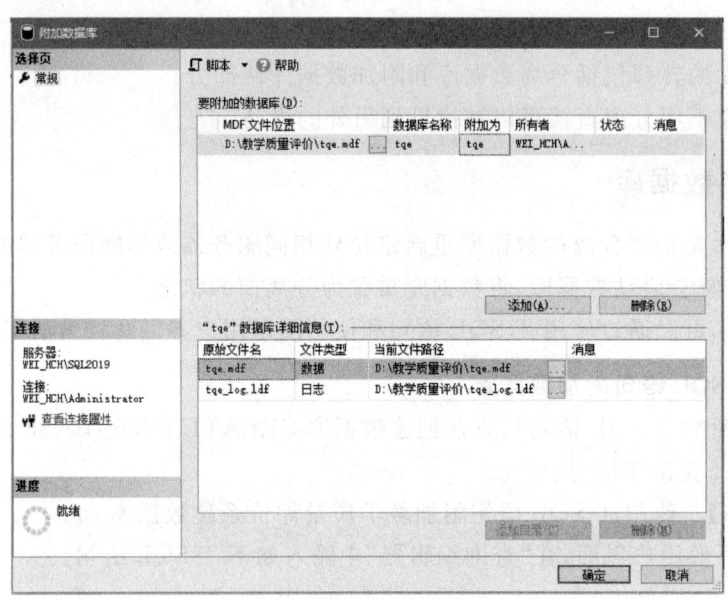

图 3-18 "附加数据库"对话框

（4）设置完成后，单击"确定"按钮即可。

（5）在"对象资源管理器"窗口中展开"数据库"节点，刷新其中的内容，可以看到 tqe 数据库，表示附加成功。

在附加数据库时，所有的数据文件（.mdf 和 .ndf 文件）都必须可用，如果任何数据文件的路径与创建数据库或上次附加数据库时的路径不同，则必须指定文件的当前路径。

在附加数据库的过程中，如果日志文件无法使用甚至丢失了日志文件都没有关系，数据库管理系统将创建一个新的空白日志文件。

【拓展实践】

将教学质量评价系统数据库 tqe 分离后，通过 U 盘或网络转移到另一台计算机上，然后附加到该计算机上的 SQL Server 数据库引擎中。

【思考与练习】

1. 单选题

（1）（　　）的操作是把已经存在于磁盘的数据库文件恢复成数据库。

  A. 附加数据库   B. 删除数据库

  C. 分离数据库   D. 压缩数据库

（2）用 T-SQL 语句附加数据库时，附加的关键字是（　　）。
　　A. CREATE　　　B. ALTER　　　C. DROP　　　D. FOR ATTACH
（3）数据库附加，是将（　　）进行了附加。
　　A. 数据文件　　　　　　　　　B. 事务日志文件
　　C. 数据文件和事务日志文件　　D. 程序文件

2. 判断题
（1）在附加数据库时只要在创建数据库的 T-SQL 语句末尾添加 FOR ATTACH 语句即可。（　　）
（2）在附加数据库时不可以为附加的数据库指定不同的名称。（　　）
（3）在附加数据库时，日志文件需要单独被附加。（　　）

常见问题解析

【问题 1】数据库使用文件组的作用和优势。

【答】SQL Server 的数据存储在文件中，文件是实际存储数据的物理实体，文件组是逻辑对象，SQL Server 通过文件组来管理文件。一个数据库有一个或多个文件组，主要文件组是系统自动创建的，用户可以根据需要添加文件组。每一个文件组管理一个或多个文件，其中主要文件组中必须包含主要数据文件，这个文件是系统默认生成的，并且在数据库中是唯一的，主要文件组中也可以包含次要数据文件。除了主要文件组外，其他文件组只能包含次要数据文件。文件组是一个逻辑实体，每个文件组中都包含数据文件，因此，在创建表或索引时指定文件组则数据就会存储到文件组包含的文件中。使用文件组的优势是，在实际开发数据库的过程中，用户只需关注文件组，而不必关心文件的物理存储，即使 DBA 改变了文件的物理存储，用户也不会察觉到，也不会影响对数据库去执行查询操作。除了逻辑文件和物理文件的分离外，SQL Server 使用文件组还有一个优势，那就是分散 IO(Input & Output)负载，对于单分区表，数据只能存到一个文件组中，如果把文件组内的数据文件分布在不同的物理硬盘上，那么 SQL Server 能同时从不同的物理硬盘上读写数据，把 IO 负载分散到不同的硬盘上；对于多分区表，每个分区使用一个文件组，把不同的数据子集存储在不同的磁盘上，SQL Server 在读写某一个分组的数据时，能够调用不同的硬盘 IO。这两种方式，其本质上都是使每个硬盘均摊系统负载，提高 IO 性能。在创建分区表时，不同的分区可以使用相同的文件组，也可以使用不同的文件组。因此，在设计文件组时，应尽量把包含的文件包含在不同的硬盘上，以实现物理 IO 的最大分散化。在创建文件时，服务器 CPU 核心的数量，决定 IO 最大的并发程度，应该根据 CPU 核心的数量创建多个文件。通常情况下，文件的数量和 CPU 核心的数量一致，是最优化的设计。另外，应该根据硬盘的性能来创建文件组，将日志文件存储到性能最好的硬盘上，而对于查询延迟要求高的数据，也需要被存储到性能最好的硬盘上。不是所有的数据都是同等重要的，应该根据业务需求和查询延迟的不同，对数据进行分级，因此，在设计文件组时，应该把级别高的数据分散存储，而把那些基本用不到的数据存储到性能较差的，比如用于存储归档数据的硬盘上，以实现服务器性能的合理配置。

【问题 2】使用 SQL Server 图形用户界面修改表结构与利用 T-SQL 语句修改表结构的区别？

【答】两种方式相比功能没区别，通过图形用户界面更直观易读，但只能通过人为方式获取,如果某外部程序想要访问数据库的信息,就只能通过系统存储过程 T-SQL 语句方式,而且方便把脚本保存下来,便于记录操作明细、进行版本控制、数据库重建等。

【问题 3】 SQL Server 数据库附加出错,提示 Error 5120 怎么办?

【答】 该错误一般是由于权限不够而拒绝访问数据库文件,可以使用以下步骤授予权限。

(1) 找到要添加数据库的.mdf 文件,并在该文件名上右击,在弹出的快捷菜单中选择"属性"命令。

(2) 在弹出的"属性"对话框中单击选中"安全"选项卡,选择 Authenticated Users,单击"编辑"按钮。

(3) Authenticated Users 权限中选择"完全控制"选项,单击"确定"按钮返回,再单击"属性"对话框中的"确定"按钮。

(4) 同理,右击数据库的.ldf 文件,在弹出的快捷菜单中选择"属性"命令,按以上步骤再次设置事务日志文件权限。

(5) 最后进行附加数据库操作即可。

项目 4

创建、管理与操作"教学质量评价系统"数据表

4.1 创建和管理数据表

◇ **单元简介**

在现实生活中,无论是在企业、政府还是学校,每天都会接触大量不同类型的数据。例如,某产品的生产日期、一个项目的金额明细、一段发言稿等。这些数据的类别和长度不同,所表达的意义也不同。

教学质量评价系统也会涉及学生、教师、评价标准、考核成绩等不同类型的数据。作为数据库开发人员,如果要将这些不同类型的数据精确地反映和存储在表中,就需要根据数据的特征设计数据类型,然后交由数据库管理员在数据库中创建和管理数据表。

◇ **单元目标**

1. 掌握字段的数据类型。
2. 熟练掌握使用图形用户界面创建数据表的方法。
3. 掌握使用 T-SQL 语句创建数据表的方法。
4. 掌握修改表的方法。
5. 掌握删除表的方法。

◇ **任务分析**

创建和管理"教学质量评价系统"数据表分为以下 5 个工作任务。

【任务 1】字段的数据类型

当定义表的字段、声明程序中的变量时,都需要为它们设置一个数据类型。在开发一个数据库系统之前,最好能够真正理解各种数据类型的存储特征,SQL Server 的数据类型分为系统内置数据类型和用户自定义数据类型。了解了数据类型之后,就要确定教学质量评价系统中各数据表结构对应的数据类型。

【任务 2】使用图形用户界面创建数据表

在 SQL Server 的图形用户界面中用"表设计器"来创建表,在教学质量评价系统(tqe)数据库中用图形用户界面实现创建学生(Student)表。

【任务 3】使用 T-SQL 语句创建数据表

除了使用图形用户界面创建表外,还可以使用 T-SQL 语句创建表,在教学质量评价系

统(tqe)数据库中用 T-SQL 语句创建教师任课(TeachCourse)表。

【任务 4】修改表

当系统需求变更时或由于设计之初存在疏漏或在建表时出现错误时,就需要对表的结构进行修改。同样,修改表结构也可以使用图形用户界面和 T-SQL 语句两种方式来实现。

【任务 5】删除表

当不需要再使用某个表时,就可以将该表从数据库中删除。

4.1.1 字段的数据类型

数据类型是一种属性,用于指定对象可保存的数据的类型,SQL Server 中支持多种数据类型,包括数值类型、字符类型以及日期类型等。数据类型相当于一个容器,容器的大小决定了装的东西的多少,将数据分为不同的类型可以节省磁盘空间资源。

下面就来了解各种数据类型。

1. 系统数据类型

在 SQL Server 中提供的系统数据类型有以下九大类,共 25 种。在 SQL Server 中会自动限制每个系统数据类型的取值范围,当插入数据库中的值超过了数据允许的范围时,SQL Server 就会报错。

1) 整数数据类型

整数是常用的数据类型之一,主要用于存储数值,可以直接进行数据运算而不必使用函数转换。

(1) bigint。每个 bigint 存储在 8 字节中,其中一个二进制位表示符号位,其他 63 个二进制位表示长度和大小,可以表示 $-2^{63} \sim (2^{63}-1)$ 范围内的所有整数。

(2) int。int 或者 integer,每个 int 存储在 4 字节中,其中一个二进制位表示符号位,其他 31 个二进制位表示长度和大小,可以表示 $-2^{31} \sim (2^{31}-1)$ 范围内的所有整数。

(3) smallint。每个 smallint 类型的数据占用 2 字节的存储空间,其中一个二进制位表示整数值的正负号,其他 15 个二进制位表示长度和大小,可以表示 $-2^{15} \sim (2^{15}-1)$ 范围内的所有整数。

(4) tinyint。每个 tinyint 类型的数据占用 1 字节的存储空间,可以表示 0~255 范围内的所有整数。

2) 浮点数据类型

浮点数据类型用于存储十进制小数,浮点数据为近似值,浮点类型的数据在 SQL Server 中采用了只入不舍的方式进行存储,即当且仅当要舍入的数是一个非零数时,对其保留数字部分的最低有效位上加 1,并进行必要的进位。

(1) real。可以存储正的或者负的十进制数值,它的存储范围从(-3.40E+38)~(3.40E+38),每个 real 类型的数据占用 4 字节的存储空间。

(2) float[(n)]。其中 n 为用于存储 float 数值尾数的位数(以科学计数法表示),因此可以确定精度和存储大小。如果指定了 n,它必须是介于 1~53 的某个值,n 的默认值为 53,其范围从(-1.79E+308)~(1.79E+308)。如果不指定数据类型 float 的长度,它占用 8 字节的存储空间。float 数据类型可以写成 float(n)的形式,n 为指定 float 数据的精度,n 为 1~53 的整数值。当 n 取 1~24 时,实际上定义了一个 real 类型的数据,系统用 4 字节存储它;而当 n 取 25~53 时,系统认为其是 float 类型,会用 8 字节存储它。

(3) decimal[(p[,s])]和 numeric[(p[,s])]。带固定精度和小数位数的数值数据类型。使用最大精度时,有效值从($-10^{38}+1$)~($10^{38}-1$)。numeric 在功能上等价于 decimal。

p(精度)指定了最多可以存储十进制数字的总位数,包括小数点左边和右边的位数,该精度必须是从 1 到最大精度 38 的值,默认精度为 18。

s(小数位数)指定小数点右边可以存储的十进制数字的最大位数,小数位数必须是从 0~p 的值,仅在指定精度后才可以指定小数的位数。默认小数位数是 0,因此,0≤s≤p。最大存储大小基于精度而变化。例如,decimal(10,5)表示共有 10 位数,其中整数 5 位,小数 5 位。

3) 字符数据类型

字符数据类型也是 SQL Server 中最常用的数据类型之一,用来存储各种字符、数字符号和特殊符号。在使用字符数据类型时,需要在其前后加上英文单引号。

(1) char(n)。定长字符数据类型,当用 char 数据类型存储数据时,每个字符和符号占用 1 字节存储空间,n 表示所有字符所占的存储空间,n 的取值为 1~8000。如不指定 n 的值,系统默认 n 的值为 1。若输入数据的字符串长度小于 n,则系统自动在其后添加空格来填满设定好的空间;若输入的数据过长,则会截掉其超出部分。

(2) varchar(n|max)。变长字符数据类型,n 为存储字符的最大长度,其取值范围是 1~8000,但可根据实际存储的字符数改变存储空间,max 表示最大存储大小是 $2^{31}-1$ 字节,替代原来的 text。例如,varchcar(20)对应的变量最多只能存储 20 个字符,不够 20 个字符的按实际存储。

(3) nchar(n)。n 个字符的固定长度 Unicode(双字节字符,用于非英语语言)字符数据。n 的值必须在 1~4000(含),如果没有数据定义或在变量声明语句中指定 n,默认长度为 1。若输入数据比设定长度短时使用空格填充。此数据类型采用 Unicode 字符集,因此每一个存储单位占 2 字节,可将全世界文字囊括在内(当然除了部分生僻字)。

(4) nvarchar(n|max)。与 varchar 类似,存储可变长度 Unicode 字符数据。n 的值必须在 1~4000(含),如果没有数据定义或在变量声明语句中指定 n,默认长度为 1。max 指最大存储大小为 $2^{31}-1$ 字节。

4) 日期和时间数据类型

(1) date。该数据类型占用 3 字节的空间,存储用字符串表示的日期数据,可以表示 0001-01-01~9999-12-31(公元元年 1 月 1 日到公元 9999 年 12 月 31 日)的任意日期值,数据格式为 YYYY-MM-DD。

YYYY:表示年份的四位数字,范围为 0001~9999。

MM:表示指定年份中月份的两位数字,范围为 01~12。

DD:表示指定月份中某一天的两位数字,范围为 01~31(最高值取决于具体月份)。

(2) time。该数据类型占用 5 字节的空间,以字符串形式记录一天的某个时间,取值范围为 00:00:00.0000000~23:59:59.9999999,数据格式为"hh:mm:ss[.nnnnnnn]"。

hh:表示小时的两位数字,范围为 0~23。

mm:表示分钟的两位数字,范围为 0~59。

ss：表示秒的两位数字，范围为 0～59。

n＊是 0～7 位数字，范围为 0～9999999，它表示秒的小数部分。

（3）datetime。该类型数据占用 8 字节的空间，用于存储日期和时间数据，默认格式为"YYYY-MM-DD hh：mm：ss[．fractional seconds]"，日期范围为 1753-01-01～9999-12-31，默认值为"1900-01-01 00：00：00"，当插入数据或在其他地方使用时，需用单引号括起来。可以使用"/""－"和"．"作为分隔符。

（4）datetime2。datetime 的扩展类型，其数据范围更大，默认的最小精度最高，并具有可选的用户定义的精度。默认格式为"YYYY-MM-DD hh：mm：ss[．fractional seconds]"，日期的存取范围是 0001-01-01～9999-12-31（公元元年 1 月 1 日到公元 9999 年 12 月 31 日）。

（5）smalldatetime。该类型数据占用 4 字节的存储空间，smalldatetime 类型与 datetime 类型相似，只是其存储范围是从 1900-01-01～2079-06-06，当日期时间精度较小时，可以使用 smalldatetime。

（6）datetimeoffset。用于定义一个采用 24 小时制与日期相组合并可识别时区的时间。默认格式是"YYYY-MM-DD hh：mm：ss[．nnnnnnn][｛＋｜－｝hh：mm]"。

hh：两位数，范围是－14～14。

mm：两位数，范围为 00～59。

其中，hh 是时区偏移量，该类型数据中保存的是世界标准时间（UTC）值，例如，当要存储北京时间 2011 年 11 月 11 日 12 点整时，在存储时该值将是"2011-11-11 12：00：00＋08：00"，因为北京处于东八区，比 UTC 早 8 小时。存储该数据类型数据时默认占用 10 字节大小的固定存储空间。

5）文本和图形数据类型

（1）text。用于存储文本数据，服务器代码页中长度可变的非 Unicode 数据，最大长度为 $2^{31}-1$（2147483647）个字符。当服务器代码页使用双字节字符时，存储仍是 2147483647 个字符。

（2）ntext。与 text 类型作用相同，为长度可变的 Unicode 数据，最大长度为 $2^{30}-1$（1073741283）个字符。存储大小是所输入字符个数的两倍（以字节为单位）。

（3）image。长度可变的二进制数据，范围为 0～($2^{31}-1$)字节。用于存储照片、目录图片或者图画，容量也是 2147483647 字节，由系统根据数据的长度自动分配空间，存储该字段的数据一般不能使用 INSERT 语句直接输入。

6）货币数据类型

（1）money。用于存储货币值，取值范围为-2^{63}～($2^{63}-1$)。money 数据类型中整数部分包含 19 个数字，小数部分包含 4 个数字，因此 money 数据类型的精度是 19，存储时占用 8 字节的存储空间。

（2）smallmoney。与 money 类型相似，取值范围为-2^{31}～($2^{31}-1$)，smallmoney 存储时占用 4 字节存储空间。在输入数据时在前面加上一个货币符号，如人民币为￥或其他定义的货币符号。

7）位数据类型

bit 称为位数据类型，只取 0 或 1 为值，长度 1 字节。bit 值经常当作逻辑值用于判断 true(1)或 false(0)，当输入非 0 值时系统会将其替换为 1。

8）二进制数据类型

（1）binary(n)。长度为 n 字节的固定长度二进制数据，其中，n 是从 1～8000 的值，存储大小为 n 字节。在输入 binary 值时，必须在前面带 0x，如可以使用 0xAA5 代表 AA5，如果输入数据长度大于规定的长度，超出的部分会被截断。

（2）varbinary(n|max)。可变长度二进制数据，其中，n 是从 1～8000 的值，max 指示存储大小为 $2^{31}-1$ 字节。

9）其他数据类型

（1）rowversion。每个数据都有一个计数器，当对数据库中包含 rowversion 列的表执行插入或者更新操作时，该计数器数值就会增加。此计数器是数据库行版本。一个表只能有一个 rowversion 列。每次修改或者插入包含 rowversion 列的行时，就会在 rowversion 列中插入经过增量的数据库行版本值。

公开数据库中自动生成的唯一二进制数字的数据类型。rowversion 通常用作给表行加版本戳的机制。存储大小为 8 字节。rowversion 数据类型只是递增的数字，不保留日期或时间。

（2）uniqueidentifier。16 字节的 GUID(Globally Unique Identifier，全球唯一标识符)是 SQL Server 根据网络适配器地址和主机 CPU 时钟产生的唯一号码，其中，每个位都是 0～9 或 a～f 范围内的十六进制数字。例如：6F9619FF-8B86-D011-B42D-00C04FC964FF，此号码可以通过 newid()函数获得，在全世界各地的计算机中由此函数产生的数字不会相同。

（3）timestamp。时间戳数据类型，timestamp 的数据类型为 rowversion 数据类型的同义词，提供数据库范围内的唯一值，反映数据修改的唯一顺序，是一个单调上升的计数器，此列的值会被自动更新。

（4）cursor。游标数据类型，该类型类似于数据表，其保存的数据包含行和列值，但是没有索引，游标用来建立一个数据集，每次处理一行数据。

（5）sql_variant。用于存储除文本、图形数据和 timestamp 类型数据外的其他任何合法的 SQL Server 数据，可以方便 SQL Server 的开发工作。

（6）table。用于存储对表或视图处理后的结果集。这种新的数据类型使变量可以存储一个表，从而使函数或过程在返回查询结果时更加方便、快捷。

（7）xml。存储 xml 数据的数据类型。可以在列中或者 xml 类型的变量中存储 xml 实例。存储的 xml 数据类型实例大小不能超过 2GB。

2. 自定义数据类型

在 SQL Server 中允许用户自定义数据类型，用户自定义数据类型是建立在 SQL Server 系统数据类型的基础上的，数据库开发人员能够根据需要定义符合自己开发需求的数据类型。自定义数据类型虽然使用比较方便，但是需要大量的性能开销，所以使用时要谨慎。当用户定义一种数据类型时，需要指定该类型的名称、所基于的系统数据类型以及是否允许为空等。SQL Server 为用户提供了两种方法来创建自定义数据类型。

1）使用对象资源管理器创建用户自定义数据类型

选择"数据库"→tqe→"可编程性"→"类型"选项，右击，并在弹出的快捷菜单中选择"用户定义数据类型"命令，弹出"新建用户定义数据类型"对话框，之后按照说明做相应操作即可。

2）使用存储过程创建用户自定义数据类型

SQL Server 中的系统存储过程 sp_addtype 也可为用户提供使用 T-SQL 语句创建自定

义数据类型的方法,其语法如下。

```
sp_addtype [@ typename= ]数据类型名称,
[@ phystyle= ]系统提供数据类型
[,[@ nulltype= ]'NULL 属性']
```

其中,各参数的含义如下。
- 数据类型名称:用于指定用户定义的数据类型的名称。
- 系统提供数据类型:用于指定相应的系统提供的数据类型的名称及定义。注意,不能使用 timestamp 数据类型,当所使用的系统数据类型有额外的说明时,需要用引号将其括起来。
- NULL 属性:用于指定用户自定义的数据类型的 NULL 属性,其值可为 NULL、NOT NULL 或 NOTNULL。默认时的属性与系统默认的 NULL 属性相同。用户自定义的数据类型的名称在数据库中应该是唯一的。

例如:

```
sp_addtype homeAddress,"varchar(120)","NOT NULL"
```

3. 删除用户自定义数据类型

1) 用图形用户界面删除

在对象资源管理器中,右击要删除的用户自定义数据类型,并在弹出的快捷菜单中选择"删除"命令即可。

2) 用系统存储过程 sp_droptype 删除

例如:

```
sp_droptype homeAddress
```

其中,homeAddress 为用户自定义数据类型名称。

注意:数据库正在使用的用户自定义数据类型,不能被删除。

【**实例 4-1**】 在教学质量评价系统数据库中根据实际需求主要包括学生表、班级表、教师表、教师任课表、学生选课表和学生打分表。

根据教学质量评价系统数据库逻辑设计得到的关系模型,在了解了数据类型之后,就要确定教学质量评价系统数据库中各数据表结构对应的数据类型了,见表 4-1~表 4-3。

学生:Student(StudentCode,StudentName,Sex,StudentStatus,ClassID,Birthday)

表 4-1 "学生"表结构定义(Student)

列 名	数据类型	长度	说 明
StudentCode	char	11	学号
StudentName	nvarchar	15	姓名
Sex	nchar	1	性别
StudentStatus	nvarchar	3	学籍状态
ClassID	int		班级 ID
Birthday	datetime		出生日期

班级:Class(ClassID,ClassName,ClassStatus,ClassSize)

表 4-2 "班级"表结构定义(Class)

列 名	数据类型	长度	说 明
ClassID	int		班级 ID
ClassName	nvarchar	20	班级名称
ClassStatus	nvarchar	3	班级状态
ClassSize	int		班级人数

教师:Teacher(TeacherCode,TeacherName,Title,Sex,TeacherIdentity,TeacherStatus)

表 4-3 "教师"表结构定义(Teacher)

列 名	数据类型	长度	说 明
TeacherCode	char	10	教工号
TeacherName	nvarchar	15	姓名
Title	nvarchar	3	职称
Sex	nchar	1	性别
Birthday	datetime		出生日期
TeacherIdentity	nvarchar	4	教师身份
TeacherStatus	nvarchar	3	教师状态

了解了数据类型,也确定了教学质量评价系统数据库中各数据表结构对应的数据类型,接下来就可以创建和管理数据表了。

【拓展实践】

请根据以下关系模型确定"教学质量评价系统"其他数据表结构对应的数据类型。

教师任课:TeachCourse(TeacherCode,ClassID,CourseName,AddDate)

学生选课:StudentCourse(TeacherCode,StudentCode,CourseName,AddDate)

学生打分:StudentGrade(ID,StudentCode,TeacherCode,CourseName,AnswerOption,TotalScore,GradeTime)

【思考与练习】

1. 单选题

(1) SQL Server 的字符型数据类型主要包括(　　)。

    A. int、money、char　　　　　　B. char、varchar、text

    C. date、int　　　　　　　　　　D. char、varchar、int

(2) 使用（　　）数据类型可以存储 2GB 的数据并且能用标准的函数去查询和处理。
  A. text   B. varbinary
  C. varchar(max)   D. varchar

(3) 在 T-SQL 中，下列选项不属于数值型数据类型的是（　　）。
  A. numeric   B. decimal   C. int   D. date

(4) 如果某一列的数据类型是 float，则不允许对该列使用的函数是（　　）。
  A. SUM   B. ABS
  C. LEFT   D. ROUND

2. 判断题

(1) 在 SQL Server 中，不允许列名为汉字。（　　）
(2) SQL Server 中 date 数据类型只能存储日期。（　　）

4.1.2　使用图形用户界面创建数据表

  数据表是数据库的核心对象，系统的基本数据均采用关系表的形式存储在数据库中，因此数据库开发人员在数据库创建完成后的第一步就是创建数据表。

  数据表简称表，是关系型数据库中数据管理的基本单元，是数据库的核心对象。从管理员角度来看，管理数据库就是管理数据库中各个表、表间的关系和与表相关的操作对象。每个数据库包含若干个表。

  表是以行和列的形式组织起来的，数据存于单元格中，一行数据表示一条唯一的记录；一列数据表示一个字段；唯一标识一行记录的属性为主键。

  【实例 4-2】　根据教学质量评价系统的数据模型，创建其对应的表。以其中学生(Student)表为例，见表 4-4，使用图形用户界面提供的"表设计器"来创建表。

表 4-4 "学生"表结构定义（Student）

列　名	数据类型	长度	说　明
StudentCode	char	11	学号
StudentName	nvarchar	15	姓名
Sex	nchar	1	性别
StudentStatus	nvarchar	3	学籍状态
ClassID	int		班级 ID
Birthday	datetime		出生日期

  (1) 在对象资源管理器中展开"数据库"→tqe 选项，右击"表"，在弹出的快捷菜单中选择"新建"→"表"命令，会在编辑区出现"表设计器"窗口，如图 4-1 所示。这里要根据数据库设计人员的要求，定义表中列的列名和数据类型，以及是否允许 NULL 值在后边的空值约束再设置。

  (2) 学生表结构定义，Student 表的列分别是以下内容。

  • 学号列：列名 StudentCode，选择数据类型是 char 类型，长度为 11，在列属性的说明处给

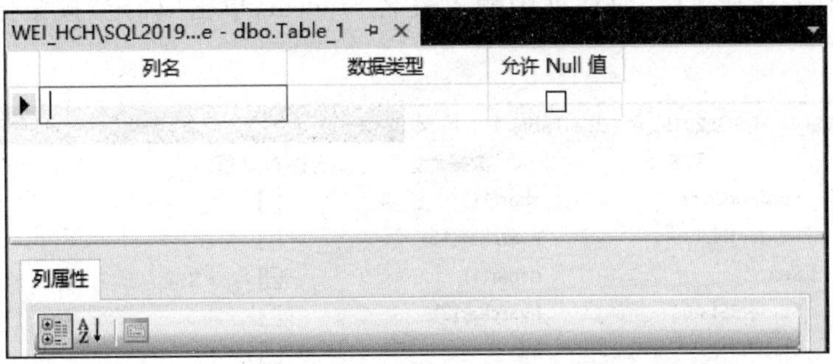

图 4-1 表设计器

出该列的中文注释——"学号",这么做主要是为了让其他的开发者能读懂我们的数据库。
- 姓名列:列名 StudentName,因为姓名有长有短,一般是中文,所以设置数据类型为变长的 nvarchar 类型,最大长度为 15,列属性说明为"姓名"。
- 性别列:列名 Sex,nchar 类型,长度为 1,列属性说明为"性别"。
- 状态列:列名 StudentStatus,nvarchar 类型,长度为 3,列属性说明为"状态"。
- 班级编号列:列名 ClassID,int 类型,列属性说明为"班级编号"。
- 出生日期字段:列名 Birthday,datetime 类型,列属性说明为"出生日期"。

对表 Student 的定义如图 4-2 所示。

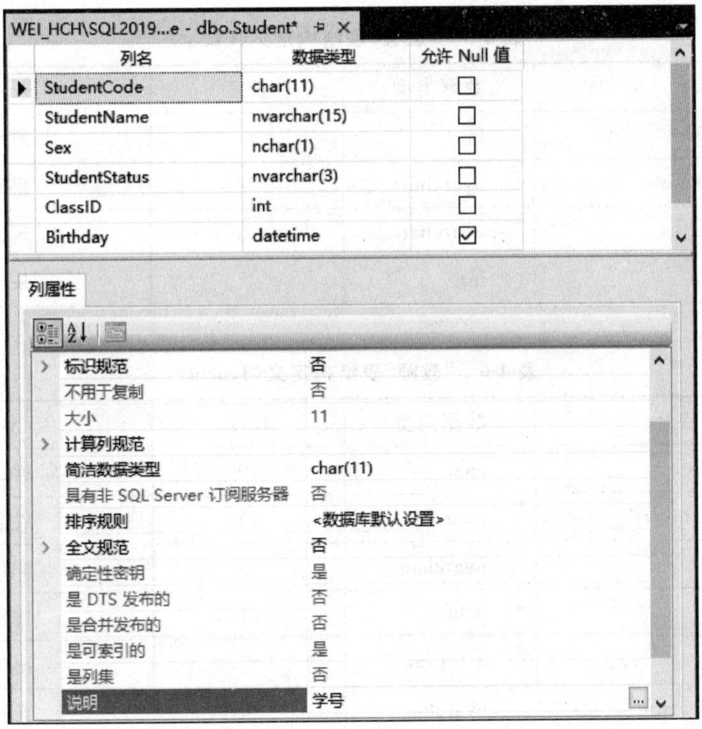

图 4-2 创建表

(3) 保存表定义。右击"文档窗口"中的"表设计器"标签,在弹出的快捷菜单中选择"保存"命令,或单击工具栏中的"保存"按钮,打开保存表窗口。

（4）在弹出的"选择名称"对话框中输入表名 Student，单击"确定"按钮保存表，如图 4-3 所示。

图 4-3　保存表

【拓展实践】

使用图形用户界面创建班级表和教师表，表结构见表 4-5 和表 4-6。

表 4-5　"班级"表结构定义（Class）

列　名	数据类型	长度	说　明
ClassID	int		班级 ID
ClassName	nvarchar	20	班级名称
ClassStatus	nvarchar	3	班级状态
ClassSize	int		班级人数

表 4-6　"教师"表结构定义（Teacher）

列　名	数据类型	长度	说　明
TeacherCode	char	10	教工号
TeacherName	nvarchar	15	姓名
Title	nvarchar	3	职称
Sex	nchar	1	性别
Birthday	datetime		出生日期
TeacherIdentity	nvarchar	4	教师身份
TeacherStatus	nvarchar	3	教师状态

【思考与练习】

(1) 关系数据库是若干(　　)的集合。
  A. 表(关系)　　B. 视图　　C. 列　　D. 行

(2) 表在数据库中是一个非常重要的数据对象,它是用来(　　)各种数据内容的。
  A. 显示　　B. 查询　　C. 存放　　D. 检索

(3) 假如定义表时没有为一个CHAR数据类型的列指定长度,其默认长度是(　　)。
  A. 256　　B. 1000　　C. 64　　D. 1

(4) 关系数据库中空值(NULL)相当于(　　)。
  A. 零(0)　　　　　　　　B. 空白
  C. 零长度的字符串　　　　D. 没有输入

4.1.3　使用 T-SQL 语句创建数据表

除了使用图形用户界面创建表外,还可以使用 T-SQL 语句创建表。创建表的 T-SQL 语句是 CREATE TABLE,其语法如下。

```
CREATE TABLE 表名
(
    列名 1  数据类型  列级完整性约束,
    列名 2  数据类型  列级完整性约束,
    ...
    列名 n  数据类型  列级完整性约束,
    表级完整性约束 1,
    ...
    表级完整性约束 n
)
```

功能:利用 CREATE TABLE 语句为表定义各列的名字、数据类型和完整性约束。

注意以下两点。

(1) 表名及列名必须遵循有关标识符的规则。

(2) 数据类型为前面学过的系统数据类型。

列级完整性约束和表级完整性约束在后边会详细介绍,在这就不叙述了。

【实例 4-3】　根据数据库设计得到的"教师任课"表结构定义(见表 4-7),使用 CREATE TABLE 语句创建该表。

表 4-7　教师任课表结构定义(TeachCourse)

列　名	数据类型	长度	说　明
TeacherCode	char	10	教工号
ClassID	int	4	班级 ID
CourseName	nvarchar	50	课程名
AddDate	datetime	8	操作时间

（1）在"对象资源管理器"中连接到数据库引擎的实例。

（2）在工具栏中单击"新建查询"按钮，打开"查询编辑器"窗口，数据库要选择 tqe，具体操作如图 4-4 所示。

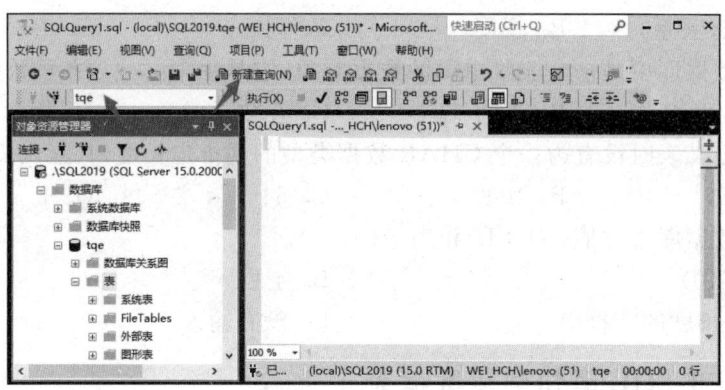

图 4-4　"新建查询"操作

（3）在"查询编辑器"窗口中输入以下 T-SQL 语句。

```
CREATE TABLE TeachCourse
  (
    TeacherCode char(10),
    ClassID int,
    CourseName nvarchar(50),
    AddDate datetime
  )
```

（4）单击"执行"按钮或按 F5 快捷键，执行查询窗口代码，消息窗口显示"命令已成功完成"和完成时间，这样，教师任课表（TeachCourse）就创建好了。

（5）在"对象资源管理器"中选择"数据库"→tqe→"表"选项，右击并在弹出的快捷菜单中选择"刷新"命令，就可以看到刚刚创建的 TeachCourse 表了，如图 4-5 所示。

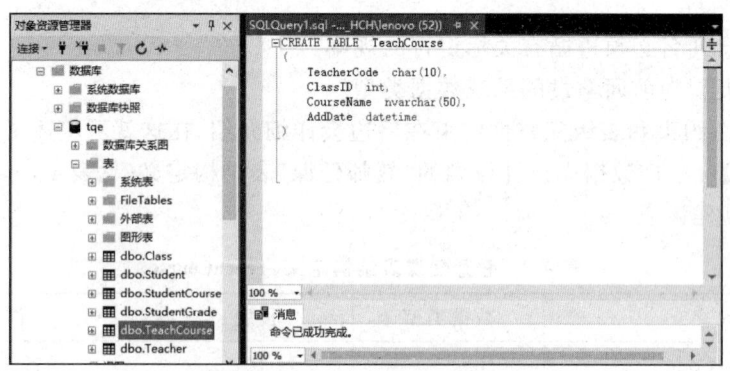

图 4-5　在 tqe 数据库中创建的 TeachCourse 表

【拓展实践】

使用 T-SQL 语句创建学生选课表和学生打分表，表结构见表 4-8 和表 4-9。

表 4-8　学生选课表结构定义（StudentCourse）

列　名	数据类型	长度	说　明
TeacherCode	char	10	教工号
StudentCode	char	11	学号
CourseName	nvarchar	50	课程名
AddDate	datetime		操作时间

表 4-9　学生打分表结构定义（StudentGrade）

列　名	数据类型	长度	说　明
ID	int		学生打分 ID
StudentCode	char	11	学号
TeacherCode	char	10	教工号
CourseName	nvarchar	50	课程名
AnswerOption	varchar	100	评教选项序列
TotalScore	real		总分
GradeTime	datetime		打分时间

【思考与练习】

1. 单选题

（1）在 SQL Server 中，创建表使用的 T-SQL 语句是（　　）。
　　A. CREATE TABLE　　　　　B. CREATE SCHE
　　C. CREATE INDEX　　　　　D. CREATE VIEW

（2）创建表时不需要定义的是（　　）。
　　A. 列宽度　　　B. 列名　　　C. 列类型　　　D. 列对应的数据

（3）可以存储图形文件的字段类型是（　　）。
　　A. 备注数据类型　　　　　B. 二进制数据类型
　　C. 日期数据类型　　　　　D. 文本数据类型

（4）以下不正确的数值型数据是（　　）。
　　A. 1994　　　B. 1996.16　　　C. 940,610　　　D. "9606"

2. 判断题

（1）在 SQL Server 中，允许列名为汉字。　　　　　　　　　　　　　　（　　）
（2）＄money 是错误的 SQL Server 标识符。　　　　　　　　　　　　（　　）
（3）使用 CREATE TABLE 语句创建表时，必须设置各种完整性约束。（　　）

4.1.4　修改表

　　当系统需求变更或在设计之初的考虑不周全或在建表的时候有错误的时候，就需要对表的结构进行修改,同样,修改表结构也可以使用图形用户界面和 T-SQL 两种方式来实现。

1. 使用图形用户界面修改表

使用图形用户界面修改表操作过程和创建表的过程类似。

【实例 4-4】 以学生表(Student)为例,修改 Student 表中的 StudentName 列,将数据类型改为 nvarchar(10);添加学生家庭住址列,列名为 Address,数据类型为 nvarchar,长度 50;尝试将 Address 列删除。

(1) 在"对象资源管理器"中展开"数据库"→ tqe→"表"选项,右击 Student 表,在弹出的快捷菜单中选择"设计"命令,打开表设计器。

(2) 选中列 StudentName,将数据类型改为 nvarchar(10),如图 4-6 所示。

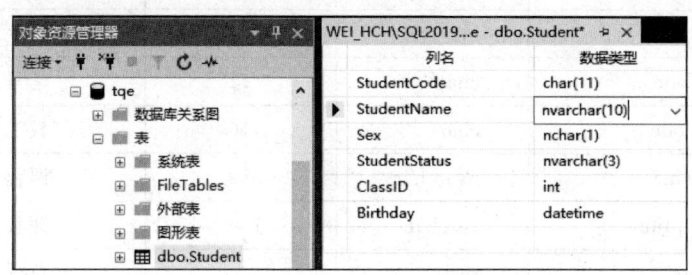

图 4-6 修改列

(3) 在表设计器中列的最下方添加 Address 列,数据类型设置为 nvarchar(50),如图 4-7 所示。

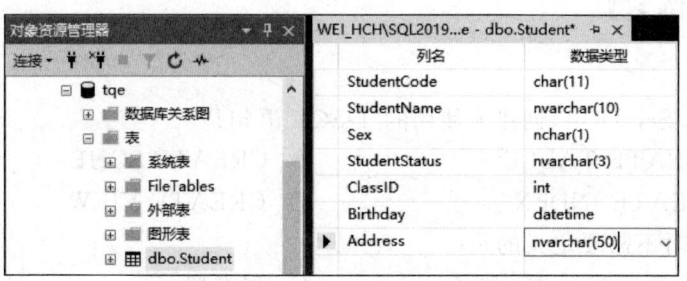

图 4-7 添加列

(4) 删除 Address 列,在 Address 列处右击,在弹出的快捷菜单中选择"删除列"命令,如图 4-8 所示。

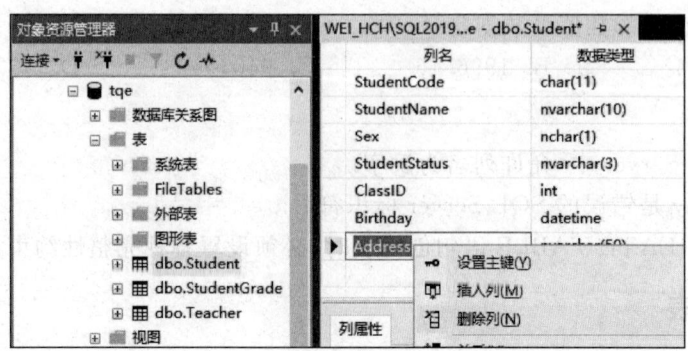

图 4-8 删除列

(5) 选择"文件"→"保存"命令,或单击工具栏中的"保存"按钮,完成表的修改。

2. 使用 T-SQL 语句修改表

在 SQL Server 中提供了 ALTER TABLE 语句来修改表的结构,其简要语法格式如下。

```
ALTER TABLE 表名
{
    ALTER COLUMN 列名 数据类型 约束                    - - 修改列定义
    |ADD {列名 数据类型 约束 |CONSTRAINT 约束名}[,...n]  - - 添加新列或约束
    |DROP {COLUMN 列名 |CONSTRAINT 约束名}[,...n]      - - 删除已有列或约束
    ...
}
```

1) 修改表中的列

【实例 4-5】 修改 Student 表中的 StudentName 列,将其数据类型改为 nvarchar(15)。

(1) 启动图形用户界面,在"查询编辑器"窗口中输入如下 T-SQL 语句。

```
ALTER TABLE Student
ALTER COLUMN StudentName nvarchar(15)
```

(2) 单击"SQL 编辑器"工具栏中的"执行"按钮,运行结果如图 4-9 所示。

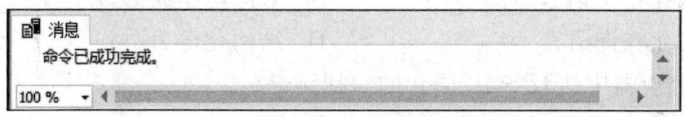

图 4-9 修改表中的列

2) 向表中添加列或约束

【实例 4-6】 向 Student 表中添加学生家庭住址列,列名为 Address,数据类型为 nvarchar(50)。

(1) 启动图形用户界面,在"查询编辑器"窗口中输入如下 T-SQL 语句。

```
ALTER TABLE Student
ADD Address nvarchar(50)
```

(2) 单击"SQL 编辑器"工具栏中的"执行"按钮,运行结果显示"命令已成功完成"。

3) 删除表中的列

【实例 4-7】 删除 Student 表中名为 Address 的列。

(1) 启动图形用户界面,在"查询编辑器"窗口中输入如下 T-SQL 语句。

```
ALTER TABLE Student
DROP COLUMN Address
```

(2) 单击"SQL 编辑器"工具栏中的"执行"按钮,运行结果显示"命令已成功完成"。

注意:在使用 ALTER TABLE 命令删除列时,必须先确保该列上没有约束,否则无法删除。

【拓展实践】

在前面建好的 Teacher 表上做以下操作。

（1）修改 Teacher 表中的 TeacherName 列,将其数据类型改为 nvarchar,长度为 10。

（2）向 Teacher 表中添加邮箱地址列,列名为 EmailAddress,数据类型为 nvarchar,长度为 50。

（3）删除 Teacher 表中名为 EmailAddress 的列。

【思考与练习】

1. 单选题

（1）在 SQL Server 中,修改表使用的 T-SQL 语句关键词是（　　）。

  A. ALTER TABLE   B. ALTER SCHEMA

  C. ALTER INDEX   D. ALTER VIEW

（2）以下（　　）类型不能作为变量的数据类型。

  A. text   B. ntext   C. table   D. image

（3）SQL 通常称为（　　）。

  A. 结构化定义语言   B. 结构化操纵语言

  C. 结构化查询语言   D. 结构化语言

（4）在查询分析器中执行 SQL 语句的快捷键是（　　）。

  A. F1   B. F3   C. F5   D. F6

2. 判断题

（1）在 T-SQL 中,修改表结构时,应使用的是 UPDATE 语句。（　　）

（2）使用 ALTER TABLE 语句修改表结构,使用 DROP 语句不可删除有约束的列。（　　）

4.1.5 删除表

当不需要再使用某个表时,就可以将该表从数据库中删除,可以用图形用户界面和 T-SQL 语句两种方式来实现。

在删除表之前,先来创建五个测试表,分别是表 T1、T2、T3、T4、T5,每个表中可设置一列 TestColumn,数据类型 nchar(10),创建好测试表后,就可以删除表了。

1. 使用图形用户界面删除表

【实例 4-8】 删除 tqe 数据库中的 T1 表。

（1）在"对象资源管理器"中找到要删除的表 T1,右击并在弹出的快捷菜单中选择"删除"命令。

（2）在弹出的"删除对象"对话框中单击"确定"按钮,如图 4-10 所示,完成删除表操作。

2. 使用 T-SQL 语句删除表

在 SQL Server 中提供了 DROP TABLE 语句来删除表,语法格式如下。

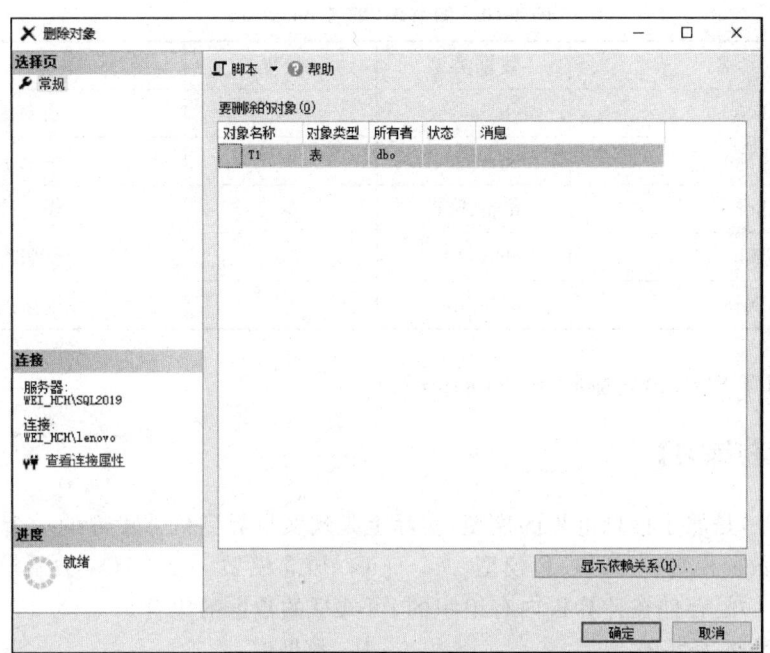

图 4-10　删除表

```
DROP TABLE 表名
```

【实例 4-9】　删除 tqe 数据库中的 T2 表。

（1）启动图形用户界面,在"查询编辑器"窗口中输入如下 T-SQL 语句。

```
DROP TABLE T2
```

（2）单击"SQL 编辑器"工具栏中的"执行"按钮,运行结果如图 4-11 所示。

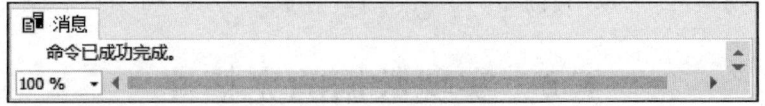

图 4-11　使用 T-SQL 语句删除单个表

若需要同时删除多张表,只需要将多个表的表名用","隔开就可以实现。

【实例 4-10】　同时删除表 T3、T4、T5。

（1）启动图形用户界面,在"查询编辑器"窗口中输入如下 T-SQL 语句。

```
DROP TABLE T3,T4,T5
```

（2）单击"SQL 编辑器"工具栏中的"执行"按钮,运行结果显示"命令已成功完成"。

【拓展实践】

（1）在图书管理数据库 books 中,使用 T-SQL 语句创建图书表 BookInfo,表结构见表 4-10。

表 4-10　图书表（表名 BookInfo）

列　名	数据类型	长度	说　明
BookNO	char	4	图书编号
BookName	char	30	图书名称
Author	nvarchar	20	作者
Publish	char	50	出版社
PubDate	datetime		出版时间

（2）使用 T-SQL 语句删除表 BookInfo。

【思考与练习】

（1）（　　）是属于信息世界的模型，实际上是现实世界到机器世界的一个中间层次。
　　A. 数据模型　　B. E-R 模型　　C. 概念模型　　D. 关系模型
（2）（　　）是存储在计算机内有组织的、可共享的数据的集合。
　　A. 数据库系统　　　　　　　B. 数据库
　　C. 数据库管理系统　　　　　D. 数据结构
（3）数据库系统的核心是（　　）。
　　A. 数据库　　　　　　　　　B. 数据库管理系统
　　C. 应用系统　　　　　　　　D. 用户
（4）下面（　　）不是 SQL Server 的合法标识符。
　　A. a12　　　B. 12a　　　C. @a12　　　D. ♯qq
（5）表在数据库中是一个非常重要的数据对象，它是用来（　　）各种数据内容的。
　　A. 显示　　　B. 查询　　　C. 存放　　　D. 检索

4.2　实现数据的完整性

◇ 单元简介

数据库中的数据基本上都是从外界输入的，而数据的输入由于种种原因，可能会发生输入无效或输入错误的信息。保证输入的数据符合规定，成为数据库系统首要关注的问题，因此，数据完整性被提出。

数据完整性是指数据的准确性和一致性，它的提出是为了防止数据库中存在不符合语义规定的数据和防止因错误的输入/输出造成无效操作或其他错误问题。

数据完整性通常使用完整性约束来实现，根据约束对象的不同，可分为实体完整性（Entity Integrity）、域完整性（Domain Integrity）、参照完整性（Referential Integrity）。

本单元在介绍完整性概念和分类的基础上，详细讲解各类约束在教学质量评价系统数据库中的实现方法。

◇ 单元目标

1. 了解数据完整性。

2. 掌握实体完整性的主键约束。
3. 掌握实体完整性的唯一约束。
4. 掌握域完整性的非空约束。
5. 掌握域完整性的默认约束。
6. 掌握域完整性的检查约束。
7. 掌握参照完整性的外键约束。

◆ 任务分析

实现数据的完整性分为 7 个工作任务。

【任务 1】数据完整性概述

数据完整性是指数据的准确性和一致性，它的提出是为了防止数据库中存在不符合语义规定的数据和防止因错误的输入/输出造成无效操作或其他错误问题。

【任务 2】实体完整性的主键约束

主键约束是实现数据完整性中最重要的一个约束，主键用于唯一标识表中的每一行记录，作为主键的字段值不能为空且必须唯一。每个数据表最多只能有一个 PRIMARY KEY 约束，用于强制实施表的实体完整性。为教学质量评价系统数据库 tqe 中的表创建主键约束。

【任务 3】实体完整性的唯一约束

唯一约束也称 UNIQUE 约束，用来规定一列中的两行不能有相同值。在教学质量评价系统数据库 tqe 的教师表 Teacher 中添加唯一约束。

【任务 4】域完整性的非空约束

非空约束也称 NOT NULL 约束，非空约束强制列不接受 NULL 值。为教学质量评价系统数据库 tqe 中的学生表 Student 设置非空约束。

【任务 5】域完整性的默认约束

默认约束也称 DEFAULT 约束，是指当插入数据操作时，定义了默认约束的列不必提供相应数据，系统会将默认约束定义中的默认值插入该列中。为教学质量评价系统数据库 tqe 中的学生表 Student 中的学籍状态列 StudentStatus 添加默认约束，默认值为"正常"。

【任务 6】域完整性的检查约束

检查约束也称 CHECK 约束，检查约束是对表中某列的值进行限制，是列输入内容的验证规则，列中输入数据必须满足检查约束的条件，否则无法写入数据库中。为教学质量评价系统数据库中的 Student 表中的出生日期 Birthday 列创建检查约束，设置 Birthday 列的值必须大于或等于 2000 年 1 月 1 日。

【任务 7】参照完整性的外键约束

外键约束也称 FOREIGN KEY 约束，是用于建立和强制实施两表中数据之间关联的一个列或是多列组合。在教学质量评价系统数据库中，为学生表 Student 中的 ClassID 列创建外键约束，参考列为班级表 Class 中的主键列 ClassID，且实现数据的级联更新和删除。

4.2.1 数据完整性概述

当在数据库中执行添加、修改和删除数据等操作时，难以避免手工输入时产生的各种错误，这些错误将会降低相关人员利用数据库完成工作的效率。因此，在进行数据存储、修改、删除等操作的过程中都需要保证数据的准确性和一致性,在 SQL Server 中,主要通过约束来维护数据的完整性。

数据完整性根据约束对象的不同,可分为实体完整性(Entity Integrity)、域完整性(Domain Integrity)和参照完整性(Referential Integrity)。

实体完整性,也称行完整性,规定表的每一行在表中是唯一的实体。准确地说,实体完整性是指关系中的主属性值不能为 NULL 且不能有相同值。定义表中的行唯一的方法,一般是设置主键约束、唯一键约束或是标识列。

域完整性,也称列完整性,是指表中的列必须满足某种特定的数据类型约束,其中约束又包括取值范围、精度等规定。域完整性一般可以通过设置非空约束、默认约束和检查约束来实现。

参照完整性,也称引用完整性,是指两个表的主关键字和外关键字的数据应一致,保证了表之间的数据的一致性,防止了数据丢失或无意义的数据在数据库中扩散。参照完整性维护表间数据的有效性、完整性,通常通过建立外键约束来实现。

数据库规划的一个重要步骤是确定实施数据完整性的最佳方式,实施数据完整性将确保数据库中的数据的质量。

【拓展实践】

设计教学质量评价数据库 tqe 的数据完整性实施计划。

【思考与练习】

1. 单选题

(1) 数据库的三要素不包括(　　)。
　　A. 完整性规则　　B. 数据结构　　C. 恢复　　D. 数据操作

(2) 数据完整性根据约束对象的不同,可分为(　　)。
　　A. 实体完整性　　B. 域完整性　　C. 参照完整性　　D. 以上都包括

(3) (　　)用于保证数据库中数据表的每一个特定实体的记录都是唯一的。
　　A. 实体完整性　　B. 域完整性　　C. 参照完整性　　D. 数据完整性

2. 判断题

(1) 在数据库系统中,数据的完整性是指数据的正确性和有效性。(　　)

(2) 在数据库系统中,数据独立性指数据之间的相互独立,互不依赖。(　　)

(3) 实体完整性指保证指定列具有正确的数据类型、格式和有效的数据范围。(　　)

4.2.2　实体完整性的主键约束

来看一个场景,即学校的教务处需要将信息输入教师表中,为了避免人为的输入错误,教务处要求表中不能出现重复的记录。由于教师有可能同名,因此不能依据名字作为判断是否重复的依据。查看了教学质量评价系统数据库 tqe 中的 Teacher 表之后,注意到在表中有一列为教工号 TeacherCode,该列可以用于区分信息是否重复,那么在数据库中怎么去操作才能利用教工号列区分信息呢?下面一起来学习实现数据完整性中最重要的一个约束——主键约束。

主键约束也称 PRIMARY KEY 约束,用于定义表中构成主键的一列或多列。主键唯一标识表中的每一行记录,作为主键的字段值不能为空且必须唯一。每个数据表最多只能有一个 PRIMARY KEY 约束,用于强制实施表的实体完整性。

创建主键约束有两种方式,即使用图形用户界面和使用 T-SQL 语句创建。

1. 使用图形用户界面创建主键约束

【实例 4-11】 以教学质量评价系统数据库 tqe 中的 Teacher 表为例,Teacher 表的表结构见表 4-11。

表 4-11 "教师"表结构(Teacher)

列　名	数据类型	长度	说　明
TeacherCode	char	10	教工号
TeacherName	nvarchar	15	姓名
Title	nvarchar	3	职称
Sex	nchar	1	性别
Birthday	datetime		出生日期
TeacherIdentity	nvarchar	4	教师身份
TeacherStatus	nvarchar	3	教师状态

已知应该将教工号设为主键才能唯一标识表中的每一条记录,下面来具体实现。

(1) 在"对象资源管理器"中选择"数据库"→tqe→"表"选项,右击 Teacher 表,在弹出的快捷菜单中选择"设计"命令,打开表设计器。

(2) 右击 TeacherCode 行,在弹出的快捷菜单中选择"设置主键"命令,如图 4-12 所示,这时在 TeacherCode 列的左侧将出现一个黄色的小钥匙图标。设置主键的操作也可以通过选择主菜单中的"设置主键"命令或单击工具栏中的"设置主键"按钮来实现。

图 4-12 设置主键

(3) 单击工具栏中的"保存"按钮,关闭表设计器窗口。

注意：当主键是多个列的复合主键时，在创建时只需在步骤(2)中按住 Ctrl 键，选中多个列，再单击工具栏中的"设置主键"按钮即可。

2. 使用 T-SQL 语句创建主键约束

主键约束由关键字 PRIMARY KEY 标识，可以在用 CREATE TABLE 创建表时直接在作为主键列的列定义后边加 PRIMARY KEY 创建，也可以使用 CREATE TABLE 和 ALTER TABLE 语句的表级约束 CONSTRAINT 子句创建。

【实例 4-12】 以创建 Student 表为例，设置 StudentCode 列为主键。

(1) 启动图形用户界面，在"查询编辑器"窗口中输入如下 T-SQL 语句。

```
CREATE TABLE Student
(
    StudentCode char(11) PRIMARY KEY,
    StudentName nvarchar(15),
    Sex nchar(1),
    StudentStatus nvarchar(3),
    ClassID int,
    Birthday datetime
)
```

(2) 单击"SQL 编辑器"工具栏中的"执行"按钮执行上述代码，创建了 Student 表，同时设置了 StudentCode 列为主键，可以在表设计器中查看是否创建成功，如图 4-13 所示。

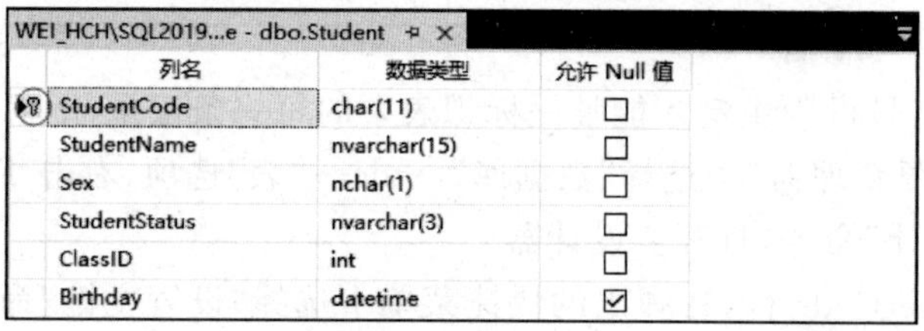

图 4-13 创建表并设置主键

通过创建表约束的方式创建主键，定义格式如下。

```
CONSTRAINT 约束名
PRIMARY KEY {(列[,...n]) ASC|DESC}
```

参数说明如下。

- CONSTRAINT：表约束的关键字，本单元介绍的所有约束均可以由其进行定义。
- 约束名：用户自定义的约束名。

【实例 4-13】 下面创建表 Class，并设置 ClassID 为主键。

(1) 启动图形用户界面，在"查询编辑器"窗口中输入如下 T-SQL 语句。

```
CREATE TABLE Class
(
    ClassID int,
    ClassName nvarchar(20),
    ClassStatus nvarchar(3),
    ClassSize int,
```

```
    CONSTRAINT PK_Class PRIMARY KEY (ClassID)
)
```

（2）单击"SQL 编辑器"工具栏中的"执行"按钮执行上述代码，创建了 Class 表，同时设置了 ClassID 列为主键，可以在表设计器中查看是否创建成功。

如果要为已建好的表添加主键约束，可以使用修改表 ALTER TABLE 语句来实现，其语法格式如下。

```
ALTER TABLE 表名
ADD CONSTRAINT 约束名 PRIMARY KEY (列名1,列名2,...)
```

【实例 4-14】 下面为已经创建好的教师任课表 TeachCourse 添加主键约束，在 TeachCourse 表中，由于不能用某一列作为主键，所以要设置 TeacherCode、ClassID 和 CourseName 三列的复合主键。

（1）启动图形用户界面，在"查询编辑器"窗口中输入如下 T-SQL 语句。

```
ALTER TABLE TeachCourse
ADD CONSTRAINT PK_TeachCourse
PRIMARY KEY (TeacherCode,ClassID,CourseName)
```

（2）单击"SQL 编辑器"工具栏中的"执行"按钮执行上述代码，复合主键设置好以后可以在表设计器中查看效果，如图 4-14 所示。

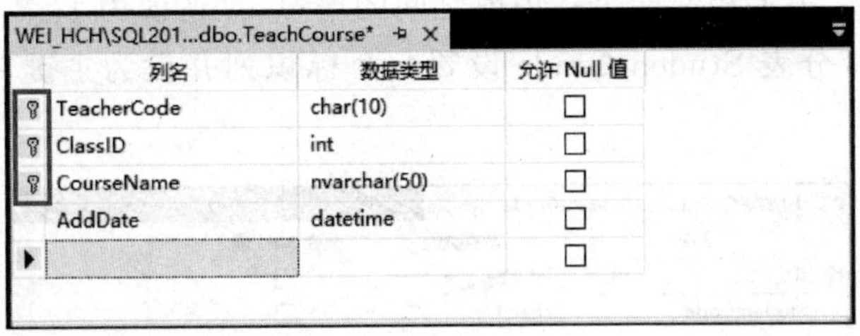

图 4-14 复合主键

注意：当表中的主键由多个列组合构成时，主键的设置只能使用表约束进行定义，列名与列名之间用","分隔开。在实际应用系统设计时，并不建议使用复合主键，而建议使用一个自增长的整数列（IDENTITY 列）作为主键。

3. 删除主键约束

删除主键约束也可采用图形用户界面和 T-SQL 语句两种方法。

（1）使用图形用户界面删除主键约束，在表设计器中要删除主键的列上右击，并在弹出的快捷菜单中选择"删除主键"命令就可以了。

（2）使用 T-SQL 语句删除主键，语法格式如下。

```
ALTER TABLE 表名
DROP CONSTRAINT 主键约束名
```

【实例 4-15】 删除 TeachCourse 表的主键约束 PK_TeachCourse。

（1）启动图形用户界面，在"查询编辑器"窗口中输入如下 T-SQL 语句。

```
ALTER TABLE TeachCourse
```

```
DROP CONSTRAINT PK_TeachCourse
```

(2) 单击"SQL 编辑器"工具栏中的"执行"按钮执行上述语句,可以查看表设计器,此时定义在该表上的主键被成功删除。

当约束创建以后不能对其进行修改操作,若需要修改约束,只能将其删除后重建。

【拓展实践】

(1) 为学生选课表 StudentCourse 设置主键约束,注意分析在 StudentCourse 表中,任意一列并不能唯一确定一条记录。

(2) 在进行实际应用系统设计时,并不建议使用复合主键,而建议使用一个自增长的整数列(IDENTITY 列)作为主键。

IDENTITY 列也称标识列,它的数据类型为不带小数的数值类型,在进行添加数据行操作时,该列的值由系统按一定规律生成,不允许出现空值。由于该列的值不重复,具有唯一标识表中一行的作用,从而可以实现表的实体完整性。

标识列的定义如下。
- 指定数值类型。
- 设置是标识。
- 设置标识种子,指表中第一行的值,默认值为 1。
- 设置标识增量,表示相邻两个标识值之间的增量,默认值为 1。

请练习为学生打分表 StudentGrade 设置一个标识列并设为主键,参考图 4-15 所示的操作。

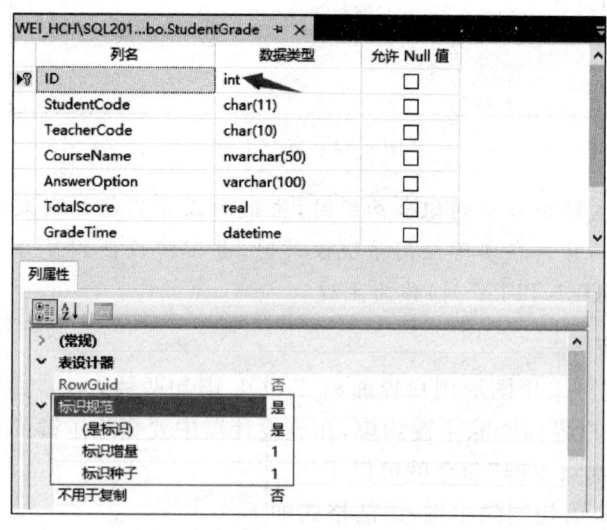

图 4-15　标识列

【思考与练习】

(1) 以下关于主键的描述正确的是(　　)。
　　A. 标识表中唯一的实体　　　　　　　　B. 创建唯一的索引,允许空值

C. 只允许以表中第一字段建立　　　　D. 表中允许有多个主键

(2) 若某表满足 1NF,且其所有属性合起来组成主键,则一定还满足范式(　　)。

A. 只有 2NF　　B. 只有 3NF　　C. 2NF 和 3NF　　D. 没有

(3) 把列的属性规定为(　　)列时,在插入新的一行时不必为其赋值,服务器自动为其设置一个唯一的行序列号。

A. NULL　　B. NO NULL　　C. IDENTITY　　D. UNIQUE

(4) 下列数据类型上不能建立 IDENTITY 列的是(　　)。

A. int　　B. tinyint　　C. float　　D. smallint

(5) 关于主键描述正确的是(　　)。

A. 包含一列　　　　　　　　　　B. 包含两列

C. 包含一列或者多列　　　　　　D. 以上都不正确

4.2.3　实体完整性的唯一约束

假设有这样一个场景,即你是学校的数据库设计人员,现在需要设计一个表来存储教师的信息,其中包括教师编号、教师姓名和教师身份证号码等信息。为了保证表中每行信息的唯一性,定义了教师编号作为主键,但依据教务处的需求,要求同时教师姓名也必须具备唯一性,这样在一定程度上可以避免输入错误。由于一张表只能有一个主键,因此要用唯一约束来保证教师姓名的唯一性。

唯一约束也称 UNIQUE 约束,用来规定一列中的两行不能有相同值。那在什么情况下,考虑使用唯一约束呢?下面是使用唯一约束的场合。

- 表包含不属于主键的列,但是这些列单独或作为一个整体必须包含唯一值。
- 业务逻辑规定列中存储的数据必须是唯一的。
- 列中存储的数据对于其可包含的值有自然的唯一性,如身份证号或护照号等。

UNIQUE 约束和 PRIMARY KEY 约束都可以实现列数据的唯一性,两者的区别如下。

(1) 一个表中只能有一个 PRIMARY KEY 约束,但可以根据需要创建若干个 UNIQUE 约束。

(2) 带有 PRIMARY KEY 约束的列不允许为 NULL,带有 UNIQUE 约束的列值可以为 NULL,但只能出现一个 NULL。

(3) 在创建 PRIMARY KEY 约束时,系统自动产生聚集索引,而创建 UNIQUE 约束时,系统自动产生非聚集索引。有关索引的内容在后面会进行详细阐述。

1. 使用图形用户界面创建唯一约束

【实例 4-16】　在教学质量评价系统数据库 tqe 的教师表 Teacher 中添加唯一约束。

(1) 在"对象资源管理器"中选择"数据库"→tqe→"表"选项,右击 Teacher 表,并在弹出的快捷菜单中选择"设计"命令,打开表设计器。

(2) 在表设计器上右击,在弹出的快捷菜单中选中"索引/键"命令,进入"索引/键"对话框,如图 4-16 所示。

(3) 在"索引/键"对话框中单击"添加"按钮,在左边列表中将会新建一行数据 IX_TeacherName *。

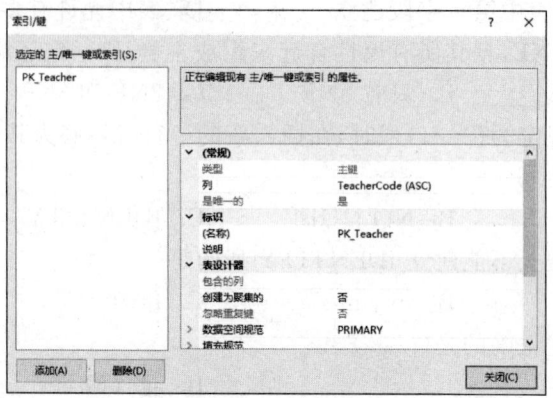

图 4-16 "索引/键"对话框

(4) 单击选中 IX_TeacherName*,在右边的属性列表栏中将"类型"修改为"唯一键","列"修改为 TeacherName(ASC),"名称"改为 IX_TeacherName,如图 4-17 所示。

(5) 单击"关闭"按钮,保存表设计,完成唯一约束的创建。在对象资源管理器中展开 Teacher 表的"键"和"索引"节点,可以看到创建的唯一约束,如图 4-18 所示。

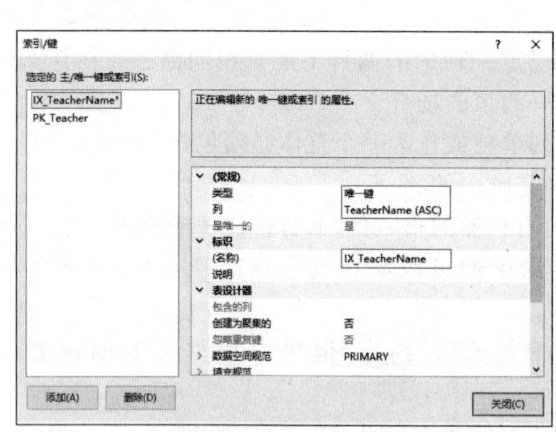

图 4-17 添加唯一约束

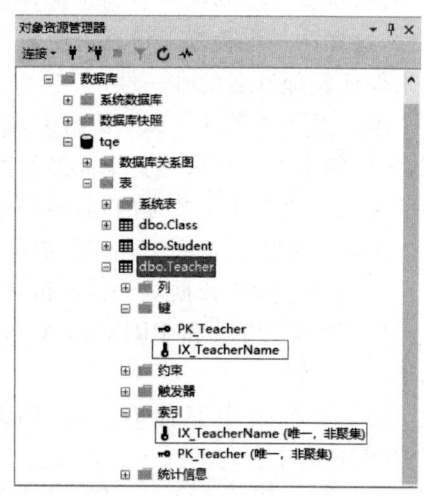

图 4-18 查看"键"和"索引"

2. 使用 T-SQL 语句创建唯一约束

在创建唯一约束时,可以分为列约束和表约束两种形式。

1) 创建列级唯一约束

在创建表时,在列定义后边直接加关键字 UNIQUE。

【实例 4-17】 在教师表 Teacher 中的 TeacherName 列上定义唯一约束。

(1) 启动图形用户界面,在"查询编辑器"窗口中输入如下 T-SQL 语句。

```
CREATE TABLE Teacher
(
  TeacherCode char(10) NOT NULL PRIMARY KEY,
  TeacherName nvarchar(15) NOT NULL UNIQUE,
```

```
    Title nvarchar(3) NOT NULL,
    Sex nchar(10) NOT NULL,
    Birthday datetime NOT NULL,
    TeacherIdentity nvarchar(4) NOT NULL,
    TeacherStatus nvarchar(3) NOT NULL
)
```

(2)单击"SQL 编辑器"工具栏中的"执行"按钮,运行结果显示"命令已成功完成"。

2)创建表级唯一约束

创建好表以后,如果需要往表中某一列或几列添加唯一约束,可以用以下格式。

```
CONSTRAINT 约束名
UNIQUE (< 列名> [{,< 列名> }...])
```

【实例 4-18】 为学生表里添加的身份证号(IDCard)列创建唯一约束。

(1)启动图形用户界面,在"查询编辑器"窗口中输入如下 T-SQL 语句。

```
ALTER TABLE Student
ADD CONSTRAINT IX_IDCard UNIQUE(IDCard)           --创建唯一约束
```

其中,IX_IDCard 是约束名;IDCard 则是被添加约束的列,如果要对多列进行约束,则在列表后添加多个列名,列名与列名之间用","隔开。

(2)单击"SQL 编辑器"工具栏中的"执行"按钮,运行结果显示"命令已成功完成"。

【拓展实践】

创建一个用户表 UserInfo,表结构见表 4-12。

表 4-12 UserInfo 表结构

列 名	数据类型	长度	说 明
uID	int		用户编号
uName	nvarchar	15	姓名
Sex	nchar	1	性别
uCard	char	18	身份证号
uPhone	char	11	电话

分析表结构,请为用户表添加主键约束和唯一约束。

【思考与练习】

1. 单选题

(1)创建唯一约束使用(　　)关键字。
　　　A. PRIMARY KEY   B. UNIQUE
　　　C. FOREIGN KEY   D. DEFAULT

(2) 不允许在关系中出现重复记录的约束通过（　　）实现。
　　A. CHECK　　　　　　　　　　　B. DEFAULT
　　C. FOREIGN KEY　　　　　　　　D. PRIMARY KEY 或 UNIQUE

(3) 表的键可由（　　）列属性组成。
　　A. 一个　　　　B. 两个　　　　C. 多个　　　　D. 一个或多个

(4) 下面（　　）约束用来禁止输入重复值。
　　A. UNIQUE　　　B. NULL　　　　C. DEFAULT　　D. FOREIGN KEY

2. 判断题

(1) 存储身份证号的列可以设置唯一约束。　　　　　　　　　　　　　　（　　）
(2) 一个表中只能创建一个唯一约束。　　　　　　　　　　　　　　　　（　　）

4.2.4 域完整性的非空约束

在定义数据表的时候，默认情况下所有字段都是允许为空值的，除了设置了主键约束的列值不为空外，如果还需要禁止某些列的值为空，那么就需要在创建表或修改表的时候去指定。

非空约束也称 NOT NULL 约束，非空约束强制列不接受 NULL 值。NULL 值表示未定义的值，它不等同于零或是空白，也不能进行比较。非空约束只能作为列约束来使用。

1. 使用图形用户界面设置非空约束

【实例 4-19】 为教学质量评价系统数据库 tqe 中的学生表 Student 设置非空约束，经过分析，学号列设置了主键约束，不允许 NULL 值，另外，学生姓名、性别、学生状态、所属班级均不能为 NULL，所以要为这些列添加非空约束。

(1) 在"对象资源管理器"中选择"数据库"→tqe→"表"选项，右击 Student 表，在弹出的快捷菜单中选择"设计"命令，打开表设计器。

(2) 初始状态，所有列的"允许 NULL 值"属性的复选框都是选中状态，也就是都允许 NULL 值，去消选中除了学号和出生日期的其他列后边的"允许 NULL 值"属性的复选框，就为这些列添加了非空约束，之后为表中添加数据时，这些列的值必须添加。设置了非空约束后效果如图 4-19 所示。

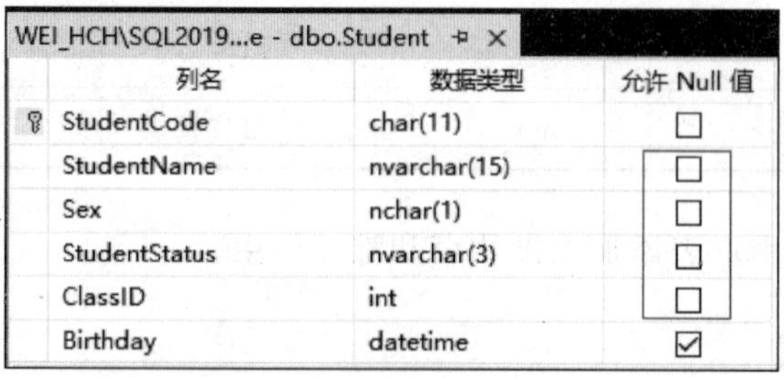

图 4-19　设置非空约束

2. 使用 T-SQL 语句添加非空约束

非空约束只能作为列约束来使用，该约束的定义格式如下：

列定义 NOT NULL

当用户在创建和修改表时,将列名和数据类型后边加上关键字 NOT NULL 即可。

【**实例 4-20**】 在班级表 Class 中,将班级的名称和班级人数设置为不能为空,以保证班级名和班级人数的确定性。

(1) 启动图形用户界面,在"查询编辑器"窗口中输入如下 T-SQL 语句。

```
CREATE TABLE Class
(
    ClassID int PRIMARY KEY,
    ClassName nvarchar(20) NOT NULL,
    ClassStatus nvarchar(3),
    ClassSize int NOT NULL
)
```

(2) 单击"SQL 编辑器"工具栏中的"执行"按钮,运行结果如图 4-20 所示。

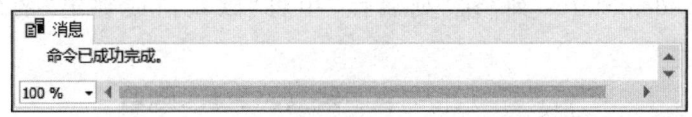

图 4-20 设置非空约束

【**拓展实践**】

分析教学质量评价系统数据库中所有表,为各个表中的列根据需要添加非空约束。

【**思考与练习**】

1. 单选题

(1) 下列涉及空值(NULL)的操作,不正确的是( )。

  A. AGE IS NULL   B. AGE IS NOT NULL

  C. AGE=NULL   D. NOT(AGE IS NULL)

(2) 关系数据库中空值(NULL)相当于( )。

  A. 零(0)   B. 空白

  C. 零长度的字符串   D. 没有输入

(3) ( )用来允许或不允许在某个指定列中是否可以出现空值。

  A. 主键约束 B. 非空约束 C. 唯一约束 D. 外键约束

2. 判断题

(1) NULL 值表示未定义的值,它不等同于零或是空白,但能进行比较。 ( )

(2) 非空约束能作为列约束和表约束使用。 ( )

(3) 设置了主键约束的列,列值不允许为 NULL 值。 ( )

4.2.5 域完整性的默认约束

在前面创建的学生表 Student 中,有一个"学籍状态"列 StudentStatus,这列的值用于存储学生当前的学籍状态,主要有正常、休学、退学或入伍等状态。在这里,绝大多数学生的学籍状态是"正常",那在往表中插入数据时,能不能不输入该列的值,而是使用一个默认值"正常"呢?这就用到了默认约束。

默认约束也称为 DEFAULT 约束,是指当进行插入数据操作时,定义了默认约束的列不必提供相应数据,系统会将默认约束定义中的默认值插入该列中。

默认约束也是表定义的一个组成部分,可以在每个列的定义中为该列定义默认约束,一个默认约束定义只能针对一个列,表中的每个列都可以包含一个默认约束。

1. 使用图形用户界面创建默认约束

【实例 4-21】 使用图形用户界面为学生表 Student 中的学籍状态列 StudentStatus 添加默认约束,默认值为"正常"。

(1) 在"对象资源管理器"中选择"数据库"→tqe→"表"选项,右击 Student 表,在弹出的快捷菜单中选择"设计"命令,打开表设计器。

(2) 选中 StudentStatus 列,在"列属性"中将"默认值或绑定"的值设为"正常",如图 4-21 所示。

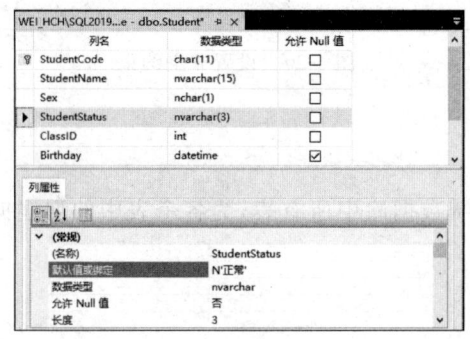

图 4-21 创建默认约束

创建了默认约束后,在向 Student 表里插入数据时,不用给 StudentStatus 列设置值,系统直接会用值"正常"去填充该列。

2. 使用 T-SQL 语句创建默认约束

当用户在创建和修改数据表定义时,在非空约束后,可以添加默认约束,默认约束可以使用 CREATE TABLE 和 ALTER TABLE 语句的列级 CONSTRAINT 子句创建,定义格式如下。

列名 列定义 NOT NULL|NULL DEFAULT 默认值

【实例 4-22】 教学质量评价系统数据库中,当创建班级信息表 Class 时,定义班级状态的默认值为"正常",班级人数的默认值为 0。

(1) 启动图形用户界面,在"查询编辑器"窗口中输入如下 T-SQL 语句。

```
CREATE TABLE Class
(
    ClassID int PRIMARY KEY IDENTITY(1,1) NOT NULL,
    ClassName nvarchar(20) NOT NULL,
```

```
    ClassStatus nvarchar(3) NULL DEFAULT '正常',
    ClassSize int NOT NULL DEFAULT 0
)
```

也可以在定义默认值约束的同时指定约束名,T-SQL 语句如下。

```
CREATE TABLE Class
(
    ClassID int PRIMARY KEY IDENTITY (1, 1) NOT NULL,
    ClassName nvarchar (20) NOT NULL,
    ClassStatus nvarchar (3) NULL CONSTRAINT DF_Status DEFAULT('正常'),
    ClassSize int NOT NULL CONSTRAINT DF_Size DEFAULT(0)
)
```

(2)单击"SQL 编辑器"工具栏中的"执行"按钮运行代码,定义好了默认约束,可以在表设计器"列属性"中查看这两列"默认值或绑定"的值。

【实例 4-23】 修改教师信息表 Teacher 中的教师身份列 TeacherIdentity 的默认值为"专任教师",且约束名为 DF_Identity。

(1)启动图形用户界面,在"查询编辑器"窗口中输入如下 T-SQL 语句。

```
ALTER TABLE Teacher
ADD CONSTRAINT DF_Identity DEFAULT '专任教师' FOR TeacherIdentity
```

(2)单击"SQL 编辑器"工具栏中的"执行"按钮运行代码,定义好了默认约束。

对于默认约束的默认值除了指定的常量外,还可以使用函数。

【实例 4-24】 为教师任课 TeachCourse 表的操作时间 AddDate 列设置默认约束,默认值为系统当前时间,获取系统当前时间的函数为 GETDATE()函数。

(1)启动图形用户界面,在"查询编辑器"窗口中输入如下 T-SQL 语句。

```
ALTER TABLE TeachCourse
ADD CONSTRAINT DF_AddDate DEFAULT GETDATE() FOR AddDate
```

(2)单击"SQL 编辑器"工具栏中的"执行"按钮,定义好了默认约束的效果如图 4-22 所示。

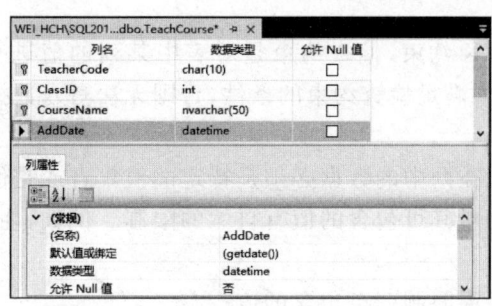

图 4-22 为操作时间列添加默认约束

对于默认约束,要注意以下几点。
- 当存储在列中的数据有明显的默认值时设置默认约束。
- 默认值只在插入数据时有效,在更新和删除语句中将被忽略。

- 如果在 INSERT 语句中提供了任意值,那么就不使用默认值。

【拓展实践】

在教学质量评价系统数据库中,完成以下设置。
(1) 为 Teacher 表中的 TeacherStatus 列添加默认约束,默认值为"正常"。
(2) 为 StudentCourse 表中的 AddDate 列添加默认约束,默认值为 GETDATE()。
(3) 为 StudentGrade 表中的 GradeTime 列添加默认约束,默认值为 GETDATE()。

【思考与练习】

1. 单选题

(1) 定义默认约束使用(　　)关键字。
  A. PRIMARY KEY   B. UNIQUE
  C. FOREIGN KEY   D. DEFAULT

(2) 域完整性不可以通过设置非空约束、默认约束和检查(　　)约束来实现。
  A. 非空约束   B. 默认约束   C. 主键约束   D. 检查约束

(3) (　　)用于保证表中的列必须满足某种特定的数据类型约束。
  A. 实体完整性   B. 域完整性   C. 参照完整性   D. 数据完整性

2. 判断题

(1) 默认值绑定到列上后,该列上的数据将固定不变。 (　　)
(2) DEFAULT 约束可以在创建表后添加。 (　　)
(3) 每列可以有多个 DEFAULT 约束。 (　　)

4.2.6　域完整性的检查约束

在教学质量评价系统数据库中,还会有很多特殊的要求,比如,学生对教师任课的打分尤其重要,对于分数来说,要求取值范围必须为 0~100;还有,学生的性别,一般只有"男"或"女"两种等,这样的要求更进一步规范了表中的数据,这时候就需要为表中的列添加检查约束了。

检查约束也称 CHECK 约束,检查约束是对表中某列的值进行限制,是列数据的验证规则,列中的输入数据必须满足检查约束的条件,否则无法写入数据库中。以下情况需要设置检查约束。

- 业务逻辑规定存储在列中的数据必须是特定的值集合或是值范围内的一员。
- 存储在列中的数据对其可包含的值有自然的限制。例如,性别列,"男""女"就是该列的自然限制。
- 表列之间存在的关系限制列可包含的值。

1. 使用图形用户界面创建检查约束

【实例 4-25】 为教学质量评价系统数据库中的 Student 表中的出生日期 Birthday 列创建检查约束,设置 Birthday 列的值必须大于或等于 2000 年 1 月 1 日。
(1) 在"对象资源管理器"中选择"数据库"→tqe→"表"选项,右击 Student 表,在弹出的快捷菜单中选择"设计"命令,打开表设计器。

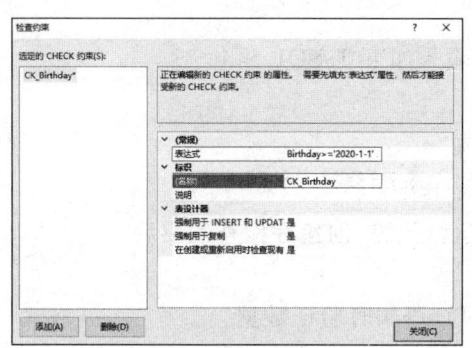

图 4-23 添加 CHECK 约束

(2)选中表设计器菜单中的"CHECK 约束"选项,打开"检查约束"对话框。

(3)单击"添加"按钮,系统将在左边新建一行数据 CK_Birthday *。

(4)选择 CK_Birthday * 项,在右边属性窗口中的"表达式"文本框中输入 CHECK 表达式:Birthday >= '2020-1-1',约束名改为 CK_Birthday,如图 4-23 所示。

(5)单击"关闭"按钮,保存表设计,完成检查约束的创建。

2. 使用 T-SQL 语句创建检查约束

创建检查约束的语法格式如下。

列名 列定义 CHECK (约束表达式)

或者

CONSTRAINT 约束名 CHECK(约束表达式)

【**实例 4-26**】 在创建学生表 Student 时,为性别 Sex 列添加检查约束,取值为"男"或"女"。

(1)启动图形用户界面,在"查询编辑器"窗口中输入如下 T-SQL 语句。

```
CREATE TABLE Student
(
    StudentCode char(11) PRIMARY KEY,
    StudentName nvarchar(15) NOT NULL,
    Sex nchar(1) NOT NULL CHECK(Sex='男' or Sex='女'),
    StudentStatus nvarchar(3) NOT NULL,
    ClassID int NOT NULL,
    Birthday datetime
)
```

(2)单击"SQL 编辑器"工具栏中的"执行"按钮运行代码,在"检查约束"对话框中查看,如图 4-24 所示。

使用检查约束不仅可以对单列的输入进行约束,还可以对多列数据进行约束,在实际应用中,可以根据需要在多列上设置检查约束。

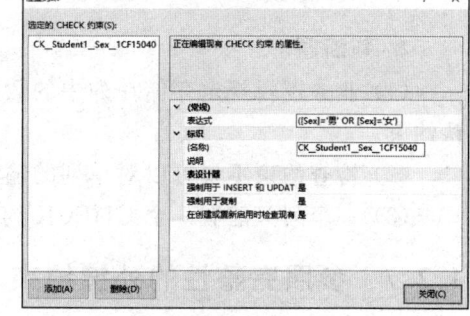

图 4-24 查看性别列检查约束

使用 ALTER TABLE 可以为已定义好的列添加检查约束,其定义格式如下。

ALTER TABLE 表名
ADD CONSTRAINT 约束名 CHECK(约束表达式)

【实例4-27】 修改教师表Teacher表时,设置教师身份TeacherIdentity列的取值只能是"专任教师""行政兼课""课兼行政"和"外聘教师"。

(1) 启动图形用户界面,在"查询编辑器"窗口中输入如下T-SQL语句。

```
ALTER TABLE Teacher
ADD CONSTRAINT CK_TeacherIdentity
CHECK(TeacherIdentity in('专任教师','行政兼课','课兼行政','外聘教师'))
```

(2) 单击"SQL编辑器"工具栏中的"执行"按钮运行代码,创建好检查约束后。

对于检查约束,要注意以下几点。

- CHECK约束在每次执行INSRET或UPDATE语句时验证数据。
- CHECK约束可以是返回TRUE或FALSE的任何逻辑表达式。
- CHECK约束不可包含子查询。
- 单个列可以有多个CHECK约束。

【拓展实践】

为教学质量评价系统数据库中班级表Class的班级人数ClassSize列创建检查约束,班级人数限定在0~60。

【思考与练习】

1. 单选题

(1) 定义检查约束使用(　　)关键字。

  A. PRIMARY KEY   B. UNIQUE

  C. CHECK   D. DEFAULT

(2) 建立学生表时,限定性别字段必须是"男"或"女"是实现数据的(　　)。

  A. 实体完整性   B. 参照完整性   C. 域完整性   D. 以上都不是

(3) (　　)约束是对表中某列的值进行限制,是列输入内容的验证规则。

  A. 默认   B. 唯一   C. 非空   D. 检查

2. 判断题

(1) 业务逻辑规定存储在列中的数据必须是特定的值集合或是值范围内的一员时用默认约束。(　　)

(2) 检查约束不仅可以对单列的输入进行约束,还可以对多列数据进行约束。(　　)

(3) 一个列只能有一个CHECK约束。(　　)

4.2.7 参照完整性的外键约束

教学质量评价系统数据库中,在教师任课表中录入数据时,教师首先必须是教师表中存在的教师,班级是班级表中存在的班级,这样,可以避免出现信息错误,提高工作效率。实现上述效果的途径是为表和表建立外键关系。

外键约束也称FOREIGN KEY约束,是用于建立和强制实施两表中数据之间关联的一个列或是多列组合。

使用外键约束强制实施表与表之间的参照完整性。外键是表中的特殊字段，表示相关联两个表的联系。从教学质量评价系统数据库的分析可以知道，学生表中的班级号 ClassID 列要依赖班级表中的班级号 ClassID，在这个关系中，班级表被称为主表，学生表被称为从表。学生表中通过班级号列与班级表进行连接，实现两个表的数据关联。在使用这种主从表的关系模式时，需要遵循以下原则。

- 从表不能引用主表中对应列不存在的键值。
- 如果主表中的键值发生更改，则数据库中对从表中该键值的所有引用要进行一致的更改。
- 如果主表中没有关系记录，则不能将记录添加到从表。
- 如果要删除主表中的一条记录，则应先删除从表中与该记录匹配的相关记录。

1. 使用图形用户界面创建外键约束

【实例 4-28】 在教学质量评价系统数据库中，为学生表 Student 中的 ClassID 列创建外键约束，参考列为班级表 Class 中的主键列 ClassID，且实现数据的级联更新和删除。

（1）在"对象资源管理器"中选择"数据库"→tqe→"表"选项，右击 Student 表，在弹出的快捷菜单中选择"设计"命令，打开表设计器。

（2）选中表设计器菜单中的"关系"选项，打开"外键关系"对话框。

（3）单击"添加"按钮，系统在左边新建一行数据 FK_Student_Class＊。

（4）选中 FK_Student_Class＊项，在右侧窗口中选择"表和列规范"选项，系统将打开"表和列"对话框，选择主键表为 Class，设置被参照列为 ClassID；选择外键表为 Student，设置引用列为 ClassID，如图 4-25 所示。

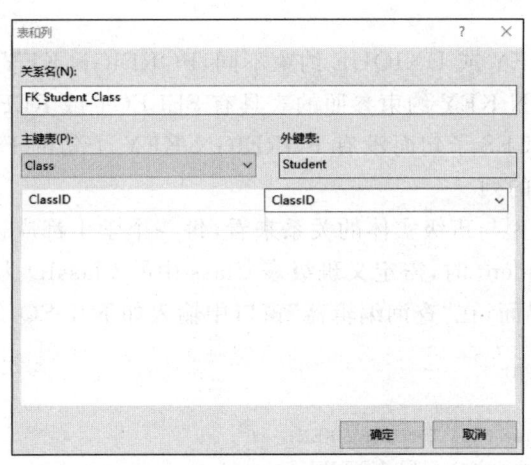

图 4-25 "表和列"对话框

（5）单击"确定"按钮，返回"外键关系"对话框，这时外键名已经根据建立外键关系的两个表变成了 FK_Student_Class＊。

（6）展开"INSRET 和 UPDATE 规范"折叠项，将"更新规则"和"删除规则"都设置为"级联"，如图 4-26 所示。

（7）单击"关闭"按钮，返回表设计器，保存所做的设置。

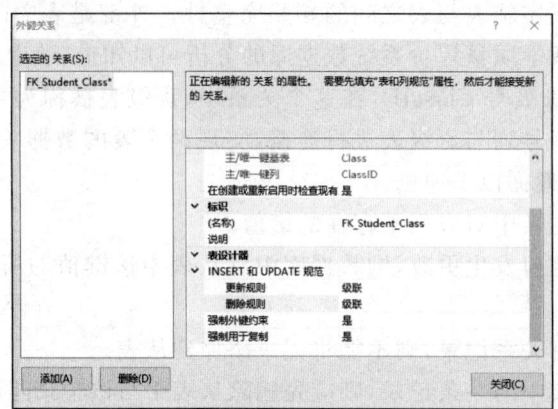

图 4-26 设置表间的级联规则

2. 使用 T-SQL 语句创建外键约束

使用外键约束定义对同一个表或另一个表中具有 PRIMARY KEY 或 UNIQUE 约束列的引用。外键约束的定义也分为列约束和表约束两种。

（1）列约束定义格式如下。

列名 列定义[NOT NULL]
FOREIGN KEY REFERENCES <所引用主表> [(所引用主表的主键列)]

在这里，需要注意以下几点。

- 在 FOREIGN KEY 语句中指定的列数据类型必须与在 REFERENCES 子句中的类型一致。
- 与 PRIMARY KEY 或 UNIQUE 约束不同，FOREIGN KEY 约束不会创建索引。
- 必须对 FOREIGN KEY 约束参照的表具有 SELECT 或 REFERENCES 的权限。
- 只有 REFERENCES 子句而没有 FOREIGN KEY 子句的 FOREIGN KEY 约束会引用同一个表中的列。

【实例 4-29】 从学生与班级实体的关系来看，每一个学生都应该是从属于某一个班级的，因此创建学生表 Student 时，需定义班级表 Class 中的 ClassID 为学生表的外键。

① 启动图形用户界面，在"查询编辑器"窗口中输入如下 T-SQL 语句。

```
CREATE TABLE Student
(
    StudentCode char(11) PRIMARY KEY,
    StudentName nvarchar(15) NOT NULL,
    Sex nchar(1) NOT NULL,
    StudentStatus nvarchar(3) NOT NULL DEFAULT '正常',
    ClassID int NOT NULL FOREIGN KEY REFERENCES Class(ClassID),
    Birthday datetime NULL
)
```

② 单击"SQL 编辑器"工具栏中的"执行"按钮运行代码，创建好外键约束。

定义外键约束后，Student 表中的 ClassID 列就不能取任意值了，其取值必须在班级表中 ClassID 列值的集合中。

(2) 如果将外键约束定义为表约束,其定义格式如下。

```
CONSTRAINT 约束名
FOREIGN KEY(从表中与主表关联的列) REFERENCES < 所引用主表 > [(所引用主表的主键列)]
```

【实例 4-30】 使用表约束为表 Student 中的 ClassID 列创建外键约束,参考列为班级表中的主键列 ClassID。

① 启动图形用户界面,在"查询编辑器"窗口中输入如下 T-SQL 语句。

```
CREATE TABLE Student
(
    StudentCode char(11) PRIMARY KEY,
    StudentName nvarchar(15) NOT NULL,
    Sex nchar(1) NOT NULL,
    StudentStatus nvarchar(3) NOT NULL DEFAULT '正常',
    ClassID int NOT NULL,
    Birthday datetime NULL,
    CONSTRAINT FK_ClassID                       - - 以表约束的方式定义外键约束
    FOREIGN KEY(ClassID) REFERENCES Class(ClassID)
)
```

② 单击"SQL 编辑器"工具栏中的"执行"按钮运行代码,创建好外键约束。

(3) 如果对已存在的列添加外键约束,需要使用 ALTER TABLE 语句修改表的定义。

【实例 4-31】 为教学质量评价系统数据库中的教师任课表创建外键约束,参照表为教师表,参照列为教工号 TeacherCode。

① 启动图形用户界面,在"查询编辑器"窗口中输入如下 T-SQL 语句。

```
ALTER TABLE TeachCourse
ADD CONSTRAINT FK_TeacherCode
    FOREIGN KEY(TeacherCode) REFERENCES Teacher(TeacherCode)
```

② 单击"SQL 编辑器"工具栏中的"执行"按钮运行代码,创建好外键约束。

(4) 外键约束的级联更新和删除。外键约束实现了表间的引用完整性,当主表中被参照列的值发生变化时,从表中与该值相关的所有信息都需要进行相应的更新,这就是外键约束的级联更新和删除。级联更新和删除是 FOREIGN KEY 约束语法中的一部分,其REFERENCES 子句的语法格式如下。

```
REFERENCES <所引用主表> [((所引用主表的主键列)]
[ON UPDATE {NO ACTION|CASCADE|SET NULL|SET DEFAULT}]
[ON DELETE {NO ACTION|CASCADE|SET NULL|SET DEFAULT}]
```

参数说明如下。

- NO ACTION:是 SQL Server 的默认情况,指定在更新和删除某行数据时,如果该值被其他表中的现有行引用,则引发错误,操作回滚。
- CASCADE:指定在更新和删除表中某行数据时,如果该值被其他表中的现有行引用,则级联自动更新或删除相应行的数据。
- SET NULL:指定在更新和删除某行数据时,如果该值被其他表中的现有行引用,则将所有引用该行数据的外键所在的值设为 NULL。

- SET DEFAULT：指定在更新和删除某行数据时，如果该值被其他表中的现有行引用，则将所有引用该行数据的值更改为其默认值；而如果该列为指定默认值，则该选项无效。

【实例 4-32】 为教学质量评价系统数据库中的教师任课表创建外键约束，参照表为班级表，参照列为班级编号 ClassID，且实现数据的级联更新和删除。

① 启动图形用户界面，在"查询编辑器"窗口中输入如下 T-SQL 语句。

```
ALTER TABLE TeachCourse
ADD CONSTRAINT FK_Class
    FOREIGN KEY(ClassID) REFERENCES Class(ClassID)
ON UPDATE CASCADE
ON DELETE CASCADE
```

上述代码在修改教师任课表时定义了级联更新和删除，如果班级表中的 ClassID 信息发生更新或删除，教师任课表相关的数据就会相应地更新和删除。如果其他的表也引用了班级表的 ClassID，那与之相关的数据也会得到相应的操作，级联后影响的深度是无限的。这样一来，数据库操作员不容易意识到在对数据进行更新和删除操作时对数据库的影响，所以建议在数据库中不要建立太多的级联操作，以防止不必要的数据丢失。

② 单击"SQL 编辑器"工具栏中的"执行"按钮运行代码，创建好外键约束。

【拓展实践】

为教学质量评价系统数据库中的学生选课表 StudentCourse 和学生打分表 StudentGrade 分别创建外键约束。

【思考与练习】

1. 单选题

（1）参照完整性规则：表的（ ）必须是另一个表主键的有效值，或者是空值。
　　A. 次关键字　　　B. 外关键字　　　C. 主关键字　　　D. 主属性

（2）实现参照完整性约束的是（ ）。
　　A. PRIMARY KEY　　　　　　　　B. CHECK
　　C. FOREIGN KEY　　　　　　　　D. UNIQUE

（3）以下关于外键约束的描述不正确的是（ ）
　　A. 体现数据库中表之间的关系
　　B. 实现参照完整性
　　C. 以其他表主键约束和唯一约束为前提
　　D. 每个表中都必须定义外键

2. 判断题

（1）主键是用于建立和强制实施两表中数据之间关联的一个列或是多列组合。（　　）

（2）外键约束强制实施表与表之间的参照完整性。（　　）

（3）FOREIGN KEY 约束会自动创建索引。（　　）

4.3 操作数据表

◇ 单元简介

在项目的使用过程中,数据是不断变化着的,如何对数据库进行添加、修改、删除数据等操作是数据库管理人员在数据维护过程中的工作,也是程序工程师的工作。

在 SQL Server 中操作数据表包括数据记录的插入、修改和删除,分别使用 INSERT、UPDATE 和 DELETE 语句,而由于数据表之间存在一定的联系,因此在进行插入、修改和删除数据的操作时还要参考其他相关数据表。

◇ 单元目标

1. 掌握插入数据的操作。
2. 掌握修改数据的操作。
3. 掌握删除数据的操作。

◇ 任务分析

操作数据表分为以下 3 个工作任务。

【任务 1】插入数据

分别使用 T-SQL 语句和图形用户界面向表中插入数据。

【任务 2】修改数据

分别使用 T-SQL 语句和图形用户界面修改表中数据。

【任务 3】删除数据

分别使用 T-SQL 语句和图形用户界面删除表中数据。

4.3.1 插入数据

SQL Server 的数据插入语句是 INSERT 语句。它通常有 4 种形式,即指定字段插入单条数据、不指定字段插入单条数据、插入多条数据、利用其他表数据插入数据。

1. 指定字段插入单条数据

指定字段插入单条数据是指按指定字段顺序插入一条新记录,对于插入的行可以只给出部分列的值。语法格式如下。

```
INSERT[INTO] 表名(字段列表)
VALUES(值列表)
```

参数说明如下。

- 关键字 INTO 可以省略。
- 除了可以向表中插入数据外,还可以向视图中插入数据,这里也可以写视图名。对于视图的相关内容将在后面的章节中学习。
- 字段列表指需要插入数据的列名,必须用括号括起来指定字段的列名,列与列之间用逗号分隔。如果表中某列不在指定的字段列表中,则数据库引擎必须能够基于该列的定义提供一个值,否则不能成功插入数据。
- 字段列表中不能指定自动增长列,即具有 IDENTITY 属性的标识列。

- **VALUES(值列表)**：是指要插入的一行数据值。指定字段都必须有一个数据值，如果是多个指定字段，值列表的顺序必须与指定字段列表的顺序一一对应。VALUES 子句中的值除了常量还可以是变量或表达式，如果字段允许可以使用 NULL 值，如果字段设置了默认值还可以使用 DEFAULT 插入默认值。

【实例 4-33】 在教学质量评价系统数据库中，为班级表 Class 中添加表 4-13 所示的班级信息。

表 4-13 为班级表 Class 添加班级信息 1

班级编号	班 级 名 称	班级状态	班级人数
	2020 级软件技术 1 班	正常	45
	2020 级软件技术 2 班	正常	47
	2020 级软件技术 3 班	正常	46
	2020 级软件技术 4 班	正常	45

（1）启动图形用户界面，在"查询编辑器"窗口中输入如下 T-SQL 语句。

```
INSERT INTO Class(ClassName, ClassStatus, ClassSize)
    VALUES('2020级软件技术1班', '正常', 45)
INSERT INTO Class(ClassName, ClassStatus, ClassSize)
    VALUES('2020级软件技术2班', DEFAULT, 47)
INSERT Class(ClassName, ClassStatus, ClassSize)
    VALUES('2020级软件技术3班', '正常', 46)
INSERT Class(ClassName, ClassSize)
    VALUES('2020级软件技术4班', 45)
```

注意：班级表中的主键班级编号 ClassID 列是自动增长的，因此不能显式地添加，系统会根据增长基数和增长因子分配一个整数自动添加。

班级状态 ClassStatus 列定义了默认值约束，因此可以使用关键字 DEFAULT 实现默认值的插入，DEFAULT 就意味着该值默认为"正常"。

注意：字段列表和值列表必须按位置一一对应。

（2）单击"SQL 编辑器"工具栏中的"执行"按钮，运行结果如图 4-27 所示，表示一共插入了 4 行数据。

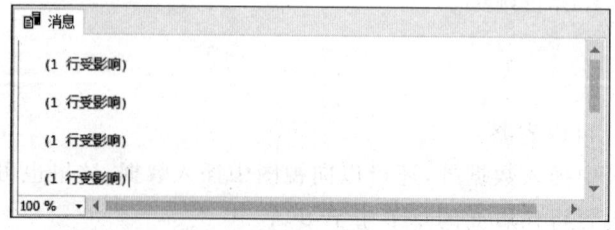

图 4-27 向 Class 表中插入数据

【实例 4-34】 向学生表 Student 中插入表 4-14 所示的两行学生数据。

表 4-14 向学生表 Student 中插入学生数据 1

学 号	姓 名	性别	学籍状态	班级编号	出生日期
31821160401	巴雪静	女	正常	9	2001/5/7
31821160402	毕晓帅	男	正常	9	2000/8/27

（1）启动图形用户界面，在"查询编辑器"窗口中输入如下 T-SQL 语句。

```
INSERT Student
    (StudentCode,StudentName,Sex,StudentStatus,ClassID,Birthday)
    VALUES('31821160401','巴雪静','女','正常',9,'2001/5/7 ')
INSERT Student
    (StudentCode,StudentName,Sex,StudentStatus,ClassID,Birthday)
    VALUES('31821160402','毕晓帅','男','正常',9,'2000/8/27')
```

（2）单击"SQL 编辑器"工具栏中的"执行"按钮，运行结果如图 4-28 所示。

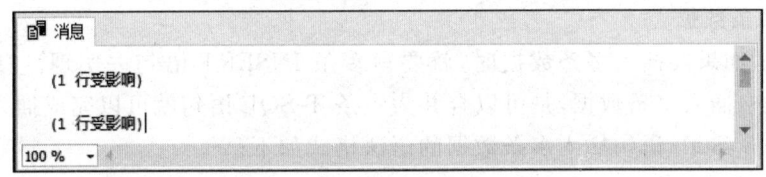

图 4-28　向 Student 表中插入数据

2．不指定字段插入单条数据

不指定字段插入单条数据是指向表中按除了自动增长列之外的全部字段顺序插入一条新记录，其 INSERT 语法格式如下。

```
INSERT[INTO] 表名
VALUES(值列表)
```

注意：VALUES(值列表)中值列表的顺序必须与表设计器中要插入的数据顺序一致。如果表中有 IDENTITY 属性的标识列，在值列表中要跳过该列的值。

【实例 4-35】　在教学质量评价系统数据库中，为班级表 Class 添加表 4-15 所示的班级信息。

表 4-15 为班级表 Class 添加班级信息 2

班 级 名 称	班级状态	班级人数
2020 级软件技术 5 班	正常	48

（1）启动图形用户界面，在"查询编辑器"窗口中输入如下 T-SQL 语句。

```
INSERT INTO Class
VALUES('2020级软件技术5班','正常',48)
```

（2）单击"SQL 编辑器"工具栏中的"执行"按钮，运行结果显示"(1 行受影响)"。

因为班级编号 ClassID 列是自动增长的标识列，不能显式地添加，当对不指定字段插入单条数据时在值列表中跳过该列即可。

【实例 4-36】 向学生表 Student 中插入表 4-16 所示的学生数据。

表 4-16 向学生表 Student 中插入学生数据 2

学 号	姓 名	性别	学籍状态	班级编号	出生日期
31821160403	曹盛堂	男	正常	9	2001/1/22

(1) 启动图形用户界面,在"查询编辑器"窗口中输入如下 T-SQL 语句。

```
INSERT Student
    VALUES('31821160403','曹盛堂','男','正常',9,'2001/1/22')
```

由于学生表中没有自动增长的标识列,对于 VALUES(值列表)只要按照学生表中列的顺序编写即可,这样不用再写表中所有的列名,插入数据的 T-SQL 语句也更简洁一些。

(2) 单击"SQL 编辑器"工具栏中的"执行"按钮,运行结果显示"(1 行受影响)"。

3. 插入多条数据

我们发现,如果要插入多条数据时,就要写多条 INSERT 语句去实现。其实如果只是要向同一个表中插入多条数据,是可以合并为一条 T-SQL 语句就可以完成插入操作的。

使用一条 T-SQL 语句插入多条数据的语法格式如下。

```
INSERT[INTO] 表名(字段列表)
VALUES(值列表 1),(值列表 2),...,(值列表 n)
```

这样将多个值列表用小括号和逗号隔开放在 VALUES 关键字之后,可以把多个值一次性插入对应的数据表中。这里也可以不写"(字段列表)",不指定字段直接将多个值列表进行插入数据操作。

从执行效率上来讲,一条语句插入多条数据的效率,比多条语句插入多条数据的效率要高,但是一次性过多的数据会给数据库服务器端的接收造成压力,因此对于大量数据使用多条插入还是单条插入需要因实际情况而定。

【实例 4-37】 在教学质量评价系统数据库中,为班级表 Class 表中添加表 4-17 所示的班级信息。

表 4-17 为班级表 Class 添加班级信息 3

班 级 名 称	班级状态	班级人数
2020 级软件技术 6 班	正常	48
2020 级软件技术 7 班	正常	46
2020 级软件技术 8 班	正常	45

(1) 启动图形用户界面,在"查询编辑器"窗口中输入如下 T-SQL 语句。

```
INSERT INTO Class
  VALUES ('2020 级软件技术 6 班','正常',48),
        ('2020 级软件技术 7 班','正常',46),('2020 级软件技术 8 班','正常',45)
```

(2) 单击"SQL 编辑器"工具栏中的"执行"按钮,运行结果如图 4-29 所示。

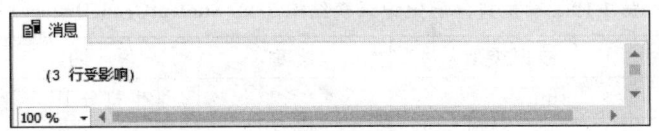

图 4-29 向 Class 表插入 3 行数据

【实例 4-38】 向学生表 Student 中插入表 4-18 所示的学生数据。

表 4-18 向学生表 Student 中插入学生数据 3

学 号	姓 名	性别	学籍状态	班级编号	出生日期
31821160404	柴晓迪	男	正常	9	2000/10/25
31821160405	陈亚辉	男	正常	9	

(1) 启动图形用户界面,在"查询编辑器"窗口中输入如下 T-SQL 语句。

```
INSERT Student
  VALUES ('31821160404','柴晓迪','男','正常',9,'2000/10/25'),
         ('31821160405','陈亚辉','男','正常',9,NULL)
```

由于最后一名同学的出生日期数据没有采集到,为了方便使用一条 INSERT 语句插入多条数据,可以使用常量值 NULL 代替没有值的数据,这样所有值列表中数据个数才能和字段列表一一对应。

(2) 单击"SQL 编辑器"工具栏中的"执行"按钮,运行结果显示"(2 行受影响)"。

4. 利用其他表数据插入数据

在实际开发过程中,经常会遇到需要复制表中数据的情况。如果需要将一个表中满足特定条件的数据复制到另一个表中,就可以使用 INSERT…SELECT 语句把其他表数据插入现有表中。SELECT 语句的使用将在下一章学习,这里仅作为参考。

INSERT…SELECT 语句的语法格式如下。

```
INSERT[INTO] 表名 1
SELECT 字段列表
FROM 表名 2
WHERE 条件语句
```

参数说明如下。

- 使用 SELECT 语句替换了之前的 VALUES(值列表 1),这样就使用查询结果集替换了常量的值列表。
- 将表 2 中符合条件的数据按表 1 的字段列表顺序插入表 1 中,这要求表 1 的字段数据类型必须与表 2 中选择的字段数据类型一致。

【实例 4-39】 在 tqe 数据库中,创建一个学生打分历史记录表(StudentGradeHistory),表结构见表 4-19。该表与学生打分表(StudentGrade)的结构是一致的。

现在需要将 2020 年以前的打分记录全部导入学生打分历史记录表中,使用一条 INSERT 语句利用其他表数据插入这些数据。

(1) 启动图形用户界面,在"查询编辑器"窗口中输入如下 T-SQL 语句。

表 4-19 学生打分历史记录表结构定义（StudentGradeHistory）

列 名	数据类型	长度	说 明	备 注
ID	int		学生打分 ID	主键,标志列
StudentCode	char	11	学号	
TeacherCode	char	10	教工号	
CourseName	nvarchar	50	课程名	
AnswerOption	varchar	100	评教选项序列	
TotalScore	real		总分	
GradeTime	datetime		打分时间	

```
INSERT INTO StudentGradeHistory
SELECT StudentCode,TeacherCode,CourseName,AnswerOption,TotalScore,GradeTime
FROM StudentGrade
WHERE GradeTime< '2021- 1- 1'
```

（2）单击"SQL 编辑器"工具栏中的"执行"按钮,运行结果如图 4-30 所示。

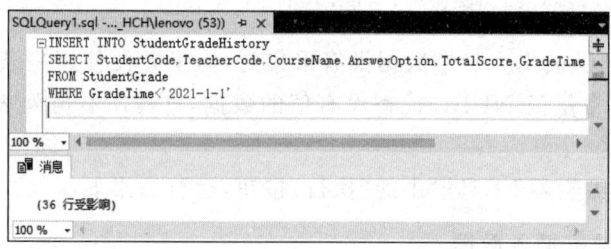

图 4-30 向 StudentGradeHistory 表插入数据

5. 使用图形用户界面插入数据

利用 SQL Server 的图形用户界面也可以插入数据,就像使用办公软件中的电子表格一样,不用单击"保存"或"执行"按钮,实时进行提交。

【**实例 4-40**】 在教学质量评价系统数据库中,为班级表 Class 添加表 4-20 所示的班级信息。

表 4-20 为班级表 Class 添加班级信息 4

班 级 名 称	班级状态	班级人数
2020 级软件技术 9 班	正常	50

（1）在"对象资源管理器"窗口中选择"数据库"→tqe→"表"选项,右击 Class 表,在弹出的快捷键菜单中选择"编辑前 200 行"命令。

（2）此时在右侧编辑区出现了"Class 表数据详情"窗口。

（3）在最后一行输入数据,ClassID 列是自增长列不能手动输入数据,在 ClassName 列输入"2020 级软件技术 9 班",对于 ClassStatus 列输入"正常"或什么不输入也可以,因为该列默认值就是"正常",对于最后一列班级人数输入"50"。

（4）当该数据行失去焦点后,数据会自动被提交,该条数据也就被添加了,如图 4-31 所示。

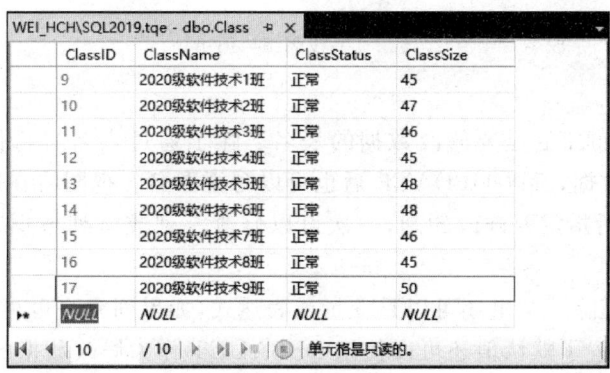

图 4-31 添加数据

【思考与练习】

1. 单选题

(1) 下面( )是数据库插入语句的关键字。

　　A. CREATE　　　B. TABLE　　　C. INSERT　　　D. SELECT

(2) ( )是用来插入默认值的。

　　A. IDENTITY　　B. INSERT　　　C. DEFAULT　　D. CHECK

(3) 下列说法错误的是( )。

　　A. 插入语句中列表字段可以省略

　　B. 插入语句必须指明表名

　　C. 插入语句必须包含 VALUES 关键字

　　D. 插入语句列表字段必须有全部字段

(4) 下列关于自动增长列说法正确的是( )。

　　A. 自动增长列必须从 1 开始　　　　B. 自动增长列只能增长 1

　　C. 自动增长列不允许插入指定数据　　D. 自动增长列不允许插入空值

2. 判断题

(1) 对于插入语句可以指定字段进行插入,也可以不指定字段进行插入。　　(　　)

(2) 对于插入语句允许在自动增长列字段上插入数据。　　　　　　　　　　(　　)

4.3.2 修改数据

在 SQL Server 中,要修改表中已有的数据,可使用 UPDATE 语句。它通常有 3 种形式,即无条件修改数据、根据筛选条件修改数据、利用其他表修改数据。把表中某个原来为 NULL 值的列填入数据属于修改数据,即将 NULL 值修改为其他值,不要混淆为使用 INSERT 语句,因为插入数据是指添加一行新记录。

1. 无条件修改数据

无条件修改数据可以将表中某一个或多个字段的数据修改成指定的值。无条件修改语句会修改表中全部数据行。其语法格式如下。

```
UPDATE 表名
SET 字段名= 值[,字段名 2= 值 2,...,字段名 n= 值 n]
```

参数说明如下。

- UPDATE 关键字后是要修改数据的表名。除了通过表名进行修改数据,还可以通过视图修改数据,所以 UPDATE 后也可以写视图名。视图将在后面的章节中学习。
- SET 关键字后指定要修改的列,一次可以修改一列或多列数据,多列数据之间用逗号隔开。
- 修改数据的值除了常量还可以是变量或表达式,如果列允许也可以使用 NULL 作为值,如果列设置了默认值还可以使用 DEFAULT 作为修改数据的值。
- 如果不指定条件,会修改所有的记录,一般很少使用这种情况,大多数都是针对某种条件进行数据修改。
- 修改的数据必须满足字段完整性约束才会生效。

【实例 4-41】 在教学质量评价系统数据库中,将全部学生状态修改为"异常"。

(1) 启动图形用户界面,在"查询编辑器"窗口中输入如下 T-SQL 语句。

```
UPDATE Student
    SET StudentStatus= '异常'
```

(2) 单击"SQL 编辑器"工具栏中的"执行"按钮,运行结果如图 4-32 所示。

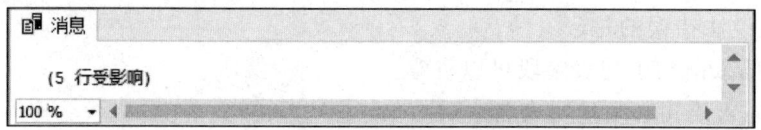

图 4-32 T-SQL 修改数据

(3) 语句执行后,学生表中所有学生状态的数据都会被修改成"异常"。通过右击 Student 表并在弹出的快捷菜单中"选择前 1000 行"命令,可以查看修改后的数据,效果如图 4-33 所示。

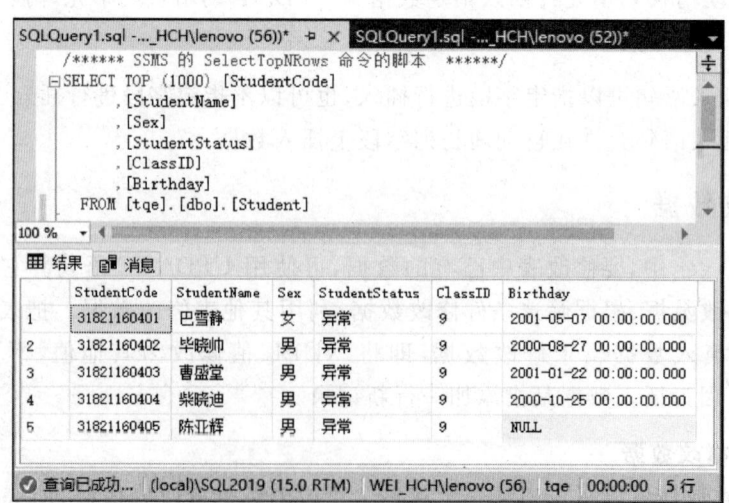

图 4-33 显示所有学生数据

2. 根据筛选条件修改数据

根据筛选条件，可以将表中某一个或多个字段的数据修改成指定的值。使用带筛选条件的语句仅会修改满足条件的数据行。其语法格式如下。

```
UPDATE 表名
SET 字段名=值[,字段名2=值2,...,字段名n=值n]
WHERE 筛选条件
```

注意：WHERE 语句将在下一章学习，这里仅作简单了解。

【实例 4-42】 在教学质量评价系统数据库中，修改学生表中学号为 31821160401 的学生的状态为"正常"。

（1）启动图形用户界面，在"查询编辑器"窗口中输入如下 T-SQL 语句。

```
UPDATE Student
SET StudentStatus='正常'
WHERE StudentCode='31821160401'
```

（2）单击"SQL 编辑器"工具栏中的"执行"按钮，运行结果如图 4-34 所示。

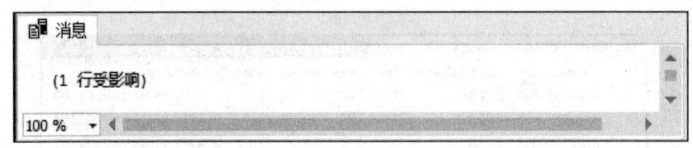

图 4-34 使用 T-SQL 语句根据条件修改学生数据

（3）执行成功后，学号为 31821160401 的学生的状态修改为"正常"。

3. 利用其他表修改数据

修改数据时还可以使用带有 FROM 子句的 UPDATE 语句，这时对数据的修改将依据其他表的条件。其语法格式如下。

```
UPDATE 表名1
SET 字段名=值|表名2.字段名
FROM 表名2
WHERE 两表间连接关系 AND 筛选条件
```

注意：FROM、WHERE 和连接语句将在下一章学习，这里仅作简单了解。

【实例 4-43】 在教学质量评价系统数据库中，如果学生状态为"异常"，就把该学生在学生打分表（StudentGrade）中的所有打分记录中课程名 CourseName 列设置为空字符串，总分 TotalScore 列设置为 0。

（1）启动图形用户界面，在"查询编辑器"窗口中输入如下 T-SQL 语句。

```
UPDATE StudentGrade
SET CourseName='', TotalScore=0
FROM Student
WHERE StudentGrade.StudentCode=Student.StudentCode AND StudentStatus='异常'
```

（2）单击"SQL 编辑器"工具栏中的"执行"按钮，运行结果如图 4-35 所示。

（3）语句执行后，学生状态为"异常"的所有打分记录都会被修改。

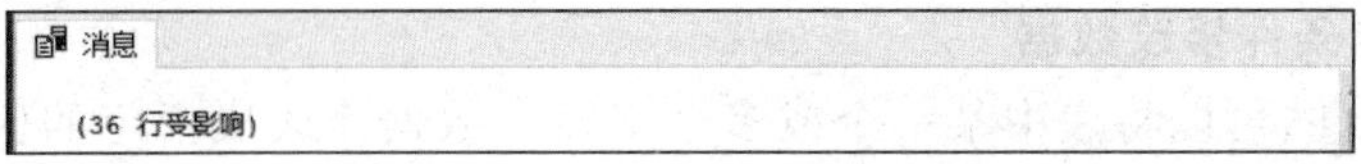

图 4-35　使用 T-SQL 语句修改数据

4. 使用图形用户界面修改数据

同插入数据一样，利用 SQL Server 的图形用户界面也可以修改数据，并且可实时进行数据提交。

【实例 4-44】 在教学质量评价系统数据库中，修改学生表中学号为 31821160402 的学生的状态为“正常”。

操作步骤如下。

(1) 在“对象资源管理器”窗口中，选择“数据库”→tqe→“表”选项，右击 Student 表，在弹出的快捷菜单中选择“编辑前 200 行”命令。

(2) 此时在右侧编辑区出现了“Student 表数据详情”窗口。

(3) 找到学号 StudentCode 为 31821160402 的数据行，把 StudentStatus 列修改为正常，如图 4-36 所示。

StudentCode	StudentName	Sex	StudentStatus	ClassID	Birthday
31821160401	巴雪静	女	正常	5	2001-05-07 00:00:00.000
31821160402	毕晓帅	男	正常	5	2000-08-27 00:00:00.000
31821160403	曹盛堂	男	异常	5	2001-01-22 00:00:00.000
31821160404	柴晓迪	男	异常	5	2000-10-25 00:00:00.000
31821160405	陈亚辉	男	异常	5	NULL
NULL	NULL	N...	NULL	NULL	NULL

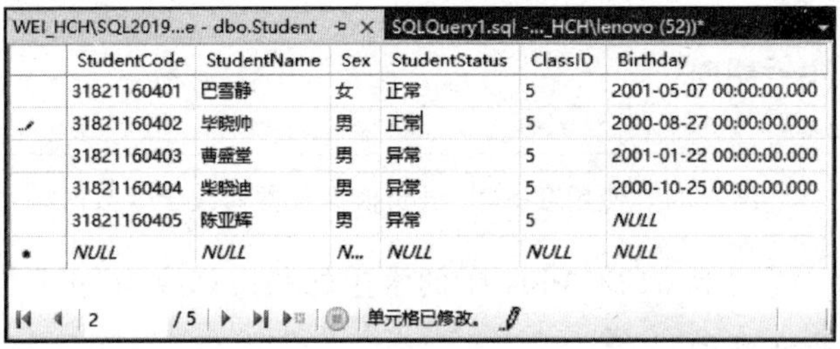

图 4-36　使用图形用户界面修改数据

(4) 当该数据行失去焦点后，数据库中的数据就会被修改。

【拓展实践】

请尽可能的根据不同的条件来修改数据，并查看影响行数。

【思考与练习】

1. 单选题

(1) 下面(　　)是数据库修改数据语句的关键字。

A. CREATE　　B. ALTER　　C. INSERT　　D. UPDATE

(2) 下列说法错误的是(　　)。

A. 修改数据语句的关键字是 UPDATE　　B. 修改数据语句中必须包含 SET

C. UPDATE 和 SET 必须大写　　D. 修改语句中必须包含至少一个字段

2. 判断题

(1) 在使用修改语句时可以不指定字段进行数据修改。　　(　　)

(2) 修改数据在执行成功的情况下一定会修改一行或以上数据。　　　（　）
(3) 修改语句中 UPDATE 和 SET 可以小写。　　　　　　　　　　　（　）
(4) 使用修改语句可以同时修改多行数据的多个字段值。　　　　　　（　）

4.3.3 删除数据

在实际应用中,随着对数据的使用和修改,表中可能会存在一些无用的或过期的数据。这些无用的数据不仅会占用空间,还会影响修改和查询的速度,所以应该及时删除。

在 SQL Server 中,可使用 DELETE 语句和 TRUNCATE TABLE 语句来删除数据。它通常有 4 种形式,即无条件删除数据、根据筛选条件删除数据、利用其他表删除数据和格式化数据表。

1. 无条件删除数据

所谓无条件删除数据,是指能够将表中数据全部删除。其语法格式如下。

```
DELETE [FROM]表名
```

参数说明如下。

- FROM 关键字可以省略。
- 若表中的数据被从表中的数据行引用,则该数据无法删除,必须先删除从表中相应数据后,才能将该行删除。

【实例 4-45】 在教学质量评价系统数据库中,删除所有学生数据。

(1) 启动图形用户界面,在"查询编辑器"窗口中输入如下 T-SQL 语句。

```
DELETE FROM Student
```

(2) 单击"SQL 编辑器"工具栏中"执行"按钮,运行结果如图 4-37 所示。

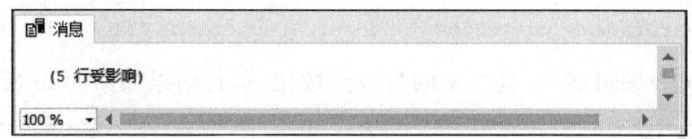

图 4-37　T-SQL 无条件删除学生数据

(3) 语句执行后,会删除学生表中所有的数据。注意,当数据被删除后将无法撤销删除操作。

2. 根据筛选条件删除数据

根据筛选条件删除一行或多行数据,其语法格式如下。

```
DELETE [FROM]表名
WHERE 筛选条件
```

【实例 4-46】 在教学质量评价系统数据库中,删除学生表中学号为 31821160401 的学生信息,以及状态为"异常"的学生数据。

(1) 启动图形用户界面,在"查询编辑器"窗口中输入如下 T-SQL 语句。

```
DELETE FROM Student
```

```
    WHERE StudentCode= '31821160401'
DELETE FROMStudent
    WHERE StudentStatus= '异常'
```

(2) 单击"SQL 编辑器"工具栏中的"执行"按钮,运行结果如图 4-38 所示。

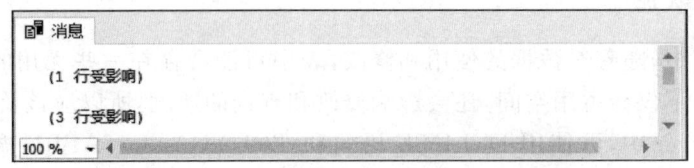

图 4-38　T-SQL 根据筛选条件删除学生数据

3. 利用其他表删除数据

和利用其他表修改数据一样,也可以使用带有 FROM 子句的 DELETE 语句,依据其他表的条件删除一行或多行数据,而且这样比编写多个单行的 DELETE 语句效率要高很多。其语法格式如下。

```
DELETE [FROM]表名 1
FROM 表名 2
WHERE 两表间连接关系 AND 筛选条件
```

这里的 FROM、WHERE 和连接语句将在下一章学习。

【实例 4-47】　在教学质量评价系统数据库中,如果学生状态为"异常",就把该学生在学生打分表(StudentGrade)中的所有打分记录删除。

(1) 启动图形用户界面,在"查询编辑器"窗口中输入如下 T-SQL 语句。

```
DELETE StudentGrade
FROM Student
WHERE StudentGrade.StudentCode= Student.StudentCode AND StudentStatus= '异常'
```

(2) 单击"SQL 编辑器"工具栏中的"执行"按钮,运行结果如图 4-39 所示。

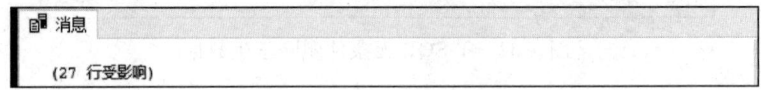

图 4-39　T-SQL 删除数据

(3) 语句执行后,学生状态为"异常"的所有打分记录都会被删除。

4. 格式化数据表

格式化数据表使用 TRUNCATE TABLE 语句,它会将某个表进行格式化,格式化后表会还原成刚创建时的状态。格式化数据表会清除所有数据,但表结构及列、约束等保持不变,如果有自动增长列还会重置自动增长基数,但 DELETE 语句不会重置自动增长基数。TRUNCATE TABLE 语句比 DELETE 语句执行速度快,使用系统资源少,TRUNCATE TABLE 语句将删除表中所有数据且无法恢复,因此要慎重使用。其语法格式如下。

```
TRUNCATE TABLE 表名
```

【实例 4-48】 在教学质量评价系统数据库中，格式化学生表。

(1) 启动图形用户界面，在"查询编辑器"窗口中输入如下 T-SQL 语句。

```
TRUNCATE TABLE Student
```

(2) 单击"SQL 编辑器"工具栏中的"执行"按钮，运行结果显示"命令已成功完成"。

(3) 执行成功后，会清除 Student 表的全部信息。

5. 使用图形用户界面删除数据

同修改数据一样，SQL Server 的图形用户界面也提供了删除数据的功能。

【实例 4-49】 在 tqe 数据库中，删除学生表中学号为 31821160405 的学生数据。

(1) 在"对象资源管理器"窗口中，选择"数据库"→tqe→"表"选项，右击 Student 表，并在弹出的快捷菜单中选择"编辑前 200 行"命令。

(2) 此时在右侧编辑区出现了"Student 表数据详情"窗口。

(3) 找到 StudentCode 为 31821160405 的数据行，选中整行，右击并在弹出的快捷菜单中选择"删除"命令。

(4) 在弹出的对话框中单击"是"按钮，如图 4-40 所示，该数据行就从表中移除了，**数据库中的数据也同时被删除**。

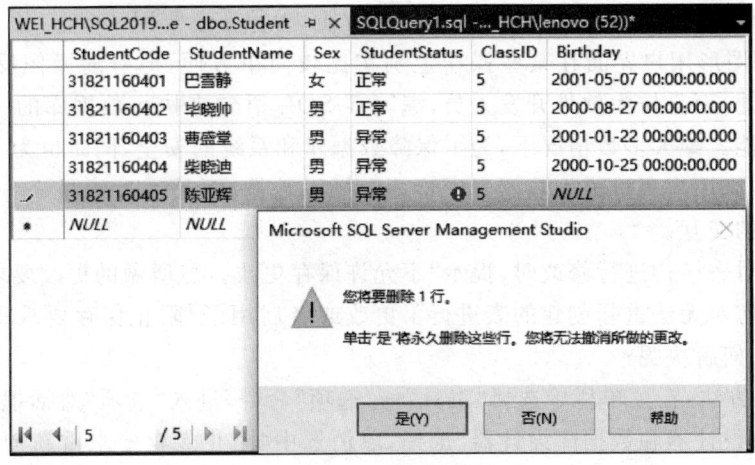

图 4-40 确认删除

【思考与练习】

1. 单选题

(1) 下面( )是数据库删除数据语句的关键字。

  A. DROP   B. DELETE   C. INSERT   D. UPDATE

(2) 下列 T-SQL 语句正确的是( )。

  A. DELETE FROM Student VALUES(18)

  B. DELETE Student WHERE StudentCode='01'

  C. DELETE FROM Student WHERE StudentCode

  D. DELETE FROM Student

(3) 下列说法错误的是( )。

　　A. 删除数据语句的关键字是 DELETE

　　B. 删除语句中 FROM 可以省略

　　C. 删除语句可以包含 WHERE 条件作为筛选

　　D. 一条删除语句可以删除全部数据

2. 判断题

(1) 一条删除语句可以删除两张表的数据。　　　　　　　　　　　　　　　( )

(2) 删除语句在执行成功的情况下一定会删除一行或以上的数据。　　　　　( )

(3) DELETE FROM Student 和 TRUNCATE TABLE Student 效果相同。　　( )

➡ 常见问题解析

【问题 1】DELETE FROM table_name 语句与 DROP TABLE table_name 语句一样吗？

【答】DELETE FROM table_name 语句的作用是删除指定表中满足条件的数据记录，删除对象是表中的数据记录。DROP TABLE table_name 语句的作用是删除指定的数据表，包括表结构和表数据记录，删除对象是表。

【问题 2】既然使用图形用户界面操作简单方便，为什么还要用 T-SQL 语句方式呢？

【答】使用图形用户界面在某些操作上确实比较简单方便，但有的操作反而是 T-SQL 语句方式更快捷，而且作为软件开发人员，编写 T-SQL 语句来执行数据库的一系列操作是必备的核心技能。绝大多数情况下，为了保障数据库和系统的安全，同时也为了方便用户访问数据库，不允许用户直接进入数据库中管理和操纵数据，而是通过编写 T-SQL 语句实现用户和数据库的交互。

【问题 3】对表结构进行修改时，提示"不允许保存更改。您所做的更改要求删除并重新创建以下表。您对无法重新创建的表进行了更改或者启用了'阻止保存要求重新创建表的更改'选项"，如何解决呢？

【答】解决方法：在菜单栏中选择"工具"→"选项"命令，进入"选项"对话框，在左侧选择"设计器"→"表设计器和数据库设计器"选择，取消选中"阻止保存要求重新创建表的更改"选项即可。

【问题 4】唯一约束也称为 UNIQUE 约束，用来规定一列中的两行不能有相同值。那在什么情况下，考虑使用唯一约束呢？

【答】①表包含不属于主键的列，但是这些列单独或作为一个整体必须包含唯一值；②业务逻辑规定列中存储的数据必须是唯一的；③列中存储的数据对于其可包含的值有自然的唯一性，如身份证号或护照号等。

项目 5

"教学质量评价系统"数据查询

5.1 简单查询

◇ **单元简介**

数据查询是数据库中最基本也是最重要的功能之一。在数据表中,根据一定的规则来存放基本数据。这些数据,在很大程度上需要满足用户的查询、计算、汇总、统计等要求。T-SQL 提供了 SELECT 语句,该语句用来实现上述所提到的用户需求。在应用中既有简单的查询,比如仅需要查询某位教师或学生的基本信息等,在一个表中就能找到相关的数据;也有比较复杂的查询需求,比如,需要查询学生们对某位授课教师的教学质量评价,需要查询某位学生在某个学期里选修了几门课程,每门课程的成绩是多少等,这就需要从多个表中查询到相关的数据,从而实现较为复杂的查询。

◇ **单元目标**

1. 掌握 SELECT 语句的基本结构。
2. 熟练掌握 SELECT 子句中各关键字的使用。
3. 熟练掌握 WHERE 子句中查询条件的设置和使用。

◇ **任务分析**

简单查询分为以下 5 个工作任务。

【任务1】SELECT 查询语句的基本结构

SELECT 语句的作用是从指定的数据表中,按照一定的条件,查询出符合条件的数据,根据要求,将查询结果以表格的形式返回给用户或者是将查询结果保存在一个新表中。

SELECT 语句的语法是比较复杂的,在本任务中,将学习 SELECT 语句的基本结构,熟悉并掌握其中的构成子句。

【任务2】SELECT 投影子句中通配符、TOP、DISTINCT 等关键字的使用

1. 通配符"*"投影所有列。
2. TOP 关键字限制返回行数。
3. DISTINCT 关键字消除重复行。

【任务3】SELECT 投影子句中自定义列标题的两种方式

自定义列标题有以下两种方式。

方式一:'指定的列标题'=列名。

方式二:列名 [AS]'指定的列标题'。

其中,列名也可以替换为表达式。

【任务 4】WHERE 子句中关系运算符、逻辑运算符与范围运算符的使用

1. 常用的关系运算符:= 、<>、>、>=、<、<=。
2. 常用的逻辑运算符:AND、OR 、NOT。
3. 范围运算符:BETWEEN…AND…。

【任务 5】WHERE 子句中模式匹配运算符、列表运算符与谓词运算符的使用

1. 模式匹配运算符:LIKE,用来实现模糊查询。
2. 列表运算符:IN,与范围运算相类似。
3. 谓词运算符:IS NULL,用来实现空值判断。

5.1.1 SELECT 查询语句的基本结构

SQL 标准中的 SELECT 语句是数据库应用最广泛和最重要的语句之一,用户可以使用 SELECT 语句从数据库中按照功能需求查询出数据信息。

T-SQL 完全支持 SQL-92 标准的 SELECT 语句,除此之外,利用 T-SQL 的 SELECT 语句还可以设置或显示系统信息、对局部变量赋值等。使用 SELECT 语句可以得到经过分类、统计和排序处理后的查询结果。

SELECT 语句的语法构成比较复杂,这里先列出构成 SELECT 语句的各个子句,其用法将在后面的应用中逐步说明。

SELECT 语句的基本语法如下。

1. 语法格式

SELECT [ALL|DISTINCT] [TOP n] 表达式列表
[INTO 新表名]
FROM 基本表列表|视图名列表
[WHERE 逻辑表达式]
[GROUP BY 分组列名表]
[HAVING 逻辑表达式]
[ORDER BY 表达式 [ASC|DESC]]

2. 基本功能

从指定的一个或多个数据源表(基表或者视图)中,按照一定的条件,查询出符合条件的数据,根据要求,将查询结果以表格的形式返回给用户或者将查询结果保存在一个新表中。

从 FROM 子句指定的数据源表中,找到满足 WHERE 子句中查询条件的记录,按照 SELECT 语句指定的字段输出查询结果,在查询结果中可以进行分组和排序。

3. 各子句说明

- SELECT [ALL|DISTINCT] [TOP n] 表达式列表:指定要查询的字段,也是结果集中要显示的各列;表达式各列名之间要用逗号隔开;该子句必不可少。
- [INTO 新表名]:保存查询结果,用于创建一个新表,并将查询结果保存到该表中;该子句是可选项,如果不需要将查询结果进行保存,则可以省略该子句。
- FROM 基本表列表|视图名列表:用于指出所要进行查询的数据来源,表或视图名;

根据需要，可能是单表查询也可能是需要多表连接查询；当需要多表进行连接查询时，不同的表名之间要用逗号隔开；该子句必不可少。
- [WHERE 逻辑表达式]：用于指定查询条件，查询条件是由列名、表达式及各种运算符等构成的逻辑表达式；该子句为可选项。
- [GROUP BY 分组列名表]：指定分组表达式，对查询结果进行分组；该子句为可选项。
- [HAVING 逻辑表达式]：指定分组统计条件；该子句为可选项。
- [ORDER BY 表达式[ASC|DESC]]：对查询结果进行排序；该子句为可选项。

使用 SELECT 语句有以下注意事项。
- 要明确要查询的数据来源于哪个数据库哪个表。
- SELECT 和 FROM 两个子句是必不可少的，其他的可选子句根据需要加以使用，使用中要注意顺序。

【实例 5-1】 从教学质量评价数据库 tqe 的表 Student 中，查询名字为"郭政浩"的学生信息。

具体操作步骤如下。

(1) 启动图形用户界面，在"查询编辑器"窗口中输入如下 T-SQL 语句。

```
SELECT *
FROM   Student
WHERE StudentName= '郭政浩'
```

(2) 单击"SQL 编辑器"工具栏中的"执行"按钮，运行结果如图 5-1 所示。

图 5-1 使用 SELECT 语句查询学生信息

【拓展实践】

编写 T-SQL 语句，完成以下两个查询。
(1) 编写语句实现查找名字为"杨丽"老师的信息。
(2) 编写语句实现查找学号为 31823450125 的学生信息。

【思考与练习】

(1) 在 SELECT 查询语句中，指定输出字段的是在(　　)子句中。
　　A. SELECT　　　B. FROM　　　C. WHERE　　　D. GROUP BY
(2) 在 SELECT 查询语句中，指定要查询的数据来源是在(　　)子句中。
　　A. SELECT　　　B. FROM　　　C. WHERE　　　D. GROUP BY
(3) 在 SELECT 查询语句中，通过(　　)子句可指定将查询结果保存在一个新表中。
　　A. SELECT　　　B. FROM　　　C. INTO　　　D. GROUP BY

(4) SELECT 查询语句的子句有多个,但至少包含(　　)子句。
　　A. SELECT 和 WHERE　　　　　　B. SELECT 和 INTO
　　C. SELECT 和 FROM　　　　　　　D. SELECT 和 GROUP BY
(5) 根据一定的条件进行查询,需要在(　　)子句中指定查询条件。
　　A. SELECT　　B. FROM　　C. WHERE　　D. GROUP BY

5.1.2　SELECT 投影查询子句(一)

SELECT 投影查询子句用于描述查询结果集的列。它是一个用逗号分隔的表达式列表,这里表达式由列名、常量、函数和运算符构成。此外,还有一些参数可以根据需要进行选择。

查询结果集取决于 SELECT 投影子句的使用。

1. 语法格式

SELECT [ALL|DISTINCT] [TOP n [PERCENT]] 表达式 1,表达式 2,…,表达式 n

2. 基本功能

投影查询子句是 SELECT 语句中的第一个子句,其作用是用来描述查询结果集中要显示的列。

3. SELECT 投影查询子句说明

- SELECT 表达式 1,表达式 1,…,表达式 n:必选项;表达式列表是查询结果集中要显示的列,各表达式之间用逗号隔开。
- [ALL|DISTINCT]:可选项;指定 ALL(默认值)关键字,查询结果集中将保留所有符合条件的数据行;指定 DISTINCT 关键字,可去除掉结果集中重复的数据行。
- [TOP n [PERCENT]]:可选项,指定[TOP n]关键字,返回查询结果集中的前 n 行数据行;指定[TOP n PERCENT]关键字,返回查询结果集中的百分比。注意,n 必须为整数。

4. 使用列名列表投影某些列

【实例 5-2】　从 tqe 数据库的表 Student 中,查询学号为 31823450125 学生的姓名和所在班级。

(1) 启动图形用户界面,在"查询编辑器"窗口中输入如下 T-SQL 语句。

SELECT StudentCode,StudentName,ClassID
FROM Student
WHERE StudentCode= '31823450125'

(2) 单击"SQL 编辑器"工具栏中的"执行"按钮,运行结果如图 5-2 所示。

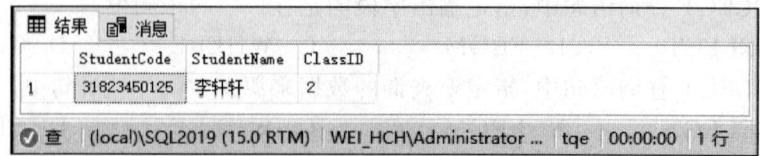

图 5-2　使用投影子句查询学生信息

（3）在结果集中，按照投影查询子句中的列名顺序显示。

5. 使用通配符“*”投影所有列

若要投影表中所有的列并且不需要改变其顺序，可不必列出表中的所有列名，而用通配符“ * ”代替。

【实例 5-3】 从 tqe 数据库的表 Student 中，查询所有学生的所有信息。

（1）启动图形用户界面，在“查询编辑器”窗口中输入如下 T-SQL 语句。

```
SELECT*
FROM Student
```

（2）单击“SQL 编辑器”工具栏中的“执行”按钮，运行结果如图 5-3 所示。

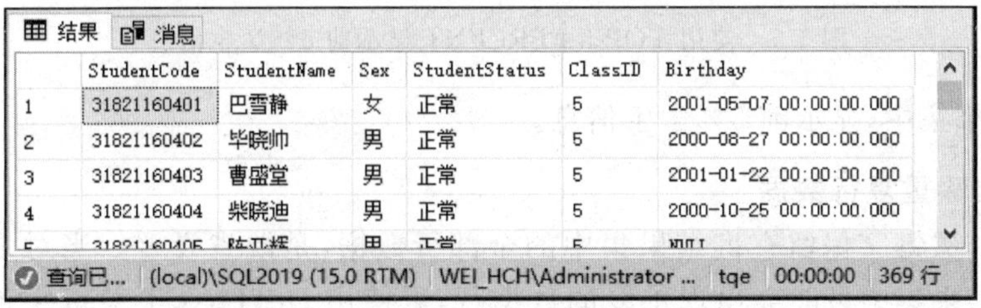

结果 消息

	StudentCode	StudentName	Sex	StudentStatus	ClassID	Birthday
1	31821160401	巴雪静	女	正常	5	2001-05-07 00:00:00.000
2	31821160402	毕晓帅	男	正常	5	2000-08-27 00:00:00.000
3	31821160403	曹盛堂	男	正常	5	2001-01-22 00:00:00.000
4	31821160404	柴晓迪	男	正常	5	2000-10-25 00:00:00.000

查询已... (local)\SQL2019 (15.0 RTM) WEI_HCH\Administrator ... tqe 00:00:00 369 行

图 5-3 使用通配符“ * ”投影所有列

（3）在结果集中，按照源表中各列的原有顺序进行显示。

6. TOP 关键字限制返回行数

如果未指定关键字 PERCENT，则返回结果集的前 n 行数据。如果指定了关键字 PERCENT，n 就是查询返回结果集行的百分比。

【实例 5-4】 从 tqe 数据库的表 Student 中，查询前 5 行学生信息。

（1）启动图形用户界面，在“查询编辑器”窗口中输入如下 T-SQL 语句。

```
SELECT TOP 5 *
FROM Student
```

（2）单击“SQL 编辑器”工具栏中的“执行”按钮，运行结果如图 5-4 所示。

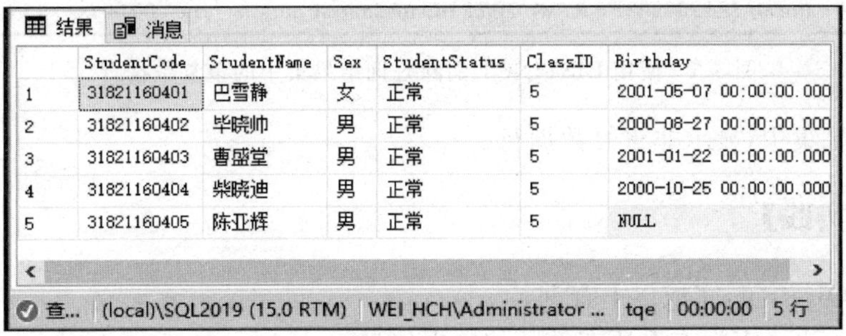

结果 消息

	StudentCode	StudentName	Sex	StudentStatus	ClassID	Birthday
1	31821160401	巴雪静	女	正常	5	2001-05-07 00:00:00.000
2	31821160402	毕晓帅	男	正常	5	2000-08-27 00:00:00.000
3	31821160403	曹盛堂	男	正常	5	2001-01-22 00:00:00.000
4	31821160404	柴晓迪	男	正常	5	2000-10-25 00:00:00.000
5	31821160405	陈亚辉	男	正常	5	NULL

查... (local)\SQL2019 (15.0 RTM) WEI_HCH\Administrator ... tqe 00:00:00 5 行

图 5-4 使用 TOP 5 显示前 5 条学生信息

（3）在结果集中，显示前 5 条学生信息。

【实例 5-5】 从教学质量评价数据库 tqe 表 Student 中，查询结果集前 5%学生信息。

（1）启动图形用户界面，在"查询编辑器"窗口中分别输入如下 T-SQL 语句。

```
SELECT TOP 5 PERCENT *
FROM Student
```

（2）单击"SQL 编辑器"工具栏中的"执行"按钮，运行结果如图 5-5 所示。

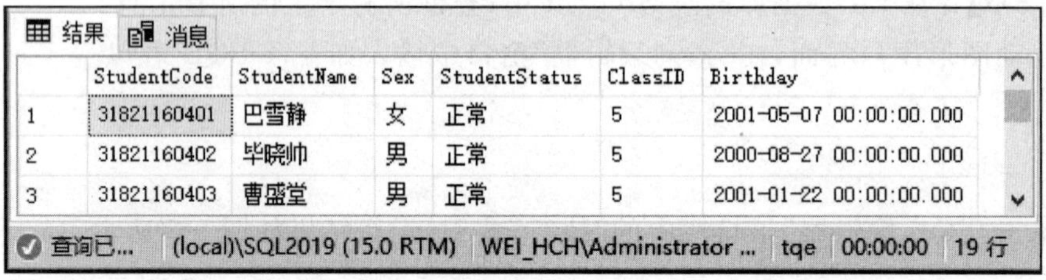

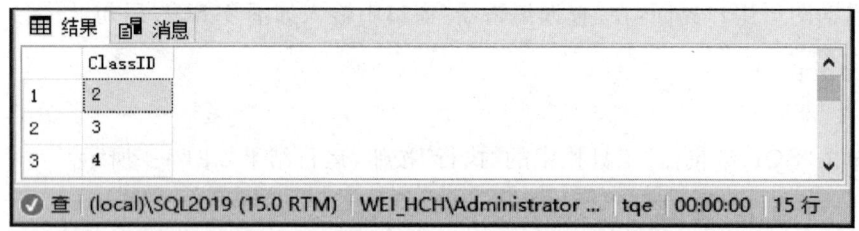

图 5-5　使用 TOP 5 PERCENT 显示前 5%学生信息

（3）在结果集中，显示前 5%学生信息。

7. 是否消除重复行数据

使用 ALL 关键字保留查询结果集中的全部行数据，是缺省设置。当对表进行投影操作后，在查询结果集中可能会出现重复的数据行，可使用 DISTINCT 关键字消除查询结果集中的重复数据行。

【实例 5-6】　从教学质量评价数据库 tqe 的表 Student 中，查询学生的所属班级。

（1）启动图形用户界面，在"查询编辑器"窗口中输入如下 T-SQL 语句。

```
SELECT DISTINCT ClassID
FROM Student
```

（2）单击"SQL 编辑器"工具栏中的"执行"按钮，运行结果如图 5-6 所示。

图 5-6　使用 DISTINCT 消除查询结果集中的重复数据行

（3）在结果集中，显示非重复数据行。

【拓展实践】

编写 T-SQL 语句，完成以下查询。
（1）从 Teacher 表中查看所有教师的数据信息。
（2）从 Student 表中查询出女生的学号、姓名和性别的数据信息。
（3）从 StudentCourse 表中查找出前 20%的数据信息。

【思考与练习】

1. 单选题

（1）执行语句"SELECT StudentCode，StudentName FROM Student"将返回（　　）列。
  A. 1　　　　　　B. 2　　　　　　C. 3　　　　　　D. 4

（2）在 T-SQL 中，要消除重复行，可以在 SELECT 查询语句中使用（　　）关键字。
  A. SELECT　　　B. DISTINCT　　C. ALL　　　　　D. TOP

（3）要查询出 Student 表中所有的数据行，可在 SELECT 查询语句中使用（　　）实现。
  A. *　　　　　　B. ?　　　　　　C. /　　　　　　D. !

2. 判断题

（1）在 SELECT 查询语句中，ALL 关键字允许重复数据记录的出现。（　　）

（2）在 SELECT 查询语句中，使用 DISTINCT 关键字表示输出的结果集中没有重复数据。（　　）

（3）在 SELECT 查询语句中，不同的列名之间用空格隔开即可。（　　）

5.1.3　SELECT 投影查询子句（二）

在查询结果集显示的列名既可以与源表中各列的名称一致，也可以根据实际需要，显示为自定义的列标题。

1. 关键语句，语法格式

方式一：

'指定的列标题'= 列名表达式

方式二：

列名 [AS]'指定的列标题'

2. 基本功能

为指定的列自定义列标题。

设计表结构的时候，列标题要求按照命名规则进行命名。查询结果集中直接显示列名，但实际使用过程中，其实更希望在实际查询结果集中将列标题显示为用户熟悉的标题名。通过上述两种方式可以自定义列标题，这两种方式效果一样。

3. 自定义列标题说明

（1）"'自定义列标题'= 列名"中的"="不能省略，而"列名［AS］'自定义列标题'"中的 AS 可以省略。

（2）自定义列标题后，在查询结果的标题位置将显示自定义的列标题而不再是表中定义的列名。

（3）指定的列标题是一个字符串，可以用单引号括起来，也可以不用。

（4）通过表达式计算出来的列，系统不指定列标题，而以"无列名"标识，这样的情况一般就需要为查询结果重新制定列标题。

（5）因为表达式是查询操作，所以对表中列的计算只是影响查询结果，并不改变表中的实际数据。

【实例 5-7】 从教学质量评价数据库 tqe 的表 Student 中，查询学号为 31823450125 的学生学号、姓名和所在班级，使用方式一，将 StudentCode 列标题自定义为"学号"，将 StudentName 列标题自定义为"姓名"，将 ClassID 列标题自定义为"班级"。

（1）启动图形用户界面，在"查询编辑器"窗口中输入如下 T-SQL 语句。

```
SELECT '学号'= StudentCode,'姓名'= StudentName,'班级'= ClassID
FROM Student
WHERE StudentCode= '31823450125'
```

（2）单击"SQL 编辑器"工具栏中的"执行"按钮，运行结果如图 5-7 所示。

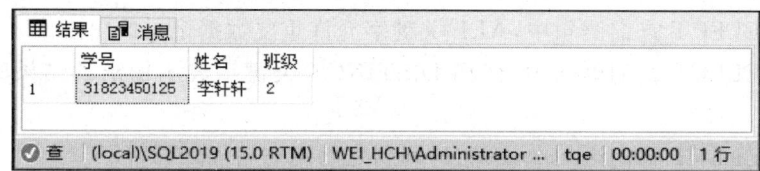

图 5-7　使用自定义列标题查询结果集(1)

（3）在结果集中，显示自定义列标题。

【实例 5-8】 从教学质量评价数据库 tqe 的表 Student 中，查询学号为 31823450125 的学生学号、姓名和所在班级，使用方式二，将 StudentCode 列标题自定义为"学号"，将 StudentName 列标题自定义为"姓名"，将 ClassID 列标题自定义为"班级"。

（1）启动图形用户界面，在"查询编辑器"窗口中输入如下 T-SQL 语句。

```
SELECT StudentCode AS '学号', StudentName '姓名', ClassID '班级'
FROM Student
WHERE StudentCode= '31823450125'
```

（2）单击"SQL 编辑器"工具栏中的"执行"按钮，运行结果如图 5-8 所示。

图 5-8　使用自定义列标题查询结果集(2)

（3）在结果集中，显示自定义列标题。可以发现，两种自定义列标题方法最后的效果一致。

【实例 5-9】 从教学质量评价数据库 tqe 的表 StudentGrade 中，查询出所有教师的工号及对应学生评教成绩的 60% 核算成绩。并在查询结果集中自定义标题为教师编号、核算后评价成绩。

（1）启动图形用户界面，在"查询编辑器"窗口中输入如下 T-SQL 语句。

```
SELECT TeacherCode '教师编号',TotalScore* 0.6 '核算后评价成绩'
```

FROM StudentGrade

(2) 单击"SQL 编辑器"工具栏中的"执行"按钮,运行结果如图 5-9 所示。

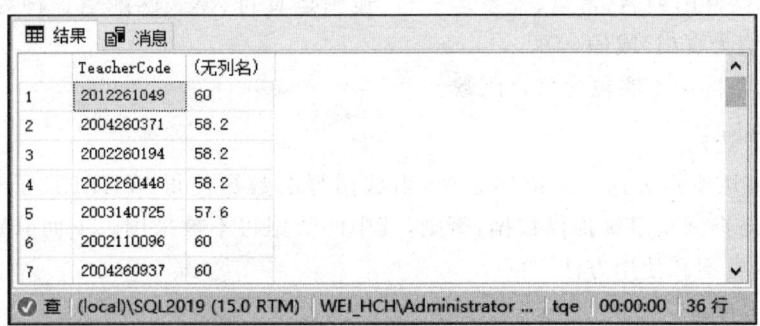

图 5-9 使用自定义列标题查询结果集(3)

(3) 在结果集中,显示自定义列标题。通过表达式计算出来的列,系统不指定列标题,而以"无列名"标识,在实例 5-9 中如果未使用自定义列标题则查询结果集如图 5-10 所示。

图 5-10 未使用自定义列标题查询结果集

【拓展实践】

从教学质量评价数据库 tqe 的表 Teacher 中,查询所有教师的数据信息,并为查询结果集各列自定义适合标题。

【思考与练习】

(1) 在自定义列标题中,"'指定的列标题'=列名"中的"="不能省略。 (　　)
(2) 自定义列标题中,指定的列标题是字符串可用单引号括起来,也可以不用。(　　)
(3) 自定义列标题中,指定的列标题如果是规则标识的字符串,单引号可以不用。
(　　)
(4) 通过表达式计算出来的列,系统不指定列标题,而以"无列名"标识。 (　　)

5.1.4　WHERE 选择查询子句(一)

在实际使用 SELECT 语句进行查询时,查询的数据需要满足一定的条件。SELECT 语句中的 WHERE 子句就是用来实现这一功能的。

WHERE 子句用于选择操作,定义了表中的行要满足什么条件才能参与 SELECT 查询语句的操作。WHERE 子句还可以用在 DELETE 和 UPDATE 语句中定义表中被删除和修改的行。

1. 语法格式

WHERE 逻辑表达式

2. 基本功能

根据查询条件,显示查询结果。查询条件是由列名、常量、变量、运算符等构成的。

3. WHERE 子句说明

(1) WHERE 子句用于实现从指定表中选出满足条件的数据行。只有符合条件的行才向结果集提供数据,显示或保存在查询结果中。

(2) WHERE 子句还用于 DELETE 和 UPDATE 语句中,用于重新定义目标表中要修改的数据行。

(3) 查询条件由列名、常量、关系运算符、逻辑运算符、模式匹配运算符等构成,经过运算后,其逻辑值为真(1)或假(0)。

(4) 查询条件中不能包含聚合函数。

4. 逻辑表达式

T-SQL 使用逻辑表达式来描述条件,当数据行的数据使得 WHERE 子句的逻辑表达式为真时,才向查询结果集提供数据,否则,其中的数据将不被采用。下面分别介绍 T-SQL 逻辑表达式的类型和使用方法。

1) 关系运算符

在查询条件中,将列名与关系运算符构成关系表达式,用来描述一些简单的条件,从而实现简单查询。常用的关系运算符有:=、<>(!=)、>、>=(!<)、<、<=(!>)。

- =:检查两个操作数的值是否相等,如果相等的话,条件为真,否则为假。
- <>(!=):检查两个操作数的值是否相等,如果值不相等,则条件为真。
- >:检查左操作数是否大于右操作数的值,如果是的话,条件为真。
- <:检查左操作数的值是否小于右操作数的值,如果是的话,条件为真。
- >=(!<):检查左操作数的值是否大于或等于右操作数的值,如果是的话,条件为真。
- <=(!>):检查左操作数的值是否小于或等于右操作数的值,如果是的话,条件为真。

注意:ANSI 标准中是用"<>"(所以建议用"<>")表示不等于,但为了跟大部分数据库保持一致,数据库中一般都提供了"!="(高级语言一般用来表示不等于)与"<>"来表示不等于。

【实例 5-10】 从 tqe 数据库的表 Teacher 中,查询职称为"副教授"的所有教师信息。

(1) 启动图形用户界面,在"查询编辑器"窗口中输入如下 T-SQL 语句。

```
SELECT *
FROM Teacher
```

```
WHERE Title= '副教授'
```

（2）单击“SQL 编辑器”工具栏中的“执行”按钮，运行结果如图 5-11 所示。

结果 消息

	TeacherCode	TeacherName	Title	Sex	Birthday	TeacherIdentity	TeacherStatus
1	2002260153	赵伯华	副教授	男	1972-12-29 0...	专任教师	正常
2	2002260397	江沁润	副教授	男	1974-01-14 0...	专任教师	正常
3	2002260408	沙松松	副教授	女	1978-10-01 0...	专任教师	正常

查询已成功执... | (local)\SQL2019 (15.0 RTM) | WEI_HCH\Administrator ... | tqe | 00:00:00 | 3 行

图 5-11 查询职称为“副教授”的所有教师信息

【实例 5-11】 从 tqe 数据库的表 Teacher 中，查询不是“副教授”职称的所有教师信息。

（1）启动图形用户界面，在“查询编辑器”窗口中输入如下 T-SQL 语句。

```
SELECT *
FROM Teacher
WHERE Title < > '副教授'
```

（2）单击“SQL 编辑器”工具栏中的“执行”按钮，运行结果如图 5-12 所示。

结果 消息

	TeacherCode	TeacherName	Title	Sex	Birthday	TeacherIdentity	TeacherStatus
1	2002110096	王纪茹	教授	女	1965-03-23 ...	行政兼课	正常
2	2002260076	宋振华	其他	男	1972-02-13 ...	行政兼课	正常
3	2002260194	王卜丽	讲师	男	1979-12-07 ...	专任教师	正常

查询已成功执... | (local)\SQL2019 (15.0 RTM) | WEI_HCH\Administrator ... | tqe | 00:00:00 | 13 行

图 5-12 查询不是“副教授”职称的所有教师信息

2）逻辑运算符

在查询条件中，将两个或两个以上的条件组合起来，形成逻辑表达式，用于实现比较复杂的查询。常用的逻辑运算符有：NOT、AND、OR。

注意：*在使用逻辑运算符时，三种运算的优先级由高到低依次为 NOT、AND、OR，可以通过添加小括号的方式改变逻辑运算符的优先级。*

【实例 5-12】 从 tqe 数据库的表 Teacher 中，查询职称为“副教授”并且性别为“男”的所有教师信息。

（1）启动图形用户界面，在“查询编辑器”窗口中输入如下 T-SQL 语句。

```
SELECT *
FROM Teacher
WHERE Title= '副教授' AND Sex= '男'
```

（2）单击“SQL 编辑器”工具栏中的“执行”按钮，运行结果如图 5-13 所示。

结果 消息

	TeacherCode	TeacherName	Title	Sex	Birthday	TeacherIdentity	TeacherStatus
1	2002260153	赵伯华	副教授	男	1972-12-29 00:00:00.000	专任教师	正常
2	2002260397	江沁润	副教授	男	1974-01-14 00:00:00.000	专任教师	正常

查询已成功执行。 | (local)\SQL2019 (15.0 RTM) | WEI_HCH\Administrator ... | tqe | 00:00:00 | 2 行

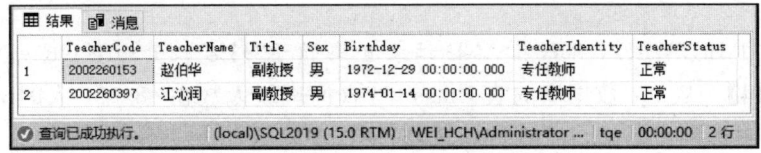

图 5-13 使用逻辑运算符查询结果集

【实例 5-13】 从 tqe 数据库的表 Teacher 中,通过改变逻辑运算符优先级对查询结果前后进行对比。

(1) 启动图形用户界面,在"查询编辑器"窗口中输入如下 T-SQL 语句。

```
SELECT *
FROM Teacher
WHERE NOT TeacherIdentity= '行政兼课' OR Title= '副教授' AND Sex= '男'
```

(2) 单击"SQL 编辑器"工具栏中的"执行"按钮,运行结果如图 5-14 所示。

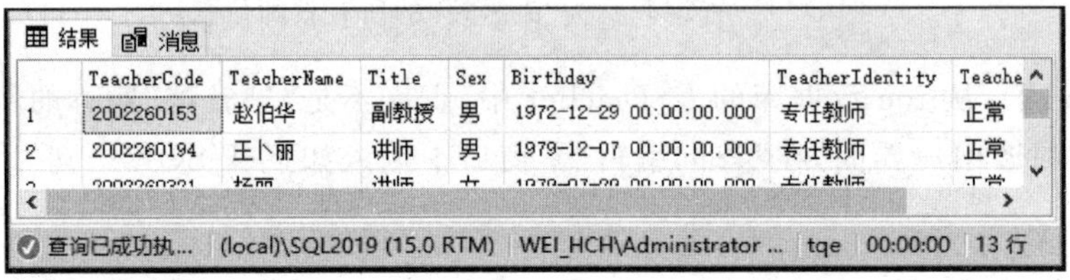

图 5-14 未改变逻辑运算符优先级查询结果集

(3) 在"查询编辑器"窗口中输入如下 T-SQL 语句,添加小括号改变逻辑运算优先级。

```
SELECT *
FROM Teacher
WHERE (NOT TeacherIdentity= '行政兼课' OR Title= '副教授') AND Sex= '男'
```

(4) 单击"SQL 编辑器"工具栏中的"执行"按钮,运行结果如图 5-15 所示。

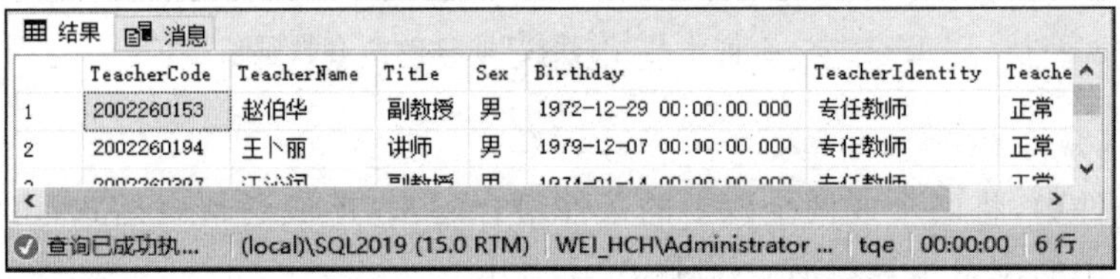

图 5-15 改变逻辑运算符优先级查询结果集

3) 范围运算符

在查询条件中,使用 BETWEEN…AND…来限定查询数据的范围。其语法格式如下。

表达式 [NOT] BETWEEN 初始值 AND 结束值

注意:

(1) 初始值不能大于结束值。

(2) 该表达式等价于用 AND 运算符连接起来的两个关系运算符所组成的表达式。

(3) "列名 BETWEEN 开始值 AND 结束值"等价于"列名 >= 开始值 AND 列名<=结束值"。

"列名 NOT BETWEEN 开始值 AND 结束值"等价于"列名 <开始值 OR 列名>结束值"。

【实例 5-14】 从 tqe 数据库的表 Class 中,查询班级人数在 48～50 人的班级信息。

(1) 启动图形用户界面,在"查询编辑器"窗口中输入如下 T-SQL 语句。

```
SELECT *
```

```
FROM Class
WHERE ClassSize BETWEEN 48 AND 50
```

(2) 单击"SQL 编辑器"工具栏中的"执行"按钮,运行结果如图 5-16 所示。

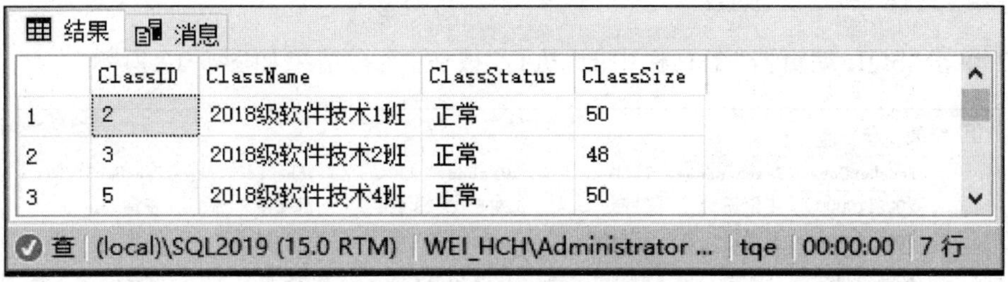

图 5-16 使用范围运算符后查询结果集

(3) 在结果集中,显示使用范围运算符后查询的结果,在本例中 WHERE 子句中的条件也可以替换为 WHERE ClassSize>=48 AND ClassSize<=50,其效果和范围运算符一致。

【思考与练习】

(1) WHERE 子句中,表示条件的逻辑表达式中可以包含聚合函数。   (   )
(2) WHERE 子句可以用于 DELETE 和 UPDATE 语句中,用来选择指定表中要被删除或者需要修改的数据行。   (   )
(3) 在使用比较运算符构成的表达式中,在表达式中只能是列名参与运算。   (   )
(4) 逻辑运算符可以将两个或两个以上的条件表达式组合起来构成逻辑表达式。
                                                                              (   )
(5) NOT 表示逻辑非运算,对指定表达式的逻辑值取相反值。   (   )

5.1.5 WHERE 选择查询子句(二)

在 WHERE 子句中除了使用关系运算符、逻辑运算符和范围运算符外,还可以使用其他运算符实现用户所需要的查询。

1. 模式匹配运算符

当要查询的条件只有部分确定的信息时,可以在 WHERE 查询子句中使用 LIKE 运算符,来实现模糊查询。基本语法如下。

表达式 [NOT] LIKE 含通配符的字符串

提示:与 LIKE 运算符一起使用的是通配符,常用的通配符有%和_。
- %:代表零个或多个字符。
- _:仅替代一个字符。
- [字符列表]或[^字符列表]:指匹配字符列表中的任何字符或不在字符列中的任何字符。

注意:[^字符列表]也可以用[!字符列表]来表示。

【实例 5-15】 从 tqe 数据库的表 Teacher 中,查询职称为"教授"的所有教师信息。

(1) 启动图形用户界面，在“查询编辑器”窗口中输入如下 T-SQL 语句。

```
SELECT *
FROM Teacher
WHERE Title LIKE '% 教授%'
```

(2) 单击“SQL 编辑器”工具栏中的“执行”按钮，运行结果如图 5-17 所示。

结果 消息

	TeacherCode	TeacherName	Title	Sex	Birthday	TeacherIdentity	TeacherStatus
1	2002110096	王纪茹	教授	女	1965-03-23 00...	行政兼课	正常
2	2002260153	赵伯华	副教授	男	1972-12-29 00...	专任教师	正常
3	2002260397	江沁润	副教授	男	1974-01-14 00...	专任教师	正常
4	2002260408	沙松松	副教授	女	1978-10-01 00...	专任教师	正常

查询已成功执... (local)\SQL2019 (15.0 RTM) WEI_HCH\Administrator ... tqe 00:00:00 4 行

图 5-17 使用模式匹配运算符 LIKE 和通配符%查询结果集

【实例 5-16】 从 tqe 数据库的表 Teacher 中，查询职称为“助教”的所有教师信息。

(1) 启动图形用户界面，在“查询编辑器”窗口中输入如下 T-SQL 语句。

```
SELECT *
FROM Teacher
WHERE Title LIKE '_教'
```

(2) 单击“SQL 编辑器”工具栏中的“执行”按钮，运行结果如图 5-18 所示。

结果 消息

	TeacherCode	TeacherName	Title	Sex	Birthday	TeacherIdentity	TeacherStatus
1	2009261621	陶皆霖	助教	男	1984-11-04 00:00:00.000	专任教师	正常
2	2011261612	耿南	助教	女	1982-02-01 00:00:00.000	专任教师	正常
3	2011261651	沙松松	助教	男	1982-02-01 00:00:00.000	专任教师	正常

查询已成功执行。 (local)\SQL2019 (15.0 RTM) WEI_HCH\Administrator ... tqe 00:00:00 3 行

图 5-18 使用模式匹配运算符 LIKE 和通配符_查询结果集

2. 列表运算符

列表运算符与范围运算符相类似，也是用来限定查询数据的范围。基本语法如下。

```
表达式 [NOT] IN (表达式 1,表达式 2,...)
```

注意：当有多个相似条件时既可以使用关键字 OR 也可以使用关键字 IN，推荐使用关键字 IN，相同情况下，使用关键字 IN 的效率更高，语句更简洁。

【实例 5-17】 从教学质量评价数据库 tqe 的表 StudentGrade 中，查询“英语”“体育”课程评价的息。

(1) 启动图形用户界面，在“查询编辑器”窗口中输入如下 T-SQL 语句。

```
SELECT *
FROM StudentGrade
WHERE CourseName IN ('英语','体育')
```

(2) 单击“SQL 编辑器”工具栏中的“执行”按钮，运行结果如图 5-19 所示。

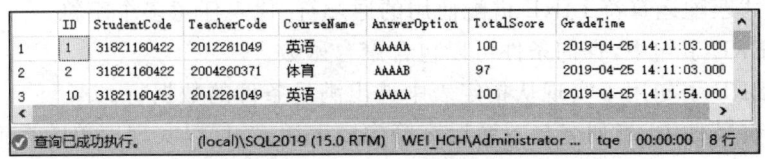

图 5-19 使用列表运算符查询结果集

（3）谓词运算符。在查询条件中，使用谓词运算符来实现表达式与空值的判断。语法格式如下。

表达式 IS [NOT] NULL

注意：空值 NULL 不等同于 0 或者是空字符。

【实例 5-18】从 tqe 数据库的表 Student 中，查询未填写出生日期的学生信息。

（1）启动图形用户界面，在"查询编辑器"窗口中输入如下 T-SQL 语句。

```
SELECT *
FROM Student
WHERE Birthday IS NULL
```

（2）单击"SQL 编辑器"工具栏中的"执行"按钮，运行结果如图 5-20 所示。

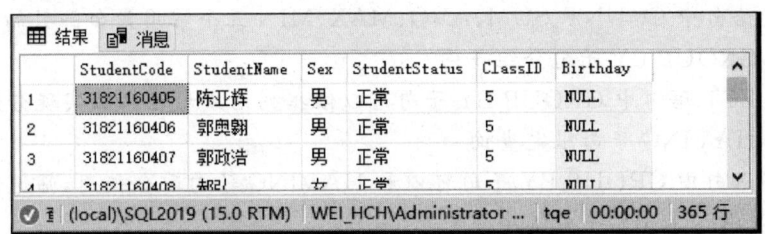

图 5-20 使用谓词运算符查询结果集

【拓展实践】

编写 T-SQL 语句实现下列查询。

（1）从教学质量评价数据库 tqe 的表 Student 中，查询所有李姓同学信息。

（2）从教学质量评价数据库 tqe 的表 Student 中，查询班级编号为 2、3 的所有信息。

【思考与练习】

1. 单选题

（1）对于某个语句的条件 WHERE LIKE 'MY_m'，将筛选出以下（　　）值。

  A. MYmm　　　　B. myhem　　　　C. MYhem　　　　D. Myhem

（2）与模式匹配运算符搭配使用的通配符中，表示任意多个字符的符号是（　　）。

  A. _　　　　　　B. &　　　　　　C. %　　　　　　D. *

2. 判断题

（1）WHERE 子句中实现模糊查询，使用的关键字是 LIKE。（　　）

(2) 与模式匹配运算符 LIKE 搭配使用的通配符_代表任意多个字符。（   ）
(3) WHERE 子句中,查询条件可以包含聚合函数。（   ）
(4) WHERE 子句用于实现从指定表中选出满足条件的数据行。（   ）
(5) 在查询条件中,将列名与关系运算符构成表达式,可以实现简单的查询。（   ）

5.2 高级查询

◆ 单元简介

在 SELECT 语句中,还可以对数据进行统计计算、数据分组以及数据排序等操作。

本单元的任务就是在学习了 SELECT 语句基本语法后,通过聚合函数、GROUP BY、HAVING、ORDER BY 等子句实现更多复杂查询。

◆ 单元目标

1. 掌握聚合函数、GROUP BY、HAVING、ORDER BY 语法形式。
2. 掌握聚合函数、GROUP BY、HAVING、ORDER BY 使用方法。

◆ 任务分析

SELECT 语句高级查询分为 3 个工作任务。

【任务 1】聚合函数

SELECT 语句中 COUNT、SUM、AVG、MAX、MIN 五个常用聚合函数的使用。

【任务 2】GROUP BY 子句分组查询

使用 SELECT 语句中 GROUP BY 子句可以依据列名或聚合函数实现分组统计。

【任务 3】HAVING 子句限定查询

SELECT 语句中 GROUP BY 子句可以和 HAVING 子句配合使用,筛选统计结果。

【任务 4】ORDER BY 子句排序查询

使用 SELECT 语句中 ORDER BY 子句可以对查询结果进行升序或降序排序。

5.2.1 聚合函数

聚合函数的参数为列名或者包含列名的表达式,其主要功能是对表在指定列名表达式的值上进行纵向统计和计算,所以也称之为列函数。

1. 语法格式

函数名([ALL|DISTINCT] 列名表达式|*)

2. 基本功能

依据列名或包含列名的表达式进行数据统计计算。

3. 聚合函数说明

在聚合函数的参数中,ALL 关键字表示函数对指定列的所有值进行统计和计算,DISTINCT 关键字说明函数仅对指定列的唯一值(不计重复值)进行统计和计算,ALL 为默认设置。

4. 常用聚合函数

· COUNT:统计列中选取的项目个数或查询输出的行数。

- SUM:计算指定的数值型列名表达式的总和。
- AVG:计算指定的数值型列名表达式的平均值。
- MAX:求出指定的数值、字符或日期型列名表达式的最大值。
- MIN:求出指定的数值、字符或日期型列名表达式的最小值。

【实例 5-19】 从教学质量评价数据库 tqe 的表 Teacher 中,查询教师总人数。

(1) 启动图形用户界面,在"查询编辑器"窗口中输入如下 T-SQL 语句。

```
SELECT COUNT(*) FROM Teacher
```

(2) 单击"SQL 编辑器"工具栏中的"执行"按钮,运行结果如图 5-21 所示。

图 5-21 使用聚合函数查询结果集

【实例 5-20】 从教学质量评价数据库 tqe 的表 Class 中,查询学生总人数。

(1) 启动图形用户界面,在"查询编辑器"窗口中输入如下 T-SQL 语句。

```
SELECT SUM(ClassSize) FROM Class
```

(2) 单击"SQL 编辑器"工具栏中的"执行"按钮,运行结果如图 5-22 所示。

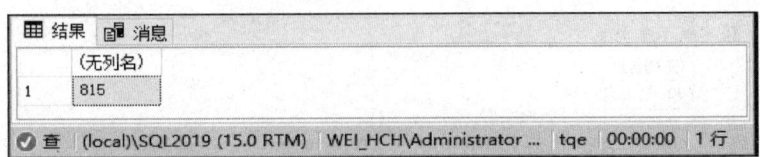

图 5-22 使用聚合函数 SUM 查询结果集

【实例 5-21】 从教学质量评价数据库 tqe 的表 StudentGrade 中,查询教师编号为 2002260420 的教师所担任课程"数据库原理及应用"的评教平均分。

(1) 启动图形用户界面,在"查询编辑器"窗口中输入如下 T-SQL 语句。

```
SELECT AVG(TotalScore)
FROM StudentGrade
WHERE TeacherCode= '2002260420' AND CourseName= '数据库原理及应用'
```

(2) 单击"SQL 编辑器"工具栏中的"执行"按钮,运行结果如图 5-23 所示。

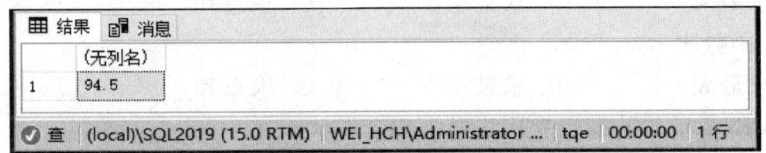

图 5-23 使用聚合函数 AVG 查询结果集

【实例 5-22】 从教学质量评价数据库 tqe 的表 StudentGrade 中,查询教师编号为

2002260420 的教师所担任课程"数据库原理及应用"的评教最高分。

(1) 启动图形用户界面,在"查询编辑器"窗口中输入如下 T-SQL 语句。

```
SELECT MAX(TotalScore)
FROM StudentGrade
WHERE TeacherCode= '2002260420' AND CourseName= '数据库原理及应用'
```

(2) 单击"SQL 编辑器"工具栏中的"执行"按钮,运行结果如图 5-24 所示。

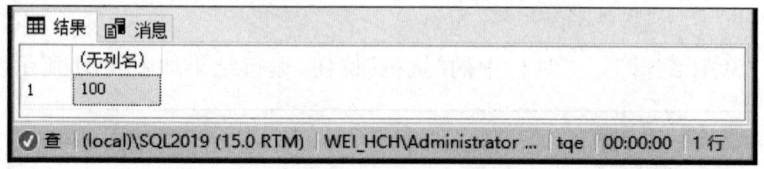

图 5-24　使用聚合函数 MAX 查询结果集

【实例 5-23】　从教学质量评价数据库 tqe 的表 StudentGrade 中,查询教师编号为"2002260420"的教师所担任课程"数据库原理及应用"的评教最低分。

(1) 启动图形用户界面,在"查询编辑器"窗口中输入如下 T-SQL 语句。

```
SELECT MIN(TotalScore)
FROM StudentGrade
WHERE TeacherCode= '2002260420' AND CourseName= '数据库原理及应用'
```

(2) 单击"SQL 编辑器"工具栏中的"执行"按钮,运行结果如图 5-25 所示。

图 5-25　使用聚合函数 MIN 查询结果集

【思考与练习】

(1) COUNT 函数表示(　　)。
　　A. 求项目总数　　B. 求最大　　C. 求最小　　D. 求总和
(2) 在 SELECT 语句中如果使用聚合函数,则应将聚合函数放在(　　)中。
　　A. ORDERBY　　B. GROUPBY　　C. WHERE　　D. INTO
(3) AVG 函数表示(　　)。
　　A. 求最大　　B. 求最小　　C. 求总和　　D. 求平均
(4) MIN 函数表示(　　)。
　　A. 求最大　　B. 求最小　　C. 求总和　　D. 求平均
(5) HAVING 子句的逻辑表达式通常包含有(　　)。
　　A. 聚合函数　　　　　　　　　　B. ORDERBY
　　C. 表连接条件　　　　　　　　　D. DESC|ASC

5.2.2　GROUP BY 子句分组查询

GROUP BY 子句是按照列名或与聚合函数配合实现分组统计的。分组是指按照某一列或多列组合的值将查询结果集分成若干组，每组在指定列或列组合上具有相同的值。

1. 语法格式

GROUP BY 列名表

2. 基本功能

按照列名或与聚合函数配合实现分组统计。

3. GROUP BY 子句说明

在使用 GROUP BY 子句时，在 SELECT 子句中投影的列名必须出现在相应的 GROUP BY 列名表中。

【实例 5-24】　从教学质量评价数据库 tqe 的表 StudentGrade 中，查询"数据库原理及应用"课程任课教师的评教成绩。

（1）启动图形用户界面，在"查询编辑器"窗口中输入如下 T-SQL 语句。

```
SELECT TeacherCode,AVG(TotalScore)
FROM StudentGrade
WHERE CourseName= '数据库原理及应用'
GROUP BY TeacherCode
```

（2）单击"SQL 编辑器"工具栏中的"执行"按钮，运行结果如图 5-26 所示。

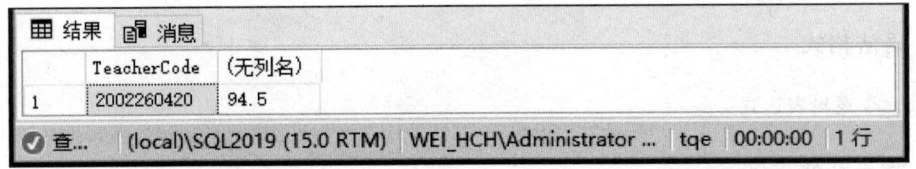

图 5-26　使用 GROUP BY 子句后按 TeacherCode 查询结果集

【实例 5-25】　从 tqe 数据库的表 StudentGrade 中，查询各门课程任课教师的评教成绩。

（1）启动图形用户界面，在"查询编辑器"窗口中输入如下 T-SQL 语句。

```
SELECT TeacherCode, CourseName,AVG(TotalScore)
FROM StudentGrade
GROUP BY TeacherCode,CourseName
```

（2）单击"SQL 编辑器"工具栏中的"执行"按钮，运行结果如图 5-27 所示。

【思考与练习】

1. 单选题

（1）GROUP BY 中分组依据（　　）。

　　A. 表　　　　　　　　　　　　　　　　B. 字段

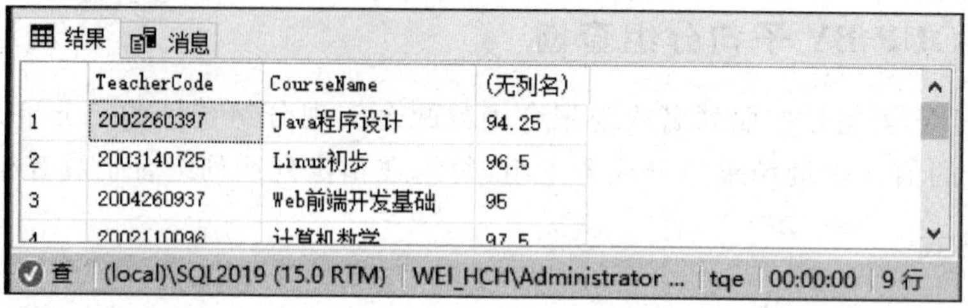

	TeacherCode	CourseName	(无列名)
1	2002260397	Java程序设计	94.25
2	2003140725	Linux初步	96.5
3	2004260937	Web前端开发基础	95
4	2002110096	计算机数学	97.5

图 5-27　使用 GROUP BY 子句按 TeacherCode 和 CourseName 查询结果集

C. 记录　　　　D. 聚合函数

(2) 进行分组统计使用的是(　　)。

A. WHERE 子句　　　　B. GROUP BY 子句

C. HAVING 子句　　　　D. ORDER BY 子句

2. 判断题

(1) GROUP BY 子句中只能根据一个字段进行分组。(　　)

(2) GROUP BY 子句除了可以进行分组外,还可以进行排序。(　　)

(3) GROUP BY 子句通常和聚合函数一起使用。(　　)

(4) 在 SELECT 子句中投影的列名必须出现在相应的 GROUP BY 列名表中。(　　)

5.2.3 HAVING 子句限定查询

对于 GROUP BY 分组查询的结果,可以根据 HAVING 子句中的逻辑表达式来指定条件进行筛选,通常在 HAVING 子句中包含有聚合函数。

1. 语法格式

```
HAVING 逻辑表达式
```

2. 基本功能

与 GROUP BY 参数配合筛选统计结果。

3. HAVING 子句说明

对于使用 GROUP BY 子句分组统计的结果,还可以根据 HAVING 子句中逻辑表达式指定的条件进行筛选。

HAVING 子句的逻辑表达式通常包含聚合函数,需要注意的是聚合函数不能放在 WHERE 子句的逻辑表达式中。

【实例 5-26】 从教学质量评价数据库 tqe 的表 StudentGrade 中,查询评教成绩大于 90 分的教师。

(1) 启动图形用户界面,在"查询编辑器"窗口中输入如下 T-SQL 语句。

```
SELECT TeacherCode,AVG(TotalScore)
FROM StudentGrade
GROUP BY TeacherCode
HAVING AVG(TotalScore)> 90
```

（2）单击“SQL 编辑器”工具栏中的“执行”按钮，运行结果如图 5-28 所示。

	TeacherCode	(无列名)
1	2002110096	97.5
2	2002260194	96.5
3	2002260397	94.25

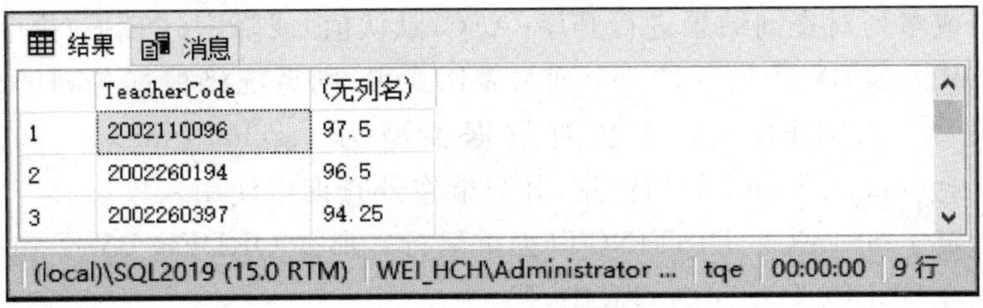

图 5-28　使用 HAVING 子句查询结果集

【思考与练习】

（1）下面有关 HAVING 子句描述错误的是（　　）。

A. HAVING 子句必须与 GROUPBY 子句同时使用，不能单独使用

B. 使用 HAVING 子句的同时不能使用 WHERE 子句

C. 使用 HAVING 子句的同时可以使用 WHERE 子句

D. 使用 HAVING 子句的作用是限定分组的条件

（2）HAVING 子句中应后跟（　　）。

A. 组条件表达式　　B. 视图序列

C. 列名序列　　D. 行条件表达式

（3）SELECT 语句中与 HAVING 子句通常同时使用的是（　　）子句。

A. ORDERBY　　B. WHERE　　C. GROUPBY　　D. 无须配合

（4）使用 SQL 语句进行分组检索时，为了去掉不满足条件的分组，应当（　　）。

A. 使用 WHERE 子句

B. 在 GROUP BY 后面使用 HAVING 子句

C. 先使用 WHERE 子句再使用 HAVING 子句

D. 先使用 HAVING 子句再使用 WHERE 子句

（5）在表中用字段 price 表示价格，平均价格大于 90 元的 HAVING 表达式为（　　）。

A. HAVING AVG(PRICE)＞90　　B. HAVING PRICE＞90

C. PRICE＞90　　D. AVG＞90

5.2.4　ORDER BY 子句排序查询

使用 ORDER BY 子句可按一列或多列的值对查询结果进行升序或降序排列，其中关键字 ASC 表示升序，也是 ORDER BY 子句的默认值，关键字 DESC 表示降序。

1. 语法格式

```
ORDER BY 列名表达式表 [ASC|DESC]
```

2. 基本功能

ORDER BY 子句对查询结果记录集进行排序。

3. ORDER BY 子句说明

- 按一列或多列对查询结果进行升序（ASC，默认值）或降序（DESC）排序。
- 如果 ORDER BY 子句后是一个列名表达式表，则系统将根据各列的次序决定排序的优先级。ORDER BY 无法对数据类型为 varchar(max)、nvarchar(max)、varbinary(max) 或 xml 的列使用，并只能在外查询中使用。
- 如果指定了 SELECT DISTINCT（去重复行），那么 ORDER BY 子句中的列名就必须出现在 SELECT 子句的列表中。

【实例 5-27】 从教学质量评价数据库 tqe 的表 StudentGrade 中，查询所有教师各门课程评教成绩并按照成绩升序排列。

（1）启动图形用户界面，在"查询编辑器"窗口中输入如下 T-SQL 语句。

```
SELECT TeacherCode, CourseName,AVG(TotalScore)
FROM StudentGrade
GROUP BY TeacherCode, CourseName
ORDER BY AVG(TotalScore) ASC
```

（2）单击"SQL 编辑器"工具栏中的"执行"按钮，运行结果如图 5-29 所示。

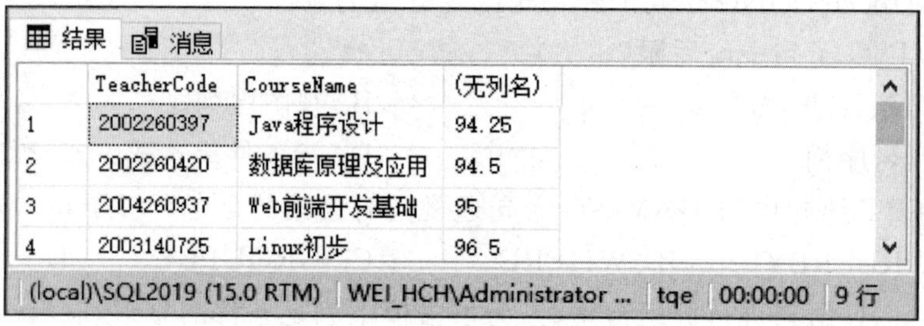

图 5-29 使用 ORDER BY 子句查询结果集

【思考与练习】

（1）ORDER BY 子句默认是按照降序排序。   （   ）
（2）ORDER BY 子句如果省略关键字 ASC 或 DESC，则按照降序排序。   （   ）
（3）ORDER BY 子句可以单独使用，不必和 GROUP BY 子句一起使用。   （   ）
（4）ORDER BY 子句中通常包含聚合函数。   （   ）
（5）ORDER BY 子句也可以用来进行分组。   （   ）

5.3 连接查询

◆ 单元简介

在使用 SELECT 查询语句时，数据分布在不同的表之中，因此不可避免地要涉及多表的连接，将分布于不同表中的数据集中显示在一个查询结果集中进行显示，这就是连接查询。

在 SQL Server 中，连接查询可以使用两种语法形式。

1. 使用 FROM 子句,连接条件写在 WHERE 子句的逻辑表达式中,实现表的连接。
2. 使用 ANSI 连接语法形式,在 FROM 子句中使用 JOIN…ON 关键字,连接条件写在 ON 之后,实现表的连接。

在实际使用过程中,推荐使用 ANSI 形式的连接查询。

ANSI 语法形式在日常使用中,使用频率较高的是内连接查询及外连接查询,而外连接查询又分为左外连接、右外连接及全连接三种方式。

◇ 单元目标
1. 掌握连接查询概念。
2. 熟练连接查询的两种语法形式。
3. 掌握内连接查询。
4. 掌握外连接查询的三种查询方式。

◇ 任务分析
连接查询分为两个工作任务。

【任务 1】内连接查询

内连接是一种最常用的连接类型。内连接查询实际上是一种任意条件的查询。使用内连接时,如果两个表的相关字段满足连接条件,就从这两个表中提取数据并组合成新的记录,也就是说在内连接查询中,只有满足条件的元组才能出现在查询结果集中。

【任务 2】外连接查询

内连接的查询结果都是满足连接条件的元组,但有时也需要输出那些不满足连接条件的元组信息,这时就需要使用外连接。外连接是只限制一张表中的数据必须满足连接条件,而另一张表中的数据可以不满足连接条件的连接方式。

5.3.1 内连接查询

从两个或两个以上的表的笛卡儿积中,选出符合连接条件的数据行。如果数据行无法满足连接条件,则将其丢弃。内连接消除了与另一个表中不匹配的数据行。

1. 语法格式

FROM 表名 1 INNER JOIN 表名 2 ON 连接表达式< 表名 1. 列名= 表名 2. 列名>

2. 基本功能

通过连接条件在多个表中数据中选出符合连接条件的数据行。

3. 内连接查询说明

- 实现表与表的两两连接,表 1 和表 2 连接之后还可以继续与表 3,…,表 n 连接,最多可以连接 64 个表。
- 连接条件放在 ON 关键字后。
- 特别注意的是此语句也可以应用于视图。

使用内连接时,使用关键字 INNER JOIN 表示内连接查询,关键字 ON 后是连接表达式,实现表与表的连接,在内连接查询中最多可以连接 64 个表。

【实例 5-28】 从教学质量评价数据库 tqe 的表 Student、Class 中,查询学生及其所属班级信息。

(1) 启动图形用户界面，在“查询编辑器”窗口中输入如下 T-SQL 语句。

```
SELECT Studentcode,Studentname, Class.classid,Classname
FROM Student
INNER JOIN Class ON Student.ClassID= Class.ClassID
```

(2) 单击“SQL 编辑器”工具栏中的“执行”按钮，运行结果如图 5-30 所示。

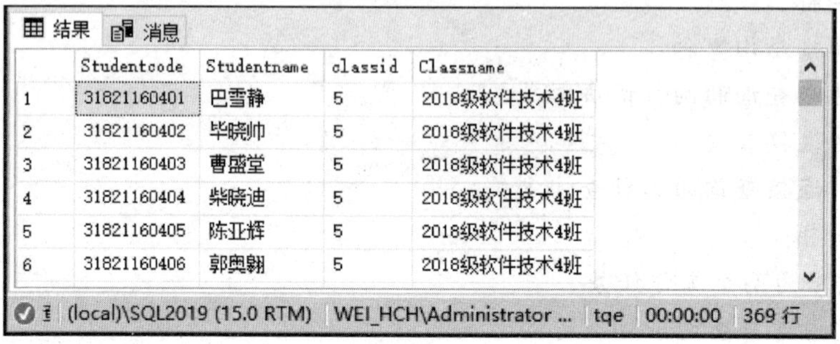

	Studentcode	Studentname	classid	Classname
1	31821160401	巴雪静	5	2018级软件技术4班
2	31821160402	毕晓帅	5	2018级软件技术4班
3	31821160403	曹盛堂	5	2018级软件技术4班
4	31821160404	柴晓迪	5	2018级软件技术4班
5	31821160405	陈亚辉	5	2018级软件技术4班
6	31821160406	郭奥翱	5	2018级软件技术4班

图 5-30　使用内连接实现两表连接查询结果集

【实例 5-29】 从教学质量评价数据库 tqe 的表 Student、StudentCourse、Teacher 中，查询教师任课及学生选课信息。

(1) 启动图形用户界面，在“查询编辑器”窗口中输入如下 T-SQL 语句。

```
SELECT Teachername,Coursename,Studentname
FROM Student
INNER JOIN StudentCourse ON Student.StudentCode= Studentcourse.StudentCode
INNER JOIN Teacher ON Teacher.TeacherCode= StudentCourse.TeacherCode
```

(2) 单击“SQL 编辑器”工具栏中的“执行”按钮，运行结果如图 5-31 所示。

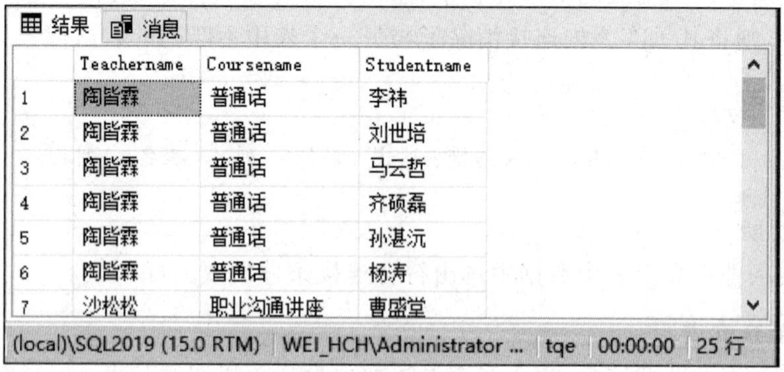

	Teachername	Coursename	Studentname
1	陶皆霖	普通话	李祎
2	陶皆霖	普通话	刘世培
3	陶皆霖	普通话	马云哲
4	陶皆霖	普通话	齐硕磊
5	陶皆霖	普通话	孙湛沅
6	陶皆霖	普通话	杨涛
7	沙松松	职业沟通讲座	曹盛堂

图 5-31　使用内连接实现多表连接查询结果集

【思考与练习】

1. 单选题

(1) 内连接查询最多可以连接(　　)个表。

A. 8　　B. 16　　C. 32　　D. 64

(2) 内连接使用的是( )连接语法形式。
   A. ANSI   B. ASC   C. ISO   D. UML

2. 判断题

(1) 在使用 ANSI 连接查询语法形式时可以省略关键字 ON。 ( )
(2) 在进行连接查询时连接条件可以省略。 ( )
(3) INNER JOIN 表示表与表的两两连接，其后不可以再连接其他表。 ( )
(4) 内连接语句也可以用来连接视图。 ( )

5.3.2 外连接查询

外连接返回 FROM 子句中指定的至少一个表（视图）中的所有行，只要这些行符合任何 WHERE 选择（不包含 ON 中的连接条件）或 HAVING 限定条件。

外连接又分为左外连接、右外连接和全外连接。

1. 语法格式

- 左外连接

FROM 表名 1 LEFT [OUTER] JION 表名 2 ON 连接表达式

- 右外连接

FROM 表名 1 RIGHT [OUTER] JION 表名 2 ON 连接表达式

- 全外连接

FROM 表名 1 FULL [OUTER] JION 表名 2 ON 连接表达式

2. 基本功能

左外连接连接结果保留表 1 没形成连接的行，表 2 相应的各列为 NULL 值。

右外连接连接结果保留表 2 没形成连接的行，表 1 相应的列为 NULL 值。

全外连接结果保留表 1 没形成连接的元组，表 2 相应的列为 NULL 值；连接结果也保留表 2 没形成连接的元组，而表 1 相应的列为 NULL 值。

3. 外连接查询说明

- 实现表与表的两两连接，表 1 和表 2 连接之后还可以继续与表 3，…，表 n 连接，最多可以连接 64 个表。
- 连接条件放在 ON 关键字后。
- 特别注意的是此语句也可以连接视图。

【实例 5-30】 从教学质量评价数据库 tqe 的表 Student、StudentCourse 中，查询学生的选课情况，包括没有选修课的学生情况。

(1) 启动图形用户界面，在"查询编辑器"窗口中输入如下 T-SQL 语句。

```
SELECT Student.StudentCode,StudentName,Sex,CourseName
FROM Student
LEFT JOIN StudentCourse ON Student.StudentCode= Studentcourse.StudentCode
```

(2) 单击“SQL 编辑器”工具栏中的“执行”按钮，运行结果如图 5-32 所示。

结果 消息

	StudentCode	StudentName	Sex	CourseName
1	31922120156	崔勇	男	NULL
2	31922120139	王海春	男	NULL
3	31922120144	王溢洺	男	NULL
4	31922120147	杨梦晨	男	NULL
5	31922120149	张翮	男	NULL
6	31922120153	郑煜兴	男	NULL

查询已成... (local)\SQL2019 (15.0 RTM) WEI_HCH\Administrator ... tqe 00:00:00 369 行

图 5-32　使用左外连接查询结果集

【实例 5-31】 从教学质量评价数据库 tqe 的表 Student、StudentCourse 中，使用右外连接查询学生的选课情况，也包括没有选修课的学生情况。

(1) 启动图形用户界面，在“查询编辑器”窗口中输入如下 T-SQL 语句。

```
SELECT Student.StudentCode,StudentName,Sex,CourseName
FROM StudentCourse
RIGHT JOIN Student ON Student.StudentCode= Studentcourse.StudentCode
```

(2) 单击“SQL 编辑器”工具栏中的“执行”按钮，运行结果如图 5-33 所示。

结果 消息

	StudentCode	StudentName	Sex	CourseName
1	31922120156	崔勇	男	NULL
2	31922120139	王海春	男	NULL
3	31922120144	王溢洺	男	NULL
4	31922120147	杨梦晨	男	NULL
5	31922120149	张翮	男	NULL
6	31922120153	郑煜兴	男	NULL

查询已成... (local)\SQL2019 (15.0 RTM) WEI_HCH\Administrator ... tqe 00:00:00 369 行

图 5-33　使用右外连接查询结果集

【实例 5-32】 从教学质量评价数据库 tqe 的表 Student、StudentCourse 中，使用全外连接查询选课情况，包括没有选修课的学生情况和没有讲授选修课的教师情况。

(1) 启动图形用户界面，在“查询编辑器”窗口中输入如下 T-SQL 语句。

```
SELECT Student.StudentCode,StudentName,Coursename,Teachername
FROM Student
FULL JOIN StudentCourse ON Student.StudentCode= Studentcourse.StudentCode
FULL JOIN Teacher ON Teacher.TeacherCode= StudentCourse.TeacherCode
```

(2) 单击“SQL 编辑器”工具栏中的“执行”按钮，运行结果如图 5-34 所示。

【思考与练习】

1. 单选题

(1) 表示左外连接的关键字是(　　)。

A. LEFT　　B. RIGHT　　C. INNER　　D. FULL

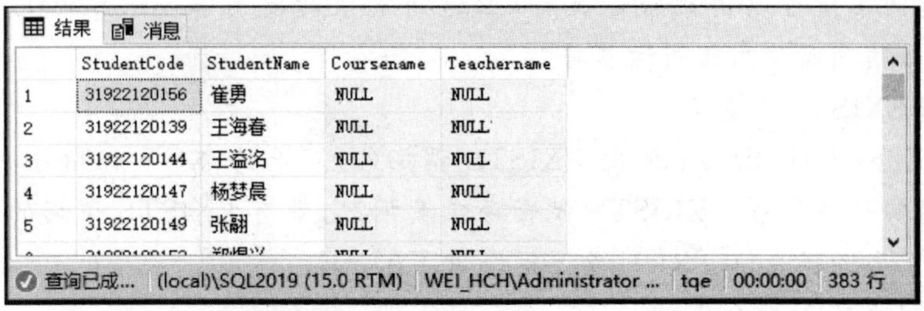

图 5-34　使用全外连接查询结果集

(2) 表示右外连接的关键字是(　　　)。
　　A. LEFT　　　　　B. RIGHT　　　　C. INNER　　　　D. FULL
(3) 表示全外连接的关键字是(　　　)。
　　A. LEFT　　　　　B. RIGHT　　　　C. INNER　　　　D. FULL
(4) 在外连接查询中可以省略的关键字是(　　　)。
　　A. LEFT　　　　　B. OUTER　　　　C. ON　　　　　D. RIGHT

2. 判断题

(1) 左外连接对连接中右边的表不加限制。　　　　　　　　　　　　(　　)
(2) 在进行连接查询时推荐使用 ANSI 连接语法形式。　　　　　　　(　　)

5.4　子　查　询

◆ **单元简介**

子查询是指在一个 SELECT 语句的 WHERE 子句中包含另一个 SELCET 语句,在外层的 SELECT 语句称为主查询,WHERE 子句中的 SELECT 语句被称为子查询,也可以把子查询称为嵌套查询,子查询可描述复杂的查询条件,在进行子查询时一般会涉及两个以上的表,所做的查询有的也可以采用连接查询或者用几条查询语句完成。

常用子查询有 IN 子查询、SOME|ANY 子查询、EXIST 子查询。

UNION 联合查询对多个 SELECT 查询进行合并从而显示在同一个查询结果集中,使用 UNION 运算符合并的所有查询必须在其目标列表中有相同数目的表达式。

◆ **单元目标**

1. 掌握子查询及联合查询概念。
2. 熟练子查询、联合查询语法形式。
3. 掌握子查询。
4. 掌握联合查询。

◆ **任务分析**

子查询分为 4 个工作任务。

【任务 1】IN 子查询

IN(包含于)或 NOT IN(不包含于)引入的子查询结果是包含零个值或多个值的列表。

【任务 2】ANY|SOME 子查询

子查询返回单值可以用比较运算符,但返回多值时要用 ANY、SOME 修饰符。使用 ANY 的时候必须同时使用比较运算符。

【任务3】EXISTS 子查询

在 TRUE/FALSE 比较中使用 EXISTS 谓词(与可选的 NOT 保留字一道)来决定子查询是否会返回任何记录。EXISTS 代表存在量词∃,带有 EXISTS 谓词的子查询不返回任何数据,只产生逻辑真值 TRUE 或逻辑假值 FALSE。

【任务4】UNION 联合查询

联合查询是可合并多个相似的选择查询的结果集。等同于将一个表追加到另一个表,从而实现将两个表的查询组合到一起。

5.4.1 IN 子查询

在 IN 子查询中可以使用 IN 或 NOT IN 两组关键字,其中 IN 表示在 WHERE 子句中列名的值被包含在子查询结果的集合中,NOT IN 表示 WHERE 子句中列名的值不被包含在子查询结果的集合中。

1. 语法格式

列名 [NOT] IN (子查询)

2. 基本功能

IN 表示在 WHERE 子句中列名的值被包含在子查询结果的集合中,NOT IN 表示 WHERE 子句中列名的值不被包含在子查询结果的集合中。

3. IN 子查询说明

- WHERE 子句中列名的值包含在子查询结果的集合中时,逻辑表达式的值为真。
- 当没有用 EXISTS 引入子查询时,在子查询的 SELECT 投影列表中只能指定一个表达式。

【实例 5-33】 从教学质量评价数据库 tqe 的表 Teacher、TeachCourse 中,查询"数据库原理及应用"任课教师姓名。

(1) 启动图形用户界面,在"查询编辑器"窗口中输入如下 T-SQL 语句。

```
SELECT TeacherName
FROM Teacher
WHERE TeacherCode
IN (SELECT TeacherCode FROM TeachCourse
WHERE CourseName= '数据库原理及应用')
```

(2) 单击"SQL 编辑器"工具栏中的"执行"按钮,运行结果如图 5-35 所示。

图 5-35 使用 IN 子查询查询结果集

【实例 5-34】 从教学质量评价数据库 tqe 的表 Teacher、TeachCourse 中,查询没有承担过"数据库技术"课程教学的教师姓名。

(1) 启动图形用户界面,在"查询编辑器"窗口中输入如下 T-SQL 语句。

SELECT TeacherName
FROM Teacher
WHERE TeacherCode
NOT IN (SELECT TeacherCode FROM TeachCourse
WHERE CourseName= '数据库技术')

(2) 单击"SQL 编辑器"工具栏中的"执行"按钮,运行结果如图 5-36 所示。

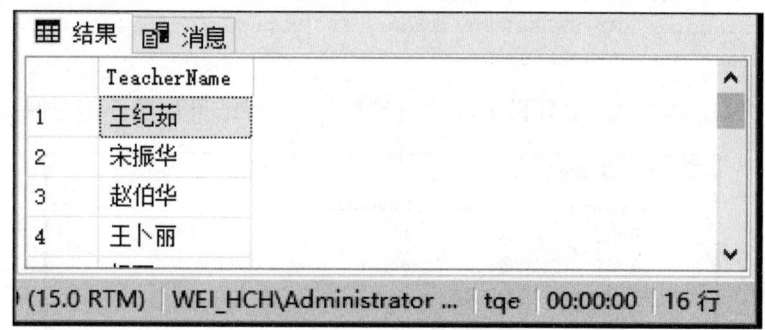

图 5-36　使用 NOT IN 子查询查询结果集

【思考与练习】

(1) 在 SELECT 语句的 FROM 中嵌套一个 SELECT 语句称为子查询。　　　　(　　)
(2) IN 子查询中可以省略的关键字是 NOT。　　　　　　　　　　　　　　　(　　)
(3) NOT IN 表示列名的值不被包含在子查询结果的集合中。　　　　　　　　(　　)
(4) 子查询也被称为嵌套查询。　　　　　　　　　　　　　　　　　　　　　(　　)
(5) 嵌套查询只会涉及一个表。　　　　　　　　　　　　　　　　　　　　　(　　)

5.4.2　ANY|SOME 子查询

ANY|SOME 子查询表示,当某列的值在进行比较运算时,满足子查询中的任何一个值时,逻辑表达式的值为真,否则为假。当比较运算符为"="时,IN 子查询和 ANY|SOME 子查询使用效果没有差别。同 IN 子查询一样,在子查询的 SELECT 目标列表达式中只能指定一个表达式。

ANY 和 SOME 的用法相同。

1. 语法格式

列名 比较运算符 ANY|SOME(子查询)

2. 基本功能

当对某列的值在进行比较运算时,满足子查询中的任何一个值时,逻辑表达式的值为真,否则为假。

3. ANY|SOME 子查询说明

- 当列名的值在关系上满足子查询的条件时,逻辑表达式的值为真,否则为假。
- 与[NOT] IN 子查询类似,在子查询的 SELECT 投影列表中只能指定一个表达式。

【实例 5-35】 从教学质量评价数据库 tqe 的表 Teacher、StudentGrade 中,查询评教成绩大于教工编号为 2002260397 教师最低分的教师任课信息。

(1) 启动图形用户界面,在"查询编辑器"窗口中输入如下 T-SQL 语句。

```
SELECT Teachername, CourseName, TotalScore
FROM Teacher INNER JOIN StudentGrade
ON Teacher.TeacherCode= StudentGrade.TeacherCode
WHERE TotalScore> ANY(SELECT TotalScore FROM StudentGrade
WHERE TeacherCode= '2002260397')
```

(2) 单击"SQL 编辑器"工具栏中的"执行"按钮,运行结果如图 5-37 所示。

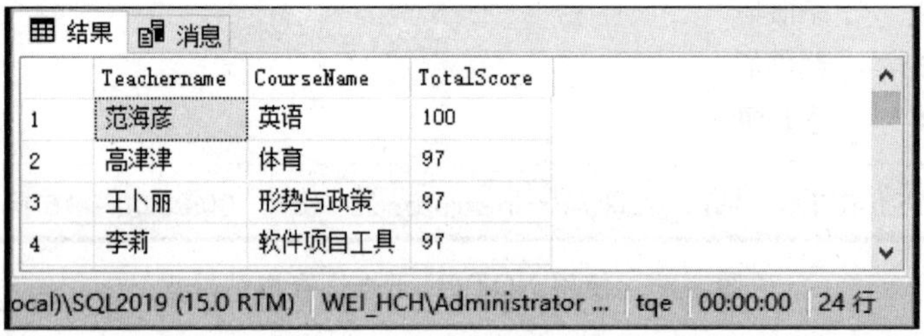

图 5-37 使用 ANY 子查询查询结果集

【实例 5-36】 从 tqe 数据库表 Student、StudentCourse 中查询选修"普通话"课程的学生信息。

(1) 启动图形用户界面,在"查询编辑器"窗口中输入如下 T-SQL 语句。

```
SELECT *
FROM Student
WHERE StudentCode= SOME(SELECT StudentCode
FROM StudentCourse WHERE CourseName= '普通话')
```

(2) 单击"SQL 编辑器"工具栏中的"执行"按钮,运行结果如图 5-38 所示。

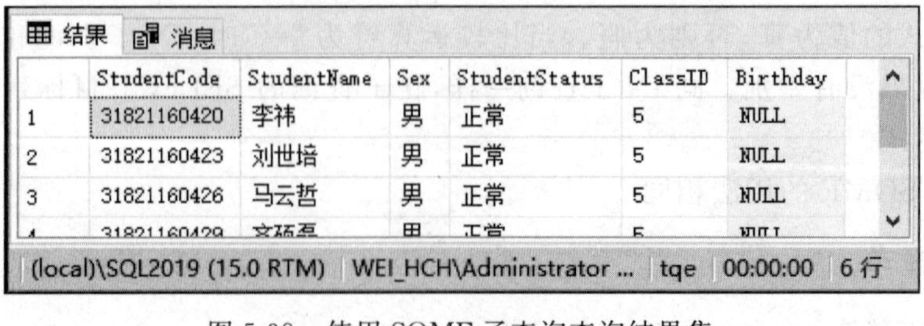

图 5-38 使用 SOME 子查询查询结果集

【思考与练习】

(1) 在 SELECT 语句的 WHERE 子句中嵌套一个 SELECT 语句称为子查询。(   )

(2) ANY 子查询在满足一定条件时可以和 IN 子查询互换。   (   )
(3) 嵌套查询不一定只会涉及一个表。   (   )
(4) 采用子查询不一定会提高查询的时间和空间效率。   (   )
(5) ANY 子查询和 SOME 子查询用法相同。   (   )

5.4.3　EXISTS 子查询

EXISTS 子查询表示存在量词,当子查询的结果存在时,返回逻辑真值,不存在则返回逻辑假值。NOT EXISTS 含义与 EXISTS 相反。

在 EXISTS 语句中引入子查询时,在子查询的 SELECT 目标列表达式中可以指定多个表达式。

EXISTS 子查询也是在 SELECT 查询语句的 WHERE 子句中包含另一个 SELCET 查询语句,和 IN 子查询、比较子查询的不同点是,EXISTS 子查询中的 SELECT 目标列表达式中可以有多个表达式。

1. 语法格式

```
[NOT] EXISTS(子查询)
```

2. 基本功能

表示存在量词,当子查询的结果存在时,返回逻辑真值,不存在则返回逻辑假值。NOT EXISTS 含义与 EXISTS 相反。

3. EXISTS 子查询说明

- EXISTS 表示存在量词,当子查询的结果存在(不为空集)时,返回逻辑真值,不存在(空集)则返回逻辑假值。
- NOT EXISTS 则与 EXISTS 相反。
- 在 EXISTS 引入子查询时,子查询的 SELECT 投影列表中可以指定多个表达式。

【实例 5-37】　从 tqe 数据库表 Student、StudentGrade 中,查询参与评教的学生信息。

(1) 启动图形用户界面,在"查询编辑器"窗口中输入如下 T-SQL 语句。

```
SELECT StudentCode,StudentName
FROM Student
WHERE EXISTS (SELECT *  FROM StudentGrade
WHERE Student. StudentCode= StudentGrade. StudentCode)
```

(2) 单击"SQL 编辑器"工具栏中的"执行"按钮,运行结果如图 5-39 所示。

【实例 5-38】　从 tqe 数据库表 Student、StudentGrade 中,查询未参与评教的学生信息。

(1) 启动图形用户界面,在"查询编辑器"窗口中输入如下 T-SQL 语句。

```
SELECT StudentCode,StudentName
FROM Student
WHERE NOT EXISTS (SELECT *  FROM StudentGrade
WHERE Student. StudentCode= StudentGrade. StudentCode)
```

(2) 单击"SQL 编辑器"工具栏中的"执行"按钮,运行结果如图 5-40 所示。

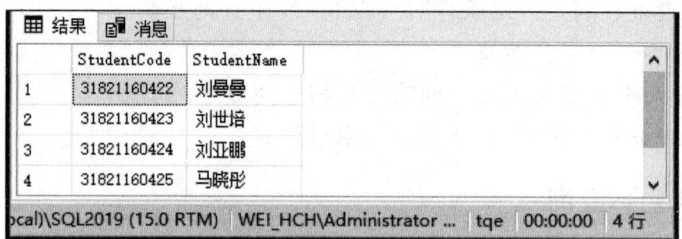

图 5-39 使用 EXISTS 子查询查询结果集

图 5-40 使用 NOT EXISTS 子查询查询结果集

【思考与练习】

(1) 外层的 SELECT 语句被称为父查询。( )
(2) NOT EXISTS 子查询的结果存在,返回逻辑值为真。( )
(3) 子查询和嵌套查询是两种查询方式。( )
(4) 嵌套查询一般不会只涉及一个表。( )
(5) 采用子查询有时提高查询的时间和空间效率,但会增加阅读的复杂度。( )

5.4.4 UNION 联合查询

UNION 联合查询对多个 SELECT 查询进行合并并显示在同一个结果集中。

使用 UNION 运算符合并的所有查询必须在其目标列表中有相同数目的表达式。

使用 UNION 联合查询时,参数 ALL 表示最后的结果集中可以显示重复行数据,在使用过程中如果省略了参数 ALL,在最后的结果集中将不显示重复行数据。

1. 语法格式

```
SELECT 语句 {UNION [ALL]
SELECT 语句}[,...n]
```

2. 基本功能

对多个 SELECT 查询进行合并并显示在同一个结果集中。

3. UNION 联合查询说明

利用 UNION 操作符对查询进行并运算,ALL 参数表示运算结果包括重复行。使用 UNION 运算符合并的所有查询必须在其目标列表中有相同数目的表达式。

【实例 5-39】 从教学质量评价数据库 tqe 的表 Teacher、TeachCourse 中,查询"Java 程序设计"和"数据库原理与应用"任课教师姓名。

(1) 启动图形用户界面,在"查询编辑器"窗口中输入如下 T-SQL 语句。

SELECT TeacherName
FROM Teacher
INNER JOIN TeachCourse ON Teacher. TeacherCode= TeachCourse. TeacherCode
WHERE CourseName= 'Java 程序设计'
UNION ALL
SELECT TeacherName
FROM Teacher
INNER JOIN TeachCourse ON Teacher. TeacherCode= TeachCourse. TeacherCode
WHERE CourseName= '数据库原理与应用'

(2) 单击"SQL 编辑器"工具栏中的"执行"按钮,运行结果如图 5-41 所示。

图 5-41 使用 UNION ALL 联合查询查询结果集

【实例 5-40】 从教学质量评价数据库 tqe 的表 Teacher、TeachCourse 中,查询"Java 程序设计"和"数据库原理与应用"任课教师姓名,查询结果集中去除重复行数据。

(1) 启动图形用户界面,在"查询编辑器"窗口中输入如下 T-SQL 语句。

SELECT TeacherName
FROM Teacher
INNER JOIN TeachCourse ON Teacher. TeacherCode= TeachCourse. TeacherCode
WHERE CourseName= 'Java 程序设计'
UNION
SELECT TeacherName
FROM Teacher
INNER JOIN TeachCourse ON Teacher. TeacherCode= TeachCourse. TeacherCode
WHERE CourseName= '数据库原理与应用'

(2) 单击"SQL 编辑器"工具栏中的"执行"按钮,运行结果如图 5-42 所示。

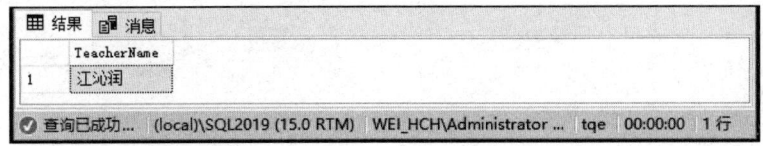

图 5-42 使用 UNION 联合查询查询结果集

【思考与练习】

1. 单选题

(1) 使用 UNION 操作符对查询进行(　　)运算。

　　A. 并　　　　　　B. 交　　　　　　C. 差　　　　　　D. 补

(2) 联合查询中关键字 ALL 的作用是（　　）。
　　A. 运算结果包括重复行　　　　B. 运算结果不包括重复行
　　C. 运算结果省略重复行　　　　D. 运算结果隐藏重复行

2. 判断题

(1) 使用 UNION 运算符合并的查询不必在其目标列表中有相同数目的表达式。
　　　　　　　　　　　　　　　　　　　　　　　　　　　　　　　　（　　）
(2) 联合查询中不可以省略关键字 ALL。　　　　　　　　　　　　　　（　　）
(3) 联合查询中所有查询必须在各自的目标列表中有相同数目的表达式。（　　）

➡ 常见问题解析

【问题 1】 在执行查询语句时,会提示找不到所要查询的表,提示"对象名'＊＊＊'无效。"如何解决?

【答】 有两种可能,一种是要提前声明查询表所在的数据库,另一种检查所用的数据库中,是否存在该表。

【问题 2】 在执行查询语句时,会提示字符串'＊＊＊'后的引号不完整。如何解决?

【答】 检查所用使用的引号是否为英文状态下的引号。注意在 T-SQL 查询语句中,要使用英文状态下的"逗号、引号"等。

【问题 3】 子查询语句中 IN 子句与 EXISTS 和 ANY|SOME 子句的区别?

【答】 EXISTS 和 ANY|SOME 子查询一般都可以转换为 IN 子查询。EXISTS 与 IN 子句主要是使用效率有区别,通常情况下采用 EXISTS 要比 IN 效率高,因为 IN 子查询不使用索引,但要看实际情况具体使用,一般 IN 子查询适合于外表大而内表小的情况,EXISTS 子查询适合于外表小而内表大的情况。IN 子查询与 ＝ ANY 子查询等价,均表示条件在子查询列表之中;NOT IN 子查询与 <> ALL 子查询等价,但不能写成<> ANY 子查询,前两者均表示条件不在子查询列表之中,<> ANY 子查询表示有任意一个子查询值与条件不等即可。

项目 6

"教学质量评价系统"优化查询

6.1 使用索引优化查询

◇ **单元简介**

在关系型数据库中,索引是一种可以加快数据检索的数据库结构,主要用于提高性能。因为利用索引可以从大量的数据中迅速找到所需要的数据,不再需要检索整个数据库,从而大大提高了检索的效率。

索引的作用相当于图书的目录,可以根据目录中的页码快速找到所需的内容,所以索引是由主数据衍生的附加结构用来减少检索数据的时间。

创建索引的目的是在于增加查询的速度,但付出的代价就是增加增、删、改操作的工作任务以及消耗一定的存储空间。这个就是索引的特点。

◇ **单元目标**

1. 了解索引的定义与分类。
2. 掌握创建索引的操作。
3. 掌握索引的管理和简单优化。

◇ **任务分析**

创建和管理索引分为 3 个工作任务。

【任务 1】索引的定义和分类

从理论角度学习索引的定义,以及列举并研究索引的不同类型。

【任务 2】创建索引

分别使用 T-SQL 和图形用户界面创建索引。

【任务 3】管理和优化索引

分别使用 T-SQL 和图形用户界面查看索引、删除索引和优化索引。

6.1.1 索引的定义与分类

从定义上来看,索引是一种单独的、物理的对数据库表中一列或多列的值进行排序的存储结构,它是某个表中一列或若干列所在的数据页的逻辑指针清单。单独的、物理的说明索引是真实存在于数据库中的辅助数据,一列或多列说明它仅作用于指定的数据列,存储结构说明它一定是有自身的读写规则的。

索引一旦创建,将由数据库自动管理和维护。例如,向表中插入、更新和删除一条记录时,数据库会自动在索引中做出相应的修改。在编写 T-SQL 查询语句时,具有索引的表与不具有索引的表在查询出的数据上没有任何差别,索引只是提供一种快速访问指定记录的方法。

1. 利用索引可以提高数据的访问速度

只要为适当的字段建立索引,就能大幅度提高下列操作的速度。

(1) 查询操作中 WHERE 子句的数据提取。

(2) 查询操作中 ORDER BY 子句的数据排序。

(3) 查询操作中 GROUP BY 子句的数据分组。

(4) 更新和删除数据记录。

2. 索引可以确保数据的唯一性

唯一性索引的创建可以保证表中数据记录不重复。

虽然索引具有诸多优点,但是仍要注意避免在一个表上创建大量的索引,因为这样不但会影响插入、删除、更新数据的性能,也会在更改表中的数据时增加调整所有索引的操作,降低系统的维护速度。

3. 索引的分类

按存储结构可以将索引分为聚集索引(CLUSTERED INDEX,也可以称为聚簇索引)和非聚集索引(NONCLUSTERED INDEX,也可以称为非聚簇索引)。按数据的唯一性,可以将索引分为唯一性索引和非唯一性索引。

1) 聚集索引

在聚集索引中,数据行的物理存储顺序与索引顺序完全相同,也就是说索引的顺序决定了表中数据行的存储顺序。因为数据行是经过排序的,所以每个表只能有一个聚集索引。

因为聚集索引的顺序与数据行存放的物理顺序相同,所以聚集索引最适合范围搜索。因为在找到一个范围内开始的数据行后可以很快地取出后面的行。

2) 非聚集索引

非聚集索引并不在物理上排列数据,即索引中的逻辑顺序并不等同于表中数据行的物理存储顺序。索引仅仅记录指向表中数据行位置的指针,这些指针本身是有序的,通过这些指针可以在表中快速地定位数据。非聚集索引作为与表分离的对象存在,所以,可以为表中每个常用于查询的列定义非聚集索引。

非聚集索引的特点是它很适合于直接匹配单个条件的查询,而不太适合于返回大量结果的查询。

为一个表创建索引,默认都是非聚集索引,当在一列上设置唯一性约束时也会自动在该列上创建非聚集索引。

3) 唯一性索引

唯一性索引能够保证在创建索引的列或多列的组合上不包括重复的数据,聚集索引和非聚集索引都可以是唯一性索引,也可以是非唯一性索引。

【思考与练习】

1. 单选题

(1) 索引包括(   )。

　　　A. 非聚集索引　　　　B. 聚集索引　　　　C. 主键索引　　　　D. 以上都是

（2）下列关于索引说法正确的是(　　)。
　　A. 一张表仅能创建一个索引　　　　B. 一张表一定包含多个索引
　　C. 一张表必须创建一个索引　　　　D. 一张表仅能包含一个聚集索引

2. 判断题

（1）创建聚集索引会提高增、删、改、查的性能。　　　　　　　　　　(　　)
（2）创建非聚集索引会提高增、删、改、查的性能。　　　　　　　　　(　　)
（3）一般来说，按主键查询比按其他列查询速度要快。　　　　　　　 (　　)

6.1.2　创建索引

索引的建立有利也有弊，建立索引可以提高查询速度，但过多建立索引会占据更多的磁盘空间。所以在建立索引时，必须权衡利弊。

在实际创建索引之前，有如下几个注意事项。

- 当给表创建 PRIMARY 或 UNIQUE 约束时，SQL Server 会自动创建索引。
- 可以在创建表时创建索引，或是给现存表创建索引。
- 只有表的所有者才能给表创建索引。
- 创建一个聚集索引时，所有现存的非聚集索引会重新创建。因此要先创建聚集索引，再创建各个非聚集索引。
- 创建唯一性索引时，应保证创建索引的列不包括重复的数据，并且没有两个或以上的空值(NULL)，否则索引不能被成功创建。

1. 使用 T-SQL 语句创建索引

1) 语法格式

```
CREATE [UNIQUE] [CLUSTERED|NONCLUSTERED] INDEX 自定义索引名
ON 表名(字段名 [ASC|DESC][,...n])
```

2) 功能

在某表上创建唯一/非唯一、聚集/非聚集索引，并且指定引用列的升降序。

3) 说明

- UNIQUE：代表创建的是唯一性的索引，在使用这个关键字时要求数据表中已经存在的数据和未来插入的数据必须具备唯一性，否则会创建失败；不使用这个关键字代表该索引不要求数据具备唯一性。
- CLUSTERED：代表定义聚集索引，NONCLUSTERED 代表定义非聚集索引，默认定义的是非聚集索引。
- INDEX：定义索引的关键字。
- ON 某表名：索引一定是定义在某一张表上的，这张表若被删除，索引也会同时被清除。
- 选择某表以后，必须定义索引是根据哪些字段进行创建的，而且可以规定索引数据是根据这些字段进行升降序的排列。默认为升序。

【实例 6-1】 使用 T-SQL 语句在教学质量评价管理系统数据库 tqe 中创建聚集索引，即为了提升查询班级名称的效率，需要在班级名称上创建聚集索引。

（1）启动图形用户界面，在"查询编辑器"窗口中输入如下 T-SQL 语句。

```
CREATE CLUSTERED INDEX IX_ClassName
ON Class(ClassName)
```

该 T-SQL 语句创建了索引名称为 IX_ClassName 的聚集索引，在 Class 表上依据 ClassName 列升序排序（默认为升序排序）。

（2）单击"SQL 编辑器"工具栏中的"执行"按钮，运行结果如图 6-1 所示。

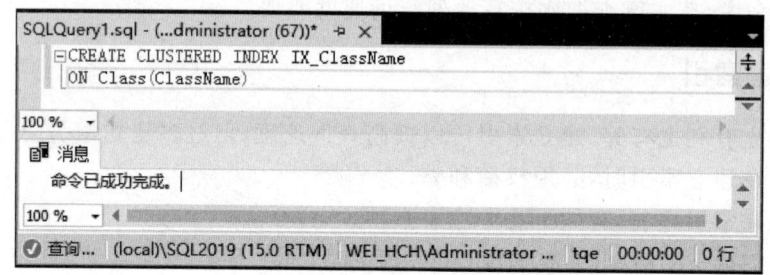

图 6-1 使用 T-SQL 语句创建聚集索引

（3）创建该索引后，以 ClassName 为条件的查询语句效率会有所提升，随着班级信息的数据越多，则效率提升越明显。

【实例 6-2】 使用 T-SQL 语句在 tqe 数据库中创建非聚集索引，即为了提升查询学生姓名的效率，在学生表的学生姓名上创建一个非聚集索引，并按降序排序。

（1）启动图形用户界面，在"查询编辑器"窗口中输入如下 T-SQL 语句。

```
CREATE NONCLUSTERED INDEX IX_StudentName
ON Student(StudentName DESC)
```

通过该 T-SQL 语句创建了名为 IX_StudentName 的索引，其中，NONCLUSTERED 代表非聚集索引（可不带该关键字，默认为非聚集索引），StudentName DESC 指依据学生姓名列降序排序。

（2）单击"SQL 编辑器"工具栏中的"执行"按钮，运行结果显示"命令已成功完成"。

【实例 6-3】 使用 T-SQL 语句在 tqe 数据库中创建多字段非聚集索引。由于对班级编号和学生状态查询较多，因此需要在该两列增加一个索引以提升查询效率，并按降序排序。

（1）启动图形用户界面，在"查询编辑器"窗口中输入如下 T-SQL 语句。

```
CREATE INDEX IX_ClassID_StudentStatus
ON Student(ClassID DESC,StudentStatus DESC)
```

该 T-SQL 语句创建了名为 IX_ClassID_StudentStatus 的非聚集索引（不写 NONCLUSTERED 默认为非聚集索引）。

（2）单击"SQL 编辑器"工具栏中的"执行"按钮，运行结果显示"命令已成功完成"。

（3）创建该索引后，会提高以班级编号和学生状态为条件的查询效率。

2. 使用图形用户界面创建索引

【实例 6-4】 使用图形用户界面在 tqe 数据库中创建非聚集索引。在学生表的出生日期上创建一个非聚集索引，并按降序排序。

(1)在"对象资源管理器"窗口中选择"数据库"→tqe→"表"选项,右击 Student 表,在弹出的快捷菜单中选择"设计"命令,打开表设计器。

(2)在表设计器任意空白处右击,在弹出的快捷菜单中选择"索引/键"命令。

(3)在弹出的"索引/键"对话框中单击"添加"按钮,生成新的索引配置,默认名称为IX_Student*,如图 6-2 所示。

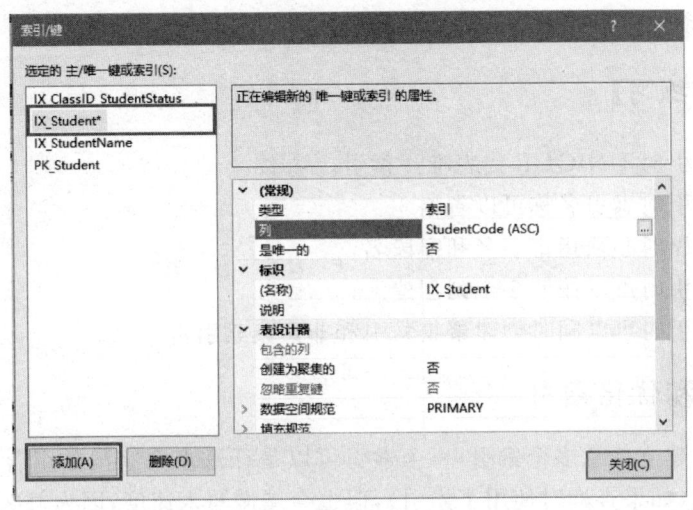

图 6-2 "索引/键"对话框

(4)单击选中"列",在该行右侧出现"…"按钮,单击该按钮后弹出"索引列"对话框,可以设置索引列的列名和排序顺序,本例选择列名为 Birthday,排序顺序为降序。

(5)设置完索引列,单击"确定"按钮,返回到"索引/键"对话框,如图 6-3 所示,可以继续设置其他参数。为了避免在出生日期列中会有重复的数据出现的情况,因此不定义其唯一性,在"是唯一的"属性下拉列表中选择"否"选项。如有需要,可以在对话框中修改索引的名称以及聚集索引等。

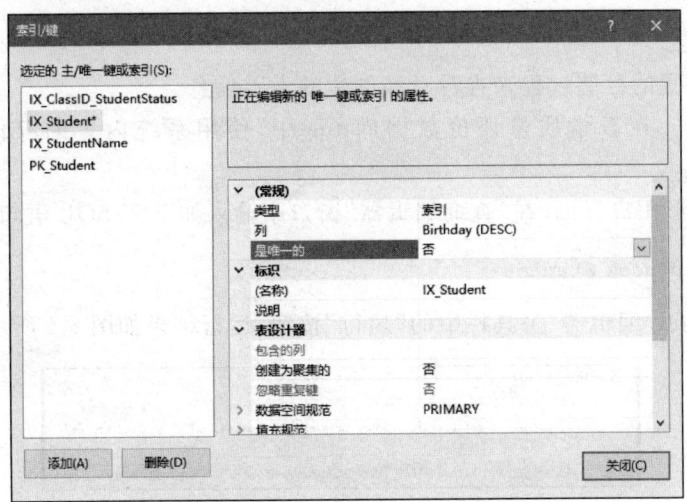

图 6-3 设置完毕的"索引/键"对话框

（6）关闭窗口，并在表设计器中单击"保存"按钮，或者使用快捷键 Ctrl＋S，完成索引的创建。

【拓展实践】

使用图形用户界面右下角状态栏中的"运行时间"，观察在某列创建聚集/非聚集索引后，根据该列为条件的查询运行效率是否提高。

【思考与练习】

（1）创建索引时 UNIQUE 代表唯一索引。　　　　　　　　　　　　　　　（　　）
（2）创建索引时索引名称可以省略。　　　　　　　　　　　　　　　　　（　　）
（3）创建索引时必须指定表名和字段名。　　　　　　　　　　　　　　　（　　）
（4）创建索引时可以按照多个列创建。　　　　　　　　　　　　　　　　（　　）
（5）创建索引时可以同时创建聚集索引和非聚集索引。　　　　　　　　　（　　）

6.1.3　管理和优化索引

一张表可以建立任意多个索引，每个索引可以是任意多个字段的组合。使用索引可能会提高查询速度（如果查询时使用了索引），但也会减慢写入速度，因为每次写入时都需要更新索引，所以索引只应该加在经常需要搜索的列上，不要加在写多读少的列上。

为了提升索引效率，在 SQL Server 中会为了提升效率自动的选择是否使用索引，以及使用哪个索引。

在实际应用中，是可以对索引进行查询的，并且当索引不再需要时可以对其进行删除。

1. 查看表的索引

1）语法格式

EXEC sp_helpindex 表名

2）基本功能

使用系统内置的存储过程来查看已经创建的索引信息。

【实例 6-5】　在教学质量评价数据库 tqe 中，使用系统内置的存储过程来查看表 Student 索引。

（1）启动图形用户界面，在"查询编辑器"窗口中输入如下 T-SQL 语句。

EXEC sp_helpindex Student

（2）单击"SQL 编辑器"工具栏中的"执行"按钮，运行结果如图 6-4 所示。

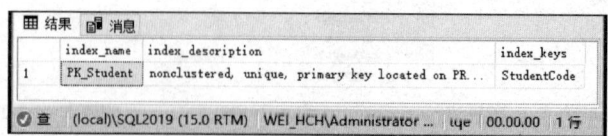

图 6-4　查看表 Student 索引

2. 扫描表的索引字段

1) 语法格式

DBCC SHOWCONTIG (表名,索引名)

2) 基本功能

对表进行数据操作可能会导致表碎片的产生,而表碎片会导致需要额外读取从而造成数据查询性能的降低,此时,用户可以通过使用 DBCC SHOWCONTIG 语句来扫描表,并通过其返回值确定该索引页是否已经严重不连续。在返回的统计信息中,需要注意扫描密度(Scan Density),其理想值为 100%,如果比较低,就需要清理表上的碎片。

【实例 6-6】 在教学质量评价数据库 tqe 中,扫描表 Student 的 PK_Student 索引。

(1) 启动图形用户界面,在"查询编辑器"窗口中输入如下 T-SQL 语句。

DBCC SHOWCONTIG (Student,PK_Student)

(2) 单击"SQL 编辑器"工具栏中的"执行"按钮,运行结果如图 6-5 所示。

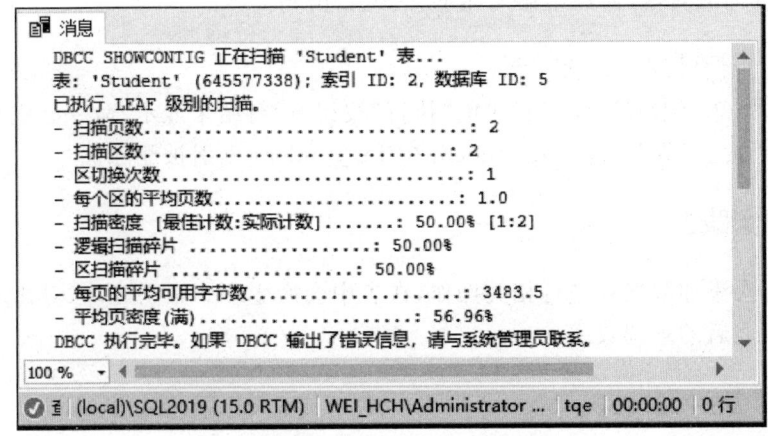

图 6-5 扫描表 Student 的 PK_Student 索引

3. 整理表的索引碎片

1) 语法格式

DBCC INDEXDEFRAG(数据库名,表名,索引名)

2) 基本功能

当表或视图上的聚集索引或非聚集索引页级上存在碎片时,可以通过 DBCC INDEXDEFRAG 对其进行碎片整理,当整理过后,如果在返回的统计信息中发现扫描密度恢复了理想值,则查询效率也会随之提高。

【实例 6-7】 在教学质量评价数据库 tqe 中,整理表 Student 的 PK_Student 索引碎片。

(1) 启动图形用户界面,在"查询编辑器"窗口中输入如下 T-SQL 语句。

DBCC INDEXDEFRAG(tqe,Student,PK_Student)

(2) 单击"SQL 编辑器"工具栏中的"执行"按钮,运行结果如图 6-6 所示。

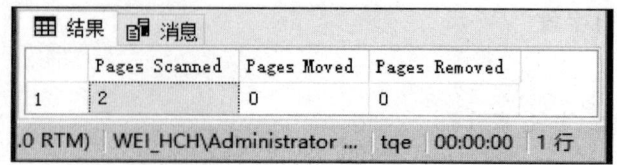

图 6-6　整理表 Student 的 PK_Student 索引碎片

4. 删除索引

1) 语法格式

```
DROP INDEX 表名.索引名
```

2) 基本功能

当索引不再使用时,可以通过 DROP 语句删除一个索引。

【实例 6-8】 在教学质量评价数据库 tqe 中,删除表 Student 中的 IX_Student 索引。

(1) 在对象资源管理器中查看表 Student"索引"节点下现有索引对象。

(2) 在"查询编辑器"窗口中输入如下 T-SQL 语句。

```
DROP INDEX Student.IX_Student
```

(3) 单击"SQL 编辑器"工具栏中的"执行"按钮,运行结果显示"命令已成功完成"。

(4) 刷新"索引"节点,显示表 Student 中 IX_Student 索引被删除。

【拓展实践】

请尝试多次添加数据并进行相关操作,在表中会产生多个索引碎片,对比产生碎片之前的和整理碎片之后的查询效率。

【思考与练习】

1. 单选题

(1) 下面是数据库删除索引语句的关键字的是(　　)。

　　A. DROP INDEX　　　　　　　　B. CREATE INDEX

　　C. ALTER INDEX　　　　　　　　D. DELETE INDEX

(2) 下列 T-SQL 语句正确的是(　　)。

　　A. EXEC sp_helpindex Student　　B. DROP INDEX Student

　　C. DBCC SHOWCONTIG　　　　D. DBCC INDEXDEFRAG

(3) 下列说法错误的是(　　)。

　　A. 创建索引是为了提升查询效率

　　B. 创建索引会影响增、删、改的效率

　　C. 删除索引会降低查询效率

　　D. 强制使用索引可以保证查询效率的提高

2. 判断题

(1) 查询索引列表时,会显示索引的名称、描述和索引引用字段。　　　　　　(　　)

(2) 删除索引时必须添加索引所在表的名称。　　　　　　　　　　（　　）
(3) 创建索引后数据表中就不会产生表碎片。　　　　　　　　　　（　　）

6.2　使用视图优化查询

◇ **单元简介**

数据库三级模式结构分别是外模式、模式、内模式，与之对应，SQL Server 数据库的三级结构是视图、表、数据库。在 SQL Server 中以表为基础，面向应用形成视图。

视图和表都是数据库对象，视图和表类似，视图是一个虚拟的表，在数据库中并不真实存在，而表在数据库中是真实存在的，视图内容由 SELECT 查询语句指定。同真实的表相似，视图包含一系列带有名称的列和行数据，行和列数据来自定义视图的查询所引用的表，在引用视图时由 SELECT 语句动态生成。

◇ **单元目标**

1. 掌握视图概念。
2. 熟练视图创建、修改及删除语法形式。
3. 了解视图特点。
4. 了解视图作用。
5. 掌握如何更新视图。
6. 熟练掌握什么是索引视图。
7. 熟练掌握什么是分区视图。

◇ **任务分析**

视图创建及管理分为 6 个工作任务。

【任务1】创建视图操作

使用 CREATE VIEW 语句创建视图。

【任务2】修改视图操作

使用 ALTER VIEW 语句创建视图。

【任务3】删除视图操作

使用 DROP VIEW 语句创建视图。

【任务4】更新视图

创建可更新视图。

【任务5】索引视图

创建使用索引视图。

【任务6】分区视图

创建分区视图。

6.2.1　视图简介

视图并不是一个实际存在的表，而是一种虚表，其数据是从一个或者多个数据表中导出而生成的，是建立在数据查询的基础上的，而且视图中的数据是随着源表中数据的变化而变化的。借助视图，除了可实现数据查询外，还可以实现原数据表数据的更新、插入和删除操作。

1. 视图的特点

- 视图中的列可以来自不同的表,是表的抽象和在逻辑意义上建立的新关系。
- 视图是在表的基础上产生的虚表。
- 对视图的创建和删除不影响表。
- 对视图内容的修改,如添加、删除和更新直接影响基本表。
- 当视图来自多个基本表时,不允许添加和删除数据行。

2. 视图的作用

首先,视图的作用体现在简化用户的操作上,视图不仅可以简化用户对数据的理解,还可以简化用户的操作,对于那些被经常使用的查询可以被定义为视图,这样用户不必为以后的操作每次都指定全部的条件。

其次,视图提高了数据的安全性,通过视图,用户只能查询和修改他们所能见到的数据,并能限制到某些数据行,而其他数据既看不见也读取不到,虽然数据库授权命令可以使每个用户对数据库的检索限制到特定的数据库对象上,但不能授权到数据库表的特定行上。

最后,视图提高了逻辑数据独立性,视图可以使应用程序和数据库表在一定程度上独立,如果没有视图,应用一定是建立在表上的,有了视图之后,程序可以建立在视图之上,从而使程序与数据库表被视图分隔开来。

【思考与练习】

1. 单选题

(1) 视图不能单独存在,它必须依赖于( )。

　　A. 视图　　　　　　B. 数据库　　　　　C. 表　　　　　　　D. 查询

(2) 以下关于视图的描述正确的是( )。

　　A. 可以根据表建立视图　　　　　　B. 可以根据查询建立视图

　　C. 可以根据数据库建立视图　　　　D. 可以根据数据库和表建立视图

2. 判断题

(1) 视图在数据库中是真实存在的表。　　　　　　　　　　　　　　　( )

(2) 当视图来自多个表时,不允许添加和删除数据行。　　　　　　　　( )

(3) 视图可以提高逻辑数据的独立性。　　　　　　　　　　　　　　　( )

6.2.2 创建视图和管理视图

视图创建、修改及删除操作所使用的的命令分别为 CREATE、ALTER、DROP,关键字 VIEW 表示视图,在创建和修改视图操作中需要 SELECT 语句配合使用,而删除视图操作是不需要 SELECT 语句的。

视图的操作与数据库、表的操作是类似。

1. 创建视图

1) 语法格式

CREATE VIEW 视图名 AS SELECT 查询语句

2)基本功能

创建视图。

【实例 6-9】 在 tqe 数据库中,以表 Teacher、TeachCourse 为基础创建视图 TeachCourseList。

(1)启动图形用户界面,在"查询编辑器"窗口中输入如下 T-SQL 语句。

```
CREATE VIEW TeachCourseList
AS
SELECT Teacher.TeacherCode,TeacherName,CourseName
FROM   Teacher INNER JOIN TeachCourse
       ON Teacher.TeacherCode= TeachCourse.TeacherCode
```

(2)单击"SQL 编辑器"工具栏中的"执行"按钮,运行结果显示"命令已成功完成"。

(3)在对象资源管理器中查看创建好的视图 TeachCourseList,如图 6-7 所示。

图 6-7 创建视图 TeachCourseList

2. 修改视图

1)语法格式

ALTER VIEW 视图名 AS SELECT 查询语句

2)基本功能

修改已经存在的视图。

【实例 6-10】 在教学质量评价数据库 tqe 中,修改视图 TeachCourseList,将表示教师身份的字段 TeacherIdentity 加入视图 TeachCourseList 中。

(1)启动图形用户界面,在"查询编辑器"窗口中输入如下 T-SQL 语句。

```
ALTER VIEW TeachCourseList
AS
SELECT Teacher.TeacherCode,TeacherName,CourseName,TeacherIdentity
FROM Teacher INNER JOIN TeachCourse
     ON Teacher.TeacherCode= TeachCourse.TeacherCode
```

(2)单击"SQL 编辑器"工具栏中的"执行"按钮,运行结果显示"命令已成功完成"。

(3)在对象资源管理器中查看修改后的视图 TeachCourseList,如图 6-8 所示。

3. 删除视图

1)语法格式

DROP VIEW 视图名

2)基本功能

删除已经存在的视图。

【实例 6-11】 在教学质量评价数据库 tqe 中,删除视图 TeachCourseList。

(1)启动图形用户界面,在"查询编辑器"窗口中输入如下 T-SQL 语句。

```
DROP VIEW TeachCourseList
```

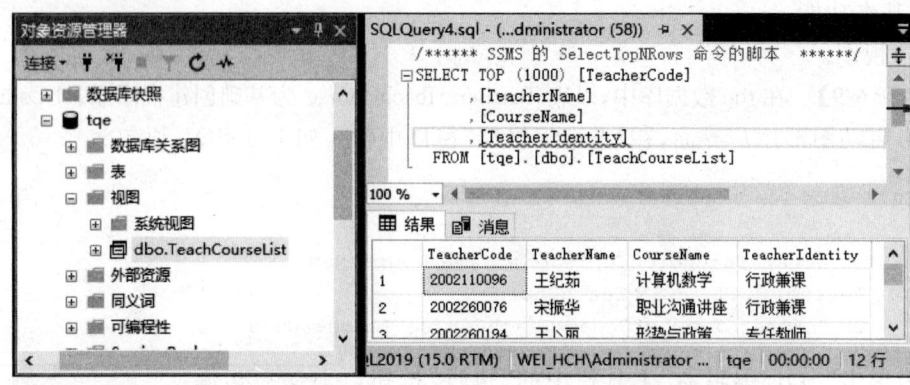

图 6-8　查看修改后的视图 TeachCourseList

(2) 单击"SQL 编辑器"工具栏中的"执行"按钮,运行结果显示"命令已成功完成"。
(3) 在对象资源管理器中查看视图 TeachCourseList 已被删除。

【思考与练习】

1. 单选题

(1) 视图创建可以使用(　　)命令。
　　A. CREATE VIEW　　　　　　　B. CREATE DATABASE
　　C. CREATE　　　　　　　　　　D. CREATE TABLE
(2) 视图修改可以使用(　　)命令。
　　A. ALTER VIEW　　　　　　　　B. ALTER DATABASE
　　C. ALTER TABLE　　　　　　　　D. ALTER

2. 判断题

(1) 可以在其他视图基础上创建视图。　　　　　　　　　　　　　　　(　　)
(2) 可以为视图定义全文索引。　　　　　　　　　　　　　　　　　　(　　)
(3) 不能创建临时视图。　　　　　　　　　　　　　　　　　　　　　(　　)

6.2.3　可更新视图

更新视图是指通过视图来 UPDATE(修改)、INSERT(插入)和 DELETE(删除)数据。视图来自多个表时,不允许添加和删除数据行,其他操作都可以把视图当作(虚)表来进行。

视图并不是实际存储数据的表,对视图的更新,最终将会转化成对基本数据表数据的更新,所以在通过更新视图来更新数据时要慎重。

1. 使用更新视图修改数据

1) 语法格式

```
UPDATE 视图名
SET {列名= {表达式|DEFAULT|NULL}}
[WHERE 查询条件]
```

2) 基本功能

依据指定的条件,通过更新视图来更新源数据表中的数据。

3) 使用说明

- UPDATE 视图名:指定要更新的视图。
- [WHERE 查询条件]:限定要更新数据的条件。
- SET {列名={表达式|DEFAULT|NULL}}:当满足 WHERE 指定的查询条件时,SET 子句将为指定的列赋予"="后面的值(表达式的值,或者是默认值 DEFAULT,或者是空值 NULL)。

【实例 6-12】 在 tqe 数据库中,以表 Teacher、TeachCourse 为基础创建视图 TeachCourseList。

(1) 启动图形用户界面,在"查询编辑器"窗口中输入如下 T-SQL 语句。

```
CREATE VIEW TeachCourseList
AS
SELECT Teacher.TeacherCode,TeacherName,CourseName,Title
FROM   Teacher INNER JOIN TeachCourse
       ON Teacher.TeacherCode= TeachCourse.TeacherCode
```

(2) 单击"SQL 编辑器"工具栏中的"执行"按钮,运行结果显示"命令已成功完成"。

【实例 6-13】 在 tqe 数据库中,使用 UPDATE 语句更新视图 TeachCourseList,将教师"宋振华"的职称更新为"教授"。

(1) 启动图形用户界面,在"查询编辑器"窗口中输入如下 T-SQL 语句。

```
SELECT *
FROM TeachCourseList
WHERE TeacherName= '宋振华'
```

(2) 单击"SQL 编辑器"工具栏中的"执行"按钮,运行结果如图 6-9 所示。

图 6-9 未修改视图 TeachCourseList 前内容

(3) 在"查询编辑器"窗口中输入如下 T-SQL 语句,并执行语句。

```
UPDATE TeachCourseList
SET Title= '教授'
WHERE TeacherName= '宋振华'
```

(4) 在"查询编辑器"窗口中输入如下 T-SQL 语句,执行后运行结果如图 6-10 所示。

```
SELECT *
FROM TeachCourseList
WHERE TeacherName= '宋振华'
```

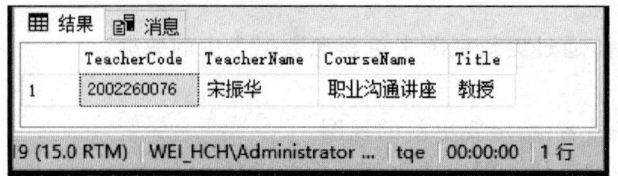

图 6-10 修改视图 TeachCourseList 后内容

2. 使用更新视图添加数据

1) 语法格式

INSERT [INTO] 视图名
VALUES（常量表）

2) 基本功能

依据指定的条件，通过更新视图，来向源数据表中插入数据。

3) 各子句说明

- INSERT [INTO] 视图名：指定要插入数据的视图。
- VALUES（常量表）：指定要插入的具体数据。

【实例 6-14】 在教学质量评价数据库 tqe 中，使用 INSERT 语句更新视图 vTeacher，向原数据表中添加一条编号为 2020260101，姓名为"魏子云"，职称为"其他"的新记录。

（1）启动图形用户界面，在"查询编辑器"窗口中输入如下 T-SQL 语句。

```
CREATE VIEW vTeacher AS
SELECT*
FROM Teacher
```

（2）单击"SQL 编辑器"工具栏中的"执行"按钮，创建视图 vTeacher。

（3）在"查询编辑器"窗口中输入如下 T-SQL 语句。

```
INSERT into vTeacher (TeacherCode,TeacherName,Title)
VALUES('2020260101','魏子云','其他')
```

（4）单击"SQL 编辑器"工具栏中的"执行"按钮，为视图 vTeacher 添加新记录。

（5）查看添加新记录后的视图 vTeacher，如图 6-11 所示。

3. 使用更新视图删除数据

1) 语法格式

DELETE FROM 视图名
[WHERE 查询条件]

2) 基本功能

依据指定的条件，通过更新视图，删除源数据表中的数据。

3) 各子句说明

- DELETE：指定要进行删除数据操作。
- [WHERE 查询条件]：指定要删除的数据所应具备的条件。
- FROM 视图名：指定要通过哪个视图来删除数据。

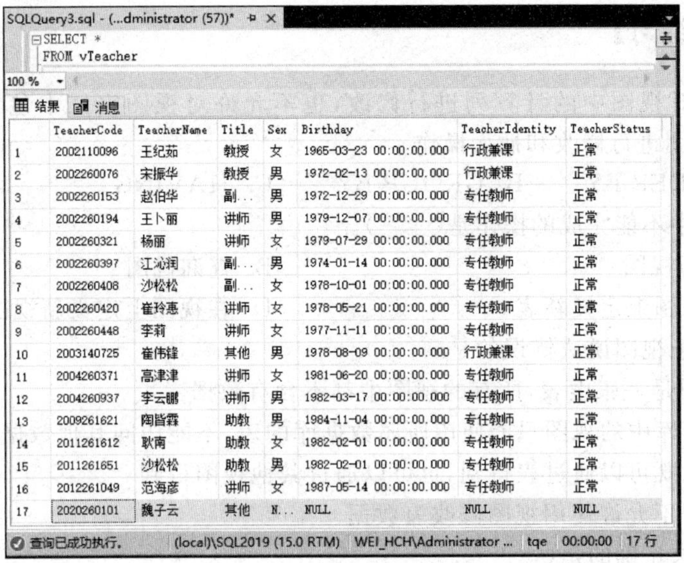

	TeacherCode	TeacherName	Title	Sex	Birthday	TeacherIdentity	TeacherStatus
1	2002110096	王纪茹	教授	女	1965-03-23 00:00:00.000	行政兼课	正常
2	2002260076	宋振华	教授	男	1972-02-13 00:00:00.000	行政兼课	正常
3	2002260153	赵伯华	副...	男	1972-12-29 00:00:00.000	专任教师	正常
4	2002260194	王卜丽	讲师	男	1979-12-07 00:00:00.000	专任教师	正常
5	2002260321	杨丽	讲师	女	1979-07-29 00:00:00.000	专任教师	正常
6	2002260397	江沁润	副...	男	1974-01-14 00:00:00.000	专任教师	正常
7	2002260408	沙松松	副...	女	1978-10-01 00:00:00.000	专任教师	正常
8	2002260420	崔玲惠	讲师	女	1978-05-21 00:00:00.000	专任教师	正常
9	2002260448	李莉	讲师	女	1977-11-11 00:00:00.000	专任教师	正常
10	2003140725	崔伟锋	其他	男	1978-08-09 00:00:00.000	行政兼课	正常
11	2004260371	高津津	讲师	女	1981-06-20 00:00:00.000	专任教师	正常
12	2004260937	李云鹏	讲师	男	1982-03-17 00:00:00.000	专任教师	正常
13	2009261621	陶皆霖	助教	男	1984-11-04 00:00:00.000	专任教师	正常
14	2011261612	耿南	助教	女	1982-02-01 00:00:00.000	专任教师	正常
15	2011261651	沙松松	助教	男	1982-02-01 00:00:00.000	专任教师	正常
16	2012261049	范海彦	讲师	女	1987-05-14 00:00:00.000	专任教师	正常
17	2020260101	魏子云	其他	N...	NULL	NULL	NULL

图 6-11 视图 vTeacher 添加新记录后的结果

【实例 6-15】 在教学质量评价数据库 tqe 中，删除视图 vTeacher 中姓名为“魏子云”的记录。

(1) 启动图形用户界面，在“查询编辑器”窗口中输入如下 T-SQL 语句。

```
DELETE FROM vTeacher
WHERE TeacherName= '魏子云'
```

(2) 单击“SQL 编辑器”工具栏中的“执行”按钮，运行结果显示“(1 行受影响)”。

(3) 查看删除记录后的视图 vTeacher，如图 6-12 所示。

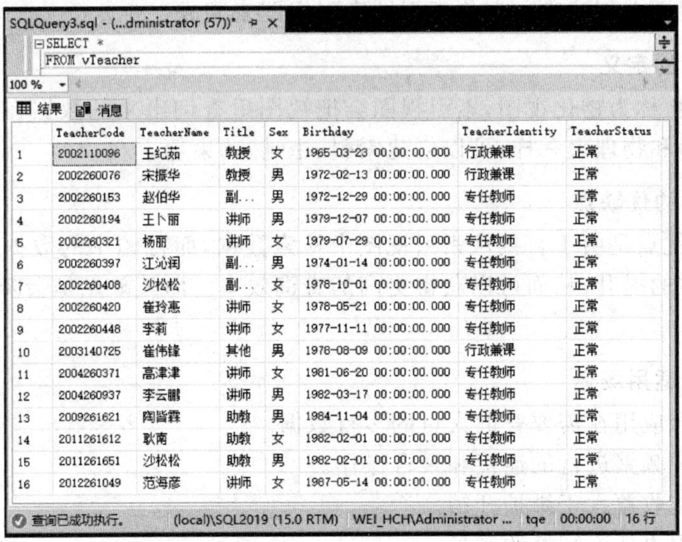

	TeacherCode	TeacherName	Title	Sex	Birthday	TeacherIdentity	TeacherStatus
1	2002110096	王纪茹	教授	女	1965-03-23 00:00:00.000	行政兼课	正常
2	2002260076	宋振华	教授	男	1972-02-13 00:00:00.000	行政兼课	正常
3	2002260153	赵伯华	副...	男	1972-12-29 00:00:00.000	专任教师	正常
4	2002260194	王卜丽	讲师	男	1979-12-07 00:00:00.000	专任教师	正常
5	2002260321	杨丽	讲师	女	1979-07-29 00:00:00.000	专任教师	正常
6	2002260397	江沁润	副...	男	1974-01-14 00:00:00.000	专任教师	正常
7	2002260408	沙松松	副...	女	1978-10-01 00:00:00.000	专任教师	正常
8	2002260420	崔玲惠	讲师	女	1978-05-21 00:00:00.000	专任教师	正常
9	2002260448	李莉	讲师	女	1977-11-11 00:00:00.000	专任教师	正常
10	2003140725	崔伟锋	其他	男	1978-08-09 00:00:00.000	行政兼课	正常
11	2004260371	高津津	讲师	女	1981-06-20 00:00:00.000	专任教师	正常
12	2004260937	李云鹏	讲师	男	1982-03-17 00:00:00.000	专任教师	正常
13	2009261621	陶皆霖	助教	男	1984-11-04 00:00:00.000	专任教师	正常
14	2011261612	耿南	助教	女	1982-02-01 00:00:00.000	专任教师	正常
15	2011261651	沙松松	助教	男	1982-02-01 00:00:00.000	专任教师	正常
16	2012261049	范海彦	讲师	女	1987-05-14 00:00:00.000	专任教师	正常

图 6-12 删除视图 vTeacher 中记录后的结果

【思考与练习】

(1) 不允许对视图中的计算列进行修改,也不允许对视图定义中包含有统计函数或( )子句的视图进行修改和插入操作。

    A. ORDER BY   B. GROUP BY   C. HAVING   D. SELECT

(2) 在视图中不能完成的操作是( )。

    A. 更新视图   B. 查询视图

    C. 在视图上定义新表   D. 在视图上定义新视图

(3) 下列关于视图说法错误的是( )。

    A. 视图是一张虚表,所有的视图中都不含有数据

    B. 数据库中的视图只能使用所属数据库的表,不能访问其他数据库的表

    C. 视图既可以通过表得到,也可以通过其他视图得到

    D. 用户不允许使用视图修改表数据

(4) 下列说法正确的是( )。

    A. 在视图中更新的数据,在源数据表中会一样进行更新

    B. 在视图中插入数据一定会成功

    C. 可以在视图中更新统计函数返回的数据

    D. 视图可以跨数据库进行访问

6.2.4 索引视图

我们之前学习的视图,就是一段通过逻辑语句,即是由 SELECT 语句组成的查询定义的虚拟表,对查询性能并没有任何的提升,也不能像真的数据表一样创建索引。需要使用时,每次都需要动态生成结果集,开销很大。如果需要经常在查询中引用这类视图,为节省开销,可通过在视图上创建唯一聚集索引即索引视图来完成。

1. 索引视图的定义

索引视图也被称为物化视图,索引视图会把视图里查询出来的数据在数据库中存储起来,这样它就变得和物理表一样,可以创建索引、主键、约束等。

2. 索引视图的优缺点

索引视图的优点是由于直接从索引视图中检索数据,而视图中的数据必定是原数据的子集,性能会有质的提升,从而可以获得更高的查询效率。而其缺点是会降低基表在进行写操作时的效率。

3. 索引视图适用场景

(1) 比较适合应用在需要查询大量的多行数据。

(2) 由多用户频繁进行的连接和聚合操作。

(3) 查询性能收益大于维护开销。

(4) 底层数据更新不频繁的场景。

4. 创建索引视图时注意事项

(1) 要有正确的 SET 选项设置。

如果执行查询时启用不同的 SET 选项,那么在数据库引擎中对同一表达式求值会产生不同结果。为了确保能够正确维护视图并返回一致结果,索引视图需要将表中的 SET 选项设置为固定值。

(2) 索引视图不能引用任何其他视图,只能引用基表。

引用的所有基表必须与视图位于同一个数据库中,并且所有者也要与视图相同。

(3) 创建视图时必须使用 SCHEMABINDING 选项。

(4) 视图中的表达式所引用的所有函数必须是确定性的。

在选择数据表的列时不能使用 * 或 表名.* 这样的表示方法,必须显式给出列名。

【实例 6-16】 在教学质量评价数据库 tqe 中,将表 StudentGrade、Teacher、Student 进行连表查询,为了提升查询效率,创建索引视图。

(1) 启动图形用户界面,在"查询编辑器"窗口中输入如下 T-SQL 语句进行 SET 选项设置,执行后显示"命令已成功完成"。

```
SET NUMERIC_ROUNDABORT OFF
SET ANSI_PADDING,ANSI_WARNINGS,CONCAT_NULL_YIELDS_NULL,
ARITHABORT,QUOTED_IDENTIFIER,ANSI_NULLS ON
```

(2) 在"查询编辑器"窗口中输入如下 T-SQL 语句并执行,创建视图 vIndex。

```
CREATE VIEW vIndex
WITH SCHEMABINDING
AS
SELECT StudentGrade.ID,Student.StudentCode,Teacher.TeacherCode,
StudentGrade.TotalScore,Teacher.TeacherName,Student.StudentName
FROM dbo.StudentGrade INNER JOIN dbo.Teacher
ON dbo.StudentGrade.TeacherCode= dbo.Teacher.TeacherCode
INNER JOIN dbo.Student
ON dbo.StudentGrade.StudentCode= dbo.Student.StudentCode
```

(3) 在"查询编辑器"窗口中输入如下 T-SQL 语句并执行,在视图 vIndex 上创建基于 ID 的聚集索引视图。

```
CREATE UNIQUE CLUSTERED INDEX vIndex_id ON vIndex(ID)
```

(4) 在"查询编辑器"窗口中输入如下 T-SQL 语句并执行,在视图 vIndex 上创建基于 ID 的非聚集索引视图。

```
CREATE NONCLUSTERED INDEX vIndex_id1 ON vIndex(ID)
```

【思考与练习】

1. 单选题

(1) 下列关于索引视图的描述不正确的是(   )。

    A. 索引视图也被称为物化视图

    B. 索引视图与其他视图一样,也是一个虚拟表

    C. 使用索引视图进行查询可以获得更高的查询效率

    D. 使用索引视图会降低基表在进行写操作时的效率

(2) 下列选项中,( )选项描述的场景不适合使用索引视图。
  A. 查询性能收益大于维护开销
  B. 查询需要执行大量的多行或由多用户频繁进行的连接和聚合操作
  C. 查询较少但需要进行大量的更新操作
  D. 底层数据更新不频繁

2. 判断题

(1) 索引视图可以创建聚集索引和非聚集索引。   ( )
(2) 在创建索引视图时可以使用 GETDATE() 函数。   ( )
(3) 索引视图只能通过 T-SQL 语句创建。   ( )

6.2.5 分区视图

分区视图给我们提供了一种实现大数据量管理的方法。

1. 分区视图的定义

分区视图,是通过对成员表使用 UNION ALL 语句所定义的视图,可在同一台服务器或者多台服务器间连接一组符合需求的分区数据,使数据看起来就像是来自同一个表一样。

2. 分区视图的分类

根据分区视图的不同构成方式,可分为以下两类。

(1) 本地分区视图。本地分区视图中的所有数据,都源于同一个 SQL Server 实例。

(2) 分布式分区视图。在分布式分区视图中,至少有一个参与表位于不同的服务器上。

3. 创建分区视图应满足的条件

(1) 在使用 UNION ALL 语句组合的表集合中,同一个表不能出现两次。

(2) 成员表不能对表中的计算列创建索引。

(3) 应当在视图定义的数据列列表中选择成员表中的所有列。

(4) 对于每个选择列表中的同一序号位置上的列应当属于同一类型。

(5) 在选择列表中不能多次使用同一列。

(6) 分区列不能是计算列、标识列、默认列或者 timestamp 列。

4. 创建分区视图的作用

(1) 提高查询效率。

(2) 使操作更加方便。

比如,对于 tqe 数据库来说,当每次进行教学质量评价时都会在 StudentGrade 表中存入大量的数据。

为了提高操作效率,我们将之前的一部分历史数据保存在 tqeHistory 数据库中。tqeHistory 数据库与 tqe 数据库所包含的表的结构完全相同。

当要统计教师历次教学质量评价结果的时候。需要对两个数据库的 StudentGrade 表进行查询。这就需要对两个 StudentGrade 表进行 UNION 操作。

注意:分区视图只能用 T-SQL 语句来创建,不能通过图形用户界面来创建。

【实例 6-17】 在 tqe 数据库中,以表 Teacher、TeachCourse 为基础创建视图

TeachCourseList。

（1）启动图形用户界面，在"查询编辑器"窗口中输入如下 T-SQL 语句。

```
CREATE VIEW vPartition
AS
SELECT a.StudentCode,a.TeacherCode,a.CourseName,
a.AnswerOption,a.TotalScore,a.GradeTime
FROM tqe.dbo.StudentGrade AS a
UNION
SELECT b.StudentCode,b.TeacherCode,b.CourseName,
b.AnswerOption,b.TotalScore,b.GradeTime
FROM tqeHistory.dbo.StudentGrade AS b
```

（2）单击"SQL 编辑器"工具栏中的"执行"按钮，运行结果如图 6-13 所示。

图 6-13　创建分区视图 vPartition

（3）在对象资源管理器中查看创建好的分区视图 vPartition，如图 6-14 所示。

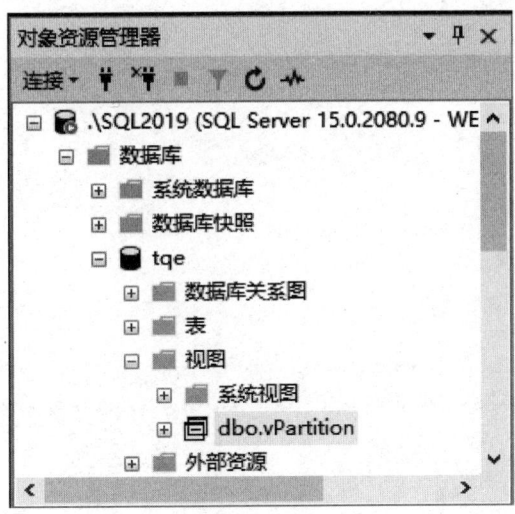

图 6-14　查看分区视图 vPartition

【思考与练习】

（1）分区视图只能引用处于同一数据库中的表。　　　　　　　　　　（　　）
（2）分区视图可以用远程数据库中的表。　　　　　　　　　　　　　（　　）
（3）分区视图只能通过 T-SQL 语句创建。　　　　　　　　　　　　（　　）
（4）分区视图引用列的数据类型必须一致。　　　　　　　　　　　　（　　）

（5）分区视图在用 UNION ALL 语句组合的表集合中，同一个表不能出现两次。
（　　）

常见问题解析

【问题1】 为什么要创建索引？

【答】 创建索引可以大大提高系统的性能。第一，通过创建唯一性索引，可以保证每一行数据的唯一性。第二，可以大大加快数据的检索速度，这也是创建索引的最主要原因。第三，可以加速表与表之间的连接，特别是实现数据的参考完整性方面有一定的意义。第四，在使用 ORDER BY 和 GROUP BY 子句进行数据检索时，同样可以显著减少查询中分组和排序的时间。

【问题2】 运行时提示"无法将视图 'vIndex' 绑定到架构，因为名称 'StudentGrade' 对于架构绑定无效。名称必须由两部分构成，并且对象不能引用自身"如何解决？

【答】 需要在 StudentGrade 的表名前加上所在架构名，改为 dbo.StudentGrade。

【问题3】 运行时提示"无法对视图 'vIndex' 创建多个聚集索引"如何解决？

【答】 聚集索引在同一个视图上只能有一个，要想重新创建其他聚集索引，需要先删除已经存在的聚集索引 vIndex_id 后，方可再另行创建。

项目 7

"教学质量评价系统"数据库编程

7.1 创建与应用存储过程

◇ **单元简介**

对存储过程可以理解成数据库的子程序,在客户端和服务器端可以直接调用它,一个数百行 T-SQL 代码的操作如果在网络中发送需要占用大量的网络资源,如果把这些代码写在存储过程中,通过执行该存储过程而不是在网络中发送数百行代码,可大幅度减轻网络负担。

对存储过程一次编译后可被重复调用,而且对它的修改并不影响程序的源代码,能够极大地提高程序的重用性、共享性和可执行性。

◇ **单元目标**

1. 了解存储过程的作用和优点。
2. 了解存储过程的分类。
3. 掌握存储过程的创建和执行。
4. 掌握存储过程的维护方法。

◇ **任务分析**

创建与应用存储过程分为 4 个工作任务。

【任务1】T-SQL 编程基础

T-SQL 是在 SQL Server 中使用的 SQL,它是 ANSI SQL 的扩展加强版 SQL,除了提供标准的 SQL 命令外,T-SQL 还对 SQL 做了许多补充。在 SQL Server 中,可以根据需要使用 T-SQL 把若干条命令组织起来,在创建存储过程、自定义函数、触发器等数据库对象的时候都会用到。

【任务2】认识存储过程

想要运用存储过程,首先要了解存储过程的概念、分类,要了解存储过程的优点,掌握创建和调用存储过程的基本语法。其次将创建一个简单的存储过程 usp_Teacher_select,为后续学习进行基础铺垫。创建存储过程可以使用可视化界面,也可自己编辑 T-SQL 语句。

【任务3】带参数的存储过程

存储过程可以带多个参数,参数可以被设置为默认值,返回值又分为利用 RETURN 关键字返回一个值和利用 OUTPUT 关键字定义返回参数来返回多个值两种。本次任务将拓展对教师信息的查询,分别是根据输入值查询某教师,判断某教师是否存在,判断某教师是否存在并返回该教师的工号(如果存在)。

【任务4】维护存储过程

包括对已创建的存储过程进行修改、删除、查看等操作。

7.1.1 T-SQL 编程基础

SQL 是关系数据库系统的标准语言,几乎可以在所有的关系数据库系统中使用,如 SQL Server、Oracle、My SQL 等。而 T-SQL 是微软在 SQL Server 中对 SQL 标准的实现,简单来说,它是微软对 SQL 的一个扩展,具有 SQL 的主要特点,同时还增加了变量、运算符、函数、流程控制和注释等语言元素。

数据库对象是 T-SQL 操作和可命名的目标。数据库对象包括关系图、表、列、键、约束、索引、视图、存储过程、触发器、用户定义函数、用户和角色等,还有服务器实例、数据类型、变量、参数和函数等。

使用 T-SQL 编写的程序可以在 SQL Server 图形用户界面提供的"查询编辑器"上编辑、编译并以存储过程、触发器或用户定义函数的形式存储在数据库服务器上,并通过不同的方式进行调用。此外,任何应用程序,不管它是用什么形式的高级语言编写的,只要目的是向 SQL Server 数据库管理系统发出命令以获得其响应,最终都必须体现为以 T-SQL 语句为表现形式的指令。

1. T-SQL 编程基础

1) 语法格式

(1) 大写字母。代表 T-SQL 中保留的关键字,如 CREATE、SELECT、UPDATE 等。

(2) 小写字母。代表表达式、标识符等。

(3) 竖线"|"。表示参数之间是"或"的关系,用户可以从其中选择使用。

(4) 大括号"{}"。大括号中的内容为必选项,其中可以包含多个选项,各选项之间用竖线分隔,用户必须从选项中选择其中一项,而大括号可不必输入。

(5) 方括号"[ ]"。方括号内所列出的项为可选项,用户可以根据需要选择使用。

(6) 尖括号"<>"。表示其中的内容为实际语义。

(7) 省略号"[,...n]"。表示前面的项可重复 n 次,每项由逗号分隔。

(8) 省略号"[...n]"。表示前面的项可以重复 n 次,每项由空格分隔。

2) 注释

注释可以对程序代码的功能及实现方式进行简要的解释和说明,方便对程序代码的维护,还可以对程序中暂时不需要执行的语句加以注释,需要执行的时候再去掉注释即可。

T-SQL 支持两种类型的注释字符。

(1) 多行注释。成对使用"/*"和"*/"表示其间多行字符为注释说明,如下所示。

/* 设置教师编号 TeacherCode 为外键,
删除主键表数据行时,级联删除外键表相应数据行*/

(2) 单行注释。使用"--"表示本行中其后的字符为注释说明,可放在语句之后,如下所示。

DECLARE @ var1 varchar(8)   --声明变长字符型局部变量

3) 数据类型

数据类型在数据结构中的定义是一个值的集合以及定义在这个值集上的一组操作。在 T-SQL 中表和视图的列、局部变量、函数的参数和返回值等都属于特定的数据类型。

(1) 系统数据类型。SQL Server 提供一组系统数据类型,在项目 4 已经列出了 T-SQL 常用的系统数据类型,如 binary[(n)]、int、decimal[(p[,s])]、varchar[(n)]、date、time、datetime2 和 bit 等。

(2) 用户定义数据类型。是用户以系统数据类型为基础创建的别名数据类型,它提供一种更能清楚地说明数据类型的名称,用于定义某些数据库对象的值域,这使程序员或数据库管理员能够更容易地理解该数据类型的用途。关于创建用户定义数据类型的方法,可查阅项目 4。

2. 表达式

T-SQL 的表达式和其他高级语言的表达式一样,由常量、变量、函数、运算符和小括号构成。

1) 常量

常量是表示一个特定数据值的符号。包括 char、int、binary、bit、date、time、datetime2、decimal、money 和 uniqueidentifier 等。下列是部分常用数据类型的常量表示形式。

(1) 字符型常量。
- char(n):如'Sql'、'123'。
- varchar(n):使用的两个单引号表示嵌入的单引号,如 I'm a student. 的常量表示为'I''m a student. '。
- Unicode(双字节):如 N'Sql'。

(2) 整型常量。包括 int、bigint、smallint、tinyint,如 1245、67。

(3) 实型常量。decimal[(p,[s])],如 decimal(5,2),其对应常量为 234.32、456.00、−234.32 等。

(4) 日期时间常量
- 日期(date):如'April 20,2000''4/5/1999''2019-12-03''20200504'等。
- 时间(time):如'13:32:21''02:24:PM'等。
- 日期时间(datetime2):如'April 20,2020 10:24:49'。

(5) 货币(money)常量。如 $12、$34233、−$8787.23 等。

(6) 唯一标识(uniqueidentifier)常量。用于标识全局唯一标识符(GUID)值的字符串,可以使用字符串或十六进制字符串格式指定,如 6F9619FF-8B86-D011-B42D-00C04FC964FF、0xff19966f868b11d0b42d00c04fc964ff 等。

(7) 布尔类型(bit)常量。包括数字 0 或 1,对于非 0 的数字会转换为 1,字符串 True 转化为 1,而字符串 False 转换为 0。

2) 变量

变量是指在程序运行过程中,其值可以改变的量。T-SQL 的变量分为局部变量和全局变量两种。

(1) 局部变量。局部变量是用户定义的变量,其作用范围仅在程序内部,用来保存运算的中间结果或作为循环变量等。在批处理或过程中用 DECLARE 语句声明局部变量,声明后初始化为 NULL。语法格式如下。

```
DECLARE{@ 变量名 数据类型}[,...n]
```

变量的变量名必须以@开头,先用 DECLARE 声明之后才能使用,用 DECLARE 声明之后所有的变量都被赋予初值 NULL。类型可以是系统提供的类型或用户定义的数据类型。变量不能是 varchar(MAX)或 varbinary(MAX)等数据类型。

局部变量的赋值,通常使用 SELECT 语句或 SET 语句,当执行一个简单的变量赋值时,使用 SET 赋值语句。当基于查询进行变量赋值时,使用 SELECT 赋值语句。

SELECT 赋值语句:

```
SELECT {@ 变量名=表达式}[,...n]
```

SET 赋值语句:

```
SET @ 变量名=表达式
```

以下代码示范了如何声明变量、为变量赋值、打印和输出变量。

```
DECLARE @ id int= 103                                  - - 声明变量并赋初值
DECLARE @ name varchar(30),@ birth datetime            - - 声明多个变量
SET @ name= '杨丽'                                      - - 使用 SET 对变量赋值
SELECT @ birth = '1982- 2- 20'                         - - 使用 SELECT 对变量赋值
PRINT @ id                                             - - 以消息形式打印出变量@ id
SELECT @ name AS '姓名', @ birth AS '出生日期'           - - 以结果形式输出
```

(2) 全局变量。SQL Server 系统提供并赋值的变量。用户既不能建立全局变量,也不能修改全局变量的值。通常可以将全局变量的值赋给局部变量,以便保存和处理。全局变量以@@开头,例如全局变量@@server name 提供服务器名,全局变量@@version 提供 SQL Server 的版本信息,常用全局变量见表 7-1。

表 7-1 T-SQL 中常用全局变量

全局变量	值
@@IDENTITY	返回插入数据库中的标识列的最后一个值
@@ROWCOUNT	返回最后一条语句影响的行的数目
@@ERROR	返回最后执行的 SQL 语句的错误代码
@@SERVERNAME	返回服务器名
@@VERSION	返回 SQL Server 的版本信息

3. 内置函数

SQL Server 提供了众多内置函数,用户可以使用这些函数方便地实现一些功能。下面举例说明部分常用的内置函数。

1) 聚合函数

聚合函数又称列函数。一些常用的聚合函数如 COUNT、SOME、AVG、MAX 和 MIN,在学习 SELECT 数据查询语句的时候已经学习过,除此之外还包括其他几种聚合函数,如标准偏差 STDEV、方差 VAR 等。

2）日期时间函数

利用日期时间函数可对给定日期和时间类型（date、time、datetime2 和 datetimeoffset 等）的参数执行操作，并返回一个字符串数字或日期时间类型的数据，以下是 SQL Server 中的日期函数列表。

（1）GETDATE 函数。将返回当前日期和时间，其语法如下。

```
GETDATE()
```

如返回当前日期以及 MS SQL Server 中的时间，其用法如下。

```
SELECT getdate() AS currentdatetime
```

（2）DATEPART 函数。将返回日期或时间的一部分，其语法如下。

```
DATEPART(datepart, datecolumnname)
```

如返回当前月份在 SQL Server 中的部分，其用法如下。

```
SELECT DATEPART(MONTH, GETDATE()) AS currentmonth
```

（3）DATEADD 函数。利用该函数可通过加或减日期和时间间隔显示日期和时间，其语法如下。

```
DATEADD(datepart, number, datecolumnname)
```

如返回 SQL Server 中当前日期和时间之后 10 天的日期和时间，其语法如下。

```
SELECT DATEADD(DAY, 10, GETDATE())
```

（4）DATEDIFF 函数。利用该函数可显示两个日期之间的日期和时间，其语法如下。

```
DATEDIFF(datepart, startdate, enddate)
```

如返回 SQL Server 中 2015-11-16 和 2015-11-11 之间的时间差，其用法如下。

```
SELECT DATEDIFF(HOUR, 2015-11-16, 2015-11-11)
```

（5）CONVERT 函数。利用该函数可以不同的格式显示日期和时间，其语法如下。

```
CONVERT(datatype, expression, style)
```

如以不同格式在 SQL Server 中返回日期和时间。

```
SELECT CONVERT(VARCHAR(19),GETDATE())
SELECT CONVERT(VARCHAR(10),GETDATE(),10)
SELECT CONVERT(VARCHAR(10),GETDATE(),110)
```

3）字符串函数

字符串函数用于对字符串进行 ASCII 码转换、截取子字符串、删除字符串首尾空格等操作。

（1）ASCII 函数。输出给定参数的 ASCII 码值，以下查询将给出 word 字符的 ASCII 码值 119。

```
SELECT ASCII('word')
```

（2）CHAR 函数。输出给定的 ASCII 码或整数代表的字符，以下查询将输出字符 a。

```
SELECT CHAR(97)
```

（3）NCHAR 函数。Unicode 字符将作为给定整数的输出，以下查询将给出给定整数的 Unicode 字符。

```
SELECT NCHAR(300)
```

（4）CHARINDEX()。给定搜索表达式的起始位置将作为给定字符串表达式中的输出，以下查询将给出给定字符串 KING 的 G 字符的起始位置。

```
SELECT CHARINDEX('G', 'KING')
```

（5）LEFT 函数。给定字符串的左边部分，直到指定的字符数作为给定字符串的输出，以下查询将给出 WORLD 字符串最左边 4 个字符。

```
SELECT LEFT('WORLD', 4)
```

（6）RIGHT 函数。给定字符串的右边部分，直到指定的字符数作为给定字符串的输出，以下查询将给出字符串 INDIA 最右边的 3 个字符。

```
SELECT RIGHT('INDIA', 3)
```

（7）SUBSTRING 函数。基于开始位置值和长度值的字符串的一部分将作为给定字符串的输出，以下查询将分别给出字符串 WORLD 以(1,3)、(3,3)和(2,3)作为开始和长度值的子字符串 WOR、DIA、ING。

```
SELECT SUBSTRING ('WORLD', 1,3)
SELECT SUBSTRING ('INDIA', 3,3)
SELECT SUBSTRING ('KING', 2,3)
```

（8）LEN 函数。字符数将作为给定字符串表达式的输出，以下查询将输出 HELLO 字符串的长度 5。

```
SELECT LEN('HELLO')
```

（9）LOWER 函数。小写字符串将作为给定字符串数据的输出，以下查询将转化 SQL SERVER 字符串为小写形式 sql server。

```
SELECT LOWER('SQL SERVER')
```

（10）UPPER 函数。大写字符串将作为给定字符串数据的输出，以下查询将转化 Sql Server 字符串为大写形式 SQL SERVER。

```
SELECT UPPER('Sql Server')
```

（11）LTRIM 函数。字符串表达式将在删除前导空白后作为给定字符串数据的输出，以下查询将删除前边空格后输出字符串 WORLD。

```
SELECT LTRIM('WORLD')
```

(12) RTRIM 函数。字符串表达式将在删除尾部空格后作为给定字符串数据的输出，以下查询将删除后边空格后输出字符串 INDIA。

```
SELECT RTRIM('INDIA')
```

(13) FORMAT 函数。给定表达式将作为具有指定格式的输出，以下查询将按格式输出'星期一,2015 年 11 月 16 日','D'表示星期名称。

```
SELECT FORMAT ( getdate(), 'D')
```

4. 流程控制语句

在 T-SQL 中，流程控制语句主要用于控制语句的执行顺序，如分支、循环等。T-SQL 提供的控制流程语句有 IF...ELSE 语句、WHILE 语句、TRY...CATCH 语句、CASE 语句、THROW 语句等。常用的流程控制语句见表 7-2。

表 7-2　T-SQL 中常用的流程控制语句

语句类型	流程控制语句
语句块	BEGIN...END
条件分支语句	IF...ELSE,IF...EXISTS,CASE
循环语句	WHILE,GOTO
返回语句	RETURN
异常处理	TRY...CATCH,THROW
等待语句	WAITFOR

1) BEGIN...END 语句块

在 T-SQL 中，语句块是指将多个 T-SQL 语句组成一个处理单元，当语句块中包含两条或两条以上的 T-SQL 语句时就要使用 BEGIN...END 语句，它们必须成对出现，并且允许嵌套。其语法如下。

```
BEGIN
    T-SQL 语句                    /* 语句块
END
```

2) IF... EXISTS 语句

IF... EXISTS 语句是比较特殊的流程控制语句，实现对 EXISTS 后的查询语句返回结果集的存在性判断，如果结果集不为空，则条件表达式为 TRUE，否则为 FALSE。其语法如下。

```
IF [NOT] EXISTS (SELECT 语句)
{T-SQL 语句|语句块}
[ELSE [布尔表达式]]
{T-SQL 语句|语句块}
```

如需要查看评教系统中 teacher 表中包含的非教师系列的人员信息，如果存在就输出，不存在就显示"无"，代码如下。

```
IF EXISTS (SELECT *  FROM teacher WHERE title= '其他')
BEGIN
PRINT '包含非教师系列人员'
SELECT *  FROM teacher WHERE title =  '其他 '
END
ELSE
PRINT '无'
```

执行结果如图 7-1 所示。

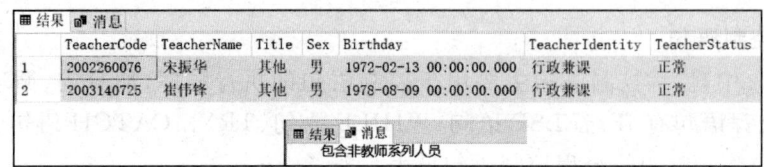

图 7-1   IF...EXISTS 语句执行结果

3) CASE 语句

CASE 语句是分支处理语句,具有简单 CASE 结构和 CASE 搜索结构两种类型,简单结构跟我们平时学习的 SWITCH...CASE 结构类似,将输入表达式与 WHEN 子句后面的 WHEN 表达式进行比较,匹配则执行对应的结果表达式,否则执行 ELSE 表达式,若无 ELSE 子句则返回空。其语法格式如下。

```
CASE 输入表达式
    WHEN when 表达式 1 THEN 结果表达式 1
    WHEN when 表达式 2 THEN 结果表达式 2
    [...n]
    [ELSE 结果表达式]
END
```

如需要查看不同职称教师的额定课时量,代码如下。

```
USE tqe
GO
SELECT teacherName AS 教师姓名,title AS 职称,额定课时量=
    CASE title
        WHEN '教授' THEN '6 课时'
        WHEN '副教授' THEN '8 课时'
        WHEN '讲师' THEN '10 课时'
        WHEN '助教' THEN '12 课时'
        ELSE '无规定'
    END
```

搜索结构 CASE 后面没有参数,根据 WHEN 后面的布尔表达式的值进行分支处理,能够实现更为复杂的条件判断。其语法如下。

```
CASE
    WHEN 布尔表达式 1 THEN 结果表达式 1
    WHEN 布尔表达式 2 THEN 结果表达式 2
    [...n]
    [ELSE 结果表达式]
```

```
END
```

如需要查看不同职称教师的额定课时量,代码如下。

```
SELECT teacherName AS 教师姓名,title AS 职称,额定课时量=
    CASE
        WHEN title= '教授' THEN '6 课时'
        WHEN title= '副教授' THEN '8 课时'
        WHEN title= '讲师' THEN '10 课时'
        WHEN title= '助教' THEN '12 课时'
        ELSE '无规定'
    END
FROM Teacher
```

4) WHILE 循环语句

WHILE 语句是 T-SQL 的循环流程控制语句。WHILE 语句根据指定的条件重复执行一个 T-SQL 语句或语句块,只要条件成立 WHILE 语句就会重复执行下去,WHILE 语句还可以与 BREAK、CONTINUE 语句一起使用,其语法格式如下。

```
WHILE 逻辑表达式
BEGIN
    <T-SQL 语句或语句块>
    [BREAK]           /* 退出此循环语句的执行*/
    [CONTINUE]        /* 结束一次循环体的执行*/
END
```

需要注意的是,WHILE 语句在设定的条件为真时会重复执行 T-SQL 语句或语句块,除非遇到逻辑表达式为假或遇到 BREAK 语句才跳出循环。当碰到 CONTINUE 语句时可以让程序跳过 CONTINUE 语句之后的语句,回到 WHILE 循环的第一行语句。而 BREAK 语句可以让程序无条件跳出循环,结束 WHILE 语句的执行。

5) RETURN 语句

RETURN 返回语句用于从存储过程、批处理或语句块中的无条件退出,不执行它后面的语句,比如,判断是否存在某学号的学生,存在则返回,不存在则插入该学号学生的信息。当 RETURN 用于存储过程的返回时,返回 0 表示成功,非 0 表示失败,并且不能返回空值。语法格式如下。

```
RETURN [整数表达式]
```

以下代码是对 RETURN 语句的简单运用。

```
IF EXISTS(SELECT *  FROM Student WHERE StudentCode= '31821160401')
    RETURN
ELSE
    INSERT INTO Student VALUES('31821160401','巴雪静','女','正常',5,NULL)
```

5. 批处理

批处理语句是由一个或多个 T-SQL 语句组成的,以 GO 语句作为结束标志,应用程序将批处理语句组作为独立的单元提交给 SQL Server,由 SQL Server 编译并作为整体来执行。批处理的大小有一定的限制,批处理结束的符号标志是 GO。批处理可以交互的运行或在一个文件中运行。提交给 T-SQL 的文件可以包含多个批处理,其中每个批处理以 GO 命令结束。需要注意的是,CREATE 等数据库 DDL 语句均不能在批处理中与其他语句组合使用,其批处理必须以 CREATE 语句开始。

【思考与练习】

(1) 对于 T-SQL 单行注释,必须使用下列(　　)符号进行指明。
  A. --　　　　　B. @@　　　　　C. **　　　　　D. &&

(2) T-SQL 中的全局变量以(　　)符号进行标识。
  A. @　　　　　B. @@　　　　　C. model　　　　D. msdb

(3) 在 T-SQL 中,下列选项不属于数值型数据类型的是(　　)。
  A. NUMERIC　　B. DECIMAL　　C. INTEGER　　D. DATE

(4) 已经声明了一个局部变量@n,在下列语句中,能对该变量正确赋值的是(　　)。
  A. @n='HELLO'　　　　　　　B. SELECT @n='HELLO'
  C. SET @n=HELLO　　　　　　D. SELECT @n=HELLO

(5) 在 WHILE 循环语句中,如果循环体语句条数多于一条,必须使用(　　)。
  A. BEGIN…END　B. CASE…END　C. IF…THEN　　D. GOTO

7.1.2 认识存储过程

1. 存储过程的概念

存储过程(Stored Procedure)是数据库中的一个重要对象,是指在大型数据库系统中,一组为了完成特定功能的 SQL 语句集,存储在数据库中,经过第一次编译后,再次调用不需要再编译,用户通过指定存储过程的名字并给出参数(如果该存储过程带有参数)来执行它。

2. 存储过程的优点

(1) 存储过程允许标准组件式编程。存储过程创建后可以在程序中被多次调用执行,而不必重新编写该存储过程的 SQL 语句。而且数据库专业人员可以随时对存储过程进行修改,但对应用程序源代码却毫无影响,从而极大地提高了程序的可移植性。

(2) 存储过程能够实现较快的执行速度。如果某一操作包含大量的 T-SQL 语句代码,分别被多次执行,那么存储过程要比批处理的执行速度快得多。因为存储过程是预编译的,在首次运行一个存储过程时,查询优化器对其进行分析、优化并给出最终被存在系统表中的存储计划。而批处理的 T-SQL 语句每次运行都需要预编译和优化,所以速度就要慢一些。

(3) 存储过程减轻了网络流量。对于同一个针对数据库对象的操作,如果这一操作所涉及的 T-SQL 语句被组织成一存储过程,那么当在客户机上调用该存储过程时,网络中传递的只是该调用语句,否则将会是多条 SQL 语句,从而减轻了网络流量,降低了网络负载。

(4) 存储过程可被作为一种安全机制来充分利用。系统管理员可以对执行的某一个存储过程进行权限限制,从而能够实现对某些数据访问的限制,避免非授权用户对数据的访问,保证数据的安全。

3. 存储过程的分类

1）系统存储过程

系统存储过程是由 SQL Server 提供的存储过程，可以作为命令执行。SQL Server 提供了很多的系统存储过程，它们可以实现一些较为复杂的操作，我们在之前其他项目中也用到过一些。其定义在系统数据库 master 中，前缀为"sp_"。以下是常见的系统存储过程。

- sp_help：常用的显示系统对象信息的系统存储过程，为检索表的信息提供了方便快捷的方法。
- sp_databases：列出所有数据库。
- sp_helpdb：列出该数据库的详细信息。
- sp_stored_procedures：列出当前环境中所有的存储过程。

想要了解更多的系统存储过程，请查阅 SQL Server 联机参考。

2）用户存储过程

在 SQL Server 中，用户存储过程既可以使用 T-SQL 编写，也可以使用 CLR 方式编写，本书使用第一种即 T-SQL 编写的存储过程。其保存 T-SQL 语句集合，可以接受和返回用户提供的参数。存储过程中可以包含根据客户端应用程序提供的信息，以及在一个或多个表中插入新行所需的语句。它也可以从数据库向客户端应用程序返回数据。本书将这种由 T-SQL 编写的用户自定义存储过程简称为存储过程。

3）扩展存储过程

扩展存储过程是指在 SQL Server 环境之外，使用编程语言创建的外部例程形成的动态链接库。因其不易编写，且易引发安全问题，在后续版本的 SQL Server 中已经被慢慢放弃了，本书也不再作详细讲解。

4. 存储过程的创建与执行

使用 T-SQL 语句创建不带参数存储过程的语法如下。

```
CREATE PROC[EDURE] 过程名
AS
[BEGIN]
    T-SQL 语句
[END]
```

其中，过程名用于指定存储过程名，必须符合标识符规则，且对于数据库及其所在架构保持唯一。也不要使用"sp_"作为前缀，否则系统会首先在系统存储过程中进行搜索，影响执行速度。

使用 T-SQL 语句执行不带参数存储过程的语法如下。

```
EXEC 存储过程名
```

【实例 7-1】 在教学质量评价数据库中创建并执行不带参数的存储过程，返回工号为 2002260321 的教师信息。

方法一：使用图形用户界面。

（1）在"对象资源管理器"窗口中展开"数据库"→tqe→"可编程性"节点，右击"存储过程"节点，从弹出的快捷菜单中选择"新建存储过程"命令。

（2）在"查询编辑器"中出现存储过程编程模板，在此模板的基础上编写创建存储过程的 T-SQL 代码，如图 7-2 所示。

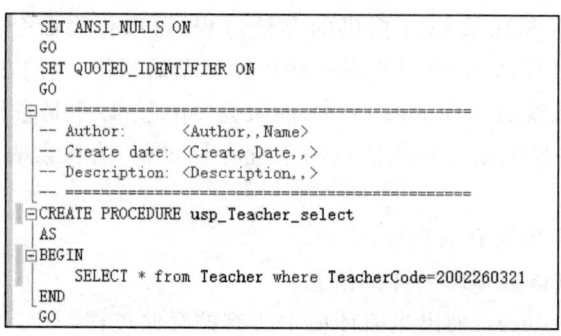

图 7-2　存储过程编辑模板

（3）单击"SQL 编辑器"工具栏中的"执行"按钮，在消息栏显示"命令已成功完成"，在"对象资源管理器"中，在"存储过程"节点上右击并在弹出的快捷菜单中选择"刷新"命令，新建的存储过程就会显示出来了，如图 7-3 所示。

图 7-3　新创建的存储过程

（4）右击新创建的存储过程，在弹出的快捷菜单中选择"执行存储过程"命令，在弹出的参数输入窗口直接单击"确定"按钮，即可看到执行结果，如图 7-4 所示。

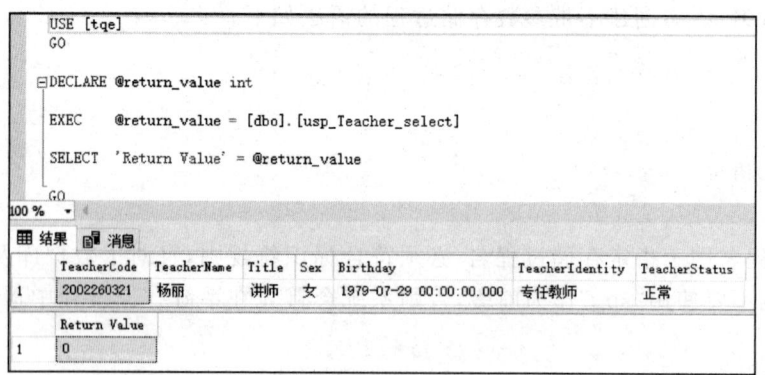

图 7-4　存储过程的执行结果

从这个自动生成的调用代码可以看到，每个存储过程向调用方返回一个整数返回代码。如果存储过程没有显式设置返回代码的值，则返回代码为 0，表示成功。

方法二：使用 T-SQL 语句。

（1）单击"新建查询"按钮，打开查询编辑器，编写如下 T-SQL 语句。

```
CREATE PROC usp_Teacher_select
```

```
AS
    SELECT * FROM teacher WHERE teacherCode= 2002260321
```

(2) 执行存储过程 usp_Teacher_select 的代码如下。

```
EXEC usp_Teacher_select
```

当执行语句是批处理的第一条语句时,可以省略 EXEC 指令,直接写存储过程名,如下所示。

```
usp_Teacher_select
```

【思考与练习】

(1) 在 SQL Server 中,系统存储过程在系统安装时就已创建,这些存储过程存放在(　　)系统数据库中。
  A. master   B. tempdb   C. model   D. msdb

(2) 在 SQL Server 中,用户存储过程只能定义在当前数据库中,创建存储过程的 T-SQL 语句是(　　)。
  A. CREATE PROCEDURE   B. ALTER PROCEDURE
  C. UPDATE PROCEDURE   D. DROP PROCEDURE

(3) 在 MS SQL Server 中,用来显示数据库信息的系统存储过程是(　　)。
  A. sp_dbhelp B. sp_db C. sp_help D. sp_helpdb

(4) 在 SQL Server 服务器上,存储过程是一组预先定义并(　　)的 T-SQL 语句。
  A. 保存   B. 编译   C. 解释   D. 编写

(5) 在调用 SQL Server 的存储过程时,若调用语句是批处理中的第一条语句,则可以省略(　　)关键字。
  A. CALL   B. EXECUTE   C. SHELL   D. COM

7.1.3 带参数的存储过程

1. 创建带参数的存储过程

使用 T-SQL 语句创建带参数存储过程的语法如下。

```
CREATE {PROC|PROCEDURE}[架构名.]过程名[;组号]
    [{@ 参数[类型架构名.]数据类型}]
        [VARYING][= default][OUT|OUTPUT][READONLY]
    [FOR REPLICATION]
AS
    {<SQL 语句>}
```

其中,@参数为存储过程的形参,@符号作为第一个字符来指定参数名称。可以声明一个或多个参数,中间用逗号隔开。执行存储过程时应提供相应的参数,若定义了该参数的默认值,当没有提供相应的参数时,会自动使用默认值。

VARYING 指定作为输出参数支持的结果集,仅适用于 cursor 参数。

default 指定输入参数的默认值,必须是常量或 NULL。如果存储过程使用了带 LIKE

关键字的参数,默认值中可包含通配符。如果定义了默认值,执行存储过程时根据情况可不提供实参。

OUTPUT 指示参数为输出参数,可以从存储过程返回信息。

READONLY 指定不能在存储过程的主体中更新或修改参数。

FOR REPLICATION 用于说明不能在订阅服务器上执行为复制创建的存储过程。

2. 执行带参数的存储过程

使用 T-SQL 语句执行带参数存储过程相对复杂一些,其语法如下。

```
EXECUTE|EXEC
    [@ 返回状态= ]存储过程名
    @ 参数名= 值|@ 变量[OUTPUT|DEFAULT]
```

如果存储过程有返回值,那么在调用存储过程之前,需要先声明这个变量,第二行的@返回状态为可选的整型变量,是用来保存存储过程返回状态的变量。第三行是为存储过程里面的形参赋值,"值"为实参,@变量为局部变量,用于保存 output 参数返回的值,DEFAULT 关键字表示不提供实参,而是使用对应的默认值,如果取默认值也需要标明。如果省略"@参数名",则后面的实参顺序要与定义是参数的顺序一致。不省略的话,则不必保持一致。这就像编程一样,方法的返回值有时需要用一个变量来保存,方法如果有参数,需要在调用方法的时候给参数赋值。

【实例 7-2】 在 tqe 数据库中创建并执行带参数的存储过程,按照教师工号查询教师信息。

(1) 单击"新建查询"按钮,打开查询编辑器,编写如下 T-SQL 语句。

```
CREATE PROC usp_Teacher_selectByTeacherName
@ teacherName nvarchar(15)= '杨丽'
AS
BEGIN
    SELECT *  from Teacher where TeacherName=  @ teacherName
END
```

教工工号是需要用户输入的,在这个存储过程里,SELECT 语句里的 WHERE 条件子句,就可以使用参数,而这个参数要在使用之前进行声明和赋值,所以在创建这个存储过程时,除了命名外,还要声明一个参数@teacherName,并设置其数据类型和长度,需要的话设置默认值,此例中为参数@teacherName 设置了默认值:杨丽。

(2) 使用 T-SQL 语句执行带参数的存储过程,参数使用默认值。

```
EXECUTE usp_Teacher_selectBYTeacherName
```

执行结果如图 7-5 所示。

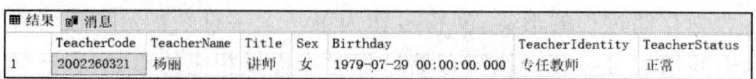

图 7-5 带参数的存储过程执行结果

(3) 使用 T-SQL 语句执行带参数的存储过程,给参数赋值。

```
EXECUTE usp_Teacher_selectBYTeacherName @ TeacherName= '宋振华'
```

或

```
EXECUTE usp_Teacher_selectBYTeacherName '宋振华'
```

执行结果如图 7-6 所示。

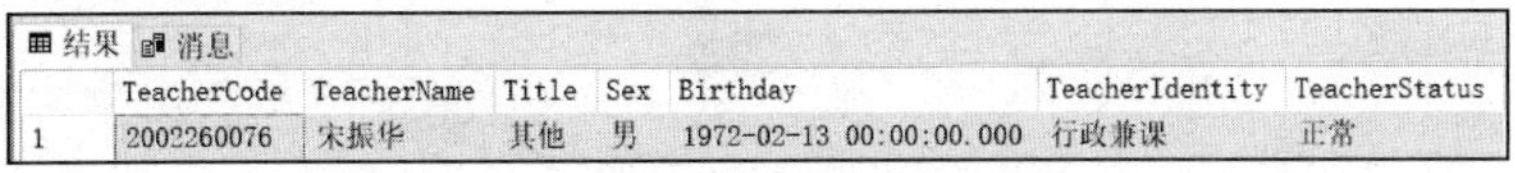

图 7-6　使用 T-SQL 语句执行带参数的存储过程

（4）使用图形用户界面执行带参数的存储过程。

① 选择"数据库"→tqe→"可编程性"→"存储过程"选项，展开"存储过程"选项，找到已创建好的存储过程 usp_Teacher_selectBYTeacherName，右击该存储过程，在弹出的快捷菜单中选择"执行存储过程"命令，此时会弹出"执行过程"对话框，如图 7-7 所示。

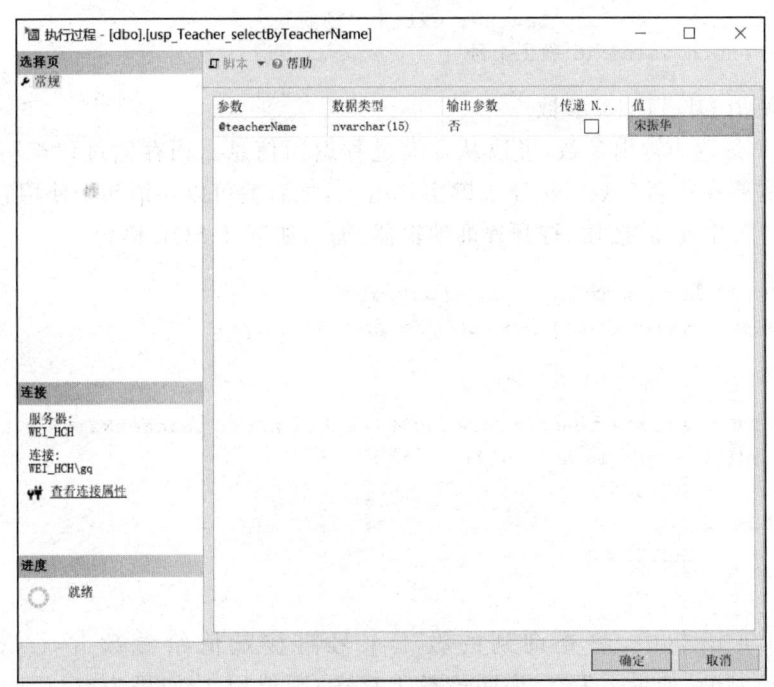

图 7-7　"执行过程"对话框

② 在"值"列的文本框输入参数值"宋振华"，此处如果不输入参数值，将会使用默认值。单击"确定"按钮。执行结果如图 7-6 所示。

【实例 7-3】　查询教师表（Teacher）中指定姓名的教师是否存在，存在则返回 1，否则返回 0。

方法一：使用 RETURN 关键字。

存储过程可以像函数一样使用 RETURN 关键字，代码运行到 RETURN 语句就停止，因此只能返回一个值。每个存储过程向调用方返回一个整数返回代码。如果存储过程没有显式设置返回代码的值，则返回代码为 0，表示成功。本例可以使用 RETURN 关键字。

(1) 单击"新建查询"按钮,打开查询编辑器,编写如下 T-SQL 语句。

```
CREATE PROC usp_Teacher_exist
@ teaName nvarchar(15)
AS
BEGIN
    IF EXISTS(SELECT *  FROM teacher WHERE teacherName= @ teaName)
        RETURN 1;
    ELSE
        RETURN 0;
END
```

(2) 执行存储过程。首先要声明一个变量@return_value,用来保存存储过程的返回值。其次执行 EXEC 语句,并将存储过程的返回值赋值给变量@return_value,最后显示变量@return_value 的值,标题行改为"教工工号",代码如下。

```
DECLARE @ return_value int
EXEC @ return_value = usp_Teacher_exitst '杨丽'
SELECT @ return_value AS '教工工号'
```

方法二:使用 OUTPUT 参数。

OUTPUT 参数为输出参数,可以从存储过程返回信息。当存储过程声明一个 output 参数的时候,需要在声明参数时标注关键字 output,之后就可以在语句中使用它了。

(1) 单击"新建查询"按钮,打开查询编辑器,编写如下 T-SQL 语句。

```
CREATE PROCEDURE usp_Teacher_existOutput
    @ teaName nvarchar(15) , @ teaCode char(8) output
AS
BEGIN
    SELECT @ teaCode= teacherCode FROM Teacher WHERE teacherName= @ teaName
        IF(@ teaCode is not null)
            RETURN 1
        ELSE
            RETURN 0
END
```

在 SELECT 语句中,将查询到的教工工号直接赋值给参数@teaCode,之后对@teaCode 进行判断,如果不为空,说明该教工存在,则返回 1,如果为空,说明该教工不存在,则返回 0。同时,教工的工号也保存在了输出参数@teaCode 中,执行完存储过程后,就可以读取其值。

(2) 编写如下 T-SQL 语句,执行存储过程。

```
DECLARE    @ return_value int,
           @ teaCode char(8)
EXEC       @ return_value =  usp_Teacher_existOutput
           @ teaName = N'杨丽',
           @ teaCode =  @ teaCode OUTPUT
SELECT     @ teaCode as N'@ teaCode'
SELECT     'Return Value' = @ return_value
```

首先声明变量@return_value,用来保存存储过程的返回值,然后声明变量@teaCode,它与存储过程的OUTPUT参数@teaCode数据类型和长度都保持一致,用来保存输出参数返回的值。按照语法格式,代码为:@参数名=@变量OUTPUT。最后使用SELECT指令,显示出OUTPUT参数的值和存储过程的返回值。

(3) 单击"执行"按钮,执行结果如图7-8所示。

图7-8 使用OUTPUT参数的存储过程执行结果

(4) 也可以使用图形用户界面来执行该存储过程,首先在要调用的存储过程上右击,在弹出的快捷菜单中选择"执行存储过程"命令。

(5) 在弹出的"执行过程"窗口中可以很方便地给参数赋值,窗口会汇总该存储过程的所有参数。完成之后单击"确定"按钮,就可以看到执行结果了,并且还会显示出自动生成的执行代码。

【思考与练习】

(1) @参数名为存储过程定义的参数名,是形参,而参数值为形参。   （   ）
(2) 关键字RETURN能为存储过程返回多个值。   （   ）
(3) 在执行存储过程时,必须要指定EXECUTE关键字。   （   ）
(4) 存储过程中的RETURN关键字只能返回整型数值。   （   ）
(5) 在存储过程执行时使用的OUTPUT参数需要用DECLARE命令在之前定义。
                                                                （   ）

7.1.4 维护存储过程

有时需要查看在存储过程中定义的T-SQL语句的文本信息,有些存储过程需要进行加密,还可能需要修改存储过程的定义,对于不需要的存储过程还要删除,这些都是维护存储过程所可能涉及的内容。

1. 查看存储过程

1) 使用图形用户界面查看存储过程

如果要查看存储过程定义代码,在图形用户界面中目标对象上右击,在弹出的快捷菜单中选择"编写存储过程脚本为"→"CREATE 到"→"新查询编辑器窗口"命令,如图7-9所示。

2) 使用T-SQL语句查看存储过程

可以打开新建查询,调用系统存储过程sp_helptext来进行查看。sp_helptext系统存储过程可显示规则、默认值、未加密的存储过程、用户定义函数、触发器或视图的文本。其语法规则如下。

```
sp_helptext 存储过程名
```

【实例7-4】 用系统存储过程sp_helptext查看存储过程usp_Teacher_select。

(1) 单击"新建查询"按钮,打开查询编辑器,编写如下T-SQL语句。

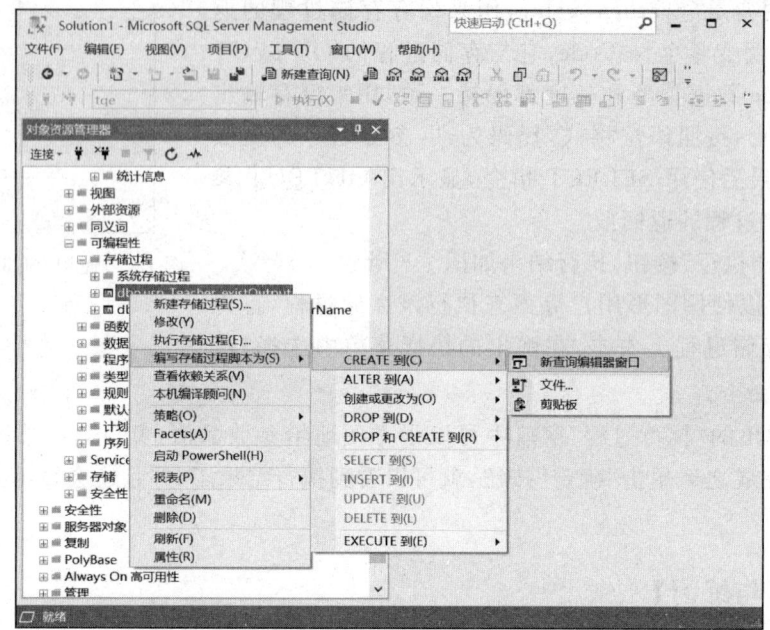

图 7-9 使用图形用户界面查看存储过程

```
sp_helptext usp_Teacher_select
```

（2）单击"执行"按钮，就可以在结果区域看到存储过程的基本信息和定义代码了，如图 7-10 所示。

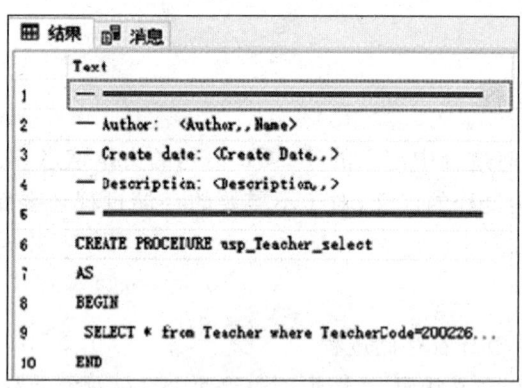

图 7-10 使用 sp_helptext 查看存储过程

2. 加密存储过程

在实际应用中，存储过程有时会面临被恶意篡改的安全性问题，对存储过程进行加密可以加强其安全性，WITH ENCRYPTION 子句可用于对用户隐藏存储过程的文本。创建完成后，存储过程可以正常调用，但是，调用系统函数 sp_helptext 进行查看的时候，会提示"存储过程的文本已加密"。

【实例 7-5】 创建加密存储过程 usp_Student_selectAllEncryption，查询所有学生的信息。

(1) 单击"新建查询"按钮,打开查询编辑器,编写如下 T-SQL 语句。

```
CREATE PROC usp_Student_selectAllEncryption
         WITH ENCRYPTION
AS
         SELECT *  FROM Student
```

(2) 单击"执行"按钮,生成加密存储过程。

(3) 调用系统函数 sp_helptext 进行查看的时候,提示该文本已加密,如图 7-11 所示。

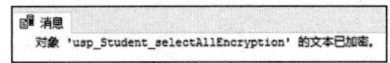

图 7-11 使用 sp_helptext 查看加密存储结构

3. 修改存储过程

如果需要更改存储过程中的语句或参数,可以删除该存储过程后重新创建该存储过程,也可以直接修改该存储过程。当删除后重新创建存储过程时,所有与该存储过程相关的权限都将丢失;而修改存储过程时,过程或参数定义会被更改,但权限将保留。修改存储过程,使用语句 ALTER PROCEDURE 来完成,其基本语法如下。

```
ALTER PROC [EDURE] <过程名>
[@ 形参名 数据类型,...][,]
[@ 变参名 数据类型 OUTPUT,...]
AS
[BEGIN]
    T-SQL 语句
[END]
```

修改存储过程主要使用关键字 ALTER,其语法与创建存储过程的语法基本一样。

【实例 7-6】 对存储过程 usp_Teacher_selectByTeacherName 的字段列表进行修改,将其改为教工编号、姓名、性别、职称。

(1) 在"对象资源管理器"窗口中展开"数据库"→"具体数据库"→"可编程性"节点,右击"存储过程"节点,从弹出的快捷菜单中选择"修改"命令,即可修改存储过程。

(2) 在打开的查询编辑器中修改存储过程,如图 7-12 所示。

```
USE [tqe]
GO
/****** Object:  StoredProcedure [dbo].[usp_Teacher_selectByTeacherName]    Script Date:
SET ANSI_NULLS ON
GO
SET QUOTED_IDENTIFIER ON
GO
ALTER PROC [dbo].[usp_Teacher_selectByTeacherName]
@teacherName nvarchar(15)
AS
BEGIN
SELECT TeacherCode,TeacherName,Sex,Title from Teacher where TeacherName= @teacherName
END
```

图 7-12 在查询编辑器中修改存储过程

(3) 修改完成后,单击"执行"按钮,即可完成存储过程的修改。

4. 删除存储过程

删除存储过程的语法规则如下。

DROP PROC[EDURE] 存储过程名[,...,n]

同样可以在"对象资源管理器"窗口中展开"数据库"→"具体数据库"→"可编程性"→"存储过程"节点，右击要删除的存储过程，从弹出的快捷菜单中选择"删除"命令，即可进行存储过程的删除操作。

【思考与练习】

1. 单选题

（1）在 SQL Server 中，用来显示数据库信息的系统存储过程是（　　）。
    A. sp_dbhelp　　　　B. sp_db　　　　C. sp_help　　　　D. sp_helpdb

（2）在 SQL Server 中，用来加密存储过程的语句是（　　）。
    A. EXECUTE　　　　　　　　　　　B. FOR REPLICATION
    C. VARYING　　　　　　　　　　　D. WITH ENCRYPTION

2. 判断题

（1）sp_helptext 系统存储过程可显示加密的存储过程。　　　　　　　　　　（　　）
（2）使用 T-SQL 语句进行修改存储过程时，需要使用 DROP 关键字。　　　　（　　）
（3）加密过的存储过程可以被授权用户正常调用。　　　　　　　　　　　　（　　）

7.2　高级编程

◇ 单元简介

在之前的学习中，已经掌握了基本的 T-SQL 编程语法知识，学会了怎么使用变量、函数、分支结构、循环结构，以及存储过程。但是仅有这些知识还是不够的，在很多数据库应用场景中，必须使用一些专门领域的数据库相关知识，才能更好地满足用户的实际需求。

本单元我们将学习怎样通过事务来解决数据一致性的问题；通过编写自定义函数，来返回自定义数据；如何通过编写触发器，来实现类似事件机制的自动处理；怎样通过使用游标，来对结果集的数据进行进一步处理；还有如何通过锁机制，在多用户并发访问数据库时，协调多用户对同一数据的访问。

◇ 单元目标

1. 掌握事务的定义，能够对事务进行全部回滚和部分回滚。
2. 掌握标量函数、内联表值函数、多语句表值函数的定义和使用。
3. 能够在 INSERT、DELETE、UPDATE 语句中使用 AFTER 和 INSTEAD 触发器。
4. 能够使用游标对查询结果集进行处理。
5. 理解基本的 SQL 锁定模式，掌握常用锁定关键字的使用。

◇ 任务分析

本单元分为 5 个工作任务。

【任务1】使用事务确保数据一致性

学会定义事务,并能够在执行事务代码段发生错误时自动回滚整个事务。能够在事务中定义保存点,并在业务逻辑需要时,使用保存点实现事务的部分回滚。

【任务2】使用自定义函数返回自定义数据

学会定义标量函数、内联表值函数和多语句表值函数,并能够根据实际情况使用不同类型的自定义函数满足业务需求,了解自定义函数和存储过程的相同点和不同点。

【任务3】掌握触发器的使用

理解触发器的基本原理,掌握触发器的类型、语法,能够根据不同情境设计 AFTER 触发器和 INSTEAD 触发器满足业务需求。

【任务4】使用游标处理结果集

了解游标的分类和语法,能够使用不同类型的游标对查询结果集进行处理。

【任务5】掌握锁的使用

理解基本的 SQL 锁定模式类型和区别,掌握常用锁定关键字的使用。

7.2.1 事务

1. 事务的概念和特性

使用 UPDATE 或 DELETE 语句对数据库进行更新时,一次只能操作一个表,而当要求同时对多个表数据进行更新时,就有可能出现与数据库操作带来的数据的不一致问题。

例如在学生转班的时候,既要对原班级的班级人数进行减 1,又要对新班级的班级人数进行加 1 操作,同时还要更新学生表中该学生的班级编号。此操作会涉及多个表,如果在加 1 或减 1 过程中,因为发生停电或系统中断等问题,只完成了前面的一步或两步操作,就会形成数据的不一致。因此必须将修改两个班级人数和学生信息过程中的所有操作,作为一个不可分割的整体提交给数据库。也就是说,要么修改人数和班级编号的操作全部完成,要么一步也不做,这就是数据库的事务。

事务有以下 4 个特性(ACID)。

(1) 原子性(Atomicity)。事务中的全部操作是不可分割的,要么全部完成,要么全部不执行。

(2) 一致性(Consistency)。几个并行执行的事务,其执行结果必须与按某一顺序串行执行的结果相一致。在关系型数据库中所有的规则必须应用到事务的修改上,以便维护所有数据的完整性,所有的内容和数据结构(例如树状的索引与数据之间的连接)在事务结束之后必须保证正确。

(3) 隔离性(Isolation):事务的执行不受其他事务的干扰,这个特性也称串行性。

(4) 持久性(Durability):对于任意的已提交事务,系统必须保证该事务对数据库的改变不被丢失,即使数据库出现故障,其影响将永久性地存在于系统中,也就是说把这种修改写入了数据库中。

事务是在数据库中专门定义的由 SQL 语句所组成的代码单元,事务机制保证一组数据的修改要么全部执行,要么全部不执行。SQL Server 使用事务可以保证数据的一致性和确保在系统失败时的可恢复性。事务打开以后直到事务完成并提交为止,或者直到事务执行失败而全部取消或回滚为止。

2. 事务的语法

（1）确定事务代码块的范围，语法格式如下。

```
BEGIN TRAN[SACTION] [事务名 | @ 事务变量名]
WITH MARK['描述符']
...
COMMIT [TRAN[SACTION]] [事务名 | @ 事务变量名]
```

（2）定义事务保存点，语法格式如下。

```
SAVE TRAN[SACTION] {保存点名 | @ 保存点变量名}
```

（3）撤销事务，语法格式如下。

```
ROLLBACK [TRAN[SACTION]] [事务名 | @ 事务变量名 | 保存点名 | @ 保存点变量名]
```

注意：事务名和变量名是为事务指定的标识符，用于为对应的事务定义保存点和进行回滚操作。

3. 事务实例

1）定义和执行事务

【实例7-7】 创建一个事务，向学生表Student中插入3条数据，见表7-3。然后运行事务并查看数据一致性。

表 7-3　向学生表 Student 新插入的数据

StudentCode	StudentName	Sex	StudentStatus	ClassID
41821160401	巴雪静	女	测试	5
41821160402	毕晓帅	男	测试	5
41821160401	曹盛堂	女	测试	5

（1）单击"新建查询"按钮，在代码编辑器中定义事务，代码如下。

```
SET XACT_ABORT ON
BEGIN TRAN
INSERT INTO Student VALUES('41821160401','巴雪静','女','测试',5,NULL)
INSERT INTO Student VALUES('41821160402','毕晓帅','男','测试',5,NULL)
INSERT INTO Student VALUES('41821160401','曹盛堂','男','测试',5,NULL)
IF(@@ERROR> 0) ROLLBACK TRAN
ELSE COMMIT TRAN
GO
SELECT * FROM STUDENT WHERE StudentCode IN ('41821160401','41821160402')
```

注意：SQL Server 从 2008 开始，可以通过设置 XACT_ABORT 来指定当 T-SQL 语句出现运行错误时，SQL Server 是否自动回滚当前事务。当 XACT_ABORT 为 ON 时，如果 T-SQL 语句产生运行错误时则整个事务将终止并回滚；当 XACT_ABORT 为 OFF 时，有时只回滚产生错误的 T-SQL 语句，而事务将继续进行处理，如果错误很严重，那么即使设置

T XACT_ABORT 为 OFF,也可能回滚整个事务。

因此,需要将 XACT_ABORT 设置为 ON,否则对于本例中的事务可能只回滚产生错误的语句。

(2) 单击“执行”按钮,执行结果如图 7-13 所示。

```
结果 消息

(1 行受影响)
消息 2627, 级别 14, 状态 1, 第 4 行
违反了 PRIMARY KEY 约束"PK_Student"。不能在对象"dbo.Student"中插入重复键。重复键值为 (41821160401)。

(0 行受影响)
```

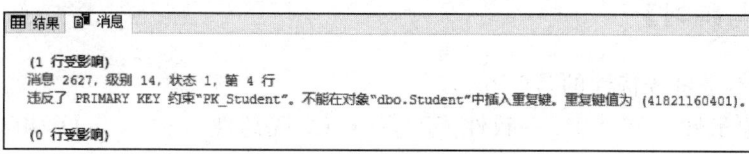

图 7-13 事务执行结果

分析结果可以看出,前两条数据被正常插入,第三条数据则因违反主键约束导致插入操作失败,通过返回参数@@ERROR>0 得知上条语句发生错误,因此整个事务回滚,最终没有一条数据被插入学生表。

2) 使用事务保存点

用户可以在事务内设置保存点或标记。保存点提供了一种机制,用于回滚部分事务。可以使用“SAVE TRANSACTION 保存点名”语句创建保存点,然后执行“ROLLBACK TRANSACTION 保存点名”语句以回滚到保存点,而不是回滚到事务的起点。保存点可以定义在按条件取消某个事务的一部分后,该事务可以返回的一个位置。

【实例 7-8】 在事务中使用保存点,回滚部分事务。

(1) 在代码编辑器中定义如下事务。

```
BEGIN TRAN mytran
SAVE TRAN firstSave
INSERT INTO Student VALUES('41821160401', '巴雪静', '女', '测试',5,NULL)
ROLLBACK TRAN firstSave
INSERT INTO Student VALUES('41821160402', '毕晓帅', '男', '测试',5,NULL)
INSERT INTO Student VALUES('41821160401', '曹盛堂', '男', '测试',5,NULL)
COMMIT TRAN mytran
GO
SELECT *  FROM STUDENT WHERE StudentCode IN ('41821160401','41821160402')
```

(2) 单击“执行”按钮,执行结果如图 7-14 所示。

结果 消息

	StudentCode	StudentName	Sex	StudentStatus	ClassID	Birthday
1	41821160402	毕晓帅	男	测试	5	NULL
2	41821160401	曹盛堂	男	测试	5	NULL

图 7-14 回滚部分事务执行结果

通过分析结果可以看出,第一条数据插入后,事务回滚到保存点 firstSave,第一条数据就被撤销。接下来剩余的 T-SQL 语句和 COMMIT TRAN 语句正常执行,所以第二、三条数据被正常插入库中。

【拓展实践】

编写一个能进行银行转账的事务并进行测试与分析,数据表结构请自行设计。

【思考与练习】

(1) 以下不是事务特性的是( )。
  A. 原子性   B. 一致性   C. 隔离性   D. 相对性

(2) 关键字( )定义了事务代码段的开始。
  A. BEGIN TRY   B. BEGIN TRAN
  C. END TRY   D. END TRAN

(3) 关键字 COMMIT 代表的含义是( )。
  A. 事务开始 B. 事务提交 C. 存储过程开始 D. 存储过程结束

(4) 定义事务名的作用是( )。
  A. 删除事务 B. 调用事务 C. 提交事务 D. 回滚事务

(5) @@ERROR 的作用是存储( )出错代码的错误编号。
  A. 上一条 B. 下一条 C. 最后一条 D. 第一条

7.2.2 用户自定义函数

在 SQL Server 中的内置函数为完成一些基本应用提供了极大的方便,但在具体应用中,经常需要对业务逻辑中的多个 T-SQL 语句进行封装,以方便使用和提高效率。

1. 认识用户自定义函数

1) 用户自定义函数的概念

用户自定义函数与存储过程类似,也是一组编译好的存储在数据库服务器上的和完成特定功能的 T-SQL 程序,是某数据库的对象。与系统内置函数一样,用户自定义函数可以在任何表达式中调用,不但可以返回标量(常量),还可以返回表值,用户自定义函数也可以像存储过程一样通过 EXECUTE 语句调用。用户自定义函数和存储过程一样,都是 T-SQL 语句集,两者主要区别见表 7-4。

表 7-4 用户自定义函数与存储过程的区别

项 目	用户自定义函数	存 储 过 程
参 数	允许多个输入参数,不允许输出参数	允许多个输入和输出参数
返回值	有且只有一个返回值,可以返回标量或表值	可以没有返回值,不能返回表值
调 用	在表达式中引用,可以嵌入在查询语句的表达式中调用	必须单独调用
作用范围	只能修改数据,不能修改数据库对象(比如新建或删除表、修改数据库设置)	可以修改任何数据和数据库对象(比如新建或删除表、修改数据库设置)

2）用户自定义函数的分类

根据返回值类型，用户自定义函数可分为标量函数和表值函数。

（1）标量函数。函数返回值是在 RETURN 子句中定义类型的标量表达式的值（单个数据值）。其数据类型为 TEXT、NTEXT、IMAGE、CURSOR、TIMESTAMP、TABLE 之外的所有数据类型。

（2）表值函数。表值函数返回值是 RETURNS 子句中指定的 TABLE 类型的数据（表值）。根据函数体语句类型，表值函数又分为内联表值函数和多语句表值函数。对于内联表值函数，只能使用 SELECT 语句，它没有函数体，RETURN 子句只含有一条单独的 SELECT 查询语句。对于多语句表值函数，函数体可以在 BEGIN…END 语句块中定义一系列 T-SQL 语句，它返回 TABLE 数据类型。

2．创建用户自定义函数

1）用户自定义标量函数

标量函数的创建语法如下。

```
CREATE FUNCTION [架构名.]函数名           --创建标量函数
(参数名 数据类型 [= 默认值][，其他参数...])  --括号内输入参数
RETURNS 返回值类型                        --定义返回标量值的数据类型
[WITH 选项]
AS
BEGIN
    T-SQL 语句...                         --函数体
    RETURN   返回值                       --返回 RETURNS 子句定义的数据类型的单个值
END
```

【实例 7-9】 创建用户自定义有参标量函数 ufn_getNameByID，实现根据学生编号查询姓名。

（1）在查询编辑器中编写如下代码。

```
CREATE FUNCTION ufn_getNameByID( @ stuid CHAR(11) )
RETURNS NVARCHAR(15)
AS
BEGIN
    DECLARE @ studentName NVARCHAR(15)
    SELECT @ studentName= (SELECT StudentName FROM Student WHERE StudentCode= @ stuid)
    RETURN @ studentName
END
```

（2）该语句运行成功后，即可在"数据库"→tqe→"可编程性"→"函数"→"标量值函数"节点下看到新建的标量函数 ufn_getNameByID。

（3）使用以下语句调用该函数。

```
SELECT dbo.ufn_getNameByID('31821160402')
```

执行结果如图 7-15 所示。

图 7-15　用户自定义标量函数的应用

2）用户自定义内联表值函数

创建内联表值函数语法如下。

```
CREATE FUNCTION [架构名．]函数名
(参数名 类型 [= 默认值] [ , 其他参数...])          -- 括号内输入参数
RETURNS TABLE                                      -- 定义返回值为表
[WITH 选项]
AS
BEGIN
    RETURN(SELECT 查询语句)                        -- 返回查询结果的数据行集
END
```

调用用户自定义内联表值函数时，可直接将其视为表，不同于表的地方是需要加参数列表，没有参数时需要加括号，调用形式如下。

```
SELECT 架构名．函数名(实参 1,实参 2,...)
```

【实例 7-10】 创建用户定义内联表值函数 getStudentsByClassID，参数为班级编号，创建完成后调用该函数，查询班级编号为 5 的所有学生信息。

（1）在查询编辑器，编写如下代码。

```
CREATE FUNCTION ufn_getStudentsByClassID(@ classid INT)
RETURNS TABLE
AS
RETURN (SELECT *  FROM Student WHERE ClassID= @ classid)
```

（2）该语句运行成功后，即可在“数据库”→tqe→“可编程性”→“函数”→“表值函数”节点下看到新建的内联表值函数 getStudentsByClassID。

（3）使用以下语句调用该函数，给参数赋值为 5。

```
SELECT *  FROM ufn_getStudentsByClassID(5)
```

执行结果如图 7-16 所示。

结果　消息

	StudentCode	StudentName	Sex	StudentStatus	ClassID
1	31821160401	巴雪静	女	正常	5
2	31821160402	毕晓帅	男	正常	5
3	31821160403	曹盛堂	男	正常	5
4	31821160404	柴晓迪	男	正常	5
5	31821160405	陈亚辉	男	正常	5

图 7-16　内联表函数调用结果（部分数据）

【思考与练习】

（1）自定义函数默认所属的架构是（　　）。

A. DOB　　B. DBO　　C. OBD　　D. ODB

（2）标量函数的参数数量是（　　）。

A. 只有 1 个　　B. 只有 2 个　　C. 只有 3 个　　D. 可以没有

(3)（　　）选项不是标量函数的返回值。
　　A. TABLE　　　B. INT　　　C. CHAR　　　D. NVARCHAR
(4)标量函数的实参顺序(　　)。
　　A. 必须和形参相同　　　　　B. 必须和形参不同
　　C. 可以和形参不同　　　　　D. 无规则约束
(5)内联表值函数的函数体只能包含(　　)。
　　A. UPDATE 语句　　　　　　B. DELETE 语句
　　C. SELECT 语句　　　　　　D. T-SQL

7.2.3 触发器

1. 触发器概述

SQL Server 提供两种主要机制来强制实现业务规则和数据完整性,即约束和触发器,前面介绍了为表定义主键、外键、检查等约束,下面介绍如何使用触发器实现数据完整性控制。

触发器是个特殊的存储过程,它的执行既不是由程序调用,也不是手工启动,而是由事件来触发,比如当对一个表进行操作(INSERT、DELETE、UPDATE)时就会激活它执行。另外一个和存储过程不同之处是它们的作用,存储过程更多是为了返回数据,而触发器更多的作用是维护数据完整性,所以触发器经常用于加强数据的完整性约束和业务规则等。

1) 触发器的概念

触发器是由一系列的 T-SQL 语句构成,且基于表/视图/服务器/数据库而创建的。触发器不是用 EXEC 主动调用,而是在满足一定条件下自动执行的。作为一种特殊的存储过程,触发器无法直接执行,而只能在与之关联的 INSERT、DELETE、UPDATE 语句执行时被触发。

2) 触发器的分类

SQL Server 包括三种常规类型的触发器:DML 触发器、DDL 触发器和登录触发器。

(1) DML 触发器。DML 触发器在数据库中发生数据操作语言(DML)事件时启用。DML 事件包括在指定表或视图中数据处理的 INSERT、UPDATE 和 DELETE 等操作。系统将触发器和触发它的语句作为可在触发器内回滚的单个事务对待,如果检测到错误(如多表操作不一致、不符合事务管理的规定或磁盘空间不足等),则整个事务自动回滚,其主要作用是实现较为复杂的数据完整性控制。当通过主键、外键的约束不能足以保证数据的完整性时,就可以采用触发器来完成。

(2) DDL 触发器。DDL 触发器在服务器或数据库中发生数据定义语言事件时启用,DDL 事件包括对指定服务器或数据库中定义对象执行以 CREATE、ALTER 和 DROP 开头的语句,DDL 触发器用于管理任务,如审核和控制数据库操作。

(3) 登录触发器。它为响应 LOGON 事件而激发,与 SQL Server 实例建立会话时将引发此事件。

根据触发器与触发语句之间的关系还可分为 AFTER 触发器和 INSTEAD 触发器。

(1) AFTER 触发器。AFTER 触发器会在触发语句执行完成后执行。根据触发语句的不同,又可以分为 AFTER INSERT 触发器、AFTER DELETE 触发器、AFTER

UPDATE 触发器。

(2) INSTEAD OF 触发器。INSTEAD 触发器则会完全替代触发语句。根据触发语句的不同，又可以分为 INSTEAD OF INSERT 触发器、INSTEAD OF DELETE 触发器、INSTEAD OF UPDATE 触发器。

2. 创建触发器

使用 T-SQL 语句创建触发器的语法如下所示。

```
CREATE TRIGGER 触发器名
ON 表名|视图名
[FOR|AFTER|INSTEAD OF]
[INSERT][,][DELETE][,][UPDATE]
AS
BEGIN
    T-SQL 语句
END
```

参数说明如下。

(1) FOR|AFTER 为表指定的 DML 语句中指定的 INSERT、UPDATE、DELETE 语句操作都成功执行之后才被执行，所有的引用级联操作和约束检查也必须在此触发器之前成功完成。如果仅指定 FOR 关键字，则 AFTER 为默认值。注意不能对视图定义 AFTER 触发器。

(2) INSTEAD OF 为表或视图指定的 DML 触发器用于"替代"引起触发器执行的 T-SQL 语句。对于表或视图的每个 INSERT、UPDATE 和 DELETE 语句，最多只可以定义一个 INSTEAD OF 触发器。

每个触发器通过 inserted 和 deleted 两个临时表保存临时数据，在触发器完成工作后即被删除。

- INSERT 语句执行时，inserted 表存储的是 INSERT 语句插入的数据集。
- DELETE 语句执行时，deleted 表存储的是 DELETE 语句删除的数据集。
- UPDATE 语句执行时，deleted 表存储的是 UPDATE 语句更新之前的数据集，inserted 表存储的是 UPDATE 语句更新之后的数据集。

【实例 7-11】 在学生表 Student 插入数据的时候，使用触发器确保数据的正确性，当检测到插入的学生学号长度小于 11 时，将当前学生状态字段设置为"禁用"。

操作步骤如下。

(1) 在查询编辑器，编写如下代码。

```
CREATE TRIGGER T_Insert
ON Student
AFTER INSERT
AS
BEGIN
    DECLARE @ stucode CHAR(11)
    DECLARE @ stucodelength INT
    SELECT @ stucode= StudentCode FROM inserted
    SELECT @ stucodelength= LEN(@ stucode)
```

```
    IF(@ stucodelength< 11)
        UPDATE Student SET StudentStatus= '禁用' WHERE StudentCode= @ stucode
END
```

(2)单击"执行"按钮,创建后的触发器,可以从"对象资源管理器"→"数据库"→tqe→"表"→Student→"触发器"节点下找到。

(3)执行下列 SQL 语句,当插入语句执行完之后,会自动执行触发器 T_Insert,当检测到插入的学生学号长度小于 11 时,将当前学生状态字段置为"禁用"。

```
INSERT INTO Student VALUES('12345','巴雪静','女','测试',5,NULL)
SELECT *  FROM Student WHERE StudentCode= '12345'
```

【实例 7-12】 对 Student 学生表添加学生信息时,使用触发器为对应班级更新人数。

(1)在查询编辑器,编写如下代码。

```
CREATE TRIGGER T_Insert2
ON Student
AFTER INSERT
AS
BEGIN
    DECLARE @ classid INT                                    - - 定义变量,存储班级编号
    DECLARE @ classize INT                                   - - 定义变量,存储人数
    SELECT @ classid= ClassID FROM inserted                  - - 获取班级编号
    SELECT @ classize= ClassSize FROM Class WHERE ClassID= @ classid   - - 获取人数
    SELECT @ classize= @ classize+ 1                         - - 人数加 1
    UPDATE Class SET ClassSize= @ classize WHERE ClassID= @ classid    - - 更新人数
END
```

(2)单击"执行"按钮,创建后的触发器可以从"对象资源管理器"→"数据库"→tqe→"表"→Student→"触发器"节点下找到。

(3)执行下列 SQL 语句,首先查询当前该班人数,之后执行插入语句,完成之后会自动执行触发器 T_Insert2,触发器会从 inserted 表获取当前学生数据中的班级编号,再执行 UPDATE 语句修改 Class 表中该班的人数。执行结果如图 7-17 所示。

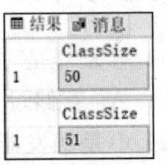

图 7-17 执行 INSERT 语句后启动触发器的结果

```
SELECT ClassSize FROM Class WHERE ClassID= 5
INSERT INTO Student VALUES('51821160401','巴雪静','女','测试',5,NULL)
SELECT ClassSize FROM Class WHERE ClassID= 5
```

【实例 7-13】 DELETE 语句执行的是物理删除,数据删除后无法恢复。编写触发器,当对 Student 表执行 DELETE 语句的时候,将 DELETE 语句替换为修改学生状态,实现逻辑删除。

(1)在查询编辑器中编写如下代码。

```
CREATE TRIGGER T_Delete
ON Student
INSTEAD OF DELETE
AS
BEGIN
```

```
    UPDATE Student
    SET StudentStatus= '删除'
    WHERE StudentCode IN (SELECT StudentCode FROM deleted)
END
```

（2）单击“执行”按钮，创建后的触发器可以从“对象资源管理器”→“数据库”→tqe→“表”→Student→“触发器”节点下找到。

（3）执行下列 SQL 语句，查询当删除学生信息后该条记录是否为逻辑删除。

```
INSERT INTO Student VALUES('61821160401', '巴雪静', '女', '测试',5,NULL)
DELETE FROM Student WHERE StudentCode= '61821160401'
SELECT *  FROM Student WHERE StudentCode= '61821160401'
```

（4）执行结果如图 7-18 所示。

	StudentCode	StudentName	Sex	StudentStatus	ClassID	Birthday
1	61821160401	巴雪静	女	删除	5	NULL

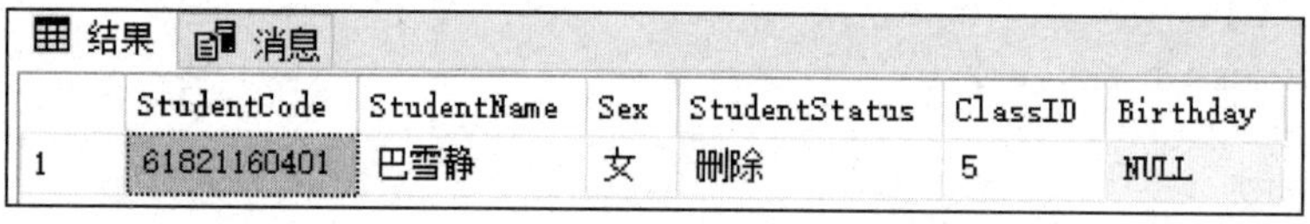

图 7-18　INSTEAD OF 触发器执行结果

【拓展实践】

编写一个触发器，当使用 DELETE 语句在学生表中一次性删除数据超过 5 行时，将物理删除转换为逻辑删除。

【思考与练习】

（1）触发器是一种（　　）。

A. 存储过程　　B. 函数　　C. 变量　　D. 数据表

（2）不是触发器触发条件的语句是（　　）。

A. DELETE　　B. UPDATE　　C. SELETE　　D. INSERT

（3）触发器的基本原理是（　　）机制。

A. 事件　　B. 自动　　C. 检查　　D. 撤销

（4）根据触发器与触发语句之间的关系，可以分为 AFTER 触发器和（　　）触发器。

A. BEFORE　　B. INSTEAD　　C. WHERE　　D. INSERT

（5）AFTER 触发器在触发语句执行（　　）触发。

A. 之前　　B. 之中　　C. 之后　　D. 之前或之后

7.2.4　游标

1. 游标的概念

游标是对一组数据进行操作，但每一次只对一个单独的记录进行交互的方法。之前学习过的关系数据库中的所有操作会对整个行集起作用。由 SELECT 语句返回的行集包括满足该语句的 WHERE 子句中条件的所有行，这种由语句返回的完整行集称为结果集。应用程序，特别是交互式联机应用程序，并不总是需要将整个结果集作为一个单元来处理，有时候这些应用程序需要一种机制,以便每次处理一行或一部分行,游标就是提供这种机制的,也是对结果集的一种扩展。

从数据库中取出来的都是一个结果集,除非使用 WHERE 子句来限制只选中一条记录,对于多个数据行,如果要单独对数据集中的每一行进行特定的处理,就可以使用游标。因此游标允许应用程序对查询语句返回的结果集中每一行进行相同或不同的操作,而不是一次对整个结果集进行同一种操作,它还提供对基于游标位置数据进行删除或更新的能力,而且正是游标把作为面向集合的数据库管理系统和面向行的程序设计两者结合起来,使两个数据处理方式能够进行结合。游标的主要作用如下。

- 定位到结果集中的某一行。
- 对当前位置的数据进行读写。
- 可以对结果集中的数据单独操作,而不是对整行执行相同的操作。
- 是面向集合的数据库管理系统和面向行的程序设计之间的桥梁。

2. 游标的分类

游标分为服务器游标和客户游标,在一般情况下,服务器游标能支持绝大多数的游标操作,客户游标常常仅被用作服务器游标的辅助,本书中主要讲述的游标为服务器游标,也称为后台游标。

SQL Server 支持的四种服务器游标类型如下。

(1) 静态游标。以游标打开时刻的当时状态显示结果集的游标。静态游标在游标打开时不反映对基础数据进行的更新、删除或插入操作。有时称它为快照游标。

(2) 动态游标。它与静态游标相对,滚动游标时,动态游标反应结果集中的所有更改。结果集中的行数据值、顺序和成员在每次提取时都会变化。所有用户做的增、删、改操作通过游标均可见。如果使用 API 函数或 T-SQL Where Current of 子句通过游标进行更新,它们将立即可见,而在游标外部所做的更新直到提交时才可见。

(3) 只进游标。只进游标不支持滚动,只支持从头到尾顺序提取数据,对数据库执行增、删、改操作,在提取时是可见的,但由于该游标只能进不能向后滚动,所以在行提取后对行做增、删、改操作是不可见的。

(4) 键集驱动游标。打开键集驱动游标时,该表中的各个成员身份和顺序是固定的。打开游标时,结果集这些行数据会被一组唯一标识符标识,对被标识的列做修改时,用户滚动游标是可见的,如果对没被标识的列修改则不可见,比如插入一条数据,是不可见的,若要可见则须关闭并重新打开游标。

静态游标在滚动时检测不到表数据变化,但消耗的资源相对很少。动态游标在滚动时能检测到所有表数据变化,但消耗的资源却较多。键集驱动游标则处于他们中间,所以要根据需求建立适合自己的游标,避免资源浪费。

3. 游标的生命周期

游标的生命周期包含有 5 个阶段:声明游标、打开游标、读取游标数据、关闭游标、释放游标。

1) 声明游标

声明游标的语法如下。

DECLARE 游标名 CURSOR [LOCAL | GLOBAL] [FORWARD_ONLY | SCROLL]

```
    [ STATIC | KEYSET | DYNAMIC | FAST_FORWARD ]
    [ READ_ONLY | SCROLL_LOCKS | OPTIMISTIC ] [ TYPE_WARNING ]
FORSELECT 语句
    [ FOR UPDATE [ OF 列名[ ,...n ] ] ]
```

参数说明如下。

- LOCAL:作用域为局部,只在定义它的批处理、存储过程或触发器中有效。默认为 LOCAL。
- GLOBAL:作用域为全局,由连接执行的任何存储过程或批处理中,都可以引用该游标。
- FORWARD_ONLY:指定只进游标。
- SCROLL:指定所有提取行选项均可用。
- STATIC:指定静态游标。
- KEYSET:指定键集游标。
- DYNAMIC:指定动态游标,不支持 ABSOLUTE 提取选项。
- FAST_FORWARD:指定启用了性能优化的 Forward_Only、Read_Only 游标。
- READ_ONLY:只读游标,不能通过游标对数据进行删改。
- SCROLL_LOCKS:将行读入游标时锁定这些行,确保删除或更新一定会成功。
- FOR UPDATE [OF 列名,....]:定义游标中可更新的列。

2)操作游标

操作游标的语法如下。

```
OPEN 游标名                - - 打开游标
FETCH                      - - 读取游标数据
[[NEXT | PRIOR | FIRST | LAST| ABSOLUTE{n} | RELATIVE{n}]
FROM] 游标名
[INTO 变量 1, ...]
CLOSE 游标名               - - 关闭游标
DEALLOCATE 游标名          - - 释放游标
```

参数说明如下。

- NEXT:紧跟当前行,返回结果行,并且当前行递增为返回行,如果 FETCH NEXT 为对游标的第 1 次提取操作,则返回结果集中的第 1 行。NEXT 为默认的游标提取选项。
- PRIOR:返回紧邻当前行前面的结果行,并且当前行递减为返回行,如果 FETCH PRIOR 为对游标的第 1 次提取操作,则没有返回行,并且游标置于第一行之前。
- FIRST:返回游标中的第一行,并将其作为当前行。
- LAST:返回游标中的最后一行,并将其作为当前行。
- ABSOLUTE{n}:如果 n 为正,则返回从游标头开始向后的第 n 行;如果 n 为负,返回从游标末尾开始向前的第 n 行;如果 n 为 0,则不返回行。n 必须是整数。
- RELATIVE{n}:n 为正,则返回当前行开始向后的第 n 行;如果 n 为负,则返回从当前行开始向前的第 n 行;如果 n 为 0,则返回当前行。
- INTO 变量[,...n]:必须将提取操作的列数据放到局部变量中,列表中的各个变量从左到右与游标结果集中的相应列相关联。

【实例 7-14】 创建一个静态游标,它读取的是从 Student 表中查询出 StudentStatus 学生状态为"测试"的结果集,并在游标打开时插入数据。

(1) 在查询编辑器中输入如下代码。

```
DECLARE cur_Student CURSOR STATIC    --将游标声明为静态
FOR
SELECT * FROM Student WHERE StudentStatus='测试'
```

(2) 在 Student 表中插入下列两条数据。

```
INSERT INTO Student VALUES('11821160401','巴雪静','女','测试',5,NULL)
INSERT INTO Student VALUES('11821160403','曹盛堂','男','测试',5,NULL)
```

(3) 打开游标,读取数据,之后插入数据,读取数据,关闭游标,代码如下。

```
OPEN cur_Student                     --打开游标
FETCH NEXT FROM cur_Student          --读取到第一条数据("巴雪静")
FETCH NEXT FROM cur_Student          --读取到第二条数据("曹盛堂")
FETCH NEXT FROM cur_Student          --此时已经读取完毕,读取到空数据
SELECT @@FETCH_STATUS                --查看全局变量,其值为-1,表示读取失败
--插入一条数据("毕晓帅")。静态游标打开过程中新插入的数据对游标是不可见的
INSERT INTO Student VALUES('11821160402','毕晓帅','男','测试',5,NULL)
FETCH PRIOR FROM cur_Student         --读取上一数据("曹盛堂")不是刚插入的数据
FETCH PRIOR FROM cur_Student         --读取当前位置的上一数据("巴雪静")
FETCH PRIOR FROM cur_Student         --此时已经读取完毕,读取到空数据
SELECT @@FETCH_STATUS                --查看全局变量,其值为-1,表示读取失败
CLOSE cur_Student                    --关闭游标
DEALLOCATE cur_Student               --释放游标
```

(4) 执行结果如图 7-19 所示。

【实例 7-15】 创建一个双向动态游标,它读取的是从 Student 表中查询出 StudentStatus 学生状态为"测试"的结果集,并在游标打开时插入数据。

(1) 在查询编辑器中输入如下代码。

```
DECLARE cur_Student CURSOR SCROLLDYNAMIC --将游标声明为双向
FOR
SELECT * FROM Student WHERE StudentStatus='测试'
```

(2) 在 Student 表中插入下列两条数据。

```
INSERT INTO Student VALUES('31821160401','巴雪静','女','测试',5,NULL)
INSERT INTO Student VALUES('31821160403','曹盛堂','男','测试',5,NULL)
```

(3) 游标打开,读取数据,插入数据行,读取数据,关闭游标。

```
OPEN cur_Student                     --打开游标
FETCH NEXT FROM cur_Student          --读取到第一条数据("巴雪静")
FETCH NEXT FROM cur_Student          --读取到第二条数据("曹盛堂")
FETCH NEXT FROM cur_Student          --此时已经读取完毕,读取到空数据
--插入一条数据("毕晓帅")。动态游标打开过程中当新插入数据时会更新当前结果集
INSERT INTO Student VALUES('31821160402','毕晓帅','男','测试',5,NULL)
```

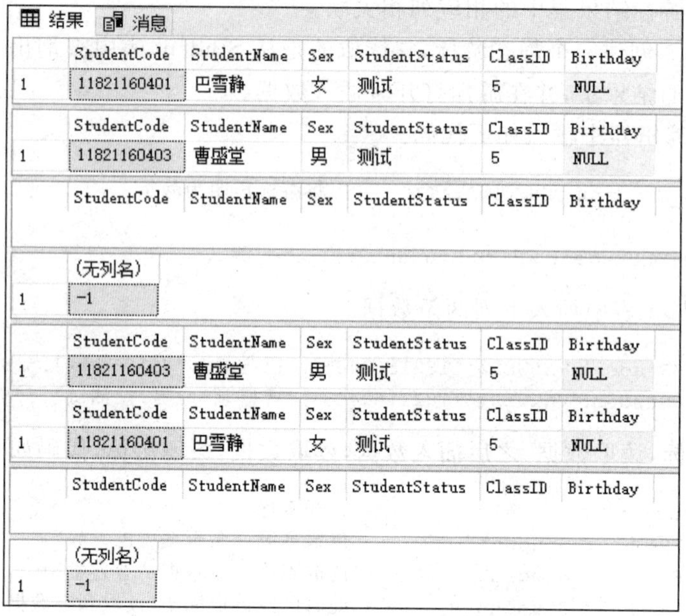

图 7-19　静态游标中插入数据的执行结果

```
FETCH PRIOR FROM cur_Student        --读取上一数据("毕晓帅")是新插入的数据
FETCH PRIOR FROM cur_Student        --读取上一数据("曹盛堂")
FETCH PRIOR FROM cur_Student        --读取上一数据("巴雪静")
CLOSE cur_Student                   --关闭游标
DEALLOCATE cur_Student              --释放游标
```

【拓展实践】

编写一个游标,能够显示学生姓名和学生所选的课程。要求学生姓名和所选的所有课程在一行显示,多门课程使用逗号隔开。

【思考与练习】

(1) (　　)游标能够即时反映原始表的变化。
　　A. 动态　　　　B. 静态　　　　　C. 只进　　　　　D. 双向
(2) (　　)游标不能够即时反映原始表的变化。
　　A. 动态　　　　B. 静态　　　　　C. 只进　　　　　D. 双向
(3) (　　)游标只能从前向后移动。
　　A. 动态　　　　B. 静态　　　　　C. 只进　　　　　D. 双向
(4) (　　)游标可以双向移动。
　　A. 动态　　　　B. 静态　　　　　C. 只进　　　　　D. 双向
(5) FETCH 关键字搭配(　　)可以实现游标向后移动。
　　A. PRIOR　　　B. NEXT　　　　　C. FIRST　　　　　D. LAST

7.2.5 锁

1. 锁的概念

锁主要用于多用户环境下,以保证数据库的完整性和一致性。各种大型数据库所采用锁的基本理论是一致的,但在具体实现上各有差别。在 SQL Server 中强调由系统来管理锁。在用户有 T-SQL 请求时,系统会分析请求,并自动在满足锁定条件和系统性能之间为数据库加上适当的锁,同时系统在运行期间常常自动进行优化处理,实行动态加锁。对于一般的用户而言,通过系统的自动锁定管理机制基本可以满足使用要求,但如果对数据安全、数据完整性和一致性有特殊要求,就必须自己控制数据库的锁定和解锁,这就需要了解 SQL Server 的锁机制,掌握数据库锁定方法。

锁是数据库在多用户并发环境下,针对不同事务访问相同资源时的一种控制机制,它主要用于保证多用户环境下数据库的完整性和一致性。

数据库中的锁是指一种软件机制,用来指示某个用户(也即进程会话)占用了某种资源,从而防止其他用户做出影响本用户的数据修改或导致数据库数据的非完整性和非一致性。所谓资源,主要指用户可以操作的数据行、索引以及数据表等。根据资源的不同,锁有多粒度的概念,也就是指可以锁定的资源的层次,SQL Server 中能够锁定的资源粒度包括数据库、表、区域、页面、键值(指带有索引的行数据)、行标识符(RID,即表中的单行数据)。假设某用户只操作一个表中的部分行数据,系统很可能会只添加几个行锁(RID)或页面锁,这样可以尽可能多地支持多用户的并发操作。如果用户事务中频繁地对某个表中的多条记录操作,将导致对该表的许多记录行都加上了行级锁,系统中锁的数目会急剧增加,这样就加重了系统负荷,影响系统性能。因此,在数据库系统中一般都支持锁升级,即调整锁的粒度,将多个低粒度的锁替换成少数的更高粒度的锁,以此来降低系统负荷。在 SQL Server 中,当一个对象中的锁较多,达到锁升级门限时,系统自动将行级锁和页面锁升级为表级锁。特别值得注意的是,在 SQL Server 中锁的升级门限以及锁升级是由系统自动来确定的,不需要用户设置。

2. 锁的分类

在数据库中加锁时,除了可以对不同的资源加锁,还可以使用不同程度的加锁方式。按照锁的模式可以分为以下 3 类。

1) 共享锁(S 锁)

共享锁用于读取操作(SELECT),它允许多个并发事务读取锁定的资源。事务进行读操作时,在读取的资源上放置共享锁。资源上存在共享锁时,任何其他事务都不能修改数据。读取操作一完成,就立即释放资源上的共享锁。多用户同时读取同一资源时,可以在同一资源上同时放置共享锁。因此数据库的同一资源在同一时刻可以存在多个共享锁。

2) 排他锁(X 锁)

排他锁用于修改操作(INSERT、DELETE、UPDATE),排他锁同一时刻只允许一个事务访问锁定的资源。事务修改操作时,在读修改的资源上放置排他锁。多用户同时修改同一资源时,第一个用户可以在资源上放置排他锁,其他用户只有等第一个用户的排他锁释放后,才能访问该资源。因此数据库的同一资源在同一时刻只能有一个排他锁。

3) 更新锁(U 锁)

更新锁用于防止当用户将共享锁转换为排他锁时,可能造成的死锁。更新锁是共享锁和排他锁之间的一个中间状态锁,当用户将共享锁转换为排他锁时,需要先将共享锁转换为更新锁,如果此时资源上不再有其他锁,才能继续将更新锁转换成排他锁。其他用户监测到资源上有更新锁存在时,便不会将自己的共享锁转换为排他锁,直到当前资源上的更新锁释放为止。如果没有更新锁的话,那么用户在把各自的共享锁转换成排他锁时,都会等待其他用户释放共享锁,而同时如果保持自己的共享锁不释放,这时就会造成死锁。

3. 锁的语法

锁的语法如下所示。

FROM 表名 WITH 锁定提示

用户可以在 FROM 子句中使用锁定提示直接控制锁的粒度和类型。注意,如果在事务中使用锁定提示,锁会保持到事务执行完毕才会被释放。

锁定提示分为以下几种。
- ROWLOCK:锁定当前行。
- TABLOCK:锁定当前表。
- UPDLOCK:放置更新锁。
- XLOCK:放置 X 锁。

【实例 7-16】 使用两个数据库用户分别登录数据库。用户 1 首先执行锁定代码,锁定学生"毕晓帅"数据行并持续 10 秒。在这 10 秒内执行用户 2 的查询代码,会发现查询被阻塞,结果集无法返回。等用户 1 的代码执行完后,用户 2 的查询会继续执行并返回结果集。

(1) 同时使用两个数据库用户(Administraor、sa)分别登录服务器。

(2) 使用 Administrator 用户登录数据库,创建事务,代码如下。

```
BEGIN TRAN
- - 为查询结果集当前行加排他锁
SELECT *  FROM Student WITH(ROWLOCK,XLOCK) WHERE StudentCode= '31821160402'
WAITFOR DELAY '00:00:10'    - - 用户1的当前事务持续10秒
COMMIT TRAN
```

(3) 同时使用 sa 用户登录数据库,执行查询语句,代码如下。

```
SELECT *  FROM Student WHERE StudentCode= '31821160402'
```

(4) 用户 Administrator 首先执行锁定代码,在 10 秒内,用户 sa 执行查询语句,可以发现,在用户 Administrator 的事务结束前,此语句在执行时会一直处于阻塞状态,如图 7-20 所示。

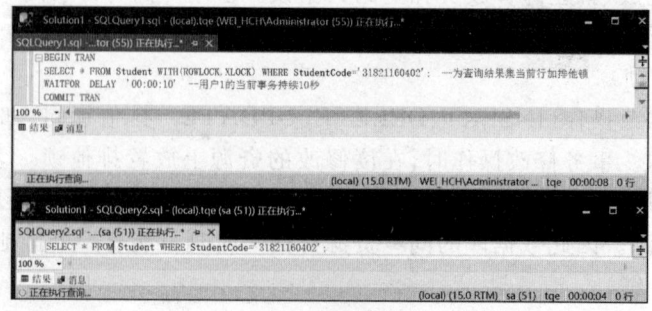

图 7-20　排他锁执行效果

【思考与练习】

(1) 一个数据库用户同一时刻只能有(　　)个事务。
  A. 0   B. 1   C. 2   D. 3

(2) 用于用户执行 SELECT 操作的锁是(　　)。
  A. S 锁   B. U 锁   C. X 锁   D. 排他锁

(3) S 锁和 X 锁之间的一种中间状态锁是(　　)。
  A. S 锁   B. U 锁   C. X 锁   D. 排他锁

(4) 用于锁定数据行的锁是(　　)。
  A. 行锁   B. 页锁   C. 表锁   D. 架构锁

(5) 用于锁定数据表的锁是(　　)。
  A. 行锁   B. 页锁   C. 表锁   D. 架构锁

常见问题解析

【问题】 存储过程和自定义函数有什么区别？

【答】(1) 含义不同。

① 存储过程。存储过程是 SQL 语句和可选控制流语句的预编译集合，以一个名称来存储并作为一个单元处理。

② 函数。是由一个或多个 SQL 语句组成的子程序，可用于封装代码以便重新使用。函数使用限制比较多，如不能用临时表，只能用表变量等。

(2) 使用条件不同。

① 存储过程。可以在单个存储过程中执行一系列 SQL 语句。而且可以从自己的存储过程内引用其他存储过程，这可以简化一系列复杂语句。

② 函数。自定义函数存在诸多限制，有许多语句不能使用，许多功能不能实现。函数可以直接引用返回值，用表变量返回记录集。但是，用户定义函数不能用于执行一组修改全局数据库状态的操作。

(3) 执行方式不同。

① 存储过程。存储过程可以返回参数，如记录集，函数只能返回值或者表对象。在进行存储过程声明时不需要返回类型。

② 函数。函数需要描述返回类型，且函数中必须包含一个有效的 return 语句。

项目 8

"教学质量评价系统"数据库的安全性管理

8.1 数据库安全性控制

◇ **单元简介**

数据的安全性管理是数据库服务器实现的重要功能之一,SQL Server 数据库采用了非常复杂的安全保护措施。数据的安全性控制是指防止非法用户对数据进行访问,以保证数据库的数据不会由于非法使用而造成数据的泄露、更改和破坏。本单元根据 tqe 数据库的安全性需求,进行服务器登录名、数据库用户、架构、权限以及角色的管理。

◇ **单元目标**

1. 能够根据数据库的安全性需求设置登录身份验证模式。
2. 能够根据数据库库的安全性需求创建登录名。
3. 能够根据数据库的安全性需求创建数据库用户。
4. 能够根据数据库的安全性需求进行架构管理。
5. 能够根据数据库的安全性需求进行权限管理。
6. 能够根数据库的安全性需求进行角色管理。

◇ **任务分析**

数据库安全性控制分为 2 工作任务。

【任务 1】管理数据库账号

SQL Server 使用 Windows 身份验证或 SQL Server 身份验证来识别用户并识别用户的权限等级。用户需要凭借登录名进行服务器登录,凭借用户名进行数据库及数据库对象的访问,本任务将创建不同类别的登录名,尝试使用不同的身份验证模式进行服务器登录,并创建 tqe 数据库的用户,使得用户具有访问 tqe 数据库的权限。

【任务 2】管理数据库角色

在 SQL Server 中可以将一组登录名或数据库角色组织在一起,将其添加为某一角色的成员,使其具有与该角色相同的身份和权限,大大简化了给各个登录名或数据库用户授权这一复杂任务。本任务将创建架构、创建角色、为角色授权以及为用户分配角色。

8.1.1 数据库安全性概述

1. 数据库的安全性体系

SQL Server 的整个安全体系结构可以分为以下 5 个层次。

1) Windows 级的安全机制

Windows 级的安全性建立在操作系统安全系统控制的基础上。DBMS 需要运行在某一特定的操作系统平台下,要防止未经授权的用户从操作系统层访问数据库,如果操作系统的安全性差也会影响到数据库的安全性,比如计算机病毒对系统的威胁等。

2) 网络传输级的安全机制

网络传输级的安全性主要建立在防御黑客恶性入侵以及数据加密技术的基础上,为了防止未授权的外部访问,绝不允许 SQL Server 通过互联网直接访问。如果需要 SQL Server 通过互联网供用户或者应用程序访问,应该保证网络环境提供了某种保护机制,如防火墙或者入侵检测系统(IDS)。SQL Server 对关键数据进行了加密,即使攻击者通过了防火墙和服务器上的操作系统到达了数据库,也还要对数据进行破解。

3) 服务器级的安全机制

SQL Server 服务器级的安全性建立在控制服务器登录名和密码的基础上,SQL Server 采用了集成 Windows 登录和标准 SQL Server 登录两种方式。无论用户使用哪种登录方式都必须为其创建有效的登录名,这样才能获得 SQL Server 服务器的访问权限。

4) 数据库级的安全机制

SQL Server 数据库级的安全性建立在控制合法数据库用户的基础上,在用户通过 SQL Server 服务器的安全性验证以后,要获得访问服务器上各数据库的权利,必须创建映射到登录名的数据库用户。

5) 数据库对象级的安全机制

SQL Server 数据库对象级的安全性建立在授权与检查用户对数据库对象访问的权限的基础上,当为登录名映射了数据库用户之后,要访问该数据库和数据库中的对象还必须被授予相应的数据库权限和对象权限。

当数据库系统建立了一个良好和完整的安全性管理体系时,如果一个用户要访问 SQL Server 数据库中的对象必须经过以下验证过程,以此保证数据库系统的安全性。

- 当用户连接服务器时,验证用户是否具有关联的登录名。
- 当用户访问数据库时,验证用户是否映射了相应的数据库用户。
- 当用户访问数据库对象时,验证用户是否有相应的权限。

因此,本教材主要从服务器级、数据库级和数据库对象级对数据库安全性进行介绍。

2. 数据库管理系统的身份识别机制

数据库管理系统通过用户标识(用户名)来识别用户的身份,以管理和决定一个用户在数据库中的操作权限。在一个运行的数据库管理系统实例下,可以建立和管理多个数据库,身份识别有 3 个层次,即系统登录、数据库访问和数据操作,具体解释如下。

(1) 用户要访问某个数据库,必须首先登录到 DBMS,即必须有一个登录身份。

(2) 登录用户不一定能够访问所有的数据库,其能够访问的数据库还需要有数据库用户身份。

(3) 一个数据库用户并不意味着他在这个数据库上可以进行任何数据操作,用户的任何操作都必须首先得到相应的授权。

数据库用户按照层次可以分为 4 类。

- 系统管理员用户:负责整个数据库系统的管理,一般数据库管理系统在安装时都有一个默认的系统管理员用户。
- 数据库管理员用户：负责某个具体数据库的管理，数据库管理员用户是由系统管理员授权的。
- 数据库对象用户：是可以在数据库中独立建立数据库对象的用户，负责自己所建立对象的管理，数据库对象用户一般由数据库管理员授权。
- 一般用户：在得到数据库的访问权限后，需要有数据库管理员或数据库对象用户的具体授权才可以查询或操作数据库中的数据。

除系统管理员外的所有用户都首先由系统管理员建立登录用户，然后逐步被授权成为各类用户。用户管理有两个层次，一个层次是由系统管理员管理的登录用户；另一个层次是由数据库管理员管理的数据库用户。

3. SQL Server 身份验证模式

SQL Server 使用 Windows 身份验证或 SQL Server 身份验证来识别用户。
- Windows 身份验证模式：启用 Windows 身份验证并禁用 SQL Server 身份验证。
- SQL Server 和 Windows 身份验证模式：又叫作混合验证模式，同时启用 Windows 身份验证和 SQL Server 身份验证。

1) Windows 身份验证

Windows 身份验证采用的是操作系统的安全机制。Windows 操作系统采用了更为复杂的安全验证策略，安全性更高，用户以 Windows 用户身份连接到服务器时，由操作系统验证用户的账户名和密码，SQL Server 仅关联其相应的登录名。也就是说，如果你是 Windows 的合法用户，那么对 SQL Server 来说，你就是可信任的。使用此模式与服务器建立的连接称为信任连接，这是因为 SQL Server 信任由 Windows 提供的凭据。

2) SQL Server 身份验证

SQL Server 身份验证采用的是数据库服务器安全机制。用户以 SQL Server 用户身份连接到服务器时，必须提供 SQL Server 内部创建的登录名和密码，SQL Server 将其与存储在系统表中的登录名和密码进行比较来验证其身份。这种模式又被称为非信任连接，但是除非必要的情况，建议尽可能使用安全性更高的 Windows 身份验证。要使用 SQL Server 登录名，系统管理员必须设定登录验证模式的类型为混合验证模式。当采用混合验证模式时，SQL Server 既允许使用 Windows 登录名登录，也允许使用 SQL Server 登录名登录。

在安装 SQL Server 时就需要指定身份验证模式，秉承默认安全的策略，系统默认的是 Windows 身份验证模式，使用图形用户界面设置或改变身份验证模式的步骤如下。

（1）启动图形用户界面并连接到数据库引擎服务器，在"对象资源管理器"窗口中右击根节点的数据库引擎服务器，从弹出的快捷菜单中选择"属性"命令。

（2）在打开的"服务器属性"对话框中单击选中"安全性"选项卡，在"服务器身份验证"选项区中选中"SQL Server 和 Windows 身份验证模式"单选按钮，如图 8-1 所示。

（3）最后单击"确定"按钮，完成服务器身份验证模式的设置。

可以把 SQL Server 服务器比作一个大楼，大楼里的每一个房间代表一个数据库，房间里的资源为数据库对象，比如表、视图等。进入大楼需要通行证，进入房间也需要钥匙，进来的人对资源的获取权限也不尽相同，有的可以创建或删除，有的则只能查看或使用。请读者记住这个比喻，在学习 SQL Server 复杂的安全机制时，用这个比喻会容易理解一些。

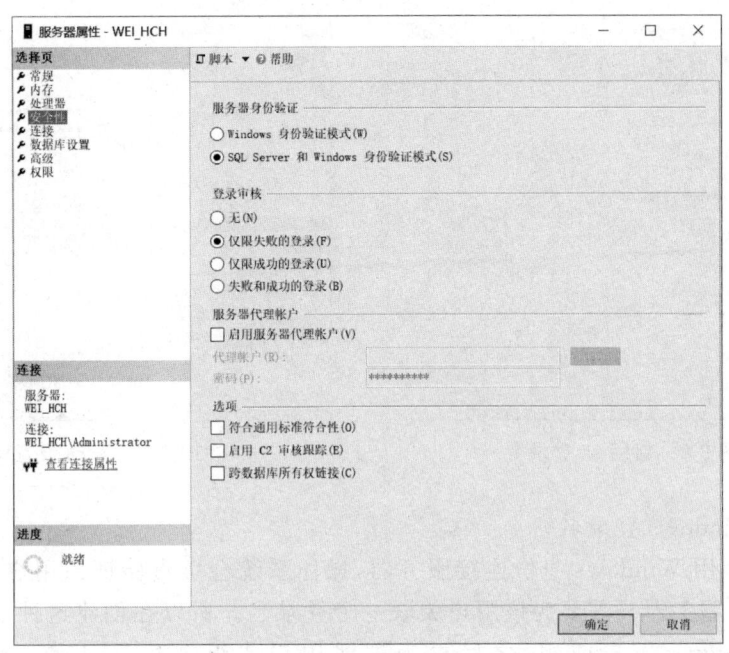

图 8-1 "服务器属性"对话框

4. 登录名管理

无论是数字世界的数据库服务器还是现实世界的大楼,入口都是最初并且最重要的安全保障,在 SQL Server 中必须要有一个专门的通行证,就是登录名,登录名是创建在服务器中可由安全系统进行身份验证的主体,用户需要使用登录名连接到 SQL Server 服务器。登录名有不同的种类,在"对象资源管理器"→"安全性"→"登录名"节点可以看到 SQL Server 系统的登录名。

SQL Server 服务器这个大楼,在建造的时候就配置了几个通行证,叫作内置登录名,如 Administrator、WEI_HCH\wzj、WEI_HCH\wq(本书使用的计算机名是 WEI_HCH)。默认情况下,一般使用 Windows 账户名来登录 SQL Server,因为 Windows 账户对于 SQL Server 来说,是可以完全信任的,它拥有无限制的完全访问权,SQL Server 一旦被安装在 Windows 操作系统里,就可以把 Windows 管理员账户添加到信任名单里。

当然,SQL Server 也要安插自己的账户——sa,全称为 super administrator,它是内置的 SQL Server 系统管理员。sa 通过使用 SQL Server 身份验证进行连接,它作为数据库引擎中的登录名始终存在,可以在服务器中执行任何活动。如果在 SQL Server 安装过程中选择了默认的 Windows 身份验证模式,sa 账户也会被创建,只是默认禁用该账户。可以在"对象资源管理器"→"安全性"→"登录名"→sa 节点右击 sa 节点,并在弹出的快捷菜单中选择"属性"命令,在打开的"登录属性"对话框中,单击选中选择"状态"选项卡,将"登录名"选项改为"启用",如图 8-2 所示,启用 sa 登录名后,还要在"常规"选项卡中为其指定密码,如图 8-3 所示,单击"确定"按钮。

另外,还有为 SQL Server 各种服务账户配置的登录名(NT 开头的登录名),以及基于证书的 SQL Server 登录名(##开头的登录名),它们仅供内部系统使用,不能被删除。

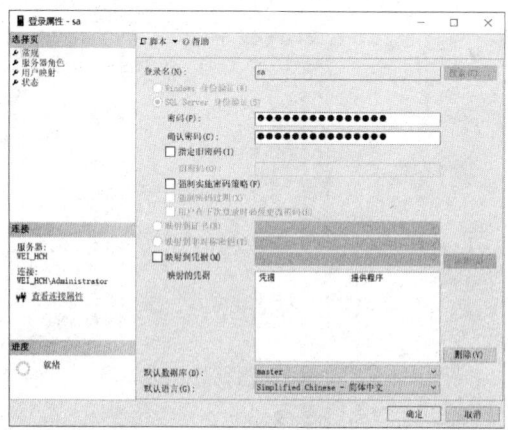

图 8-2　启用 sa 登录名　　　　　　图 8-3　为 sa 设置密码

1) 创建 Windows 登录名

如果用户使用 Windows 身份连接服务器,操作系统会负责验证该用户的账户名和密码,SQL Server 服务器只需要为该用户关联一个登录名。所以在创建这种登录名之前,需要先创建 Windows 用户或组,之后再为这些用户或组创建登录名。本教材创建了 Windows 组 WEI,包括 Windows 成员 WQ、WZJ、WHC 和 LH。相关设置可以在 Windows 的"计算机管理"窗口中进行创建。

(1) 使用图形用户界面创建 Windows 登录名。

【实例 8-1】　为 Windows 用户 WQ 创建关联的登录名 WEI_HCH\WQ。

① 以管理员用户连接服务器,在"对象资源管理器"→"安全性"→"登录名"节点右击,从弹出快捷菜单中选择"新建登录名"命令。

② 在打开的"登录名-新建"对话框中单击选中"常规"选项卡,在"登录名"文本框中输入计算机和 Windows 用户的名称 WEI_HCH\WQ,如图 8-4 所示。也可单击右侧的"搜索"按钮选择该用户。

③ 然后选中"Windows 身份验证"选项,并选择默认数据库为 tqe,单击"确定"按钮,完成登录名的创建。

④ 在"对象资源管理器"中展开"安全性"→"登录名"节点,可以看到新建的登录名 WEI_HCH\WQ。

⑤ 切换用户,重新以 WEI_HCH\WQ 的身份登录计算机,尝试连接到服务器,会弹出无法连接的错误提示,如图 8-5 所示,这是因为尚未授予登录名访问数据库的权限。下面将解决这个问题。

(2) 使用 T-SQL 语句创建 Windows 登录名。使用 CREATE LOGIN 语句创建 Windows 用户的登录名,其基本语法构式如下所示。

```
CREATE LOGIN 域名\登录名
FROM WINDOWS
WITH DEFAULT_DATABASE= 默认数据库名,        - - 设置默认数据库
    DEFAULT_LANGUAGE= [简体中文]|...         - - 设置数据库语言
```

【实例 8-2】　使用 T-SQL 创建与 Windows 用户 WZJ 关联的登录名 WEI_HCH\WZJ,

项目 8 "教学质量评价系统"数据库的安全性管理

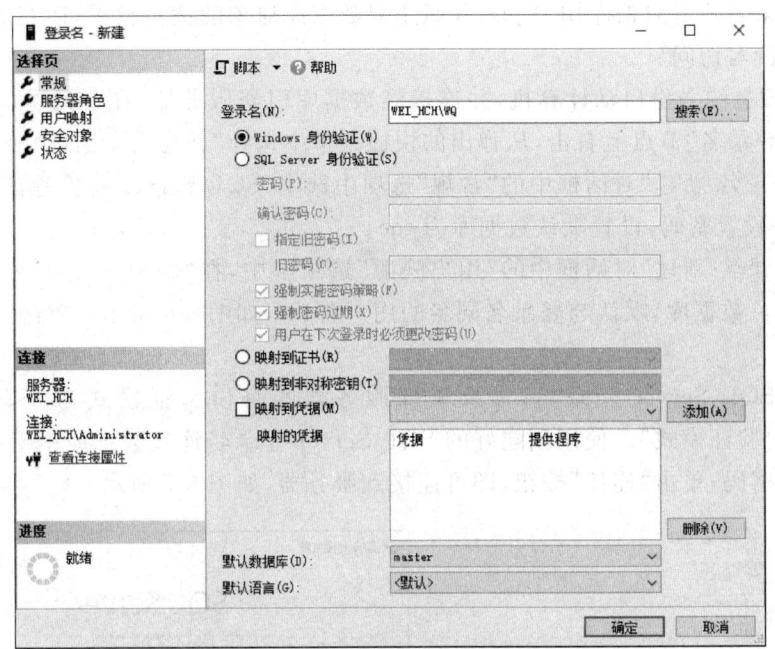

图 8-4 "登录名-新建"对话框中的"常规"选项卡

图 8-5 尝试用新建登录名登录服务器出错

默认数据库为 tqe,默认数据库语言为"简体中文",使其成为数据库 tqe 的合法用户,并对该数据库用户赋予查询的权限。

① 在"查询编辑器"中输入如下语句。

```
CREATE LOGIN [WEI_HCH\WZJ]
FROM WINDOWS
WITH DEFAULT_DATABASE= tqe,
    DEFAULT_LANGUAGE= [简体中文]
```

② 执行以上语句即可创建登录名 WEI_HCH\WZJ。
③ 但是该登录名尚不是 tqe 数据库的合法用户,接下来还需要创建数据库用户。
2) 创建 SQL Server 登录名
如果用户使用 SQL Server 的身份连接服务器,必须为其在数据库引擎服务器上创建登录名并设置密码。
(1) 使用图形用户界面创建 SQL Server 登录名。
【实例 8-3】 使用图形用户界面创建 SQL Server 登录名 pjz,并设置密码,默认数据库为 tqe。为登录名映射数据库用户 pjz，并赋予对数据库对象的读写权限，使其能够对数据库 tqe 的表进行读写访问。

① 以管理员的身份启动计算机，并连接到数据库引擎服务器，在"对象资源管理器"→"安全性"→"登录名"节点上右击，从弹出的快捷菜单中选择"新建登录名"命令。

② 在"登录名-新建"对话框中的"常规"选项中选中"SQL Server 身份验证"选项，输入登录名 pjz，并设置密码，设置默认数据库为 tqe。

③ 在"登录名-新建"对话框中的"用户映射"选项卡中，在"映射到此登录名的用户"列表框中选中 tqe 数据库，默认与登录名同名的用户名 pjz，如图 8-6 所示。单击"确定"按钮完成设置。

④ 验证 SQL Server 登录名，需要确保服务器的身份验证模式为"SQL Server 和 Windows 身份验证模式"。使用创建好的 SQL Server 登录名连接数据库引擎服务器，输入登录名 pjz 和密码，单击"连接"按钮，即可连接到服务器，如图 8-7 所示。

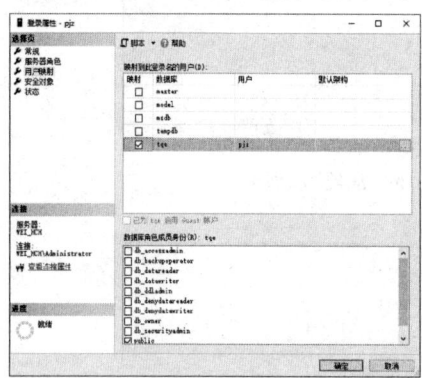

图 8-6　用户映射

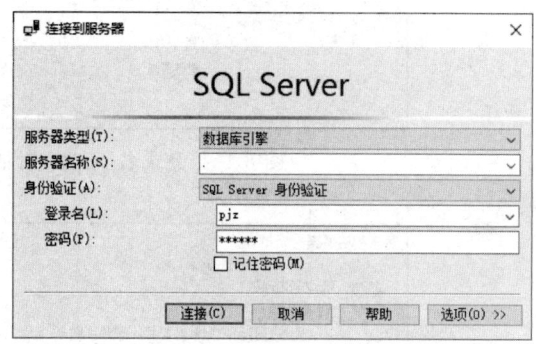

图 8-7　使用 SQL Server 身份验证模式登录

（2）使用 T-SQL 语句创建 SQL Server 登录名。

使用 CREATE LOGIN 语句创建 SQL Server 用户的登录名，基本语法如下所示。

```
CREATE LOGIN 登录名
WITH PASSWORD= 密码
[,DEFAULT_DATABASE= 默认数据库]
[,DEFAULT_LANGUAGE= 默认语言]
```

【实例 8-4】　创建 SQL Server 登录名 myx（密码为 123456），默认数据库为 tqe。
① 在"查询编辑器"中输入并执行以下语句。

```
CREATE LOGIN myx
WITH PASSWORD= '123456',
DEFAULT_DATABASE= tqe
```

② 展开"对象资源管理器"→"安全性"→"登录名"节点，可以看到新建的登录名 myx。但是该登录名尚不是 tqe 数据库的合法用户，接下来需要创建数据库用户。

5. 数据库用户管理

以合法的通行证进入服务器大楼之后，如果没有钥匙是否能够畅通无阻地进入任意一个房间呢？在现实生活中，这种行为属于非法入侵，数字世界也遵循一样的规则，想要访问某个数据库，还要获得另外的权利。

这就是数据库用户权限，它是数据库级的安全策略，拥有某数据库用户权限就等于有了某房间的钥匙。因此，使用服务器登录名成功登录服务器之后，还需要把数据库用户映射到某一个服务器登录名，才能获得访问这个数据库的权限，一个登录名可以对应多个数据库用户，而一个数据库用户只能对应一个登录名。

在 SQL Server 的对象资源管理器中展开任意一个数据库节点，会发现它们都默认包含一些固定的内置数据库用户，如 dbo 和 guest。这是两个特殊的内置数据库用户，但它们不是主体，不能修改或删除。

1）内置数据库用户 dbo

dbo（Database Owner）是数据库的拥有者，可以理解为数据库的主人。创建数据库后，dbo 用户会被自动映射到创建该数据库的登录名，它对数据库具有全部管理权限。另外，SQL Server 管理员在所有数据库中都被映射为 dbo 用户，对所有数据库具有全部管理权限，我们不用专门为它创建数据库用户。比如以操作系统管理员身份登录 SQL Server 时会被自动映射为 dbo 用户，可以在"对象资源管理器"中找到"数据库"→tqe →"安全性"→"用户"→dbo，双击该节点，打开属性窗口，看到对应的用户名为 WEI_HCH\Administrator，如图 8-8 所示。

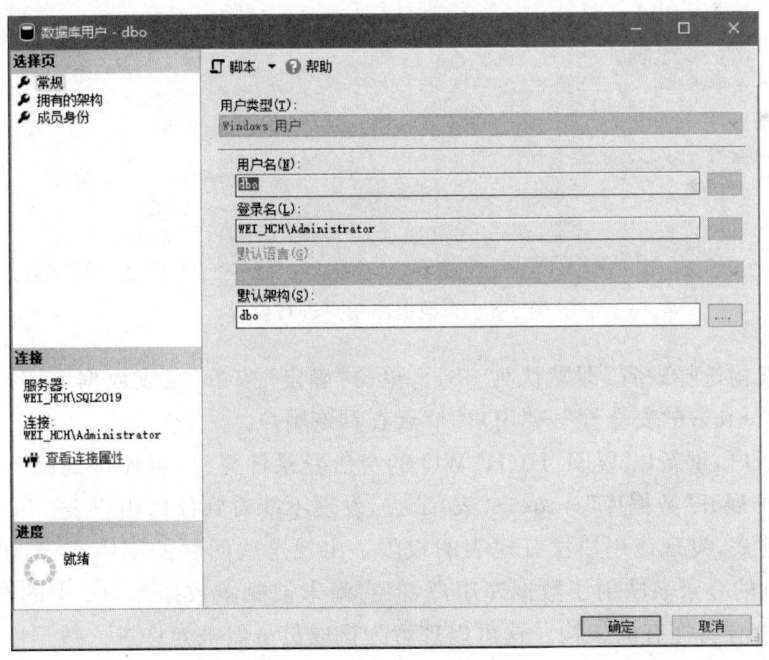

图 8-8 数据库用户 dbo

2）内置数据库用户 guest

对于 guest 用户可以理解为数据库的客人，对于一个数据库来说，所有非此数据库的登录名都将以 guest 的身份访问数据库并拥有 guest 用户所拥有的权限，guest 用户默认对数据库没有任何管理权限，因此对其授予权限一定要慎重。

3）创建数据库用户

（1）使用图形用户界面创建数据库用户。

【实例 8-5】 为登录名 WEI_HCH\WQ 创建数据库 tqe 的用户 WQ。

① 在"对象资源管理器"中展开"数据库"→tqe →"安全性"节点，右击"用户"节点，从弹出的快捷菜单中选择"新建用户"命令。

② 在"数据库用户-新建"对话框的"常规"选项卡中选择登录用户类型为 Windows 用户，输入数据库用户名 WQ，直接输入登录名，或单击登录名文本框右边的搜索按钮搜索并选择相应登录名即可，如图 8-9 所示。

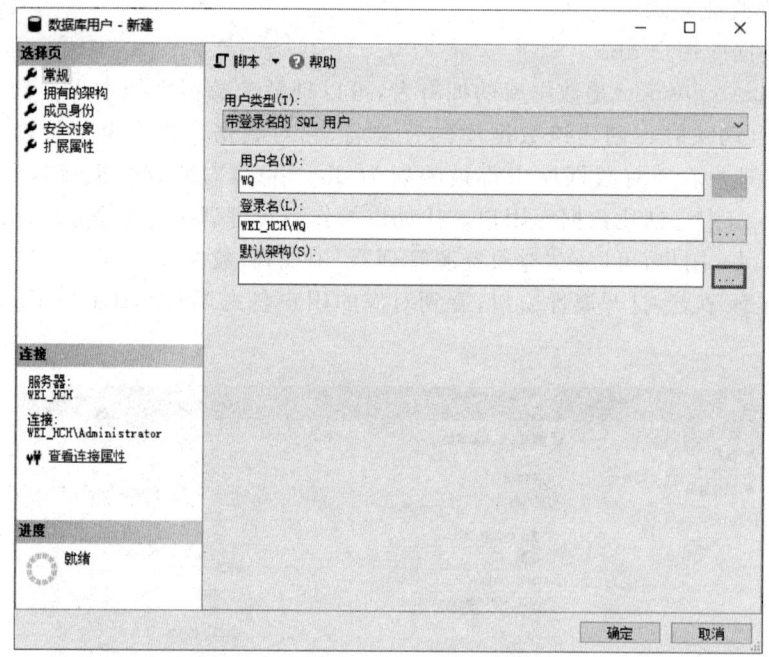

图 8-9 为数据库用户进行设置

③ 默认架构选择缺省，即默认为 dbo。单击"确定"按钮，完成数据库用户的创建。可以在"数据库"→tqe→"安全性"→"用户"节点查看该用户。

④ 切换用户，重新以 WEI_HCH\WQ 的身份登录计算机，再连接到服务器。在"对象资源管理器"中展开"数据库"→tqe→"表"节点，发现不能看到任何用户表。

⑤ 尝试建表，发现该用户没有建表的权限。出现这些问题的原因在于，虽然已经为该 Windows 成员的登录名映射了数据库用户，但它尚未被赋予数据库 tqe 中的对象查看和创建权限，而且没有所拥有的架构。这可以理解为该成员虽然被允许进入数据库中，但它是客人，没有经过允许，是不能够随意翻看和改动数据库对象的。所以，接下来还要对该用户进行授权等操作。

（2）使用 T-SQL 语句创建数据库用户。使用 CREATE USER 语句创建数据库用户，其基本语法如下。

```
CREATE USER 用户名
{FOR|FROM} LOGIN 登录名
```

{WITH DEFAULT_SCHEMA= [架构名]}   --设置默认架构

【实例 8-6】 使用 T-SQL 语句为 SQL Server 登录名 pjz 创建数据库 tqe 的用户。
① 在"查询编辑器"中输入如下 T-SQL 语句。

```
CREATE USER pjz
FOR LOGIN pjz
```

② 执行以上语句,成功之后,在"对象资源管理器"中展开"数据库"→tqe→"安全性"→"用户"节点可以查看到数据库用户 pjz。

③ 同样,此数据库用户尚未获得数据库 tqe 的查询、建表等权限。接下来将学习如何为数据库用户授予权限。

【思考与练习】

(1) SQL Server 的身份验证模式允许只使用 SQL Server 身份验证。   ( )
(2) 使用 Windows 身份连接服务器,将由操作系统验证该用户的账户名和密码。
                                                                  ( )
(3) SQL Server 的内置数据库用户 dbo 可以删除。   ( )
(4) SQL Server 中,Windows 身份验证始终可用,并且无法禁用。   ( )

8.1.2 管理数据库角色

1. 架构管理

如果一个普通用户,想要在某数据库中创建表,在授予它创建表的权限之前,首先要给它分配一个架构。其实,每个数据库对象都属于一个架构,它是一组数据库对象的非重复命名空间,可以把它看作是数据库对象的容器。架构的拥有者是数据库用户或角色,架构级别所包含的安全对象有表、视图、存储过程等。在创建这些对象时可设定架构,否则默认架构为 dbo。

除了 dbo 这种默认内置架构外,还有其他的内置架构,他们一部分是内置数据库用户所拥有的架构,另外一部分是固定数据库角色所拥有的同名架构,内置架构如图 8-10 所示。

连接到服务器引擎上的 SQL Server 管理员,自动映射了数据库用户 dbo,拥有默认的内置架构 dbo。而作为非系统管理员权限的普通登录名,如果希望该用户能够在数据库 tqe 中创建表,则不但要授予该数据库用户创建表的权限,还需要为其创建所拥有的架构。

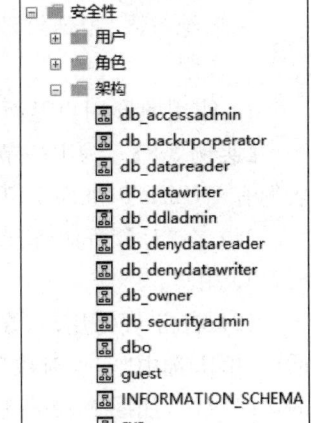

图 8-10 数据库的内置架构

【实例 8-7】 为数据库 tqe 的用户 WQ 创建所拥有的架构 wang。

(1) 展开"数据库"→tqe→"安全性"→"架构"节点,右击"架构"节点,从弹出的快捷菜单中选择"新建架构"命令。

(2) 在打开的"架构-新建"对话框中填写架构名称 wang,单击"搜索"按钮,查找对象类型为"用户"的对象。

（3）在"查找对象"对话框中选择 WQ，单击"确定"按钮，如图 8-11 所示。

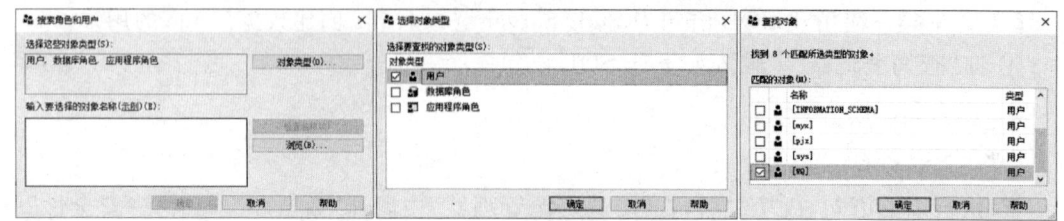

图 8-11 选择架构的对象 WQ

（4）返回"架构-新建"对话框，单击"确定"按钮。刷新"架构"节点，可以看到数据库用户 WQ 所拥有的架构 wang。

2. 权限管理

在创建用户的过程中，多次出现了权限这个概念，不同的登录名或用户拥有的权限不完全一样。对服务器的管理任务、对数据库及数据库对象的控制和操作还要进行相应许可权限的管理。下面介绍数据库用户对数据库对象和对数据库的权限管理。

权限分为对象权限和数据库权限。

对象权限管理策略是数据库对象级的安全策略，用于控制数据库用户或角色对数据库对象的操作，包括对表和视图的增、删、改、查、对列的 SELECT 和 UPDATE 操作，和对存储过程的执行等。比如，授予某数据库用户对于表 Student、Teacher 和 Course 的 INSERT 和 SELECT 操作权限。有些获得权限的用户还可以将这些权限转授给其他用户。

数据库权限管理用于控制数据库用户或角色对数据库的访问，包括创建、修改和备份数据库，创建、修改与删除数据库中的对象，以及执行存储过程或函数等。比如，授予某数据库用户在此数据库中创建表和对一些表创建视图的权限。

数据库用户对数据库对象和对数据库的权限管理主要分为以下 3 种操作。

- 授予权限：允许数据库用户或角色具有某种操作权。
- 撤销权限：删除以前在数据库内的用户或角色上授予或拒绝的权限。
- 拒绝权限：拒绝给数据库用户授予权限以防止安全用户通过其组或角色成员继承权限。

1）使用图形用户界面设置对象权限

【实例 8-8】 为上一节中的 WQ 数据库用户设置访问权限，使其对 class 表和 student 表拥有 INSERT 和 SELECT 操作权限。

（1）在"对象资源管理器"中展开数据库→tqe→"安全性"→"用户"节点，可以看到创建的 WQ 用户。

（2）右击 WQ 用户，在弹出的快捷菜单中选择"属性"命令，打开"数据库用户-WQ"对话框，单击选中"安全对象"选项卡，可设置数据库用户拥有的能够访问的数据库对象及相应的访问权限，如图 8-12 所示。单击"搜索"按钮为该用户添加对象。

（3）在打开的"添加对象"对话框中选择要添加的对象为"特定对象"，单击"确定"按钮，打开"选择对象"对话框，单击"对象类型"按钮，选择"表"作为安全对象的类型，如图 8-13 所示。

项目 8 "教学质量评价系统"数据库的安全性管理

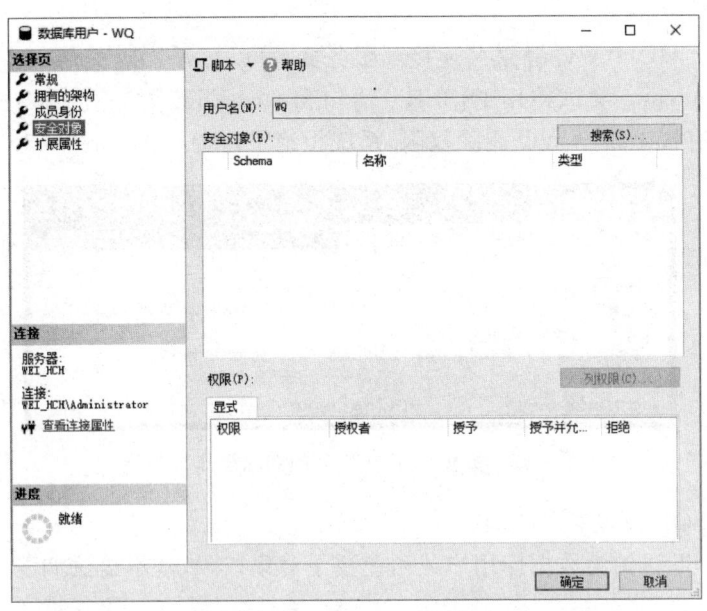

图 8-12 "数据库用户-WQ"对话框中的"安全对象"选项卡

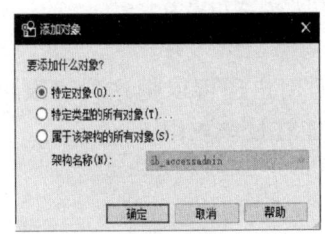 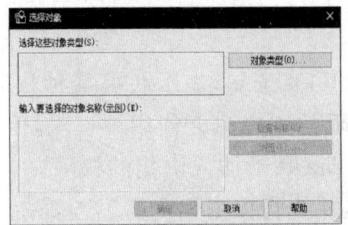 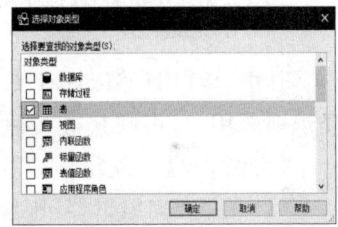

图 8-13 选择要添加的对象类型

(4) 单击"确定"按钮,回到"选择对象"对话框,此时在对话框中出现了刚才选择的对象类型"表"。单击"浏览"按钮,在"查找对象"对话框中选中表 Student 和 Class 复选框,这两个表是要添加权限的对象,如图 8-14 所示。之后单击"确定"按钮。

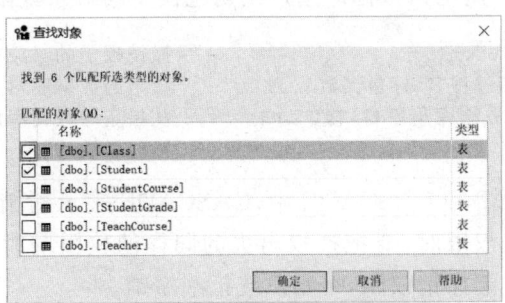

图 8-14 选择对象 Class 和 Student

(5) 回到"选择对象"对话框,选择的表都显示在列表框里,再单击"确定"按钮。
(6) 回到"数据库用户-WQ"对话框中的"安全对象"选项卡,此选项卡中已包含用户添加的对象,依次选择每一个对象,在窗口下方该对象权限的"显示"列表框中选择相应的权限,之后单击"确定"按钮。

(7) 以 WEI_HCH\WQ 登录名连接到服务器,可以打开数据库 tqe,并能看到授权的两个表 class 和 student。尝试使用 INSERT 语句和 DELETE 语句对 class 表进行插入和删除操作,由于没有授予用户 WQ 删除权限,系统拒绝了这个操作,如图 8-15 所示。

图 8-15　数据库用户 WQ 的删除操作被拒绝

2)使用 T-SQL 设置对象权限

使用 GRANT 语句为数据库用户或角色授予对象权限,基本语法如下。

```
GRANT 对象权限名[,...n]                    --授予对象权限
ON {表名|视图名|存储过程名|标量函数|...}    --指定的数据库对象
TO {数据库用户名|数据库角色名}{,...n}       --指定的数据库用户名或角色名
[WITH GRANT OPTION]                        --赋予授权权限
```

其中,WITH GRANT OPTION 子句,表示获得某种权限的用户还可以把这种权限再授予别的用户,否则获得某种权限的用户只能使用该权限,但不能转授该权限。

【实例 8-9】　为数据库用户 pjz 赋予插入语句的权限。

(1) 在"查询编辑器"中输入并执行以下语句。

```
GRANT INSERT
ON DATABASE::tqe
TO pjz
```

(2) 可以测试 pjz 用户的插入权限。

使用 REVOKE 语句撤销为数据库用户或角色授予的对象权限,基本语法如下。

```
REVOKE 对象权限名[,...n]                   --撤销授予的对象权限
ON {表名|视图名|存储过程名|标量函数|...}    --指定的数据库对象
FROM {数据库用户名|数据库角色名}{,...n}     --从指定的数据库用户名或角色名
[RESTRICT|CASCADE]                         --级联撤销
```

在可选项 RESTRICT 和 CASCADE 中,CASCADE 表示撤销权限的时候要引起级联撤销,即从用户那里撤销权限时,要把授权出去的同样的权限同时撤销。RESTRICT 表示当不存在连锁撤销时,才能撤销权限,否则系统拒绝撤销。

3)使用图形用户界面管理数据库权限

权限管理用于控制特殊数据库用户(或角色)对数据库的访问。数据库权限包括创建、修改与备份数据库;创建、修改与删除数据库中的对象(表、视图、存储过程、函数、架构、角色);执行存储过程或函数等。

【实例 8-10】　登录名为 WEI_HCH 的 tqe 数据库用户 WQ 授予数据库权限,使其能够

在该数据库中创建表。

（1）在对象资源管理器中展开"数据库"→tqe→"安全性"→"用户"→WQ 节点，右击 WQ 节点，从弹出的快捷菜单中选择"属性"命令，在打开的"数据库用户-WQ"对话框中单击"默认架构"文本框右边的搜索按钮，打开"选择架构"对话框，单击"浏览"按钮，在打开的"查找对象"对话框中查找出架构 wang，单击"确定"按钮，如图 8-16 所示。

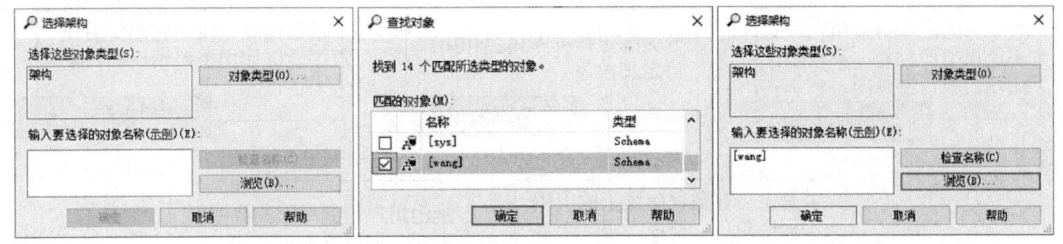

图 8-16　查找架构 wang

（2）在对象资源管理器中右击数据库 tqe 节点，从弹出的快捷菜单中选择"属性"命令，在打开的"数据库属性-tqe"对话框中单击选中"权限"选项卡，在"用户与角色"列表框中选择数据库用户 WQ，在"WQ 的权限"列表框中选中"创建表"行后面的"授予"选项，单击"确定"按钮。

（3）以 Windows 用户 WEI_HCH\WQ 登录到数据库引擎服务器，尝试新建表，验证创建表的权限，可以看到成功创建的 Department 表，属于用户 WQ 的架构 wang，如图 8-17 所示。

4）使用 T-SQL 设置数据库权限

使用 GRANT 语句以为数据库用户或角色授予数据库权限，基本语法如下。

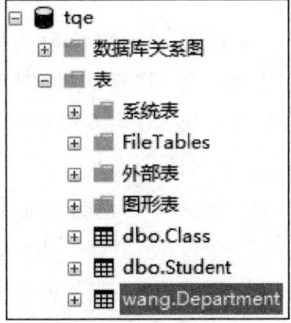

图 8-17　查看数据库用户
WQ 创建的表

```
GRANT 数据库库权限名[,...n]          --授予数据库
权限
TO{数据库用户名|数据库角色名}[,...n]   --为指定的数据库用户获取角色
```

数据库权限有 CREATE DATABASE、BACKUP DATABASE、CREATE TABLE、CREATE VIEW、CREATE PROCEDURE 以及 CREATE FUNCTION 等。

使用 REVOKE 语句撤销为数据库用户或角色授予的数据库权限，基本语法如下。

```
REVOKE 数据库权限名[,...n]            --撤销授予的数据库权限
FROM {数据库用户名|数据库角色名}[,...n]  --从指定的数据库用户或角色
```

使用 DENY 语句拒绝为数据库用户或角色授予数据库权限，基本语法如下。

```
DENY 数据库库权限名[,...n]            --拒绝指定的数据库权限
TO{数据库用户名|数据库角色名}[,...n]    --对指定的数据库用户获取角色
```

3. 角色管理

在系统中很多用户的权限可能是一样的，如果对每个用户都分配权限，就会造成冗余，这时我们不需要分别给每个用户都分配权限，数据库管理员会对具有相同权限的数据库操作员分配相应的角色，以便数据库操作员根据各自拥有的权限执行相应的操作任务，这就是

角色的作用。

　　SQL Server 可以将一组登录名或数据库用户组织在一起，将其添加为某一角色的成员，使其具有与该角色相同的身份和权限，大大简化了给各个登录名或数据库用户授权这一复杂任务。SQL Server 提供了 3 种角色，即服务器角色、数据库角色以及应用程序角色，如图 8-18 所示。

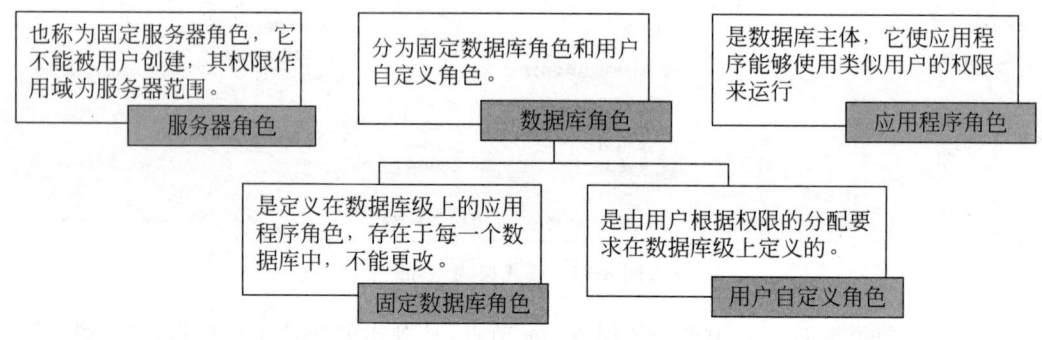

图 8-18　SQL Server 提供的角色

　　服务器级角色分为固定服务器角色和其他服务器角色。固定服务器角色是系统设置不可修改的，共有 9 种，其中 SQL Server 管理员都是 sysadmin 角色，其权限是最高的；对于服务器角色 public，每个登录名都属于 public 服务器角色，为其授权相当于为所有登录名授权，必须特别谨慎。

　　数据库角色分为固定数据库角色和用户自定义角色。每个数据库角色具有一定的数据库管理权限，其中，db_owner 拥有较高权限，可以删除数据库，所以不要随意将数据库用户添加为固定数据库角色的成员，以免导致意外的权限升级。

　　应用程序角色：使应用程序能够使用类似用户的权限来运行。用于允许用户通过特定应用程序获取特定数据。

　　1) 固定服务器角色

　　在"对象资源管理器"中展开数据库"安全性"→"服务器"→"角色"节点，即可看到固定服务器角色，每个固定服务器角色有一定的服务器管理权限，见表 8-1。

表 8-1　固定服务器角色的权限

固定服务器角色	管理权限说明
sysadmin	在服务器上执行任何活动
serveradmin	更改服务器范围的配置选项和关闭服务器
securityadmin	安全管理员，管理登录名及其属性，可以分配大多数服务器权限。赋予 securityadmin 角色应视为与 sysadmin 角色等效
processadmin	终止在 SQL Server 实例中运行的进程
setupadmin	使用 Transact-SQL 语句添加和删除链接服务器

续表

固定服务器角色	管理权限说明
bulkadmin	块数据操作员,运行 BULK INSERT 语句
diskadmin	磁盘管理员,用于管理磁盘文件
dbcreator	创建、更改、删除和还原任何数据库
public	如果未向某个服务器主体授予或拒绝对某个安全对象的特定权限,该用户将继承授予该对象的 public 角色的权限

内置登录名 sa 和 WEI_HCH\ADMINISTRATOR 均为固定服务器角色 sysadmin 的成员,说明这两个登录名具有 sysadmin 的权限,均为 SQL Server 管理员。

【实例 8-11】 将 SQL Server 登录名 WEI_HCH\WZJ 添加为固定服务器角色 dbcreator 的成员,使其协助数据库管理员完成在服务器中创建数据库的任务。

(1) 在"对象资源管理器"中展开"服务器"→"安全性"→"登录名"节点,右击 WEI_HCH\WZJ 节点,从弹出的快捷菜单中选择"属性"命令。

(2) 在打开的属性对话框中单击选中"服务器角色"选项卡,选择要分配的固定服务器角色 dbcreator,单击"确定"按钮,如图 8-19 所示。

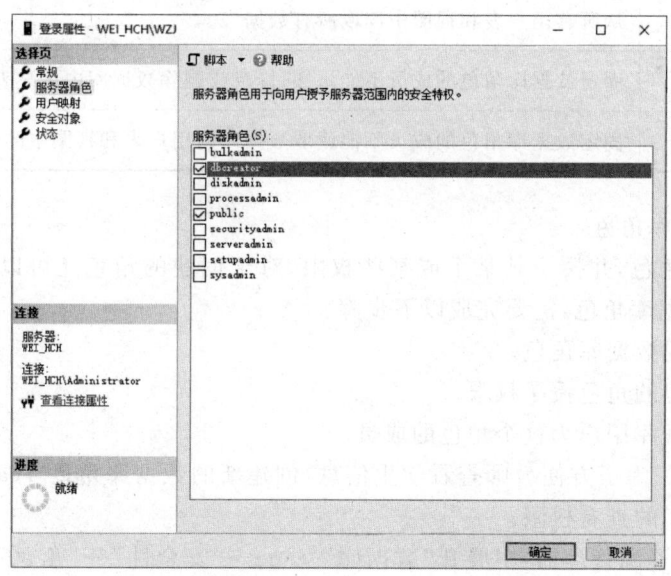

图 8-19 为登录名 WEI_HCH\WZJ 分配固定服务器角色

(3) 以登录名 WEI_HCH\WZJ 连接到数据库引擎服务器,尝试创建数据库 book,验证创建数据库的角色权限是否生效。

2) 固定数据库角色

数据库角色是数据库级的二级主体,其成员可以是数据库用户。

在进行 SQL Server 安装时,数据库级别上也有一些预定义的固定数据库角色,在创建每个数据库时都会添加这些角色到新创建的数据库中,每个角色具有一定的数据库管理权限,并拥有同名架构。可将数据库用户添加为固定数据库角色的成员,该用户从而具有了相应的数据库管理权限。

在"对象资源管理器"窗口中展开"数据库"→tqe→"安全性"→"数据库角色"节点,即可看到固定数据库角色,各角色所具有的管理权限,见表8-2。

表8-2 固定数据库角色的说明

固定数据库角色名	说明
db_owner	执行数据库的所有配置和维护活动,还可以删除 SQL Server 中的数据库
db_securityadmin	仅修改自定义角色的角色成员资格和管理权限。此角色的成员可能会提升其权限,应监视其操作
db_accessadmin	为 Windows 登录名、Windows 组和 SQL Server 登录名添加或删除数据库访问权限
db_backupoperator	备份数据库
db_ddladmin	在数据库中运行任何数据定义语言(DDL)命令
db_datawriter	在所有用户表中添加、删除或更改数据
db_datareader	从所有用户表和视图中读取所有数据
db_denydatawriter	固定数据库角色的成员不能添加、修改或删除数据库内用户表中的任何数据
db_denydatareader	固定数据库角色的成员不能读取数据库内用户表和视图中的任何数据

3)创建数据库角色

新建数据库角色,并授予其某个或某些权限,对于创建的角色还可以修改其对应的权限。创建一个数据库角色,需要完成以下步骤。

(1)创建新的数据库角色。

(2)给新创建的角色授予权限。

(3)添加数据库用户为这个角色的成员。

【实例8-12】 为了方便教师查看学生信息,创建新的数据库角色 TeacherRole,授予该角色对表 Student 的查看权限。

(1)在"对象资源管理器"中展开"数据库"→tqe→"安全性"→"角色"节点,右击"数据库角色"节点,从弹出的快捷菜单中选择"新建数据库角色"命令。

(2)在打开的"数据库角色-新建"对话框中的"常规"选项卡中输入角色名称 TeacherRole,选择所有者为 dbo,如图8-20所示。

(3)在"此角色的成员"列表框中单击"添加"按钮,并在弹出的对话框中选中 myx 用户选项,单击"确定"按钮返回。

(4)单击选中"安全对象"选项卡,单击"搜索"按钮,查找到表 Student,并为 Student 表选中"选择"权限复选框,单击"确定"按钮,如图8-21所示。

图 8-20 "数据库角色-新建"对话框

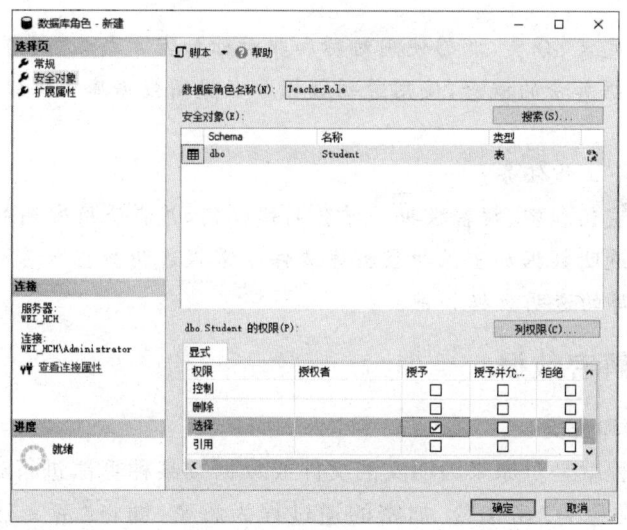

图 8-21 为角色选择安全对象并授权

【思考与练习】

1. 单选题

（1）下列选项不属于 SQL Server 固定服务器权限的是（　　）。
　　A. serveradmin　　B. sysadmin　　C. diskadmin　　D. public

（2）可以执行 SQL Server 系统中所有操作权限的固定服务器角色是（　　）。
　　A. bulkadmin　　B. sysadmin　　C. securityadmin　　D. processadmin

（3）与权限管理不直接相关的 T-SQL 语句是（　　）。
　　A. GRANT　　B. DENY　　C. REVOKE　　D. CREATE TABLE

2. 判断题

（1）SQL Server 数据库对象引用的完整限定名为：服务器．架构．数据库．对象。
（　　）

（2）SQL Server 中的对象权限管理用于控制数据库用户或角色对数据库的访问。
（　　）

（3）固定数据库角色 db_owner 可以添加或删除用户。（　　）

8.2　实现数据加密

◆ **单元简介**

上一节学习了如何去管理数据库的用户和角色以及权限的分配。但是要实现数据库的整体安全，一方面要加强对数据的访问控制，另一方面还要加强数据本身的安全性。

在本单元，我们将学习使用不同的加密方式来加密、解密数据，以及通过使用透明数据加密，来提高数据库数据文件和日志文件的安全性。

◆ **单元目标**

1. 掌握加密的定义、分类，能够使用对称和非对称加密方式加密、解密数据。
2. 掌握透明数据加密的概念，使用透明数据加密提高数据库文件级别的安全性。

◆ **任务分析**

本单元分为 2 个工作任务。

【任务 1】使用密钥加密、解密数据。学会创建秘钥，并能使用密钥加密、解密数据。

【任务 2】使用透明数据加密保护数据库文件。掌握透明数据加密的概念和使用流程，能够具体实现数据库的透明数据加密。

8.2.1　加密和解密数据

1. 加密的概念和分类

加密的基本过程就是对原来为明文的文件或数据按某种算法进行处理，使其成为不可读的一段代码，通常称为"密文"。加密的逆过程为解密，即将"密文"还原为原始数据的过程。

通常按照加密方式分为两类。

- 对称加密：使用同一密钥实现对明文加密和对密文解密，因此也称为单密钥加密。其特点为速度较快、效率较高。但密钥本身传输过程并不安全。
- 非对称加密：使用公钥对明文加密，使用私钥对密文解密。其特点是速度较慢、效率较低。私钥不需公开，公钥是公开的，因此密钥本身是安全的。

2. 事务的语法

1）对称加密密钥管理的语法

```
CREATE SYMMETRIC KEY 密钥名
WITH ALGORITHM = 算法名
ENCRYPTION BY PASSWORD ='密码'
```

```
DROP SYMMETRIC KEY 密钥名
--加密解密
OPEN SYMMETRIC KEY 密钥名
DECRYPTION BY PASSWORD ='密码'
ENCRYPTBYKEY(KEY_GUID('密钥名'),'明文字符串')
DECRYPTBYKEY(数据列名)
CLOSE SYMMETRIC KEY 密钥名
```

注意：ENCRYPTBYKEY、DECRYPTBYKEY 函数返回值类型均为 VARBINARY。

2）非对称秘钥密钥管理的语法

```
CREATE ASYMMETRIC KEY 密钥名
WITH ALGORITHM = 算法名
ENCRYPTION BY PASSWORD ='密码'
DROP ASYMMETRIC KEY 密钥名
```

3）加密解密的语法

```
ENCRYPTBYASYMKEY(ASYMKEY_ID('密钥名'),'密码明文')
DECRYPTBYASYMKEY (ASYMKEY_ID('密钥名'),数据列名,'密码')
```

注意：ENCRYPTBYASYMKEY、ENCRYPTBYASYMKEY 函数返回值类型均为 VARBINARY。

【**实例 8-13**】 假设有一个 Users 表用来存储学生和教师的登录信息，包括 UserCode（登录名）、UserPassWord（用户密码）、UserType（用户类型）三个字段。为了使系统更加安全，需要对 UserPassWord 字段进行加密处理，使得数据库用户无法直接看到密码明文。

（1）在"查询编辑器"输入以下代码，使用对称加密加密用户密码。

```
CREATE SYMMETRIC KEY mykey
WITH ALGORITHM = AES_128
ENCRYPTION BY PASSWORD = '123'          --创建密钥"123"
OPEN SYMMETRIC KEY mykey
DECRYPTION BY PASSWORD = '123'          --打开密钥
INSERT INTO Users                       --插入密码"123456"加密后数据
VALUES ('31821160401', ENCRYPTBYKEY(KEY_GUID('mykey'),'123456'), 'student')
SELECT UserCode,CONVERT(NVARCHAR(50), DECRYPTBYKEY(UserPassWord))
FROM Users WHERE UserCode= '31821160401'  --查看解密数据
CLOSE SYMMETRIC KEY mykey                --关闭密钥
```

（2）使用非对称加密加密用户密码。

```
CREATE ASYMMETRIC KEY mykey
WITH ALGORITHM = RSA_2048
ENCRYPTION BY PASSWORD = '123'          --创建密钥"123"
                                        --插入密码"123456"加密后数据
INSERT INTO Users(UserCode,UserPassWord)
VALUES ('31821160401', EncryptByAsymKey(AsymKey_ID('mykey'), '123456'))
SELECT UserCode,CONVERT(NVARCHAR(MAX),
DecryptByAsymKey(AsymKey_ID('mykey'), UserPassWord, '123'))
FROM Users WHERE UserCode= '31821160401' --查看解密数据
```

【思考与练习】

(1) 加密和解密使用相同密钥的是（   ）。
  A. 对称加密 B. 非对称加密 C. RSA_512 D. RSA_1024

(2) 加密和解密使用不同密钥的是（   ）。
  A. 对称加密 B. 非对称加密 C. DES D. AES_128

(3) 公钥用于（   ）。
  A. 压缩 B. 解密 C. 解压缩 D. 加密

(4) 私钥用于（   ）。
  A. 压缩 B. 解密 C. 解压缩 D. 加密

(5) 一般来说，对称加密比非对称加密的速度（   ）。
  A. 较快 B. 较慢 C. 相同 D. 无法比较

8.2.2 使用透明数据加密

1. 透明数据加密的概念与特点

透明数据加密是针对数据库数据文件和日志文件的加密，是对整个数据库的加密。所谓透明，是针对数据库用户而言的。整个数据库的数据在被写入磁盘前会被自动加密，而在读取到内存中时又会被自动解密，因此对用户来说是"透明"的。

透明数据加密的特点是，加密并不局限于字段、数据记录的加密，而是提供对数据文件和日志文件的直接加密，从而实现对整个数据库的保护。该加密是在物理文件级别进行的，可以在没有证书的情况下阻止数据文件还原或附加数据库，从而保护数据库中的数据。

2. 透明数据加密步骤

(1) 创建主密钥（用于保护证书）。主密钥用于保护下一步创建的证书。如果有证书受主密钥保护，则此时无法删除主密钥。

(2) 创建证书（用于创建密钥、还原数据库）。证书的作用一是用于创建第三步的加密密钥，二是用于第五步的还原数据库。证书必须保存在 MASTER 数据库中，因此在创建证书时，必须将当前数据库切换为 MASTER。可以在创建完证书后将证书文件导出备份，以便在第五步时使用。

(3) 创建加密密钥（用于加密数据文件、日志文件）。加密密钥用于实现对数据文件、日志文件的加密和解密，创建加密密钥时，必须将当前数据库切换为目标数据库。

(4) 启用透明数据加密（启用、关闭）。可以根据需要，对数据库启用或关闭透明数据加密。

(5) 还原数据库（使用证书）。对于实现透明数据加密的数据库，如果需要在其他 SQL Server 实例上进行数据库还原或附加操作时，需要向系统提供第二步创建的证书，以继续完成还原或附加操作。

3. 透明数据加密语法

1) 主密钥管理

创建主密钥的语法如下。

```
CREATE MASTER KEY ENCRYPTION
BY PASSWORD= '密码'
```

删除主密钥的语法如下。

```
DROP MASTER KEY
```

注意：如果有证书受主密钥保护，则此时无法删除主密钥。

2）证书管理

创建证书的语法如下。

```
USE MASTER
CREATE CERTIFICATE 证书名
WITH SUBJECT= '主题名'
```

注意：在创建证书时，必须将当前数据库切换为 MASTER。

删除证书的语法如下。

```
DROP CERTIFICATE 证书名
```

备份证书的语法如下。

```
BACKUP CERTIFICATE 证书名 TO FILE= '路径'
```

注意：路径是需要保存证书的完整路径名（包括文件名），如"C:\证书文件名"。

3）加密密钥管理

创建加密密钥的语法如下。

```
USE 数据库名
CREATE DATABASE ENCRYPTION KEY
WITH ALGORITHM= 算法名
ENCRYPTION BY
SERVER CERTIFICATE 证书名
```

注意：创建加密密钥时，必须将当前数据库切换为目标数据库。

修改加密算法的语法如下。

```
USE 数据库名
ALTER DATABASE ENCRYPTION KEY
REGENERATE WITH ALGORITHM= 算法名
ENCRYPTION BY
SERVER CERTIFICATE 证书名
```

4）启用透明数据加密

```
ALTER DATABASE 数据库名 ENCRYPTION {ON | OFF}
```

【**实例 8-14**】 为 tqe 数据库启用透明数据加密。

在"查询编辑器"中输入以下代码。

```
CREATE MASTER KEY ENCRYPTION BY PASSWORD= 'test'              --创建主密钥
USE MASTER
CREATE CERTIFICATE myCertificate WITH SUBJECT = 'myCertificate'  --创建证书
```

```
BACKUP CERTIFICATE myCertificate TO FILE ='c:\myCertificate'    --备份证书
USE tqe                                                         --创建加密密钥
CREATE DATABASE ENCRYPTION KEY WITH ALGORITHM = AES_128
ENCRYPTION BY SERVER CERTIFICATE myCertificate
ALTER DATABASE tqe ENCRYPTION ON                                --启用透明数据加密
```

【实例 8-15】 为上例中的 tqe 数据库更改透明加密算法。

在"查询编辑器"中输入以下代码。

```
USE tqe
ALTER DATABASE ENCRYPTION KEY
REGENERATE WITH ALGORITHM = AES_256
ENCRYPTION BY SERVER CERTIFICATE myCertificate
```

【思考与练习】

(1) 透明数据加密的对象是(　　)。

  A. 文件　　　　B. 字段　　　　C. 数据行　　　　D. 数据列

(2) 透明数据加密的粒度是(　　)。

  A. 数据行　　　B. 数据页　　　C. 数据表　　　　D. 数据库

(3) 透明数据加密的"透明"指的是用户(　　)参与到加密和解密过程中。

  A. 不能　　　　B. 能够　　　　C. 加密时可以　　D. 解密时可以

(4) 创建主密钥的作用是(　　)。

  A. 加密　　　　B. 解密　　　　C. 保护证书　　　D. 保护密钥

(5) 创建证书的作用不包括(　　)。

  A. 附加数据库　B. 加密　　　　C. 创建密钥　　　D. 还原数据库

常见问题解析

【问题】Windows 验证模式和 SQL Server 验证模式有什么区别?

【答】Windows 验证模式:用户登录 Windows 时进行身份验证,那么登录 SQL Server 时就不再进行身份验证了。也就是说,如果你是 Windows 的合法用户,那么对 SQL Server 来说,你就是可信任的,但要满足如下条件。

(1) 必须将 Windows 账户加入 SQL Server 中,才能采用 Windows 账户登录 SQL Server。就像我们去动物园购买了门票,这就相当于登录了 Windows,我们就把 SQL Server 看成熊猫馆,如果你想到熊猫馆去看熊猫,直接走进去就好了。

(2) 如果使用 Windows 账户登录到另一个网络的 SQL Server,则必须在 Windows 中设置彼此的托管权限。

SQL Server 验证模式:在 SQL Server 验证模式下,SQL Server 服务器要对登录的用户进行身份验证。系统管理员必须设定登录验证模式的类型为混合验证模式。当采用混合模式时,SQL Server 系统既允许使用 Windows 登录名登录,也允许使用 SQL Server 登录名登录。

项目 9

"教学质量评价系统"数据库的恢复

9.1 数据库的备份与还原

◆ 单元简介

数据库管理系统通常都会采用各种有效的措施来确保数据库的可靠性和完整性。但是在数据库的实际运行过程当中,仍存在着一些不可预估的因素,可能会影响数据的正确性,甚至会破坏数据库,导致数据库中的数据部分或全部丢失。所以,数据库系统一般都提供了备份和恢复策略以保证数据库中数据的可靠性和完整性。

◆ 单元目标

1. 掌握各种类型数据库备份的特点。
2. 掌握备份设备的分类及如何管理逻辑备份设备。
3. 熟练掌握各种完整备份、差异备份和事务日志备份的操作方法。
4. 熟练掌握使用完整备份、差异备份和事务日志备份进行数据库还原操作的方法。

◆ 任务分析

数据库的备份与还原部分分为以下 4 个工作任务。

【任务 1】掌握数据库备份方式的特点,根据需要合理选用备份时间、频率和方式。

针对 tqe 数据库使用集中在周一到周五的工作日时间,数据量较大,变化较多的特点,为了确保数据完整性,可以考虑在不同时间选用不同的备份方式。

【任务 2】创建名为"教学质量评价系统"的逻辑备份设备。

为了方便对 tqe 数据库进行备份和还原操作,创建一个逻辑备份设备,分别使用图形用户界面和 T-SQL 语句创建名为 tqe 的逻辑备份设备。

【任务 3】为 tqe 数据库分别进行完整备份、差异备份和事务日志备份。

根据任务 1 确定的备份方式,为 tqe 数据库按完整备份、差异备份、事务日志备份的顺序进行数据备份操作。

【任务 4】使用已有的数据库备份,对 tqe 数据库进行还原操作。

根据任务 3 中对 tqe 数据库进行的备份,先后使用完整备份、差异备份和事务日志备份对 tqe 数据库进行还原操作。

9.1.1 数据库备份概述

数据库备份是数据库管理系统中非常重要的一个功能,是维护数据正确,防止数据丢失的重要手段。"备份"是数据的副本,用于在数据库系统发生故障后还原和恢复数据,目的是保护数据。在数据库系统中可能造成数据损失的原因有很多,主要包括以下4个方面。

- 介质故障:保存数据库文件的磁盘设备损坏,如用户没有备份数据会导致数据彻底丢失。
- 用户错误:例如,误删除了某些重要的表,甚至整个数据库。
- 硬件故障:例如,磁盘驱动器损坏或数据库服务器彻底瘫痪,系统需要重建。
- 自然灾难:水、火、雷等自然灾害使得硬件系统遭到破坏。

数据库备份包括数据库的结构和数据两方面,备份的对象不但包括用户数据库,而且还应包括系统数据库。为了保证数据的安全性,必须定期对数据库进行备份。

1. 备份类型

SQL Server 数据库的备份,按照备份内容和方式的不同一般分为以下 4 种。

1) 完整备份

完整备份又被称为完全备份,是对整个数据库的所有内容,包含用户表、系统表、索引、视图和存储过程等所有数据库对象进行备份。其特点是:需要较大的存储空间,备份时间较长,但在还原数据时只需还原一个文件即可。

2) 差异备份

差异备份通常作为完整备份的补充,它只对前一次完整备份后更改的数据进行备份。差异备份的特点是:占用存储空间较小,备份速度快,但是在还原数据时需要先还原前一次的完整备份,再还原最后一次进行的差异备份。

3) 事务日志备份

事务日志备份只备份数据库中事务日志的内容。数据库的事务日志记录的是一段时间内的数据库变动情况。事务日志备份的特点与差异备份类似,都是占用存储空间较小,备份速度快,但不同的地方是还原数据时,在还原前一次做的完整备份后,需要依次还原之后的每个事务日志备份,而不是只还原最后一个事务日志备份。

4) 文件或文件组备份

文件或文件组备份一般用于为数据库创建多个文件或文件组。这种备份方式可以根据具体情况只备份数据库的某些文件,在数据库文件非常庞大时非常有效。

2. 备份类型选用

备份类型的选用需要根据具体情况来综合考虑。比如首先要考虑的就是确保数据的安全性,还要兼顾备份文件占用空间的大小,以及备份和还原能承受的时间范围等。

1) 数据变动量较小

可以每周做一次完整备份,之后每天做一次事务日志备份,那么一旦数据库发生问题,可以将数据库恢复到前一天的状态。也可以每周做一次完整备份,之后每天做一次差异备份。

2) 数据变动频繁

对于数据变动比较频繁的数据库,可能损失很短时间的数据都会带来非常严重的损失,所以可以考虑交替使用多种备份方式来进行数据库的备份。

比如,每天定时做一次完整备份,在完整备份后每间隔 8 小时做差异备份,在差异备份的间隔每 1 小时做事务日志备份。

这样,一旦数据损坏,可以将数据恢复到最近一小时内的状态,同时又能在一定程度上减少备份所需的时间和备份文件占用的空间。

3) 数据量大,文件也较大

对于数据量大,文件也较大的数据库,可以考虑将这些数据表根据情况分别存储在不同的文件或文件组中,然后通过不同的备份频率来备份这些文件或文件组。

当然,使用这种备份方式在还原数据库时,也需要分多次才能将整个数据库还原完毕。除非数据库文件大到难以进行备份时,不推荐使用这种备份方式。

【实例 9-1】 根据 tqe 数据库的特点,为其选用合适的备份方式。

可以在每月的第一个周六凌晨进行一次完整备份,之后每个工作日的凌晨再进行差异备份,最后在每个工作日每隔两小时进行一次事务日志备份。

【思考与练习】

1. 单选题

(1) 下面不是常用 SQL Server 的数据库备份方式的是(　　)。

　　A. 完整备份　　　　　　　　B. 差异备份

　　C. 事务日志备份　　　　　　D. 恢复备份

(2) 下面描述中不属于完整备份的是(　　)。

　　A. 备份速度较慢

　　B. 占用空间小

　　C. 备份整个数据库的所有内容

　　D. 还原数据时只需还原一个文件

2. 判断题

(1) 数据库备份只是对数据库的结构进行备份。　　　　　　　　　　(　　)

(2) 数据库备份是维护数据正确,防止数据丢失的重要手段。　　　　(　　)

(3) 为了保证数据的安全性,必须定期对数据库进行备份。　　　　　(　　)

9.1.2 备份设备

数据库备份设备是指用来存储数据库、事务日志、文件和文件组备份的存储介质。在执行数据库备份之前,必须要指定或创建备份设备。

1. 备份设备类型

1) 物理备份设备

物理备份设备包括磁盘和磁带等。对于磁盘备份设备(disk),允许使用本地主机或远程主机上的硬盘作为备份设备,备份设备在硬盘中是以文件形式存在的。磁带备份设备(tape)用法与磁盘备份设备相同,必须物理连接到运行 SQL Server 实例的计算机上。

2) 逻辑备份设备

逻辑备份设备是物理备份设备的别名,通常比物理备份设备能更简单有效的描述备份设备的特征。其名称保存在 SQL Server 的系统表中。

2. 管理逻辑备份设备

1）使用 T-SQL 语句

（1）创建逻辑备份设备。创建逻辑备份设备的 T-SQL 语句语法格式如下。

```
sp_addumpdevice [@ devtype= ]'设备类型'
              ,[@ logicalname= ]'逻辑备份设备名称'
              ,[@ physicalname= ]'备份文件物理路径'
```

注意：备份文件物理路径必须是完整路径，其数据类型为 nvarchar(260)。

【实例 9-2】 创建一个名为"教学质量评价系统"的磁盘备份设备，其物理名称为"d:\教学质量评价\备份\tqe.bak"。

① 启动图形用户界面，在"查询编辑器"窗口中输入如下 T-SQL 语句。

```
sp_addumpdevice 'disk'
              ,'教学质量评价系统'
              ,'d:\教学质量评价\备份\tqe.bak'
```

② 单击"SQL 编辑器"工具栏中的"执行"按钮，运行结果如图 9-1 所示。

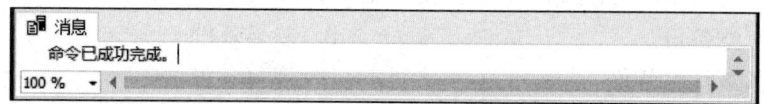

图 9-1　创建磁盘备份设备

（2）查看逻辑备份设备。查看逻辑备份设备的 T-SQL 语句语法格式如下。

```
sp_helpdevice [[@ devname= ]'备份设备名称']
```

如果指定备份设备名称，则运行 sp_helpdevice 语句将显示有关指定转储设备的信息。如果没有指定备份设备名称，则运行 sp_helpdevice 语句将显示有关 sys.backup_devices 目录视图中所有转储设备的信息。使用 sp_addumpdevice 语句，可以将转储设备添加到系统中。

【实例 9-3】 查看 SQL Server 实例上的所有逻辑备份设备的信息。

① 启动图形用户界面，在"查询编辑器"窗口中输入如下 T-SQL 语句。

```
EXEC sp_helpdevice
```

② 单击"SQL 编辑器"工具栏中的"执行"按钮，运行结果如图 9-2 所示。

图 9-2　查看 SQL Server 实例上的所有逻辑备份设备的信息

（3）删除逻辑备份设备。删除逻辑备份设备的 T-SQL 语句语法格式如下。

```
sp_dropdevice [@ logicalname= ]'逻辑备份设备名称'
```

其中,逻辑备份设备名称是在 master.dbo.sysdevices.name 中列出的数据库设备或备份设备的逻辑名称。逻辑备份设备名称的数据类型为 sysname,无默认值。

【实例 9-4】 删除名为"教学质量评价系统"的逻辑备份设备。

① 启动图形用户界面,在"查询编辑器"窗口中输入如下 T-SQL 语句。

```
sp_dropdevice '教学质量评价系统'
```

② 单击"SQL 编辑器"工具栏中的"执行"按钮,运行结果如图 9-3 所示。

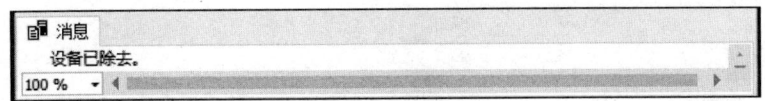

图 9-3　删除逻辑备份设备

2）使用图形用户界面

（1）创建逻辑备份设备。在对象资源管理器中,找到并展开"服务器对象"选项,右击"备份设备",在弹出的快捷菜单中选择"新建备份设备"命令,在打开的"备份设备"对话框中输入设备名称"教学质量评价系统",并指定文件的完整路径,如 d 盘→"教学质量评价"文件夹→"备份"子文件夹下,文件名为 tqe.bak,然后单击"确定"按钮,操作如图 9-4 所示。

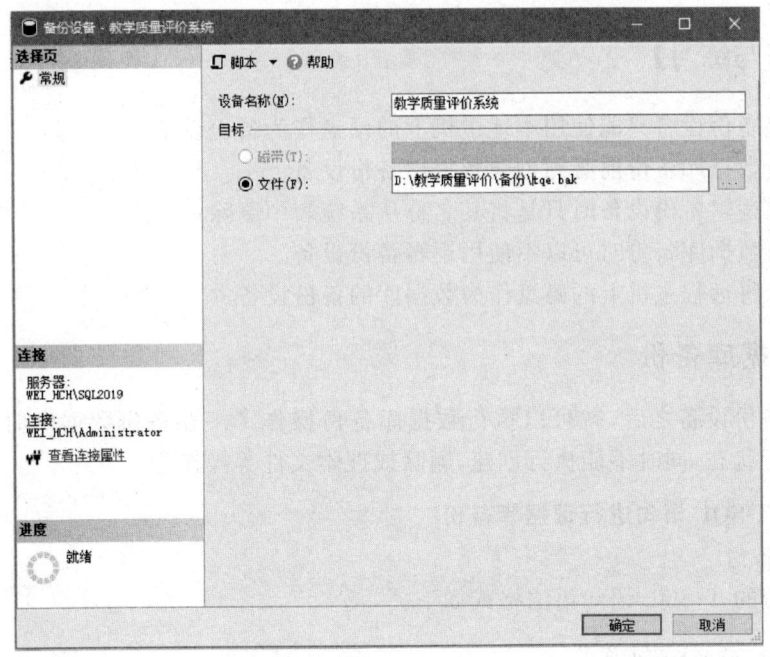

图 9-4　创建逻辑备份设备

（2）查看逻辑备份设备。已经创建的备份设备,会在"备份设备"选项下显示出来,双击就可以直接查看备份设备的详细信息,如图 9-5 所示。

（3）删除逻辑备份设备。要删除某个逻辑备份设备,右击该备份设备,在弹出的快捷菜单中选择"删除"命令,并在打开的"删除对象"对话框中单击"确定"按钮即可。

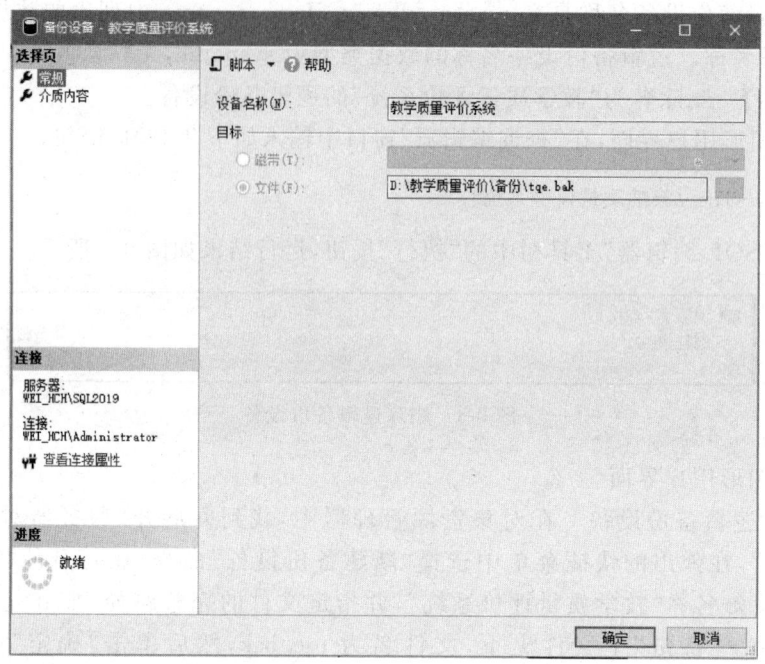

图 9-5 查看逻辑备份设备

【思考与练习】

(1) 磁盘备份设备只能使用本地主机上的硬盘作为备份设备。 (   )
(2) 进行数据库备份前必须创建数据库备份设备。 (   )
(3) 删除逻辑备份设备时只是将其名称从系统表中删除。 (   )
(4) 进行数据库备份时可以不使用逻辑备份设备。 (   )
(5) 可以将远程主机上的磁盘作为数据库的备份设备。 (   )

9.1.3 数据库备份

创建好备份设备之后，就可以执行数据库备份操作了。在备份数据库时，SQL Server 必须处于运行状态，同时不能执行创建、删除或搜索文件等操作。

1. 使用 T-SQL 语句进行数据库备份

1) 完整备份

完整备份的 T-SQL 语句语法格式如下。

```
BACKUP DATABASE 数据库名
TO <备份设备> [...n] - - 指定物理备份设备或逻辑备份设备
[WITH [[,]NAME= '备份集名称'][[,]DESCRIPTION= '描述内容']
     [[,]{INIT|NOINIT}] [[,]{COMPRESSION|NO_COMPRESSION}]]
```

其中，INIT 表示新备份将覆盖当前备份设备上的每一项内容；NOINIT 表示新备份的数据追加到备份设备上已有的内容后面；COMPRESSION 表示启用备份压缩功能；NO_COMPRESSION 表示不启用备份压缩功能。

【实例 9-5】 为 tqe 数据库创建完整备份,备份设备为"教学质量评价系统"。
(1)启动图形用户界面,在"查询编辑器"窗口中输入如下 T-SQL 语句。

```
BACKUP DATABASE tqe
TO 教学质量评价系统
WITH INIT, NAME= 'tqe 完整备份'
```

(2)单击"SQL 编辑器"工具栏中的"执行"按钮,运行结果如图 9-6 所示。

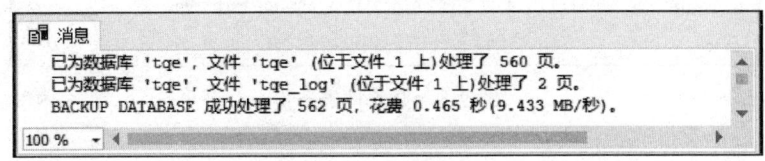

图 9-6　完整备份

2)差异备份

差异备份的 T-SQL 语句语法格式如下。

```
BACKUP DATABASE 数据库名
TO < 备份设备> [...n]
WITH DIFFERENTIAL
    [[,]NAME= '备份集名称'][[,]DESCRIPTION= '描述内容']
    [[,]{INIT|NOINIT}][[,]{COMPRESSION|NO_COMPRESSION}]]
```

其中,DIFFERENTIAL 关键字表示进行的是差异备份。

【实例 9-6】 为 tqe 数据库创建差异备份,备份设备为"教学质量评价系统"。
(1)启动图形用户界面,在"查询编辑器"窗口中输入如下 T-SQL 语句。

```
BACKUP DATABASE tqe
TO 教学质量评价系统
WITH NOINIT, DIFFERENTIAL, NAME= 'tqe 差异备份'
```

(2)单击"SQL 编辑器"工具栏中的"执行"按钮,运行结果如图 9-7 所示。

图 9-7　差异备份

3)事务日志备份

事务日志备份的 T-SQL 语句语法格式如下。

```
BACKUP LOG 数据库名
TO < 备份设备> [...n]
WITH [[,]NAME= '备份集名称'][[,]DESCRIPTION= '描述内容']
    [[,]{INIT|NOINIT}][[,]{COMPRESSION|NO_COMPRESSION}]]
```

其中,LOG 关键字表示进行的是事务日志备份。

【实例 9-7】 为 tqe 数据库创建事务日志备份,备份设备为"教学质量评价系统"。

(1) 启动图形用户界面,在"查询编辑器"窗口中输入如下 T-SQL 语句。

BACKUP LOG tqe VTO 教学质量评价系统
WITH NOINIT,NAME= 'tqe 日志备份'

(2) 单击"SQL 编辑器"工具栏中的"执行"按钮,运行结果如图 9-8 所示。

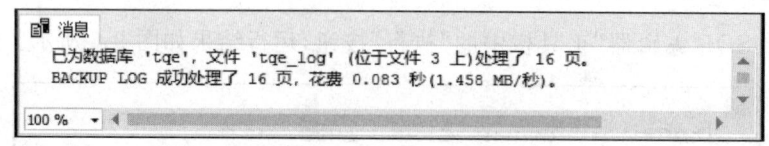

图 9-8　事务日志备份

2. 使用图形用户界面进行数据库备份

SQL Server 2019 除提供 T-SQL 语句进行数据库备份外,还可以在图形用户界面中进行数据库备份,下面以 tqe 数据库为例进行数据库的备份。

【实例 9-8】　使用图形用户界面进行数据库 tqe 的完整备份。

(1) 在对象资源管理器中展开"数据库"选项,右击要备份的数据库,在弹出的快捷菜单中选择"任务"→"备份"命令,打开"备份数据库-tqe"对话框。

(2) 在"备份数据库-tqe"对话框中,默认打开"常规"选项卡,如图 9-9 所示。

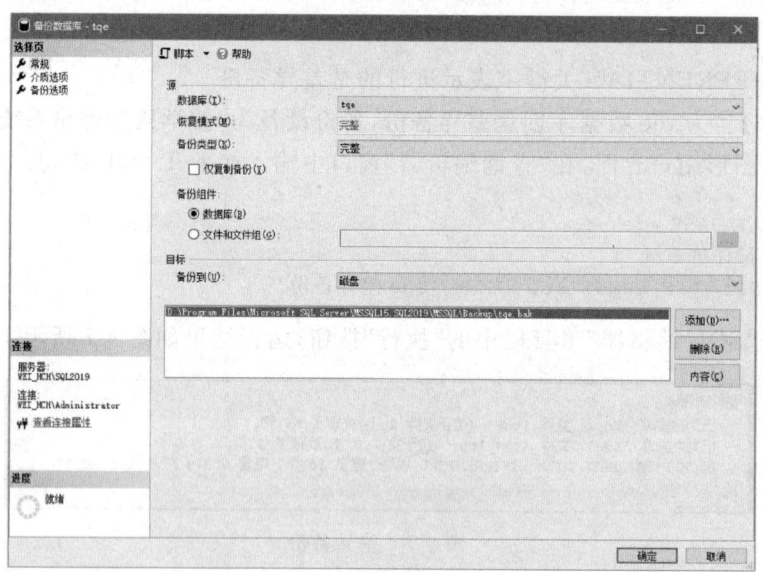

图 9-9　"备份数据库-tqe"对话框

此处数据库管理员需对如下选项进行设置。
- 数据库:指定要备份的数据库,即目标数据库,本例中目标数据库为 tqe。
- 备份类型:SQL Server 2019 提供三种备份类型,即完整备份、差异备份和事务日志备份。此处选择的备份类型为"完整"。
- 目标-备份到:通过"添加"按钮选择已经创建的备份设备并添加到"备份到"文本框中,如图 9-10 所示,表示准备将数据备份到指定的备份设备中。

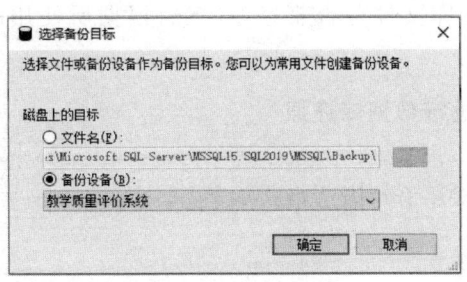

图 9-10　选择备份目标

(3) 上述各项正确设置以后,单击"备份数据库"窗口中的"确定"按钮,数据库开始进行备份。备份的时间跟数据库中保存的数据量有关,数据量越大的数据库需要的备份时间就越长。备份成功后,会弹出如图 9-11 所示的备份完成提示信息对话框。

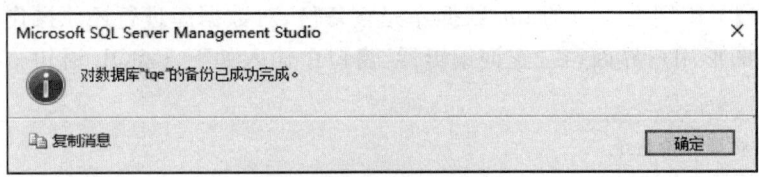

图 9-11　备份完成提示

【思考与练习】

1. 单选题

(1) 表示新备份将覆盖当前备份设备上的每一项内容的关键字是(　　)。
  A. INIT   B. NOINIT
  C. COMPRESSION   D. NO_COMPRESSION

(2) 进行事务日志备份时使用的 T-SQL 命令是(　　)。
  A. BACKUP DATABASE   B. RESTROE DATABASE
  C. BACKUP LOG   D. RESTROE LOG

(3) 进行差异备份时,T-SQL 语句中应使用关键字(　　)表示要进行的是差异备份。
  A. DESCRIPTION   B. NOINIT
  C. DATABASE   D. DIFFERENTIAL

2. 判断题

(1) INIT 关键字表示新备份将覆盖当前备份设备上的每一项内容。(　　)
(2) NOINIT 关键字表示新备份将覆盖当前备份设备上的每一项内容。(　　)
(3) DIFFERENTIAL 表示进行的备份是事务日志备份。(　　)
(4) 创建日志备份前,必须先创建一个完整备份。(　　)

9.1.4　数据库还原

数据库还原也称数据库恢复,恢复是与备份相对应的系统维护和管理操作。在对系统进行恢复操作时,会先执行系统安全性的检查,包括检查所要恢复的数据库是否存在,数据库是否变化以及数据库文件是否兼容等，然后根据所使用的备份类型再进行相应的恢复。

1. 使用 T-SQL 语句进行数据库还原

1) 完整备份的还原

完整备份的还原 T-SQL 语句语法格式如下。

```
RESTORE DATABASE 数据库名
[FROM 备份设备[,...n]]
[WITH{RECOVERY|NORECOVERY}[,FILE= 备份集位置序号][,REPLACE]]
```

其中，NORECOVERY 指还有事务日志需要还原，而如果所有的备份都已还原，则需指定 RECOVERY。当备份设备中有多个备份集时，FILE 用于指定备份集位置。关键字 REPLACE 用于指还原操作将覆盖原数据库原来内容。

【实例 9-9】 使用上一节的 tqe 数据库完整备份，对数据库进行还原操作。

（1）启动图形用户界面，在"查询编辑器"窗口中输入如下 T-SQL 语句。

```
RESTORE DATABASE tqe
FROM 教学质量评价系统
WITH RECOVERY,REPLACE
```

（2）单击"SQL 编辑器"工具栏中的"执行"按钮，运行结果如图 9-12 所示。

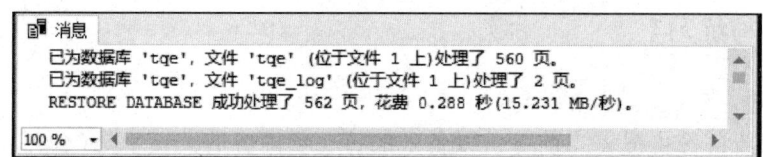

图 9-12　还原完整备份

2) 差异备份的还原

差异备份的还原 T-SQL 语句语法格式如下。

```
RESTORE DATABASE 数据库名
[FROM 备份设备[,...n]]
[WITH{RECOVERY|NORECOVERY} [,FILE = 备份集位置序号]]
```

注意：在进行差异备份的还原操作前，需要先使用前一次进行的完整备份进行还原，且完整备份还原要使用 NORECOVERY 关键字。

【实例 9-10】 使用上一节的 tqe 数据库差异备份，对数据库进行还原操作。

（1）启动图形用户界面，在"查询编辑器"窗口中输入如下 T-SQL 语句。

```
RESTORE DATABASE tqe
FROM 教学质量评价系统
WITH FILE= 1, NORECOVERY, REPLACE
RESTORE DATABASE tqe
FROM 教学质量评价系统
WITH FILE= 2, RECOVERY
```

（2）单击"SQL 编辑器"工具栏中的"执行"按钮，运行结果如图 9-13 所示。

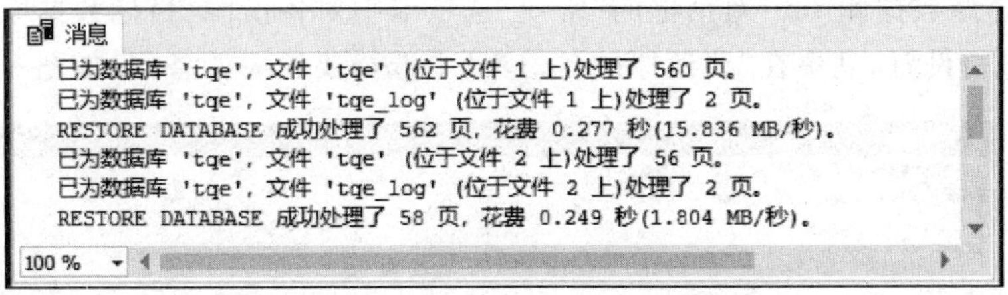

图 9-13 还原差异备份

3）事务日志备份的还原

事务日志备份的还原语法格式如下。

RESTORE LOG 数据库名
[FROM 备份设备[,...n]]
[WITH{RECOVERY|NORECOVERY} [,FILE = 备份集位置序号]]

注意：需要先使用前一次进行的完整备份和差异备份（如果有）进行还原；当有多个事务日志备份时，要按照备份顺序依次还原；最后一次还原前的所有还原操作，都需要使用NORECOVERY 关键字。

【**实例 9-11**】 使用上一节的 tqe 数据库事务日志备份，对数据库进行还原操作。

（1）启动图形用户界面，在"查询编辑器"窗口中输入如下 T-SQL 语句。

```
RESTORE DATABASE tqe
FROM 教学质量评价系统
WITH FILE= 1, NORECOVERY, REPLACE
RESTORE DATABASE tqe
FROM 教学质量评价系统
WITH FILE= 2, NORECOVERY
RESTORE LOG tqe
FROM 教学质量评价系统
WITH FILE= 3, RECOVERY
```

（2）单击"SQL 编辑器"工具栏中的"执行"按钮，运行结果如图 9-14 所示。

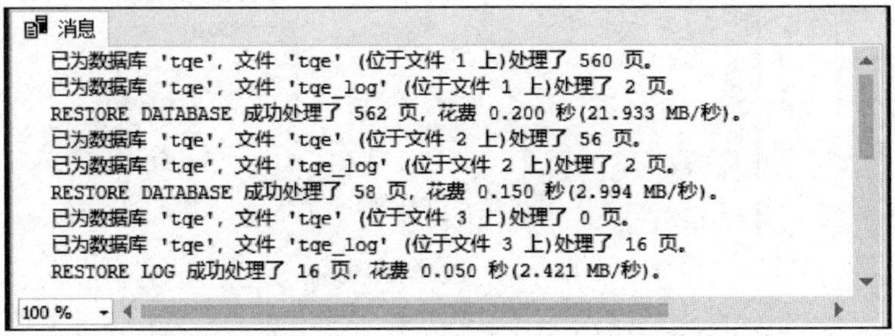

图 9-14 还原事务日志备份

2．使用图形用户界面进行还原

（1）在对象资源管理器中右击要还原的数据库，在弹出的快捷菜单中选择"任务"→"还原"命令，打开"还原数据库-tqe"对话框。

(2) 在"还原数据库-tqe"对话框的"常规"选项卡中对备份源、目标数据库、备份集、还原选项等项目进行设置,其中在"要还原的备份集"中选择要还原的备份,如图 9-15 所示。

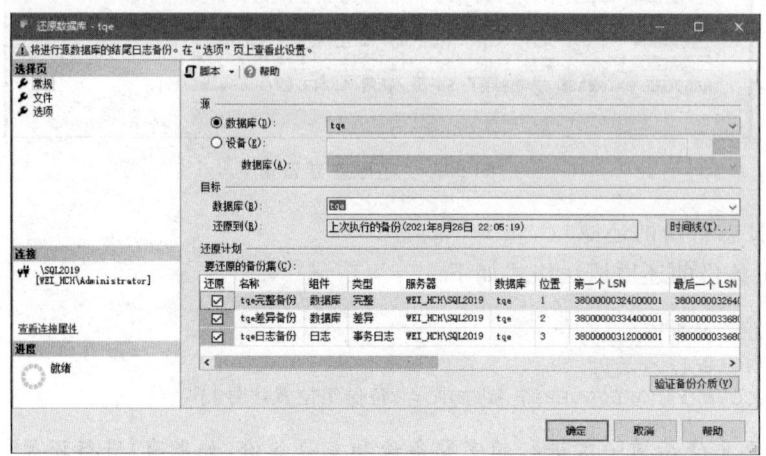

图 9-15 "还原数据库-tqe"对话框

(3) 在"还原数据库-tqe"对话框的"选项"选项卡中选中"覆盖现有数据库"选项,最后单击"确定"按钮,将完成数据库还原操作。

【实例 9-12】 使用图形用户界面进行数据库 tqe 的还原操作。

(1) 在对象资源管理器中右击要还原的数据库 tqe,在弹出的快捷菜单中选择"任务"→"还原"命令打开"还原数据库"对话框。

(2) 在"还原数据库"对话框的"常规"选项卡中选中"设备"单选按钮,在弹出的对话框中选择备份设备"教学质量评价系统",如图 9-16 所示。

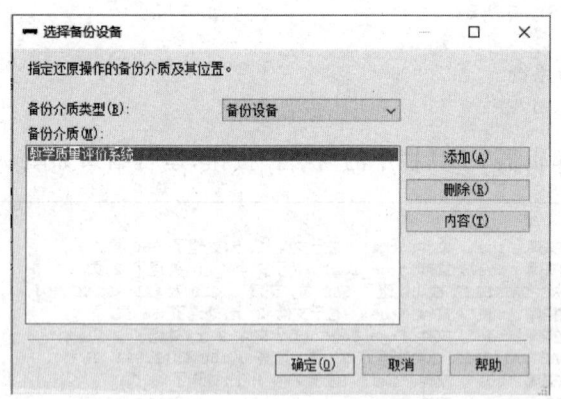

图 9-16 选择备份设备

(3) 在"还原数据库"对话框下方的"要还原的备份集"中选取要使用的备份集。比如要使用第三个事务日志备份进行还原,按照之前描述的事务日志还原操作要求,需要先使用备份设备中第一、二两个备份依次进行完整备份还原和差异备份还原,因此这里应该将备份设备中的三个备份集都选中,如图 9-17 所示。

(4) 单击选中"选项"选项卡,在还原选项中选中"覆盖现有数据库"复选框,其他选项采用默认值,如图 9-18 所示。

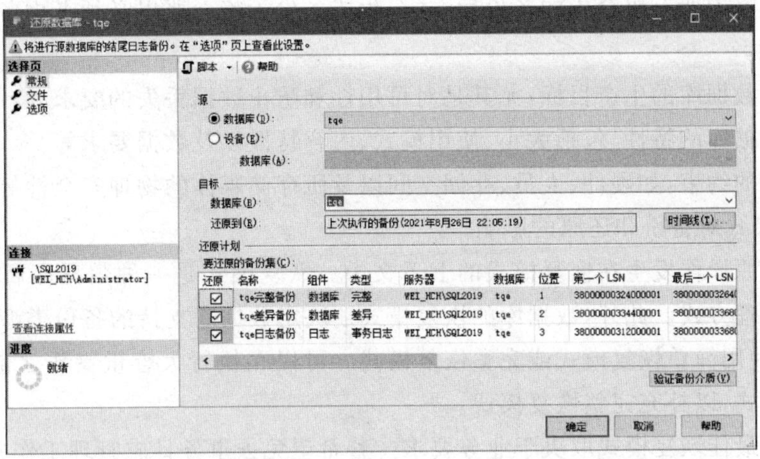

图 9-17 选取要使用的备份集

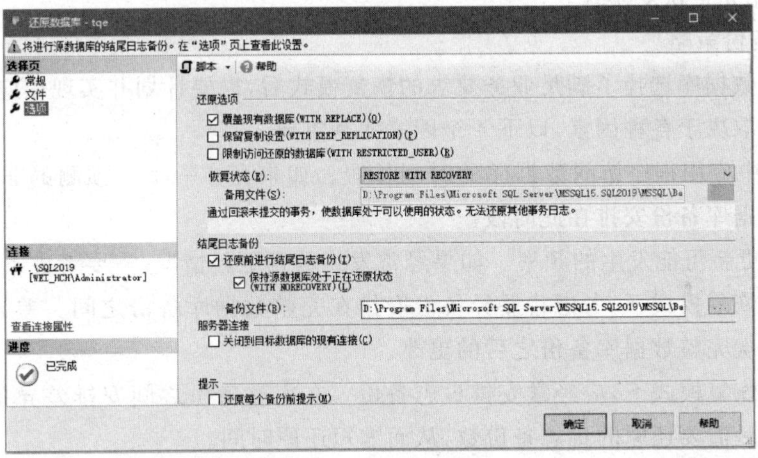

图 9-18 还原选项

(5) 单击"确定"按钮,提示完成信息,这样就完成了事务日志备份的还原操作。

3. 数据库备份和还原的注意事项

创建 SQL Server 备份的目的是为了可以恢复已损坏的数据库。但是,备份和还原数据必须根据特定环境进行自定义,并且必须使用可用资源,即需要有一个备份和还原策略。一个设计良好的备份和还原策略,在考虑到特定业务要求的同时,可以尽量提高数据的可用性并尽量减少数据的丢失。注意,应将数据库和备份放置在不同的设备上,否则,如果包含数据库的设备失败,备份也将不可用。此外,将数据和备份放置在不同的设备上还可以提高写入备份和使用数据库时的 IO 性能。

备份和还原策略包含备份部分和还原部分。策略的备份部分定义了备份的类型和频率、备份所需硬件的特性和速度、备份的测试方法以及备份媒体的存储位置和方法(包括安全注意事项)。策略的还原部分定义了负责执行还原的人员以及如何执行还原以满足数据库可用性和尽量减少数据丢失的目标。

设计有效的备份和还原策略需要周密的计划、实现和测试,测试是必需环节,直到成功还原了还原策略中所有组合内的备份后,才会生成备份策略。所以必须考虑各种因素,其中包括以下内容。

- 组织对数据库的生产目标,尤其是对可用性和防止数据丢失的要求。
- 每个数据库的特性,包括大小、使用模式、内容特性以及数据要求等。
- 对资源的约束,如硬件、人员、存储空间以及所存储媒体的物理安全性等。

1) 恢复模式对备份和还原的影响

备份和还原操作发生在恢复模式的上下文中。恢复模式是一种数据库属性,用于控制事务日志的管理方式。此外,数据库的恢复模式还决定数据库支持的备份类型和还原方案。通常,数据库使用简单恢复模式或完整恢复模式。可以在执行大容量操作之前切换到大容量日志恢复模式,以补充完整恢复模式。

数据库的最佳恢复模式取决于业务要求。若希望免去事务日志管理工作并简化备份和还原,则应使用简单恢复模式。若希望在管理开销一定的情况下使数据丢失的可能性降到最低,则应使用完整恢复模式。

2) 设计备份策略

当为特定数据库选择了满足业务要求的恢复模式后,需要计划并实现相应的备份策略。最佳备份策略取决于各种因素,以下 4 个因素尤其重要。

(1) 一天中应用程序访问数据库的时间长短。如果存在一个可预测的非高峰时段,则建议将完整数据库备份安排在此时段。

(2) 数据更新可能发生的频率。如果经常发生数据更新情况,需要考虑下列事项。

- 在简单恢复模式下,考虑将差异备份安排在完整数据库备份之间。差异备份只能捕获自上次完整数据库备份之后的更改。
- 在完整恢复模式下,应经常安排日志备份。在完整备份之间安排差异备份可减少数据还原后需要还原的日志备份数,从而缩短还原时间。

(3) 更改数据库的内容大小。对于更改集中于部分文件或文件组的大型数据库,部分备份和文件/文件组备份非常有用。

(4) 完整数据库备份需要的磁盘空间。

3) 计划备份

确定所需的备份类型和执行备份的频率后,将备份计划为数据库维护计划的一部分。

4) 测试备份

完成备份测试后,才会生成还原策略。必须将数据库副本还原到测试系统,针对每个数据库的备份策略进行全面测试。同时,必须对每种要使用的备份类型进行还原测试。

【思考与练习】

(1) 多个事务日志备份的还原操作必须按照备份的先后顺序进行。　　　　　(　　)

(2) 可以直接对数据库进行差异备份的还原操作。　　　　　　　　　　　　(　　)

(3) File=1 表示备份集在备份设备中的位置是第二个。　　　　　　　　　　(　　)

(4) 利用事务日志备份进行还原时需先还原前一次做的完整备份。　　　　　(　　)

9.2 从数据库快照恢复数据

◇ **单元简介**

数据库快照是 SQL Server 数据库(源数据库)的只读静态视图。自创建快照那刻起,数据库快照在事务上与源数据库一致。数据库快照提供了快速、简洁的数据库备份操作,当数据库发生错误时,可以从快照中迅速恢复。本单元阐述了快照的工作方式,以及分别使用图形用户界面和 T-SQL 语句创建和管理快照的方法。

◇ **单元目标**

1. 了解数据库快照的工作方式。
2. 掌握数据库快照的创建和恢复数据。

◇ **任务分析**

从数据库快照恢复数据分为以下 2 个工作任务。

【任务1】数据库快照的工作方式

数据库快照是数据库在某一时间点的视图。它是 SQL Server 数据库(源数据库)的只读静态视图。数据库快照始终与其源数据库位于同一服务器实例上,当源数据库更新时,数据库快照也将更新。

【任务2】数据库快照的创建和恢复数据

创建数据库快照的唯一方式是使用 T-SQL 语句。创建好数据库快照后,如果数据库发生意外,可能会发生删除表、修改某一行数据或者破坏和丢失数据文件等现象,可以借助数据库快照快速恢复数据库。

9.2.1 数据库快照的工作方式

数据库快照是一项出色的功能,可提供虚拟、只读、一致的数据库副本。当在实时运行数据库中创建数据库快照时,它需要一个数据库时间点静态视图并回滚快照数据库中所有未提交的事务,因此不会有任何尚未提交的不一致数据。数据库快照始终存在于源数据库服务器上。

1) 数据库快照的优点

数据库快照是 SQL Server 数据库(源数据库)的只读静态视图。换句话说,快照可以理解为一个只读的数据库。利用快照,可以提供如下好处。

(1) 瞬时备份。在不产生备份窗口的情况下,可以帮助客户创建一致性的磁盘快照,每个磁盘快照都可以认为是一次对数据的全备份,从而实现常规备份软件无法实现的分钟级别的恢复。

(2) 快速恢复。用户可以根据存储管理员的定制,定时自动创建快照,通过磁盘差异回退,快速回滚到指定的时间点上来。这种回滚可以在很短的时间内完成,大大地提高了业务系统的性能。

(3) 应用测试。用户可以使用快照产生的虚拟硬盘数据对新的应用或者新的操作系统版本进行测试,这样可以避免对生产数据造成损害,也不会影响目前正在运行的应用。

(4) 将报表打印等资源消耗较大的业务实现分离。用户可以将指定时间点的快照虚拟硬盘分配给一个新的服务器,从而将报表打印等对于服务器核心业务有较大影响的业务分离出去,使核心业务服务器运行更加平稳有效。

(5) 降低数据备份对于系统性能的影响。通常数据备份是在业务服务器上完成的。每次发起数据备份必然对当前业务系统运行性能造成影响。通过快照虚拟硬盘的提取后,备份工作可以转移到其他服务器上,从而实现了零备份窗口、零影响的理想数据备份。

2) 数据库快照的工作方式

数据库快照提供了一个在源数据库创建快照的时候只读的静态视图,这个静态视图会把还没有提交的事务去除掉。没有提交的事务会在新创建的数据库快照里被回滚,因为数据库引擎会在数据库快照创建完之后运行修复检查程序。但是,源数据库中的事务不会受到任何影响,数据库快照是独立于源数据库的。快照数据库会作为一个数据库存在于同一数据库服务器实例中。

此外,无论什么原因,当数据库变为不可用的状态的时候,快照数据库也一样变为不可用。快照数据库不仅可以用来做报表之用,当在源数据库发生一个用户错误的时候,还可以修复源数据库到数据库快照被创建的那个时刻,自从数据库快照被创建之后,数据丢失仅仅限于快照创建之后的那些数据库数据更新的丢失。而且,创建数据库快照对于在一个大的数据库更新操作之前特别有用,例如改变数据库的架构或者表结构。

在源数据库的一个页面被第一次修改之前,源数据页面会从源数据库复制到数据库快照,这个过程叫作 COPY-ON-WRITE 操作。数据库快照存储了源数据页面,保留当快照被创建时已经存在的数据记录,后来的数据页面修改不会影响到快照里的页面内容。对于每一个第一次被修改的页面会重复上面的 COPY-ON-WRITE 操作。用这种方法,当快照被创建的时候,快照会保存保留了所有已经被修改的数据记录的原始页面。

为了存储这些复制的原始页面,快照使用一个或者多个稀疏文件。最初,一个稀疏文件实际上是一个没有用户数据和还没有分配磁盘空间的空白的文件,当源数据库里越来越多的数据页面被更新,数据文件的大小会增长。当快照建立之后,稀疏文件只会占用一点磁盘空间,当源数据库不断更新,一个稀疏文件会增长成为一个大文件。当接收到第一个源数据库的第一个数据页面更新,数据库引擎会将页面写入稀疏文件,并且操作系统会在快照的稀疏文件里分配空间然后复制原始数据页,然后数据库引擎会更新源数据库的数据页面。

对于用户来讲,数据库快照从来不会发生改变,因为在数据库快照上的读操作总是访问原始数据页面,无论这些数据页面来自哪里,如果在源数据库的数据页面从来没有被更新过,快照上的读操作会读取源数据库的源数据页面。如图 9-19 所示显示了一个在刚刚新建的快照上的读操作,对应的稀疏文件并没有包含任何数据页面。这个读操作只会读取源数据库的数据。当有一个数据页面被更新之后,快照上的读操作就会访问存储在稀疏文件里原始数据页面。

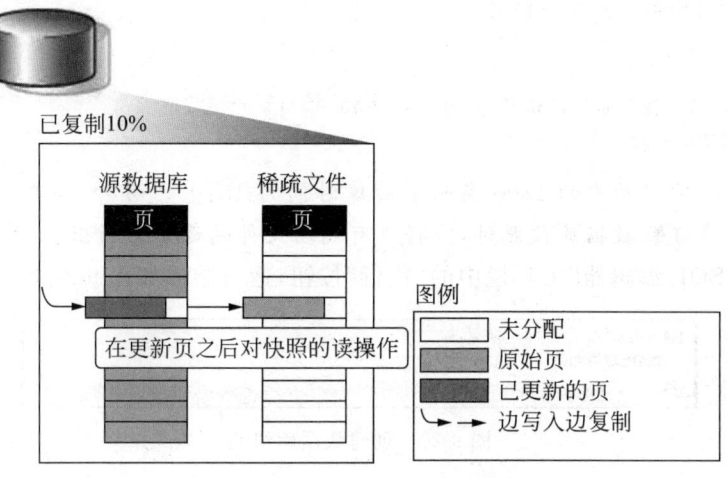

图 9-19 在新建的快照上进行读操作

【思考与练习】

1. 单选题

（1）数据库快照是在（　　）级运行的。

    A. 数据页　　　　B. 数据行　　　　C. 数据表　　　　D. 数据库

（2）建立数据库快照后，可以在快照上进行的操作是（　　）。

    A. 修改数据　　　B. 查询数据　　　C. 添加数据　　　D. 删除数据

2. 判断题

（1）数据库快照提供了一个静态的视图来为报表提供服务。　　　　　　　　　（　　）

（2）快照和源数据不必在同一个实例上。　　　　　　　　　　　　　　　　　（　　）

9.2.2　数据库快照的创建和恢复数据

1. 建立数据库快照

    任何能创建数据库的用户都可以创建数据库快照，创建快照的唯一方式是使用 T-SQL 语句。在创建数据库快照时，根据源数据库的当前大小，应确保有足够的磁盘空间存放数据库快照，数据库快照的最大大小为创建快照时源数据库的大小。使用 AS SNAPSHOT OF 子句对文件执行 CREATE DATABASE 语句，创建快照需要指定源数据库的每个数据库文件的逻辑名称。创建数据库快照的 T-SQL 语句语法格式如下。

```
CREATE DATABASE 数据库快照名
ON
(NAME= 源数据库主文件的逻辑名称,
FILENAME= '稀疏文件的名称')[,...n]
AS SNAPSHOT OF 源数据库名
```

【实例 9-13】　为 tqe 数据库创建数据库快照。

（1）启动图形用户界面，在"查询编辑器"窗口中输入如下 T-SQL 语句。

```
CREATE DATABASE tqe_dbss1800
ON
(NAME= tqe,
FILENAME= 'D:\教学质量评价\tqe_data_1800.ss')
AS SNAPSHOT OFtqe
```

注意：稀疏文件名称中的 1800 指明了创建时间为 18:00。另外,当数据库中创建了多个辅助文件时,在建立数据库快照时,应将所有辅助文件的逻辑名列出。

（2）单击"SQL 编辑器"工具栏中的"执行"按钮,运行结果如图 9-20 所示。

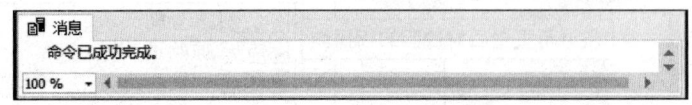

图 9-20 创建数据库快照

2. 管理数据库快照

创建好数据库快照后,如果数据库发生意外,可能会发生删除表,修改某一行数据或者破坏和丢失数据文件等现象,可以借助数据库快照快速恢复数据库。管理数据库快照主要包括查看数据库快照、使用数据库快照和删除数据库快照。

1）查看数据库快照

【**实例 9-14**】 在图形用户界面中查看 tqe 数据库快照 tqe_dbss1800。

（1）在"对象资源管理器"中连接到数据库引擎实例,展开"数据库"→"数据库快照"→ tqe_dbss1800 节点。

（2）对比 tqe_dbss1800 与 tqe 数据库,发现两者结构一样,如图 9-21 所示。

2）使用数据库快照

数据库快照可以永久的记录数据库在某一时间点上的数据状态,因此,可以用它来恢复一部分数据库,特别是恢复一些由于用户的误操作而失去的数据。

【**实例 9-15**】 使用数据库快照 tqe_dbss1800 恢复 tqe 数据库。

（1）启动图形用户界面,在"查询编辑器"窗口中输入如下 T-SQL 语句。

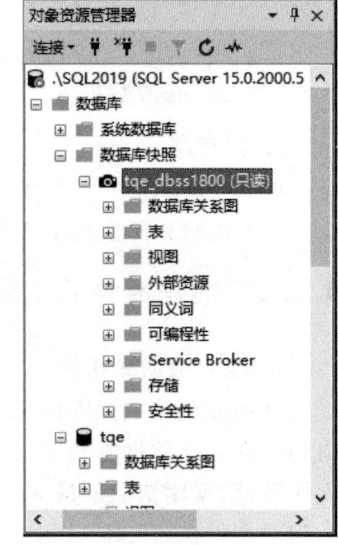

图 9-21 查看数据库快照

```
RESTORE DATABASE tqe
FROM DATABASE_SNAPSHOT= 'tqe_dbss1800'
```

（2）单击"SQL 编辑器"工具栏中的"执行"按钮,运行结果如图 9-22 所示。

3）删除数据库快照

任何具有 DROP DATABASE 权限的用户都可以使用 T-SQL 语句删除数据库快照。删除数据库快照会终止所有连接到此快照的用户连接并删除快照使用的所有 NTFS 文件系统的稀疏文件。

【**实例 9-16**】 删除数据库快照 tqe_dbss1800。

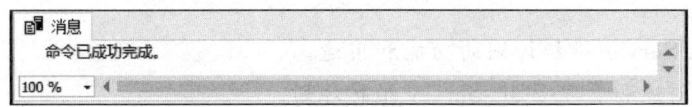

图 9-22　使用数据库快照恢复数据库

（1）启动图形用户界面，在"查询编辑器"窗口中输入如下 T-SQL 语句。

DROP DATABASE tqe_dbss1800

（2）单击"SQL 编辑器"工具栏中的"执行"按钮，运行结果如图 9-23 所示。

图 9-23　删除数据库快照

【思考与练习】

1. 单选题

（1）创建快照时，每个数据库快照在事务上与源数据库（　　）。

　　A. 不一致　　　B. 一致　　　　C. 部分一致　　　D. 不确定

（2）删除数据库快照的关键字是（　　）。

　　A. CREATE　　B. DELETE　　C. DROP　　　　D. ALTER

2. 判断题

（1）当使用快照恢复数据库时，首先要删除其他快照。　　　　　　　　（　　）

（2）快照是快照整个数据库，而不是数据库的某一部分。　　　　　　　（　　）

（3）由于快照会拖累数据库性能，所以数据库不宜存在过多快照。　　　（　　）

9.3　SQL Server 代理与维护计划

◆ **单元简介**

日常维护对于数据库来说是非常重要的，因而数据库管理员日常需要花费大量的时间进行维护工作，其中以数据库差异备份和日志备份尤为频繁。如果维护工作需要通过数据库管理员手动一项一项执行，那就太烦琐，太辛苦了，而且数据库管理员也不可能每时每刻都盯着每个服务器。

为了提高数据库管理员日常管理和备份数据库的效率，SQL Server 提供了 SQL Server 代理服务，通过 SQL Server 代理服务，可以在指定的时间点自动执行数据库的维护计划，这样数据库管理员就不用必须待在计算机前，一步一步地执行操作了，从而能够更加轻松的完成日常的各项数据库维护工作。

◇ **单元目标**

1. 掌握 SQL Server 维护计划的功能和用途。
2. 掌握如何创建和管理 SQL Server 维护计划。

◇ **任务分析**

SQL Server 代理与维护计划部分分为 2 个工作任务。

【任务 1】启动 SQL Server 代理服务

SQL Server 数据库安装后，SQL Server 代理服务的默认运行状态是"停止"的，因此要使用 SQL Server 代理的第一件事情就是启用 SQL Server 代理服务或将它的"启动类型"设置为自动。

【任务 2】为数据库创建维护计划

根据日常需要进行的数据库备份工作以及 tqe 数据库的特点，为 tqe 数据库创建维护计划。

9.3.1 启动 SQL Server 代理服务

当我们要使用 SQL Server 自动执行数据库维护计划时，首先要配置好 SQL Server 代理服务。SQL Server 代理是独立于数据库引擎的 Windows 服务，它是负责自动执行 SQL Server 管理任务的 SQL Server 组件。SQL Server 代理的核心是运行批量作业的能力，这里的"批量"可以简单地理解成"一系列的动作"，通常是 T-SQL 语句。SQL Server 代理还允许通知用户，例如当维护工作完成，或当出错时通过电子邮件通知数据库管理员。

并不是所有版本的 SQL Server 都有 SQL Server 代理服务，其中 Express 版本中是没有 SQL Server 代理服务的。

【实例 9-17】 启动 SQL Server 代理服务。

在 SQL Server 图形用户界面"对象资源管理器"中找到"SQL Server 代理"，右击后在弹出的快捷菜单中选择"启动"命令，并在弹出的对话框中按"确定"按钮。稍等片刻，启动成功后"SQL Server 代理"的图标会由红色变为绿色，如图 9-24 所示。

图 9-24 启动 SQL Server 代理服务

SQL Server 代理启动后,将自动执行数据库的维护计划和工作任务。

【思考与练习】

(1) SQL Server 代理是 SQL Server 数据库引擎的服务。　　　　　　　(　　)
(2) SQL Server 的所有 Express 版都没有 SQL Server 代理服务。　　(　　)
(3) SQL Server 代理的核心是运行批量作业的能力。　　　　　　　　　(　　)
(4) SQL Server 安装后,SQL Server 代理服务默认运行状态就是"启动"。(　　)

9.3.2　为数据库创建维护计划

在 SQL Server 2019 中提供了很多很方便的工具,可以用这些工具来完成各项工作。计算机非常擅长于处理单调而且重复的事情。本节就为大家介绍如何利用 SQL Server 的维护计划来帮助我们对数据库进行日常维护。

在 SQL Server 的维护计划中,我们可以创建所需的维护任务的工作流,以确保优化数据库、定期进行备份并确保数据库的一致性。

1. 维护任务

在 SQL Server 中可以使用的维护任务有以下任务。
- 检查数据库的完整性。
- 收缩数据库。
- 重新组织索引。
- 重新生成索引。
- 更新统计信息。
- 清除历史记录。
- 执行 SQL Server 代理作业。
- 备份数据库。
- "清除维护"任务。

2. 创建维护计划

维护计划可以手动创建,也可以使用维护计划向导来完成,通常情况下一般使用维护计划向导创建维护计划。

维护计划向导可以用于设置核心维护任务,从而确保数据库执行良好,做到定期备份数据库以防系统出现故障,对数据库实施不一致性检查。利用维护计划向导可创建一个或多个 SQL Server 代理作业,代理作业将按照计划的时间间隔自动执行这些维护任务。通过创建维护计划可以执行各种数据库管理任务,包括备份、运行数据库完整性检查,或以指定的时间间隔更新数据库统计信息等。通过创建数据库维护计划可以让 SQL Server 有效地自动维护数据库,保持数据库运行在最佳状态,并为管理员节省下宝贵的时间。

具体使用维护计划向导的步骤如下。

(1) 打开"对象资源管理器"→"管理"→"维护计划"节点,并在该节点上右击后在弹出的快捷菜单中选择"维护计划向导"命令,打开维护计划向导窗口,单击"下一步"按钮进入"选择计划属性"对话框。

(2) 在"选择计划属性"对话框中设置计划的名称、运行身份,以及设置是为所有任务设置统一计划,还是每个任务单独设定计划,如图 9-25 所示。单击"下一步"按钮进入"选择维护任务"对话框。

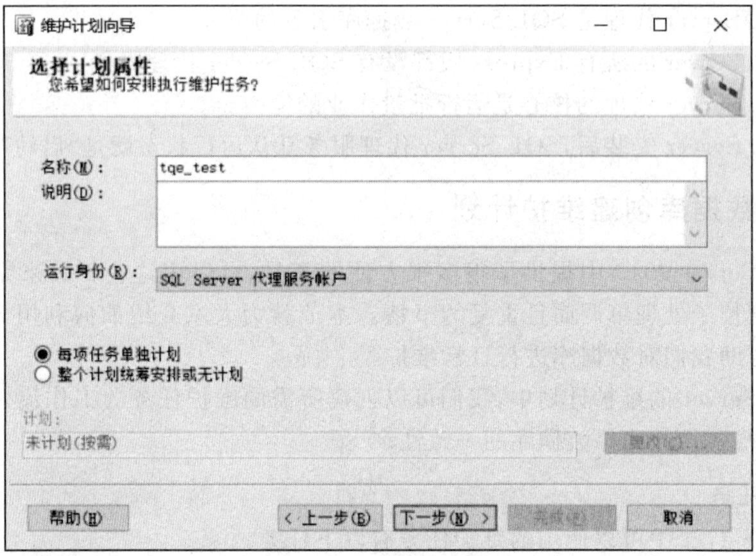

图 9-25 选择计划属性

(3) 在"选择维护任务"对话框中选择要进行的维护任务,如图 9-26 所示。单击"下一步"按钮,进入"选择维护任务顺序"对话框并设置好各任务先后顺序。之后,单击"下一步"按钮进入"配置维护任务"对话框。

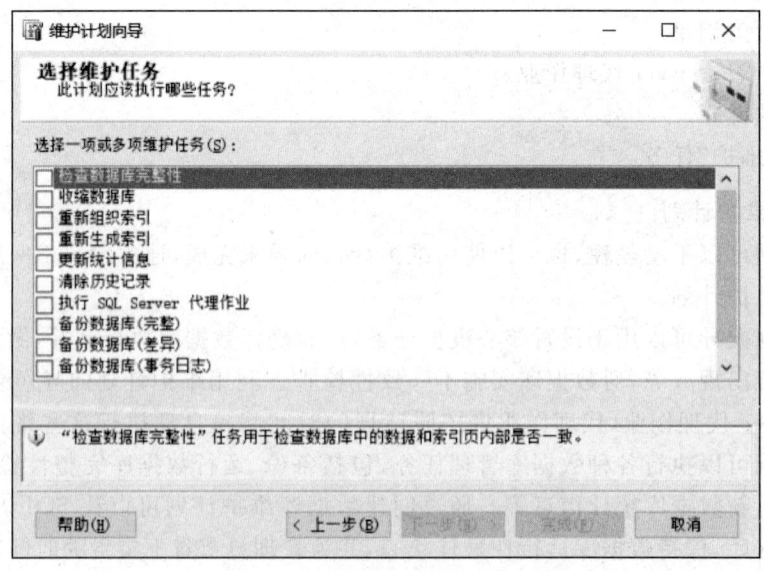

图 9-26 选择要进行的维护任务

(4) 在"配置维护任务"对话框中逐个设定各任务操作的具体内容。
(5) 之后进入"选择报告选项"对话框选择维护计划报告的保存或分发方式。最后,验证在向导中的选择的选项,完成维护计划的创建。

（6）创建好的维护计划,可以通过"对象资源管理器"→"管理"→"维护计划"节点查看和管理维护计划,也可以选择"SQL Server 代理"→"作业"选项查看维护计划中的工作任务。

【实例 9-18】 为了保障 tqe 数据库的数据安全,根据其特点,可以在每周一凌晨 1 点,对数据库进行完整备份,然后在每天的凌晨 2 点进行事务日志备份。以此为依据为 tqe 数据库创建维护计划。

（1）在 SQL Server 图形用户界面的"对象资源管理器"中展开"管理"折叠项,找到并在"维护计划"项上右击,在弹出的快捷菜单中选择"维护计划向导"命令,打开"维护计划向导"对话框。单击"下一步"按钮,进入选择计划属性对话框,设置维护计划名称为 tqe_test,运行身份选择"SQL Server 代理服务账户",由于要进行的备份操作需要在不同的时间进行,所以选中"每项任务单独计划"单选按钮,如图 9-27 所示,单击"下一步"按钮。

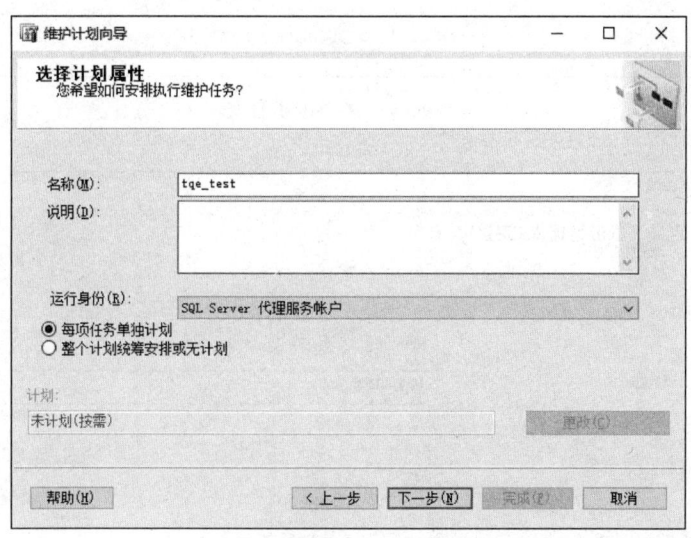

图 9-27 选择计划属性

（2）在选择维护任务对话框中选择要执行的任务,按照之前要求,选择备份数据库（完整）和备份数据库（事务日志）,如图 9-28 所示,之后单击"下一步"按钮。

（3）在"选择维护任务顺序"对话框中维护任务顺序不需调整,直接单击"下一步"按钮。

（4）这样就进入了"完整备份"任务的配置对话框,在"常规"选项卡中选择 "特定数据库"为 tqe,如图 9-29 所示。

（5）在"目标"选项卡中添加"备份设备",选择"如果备份文件存在"的选项为"追加",更改"计划",按要求设置"作业计划"为每周周一,时间为凌晨 1 点,其他设置不变,如图 9-30 所示,单击"确定"按钮,之后单击"下一步"按钮。

（6）在"事务日志备份"任务的配置对话框中还是按提示选择要备份的数据库,添加"备份设备",设置"作业计划"为每天凌晨 2 点,单击"下一步"按钮。

（7）在"选择报告选项"对话框中选择"将报告写入文本文件"选项,文件夹位置按默认设置,单击"下一步"按钮。

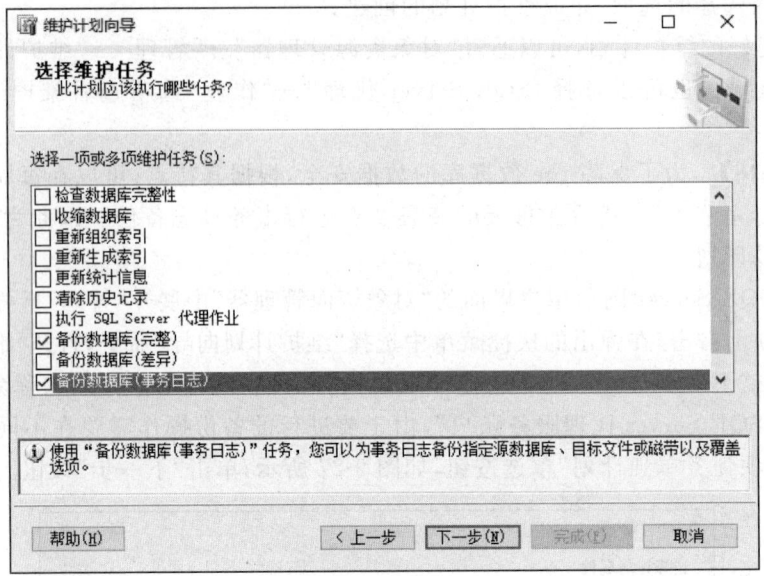

图 9-28　选择维护任务

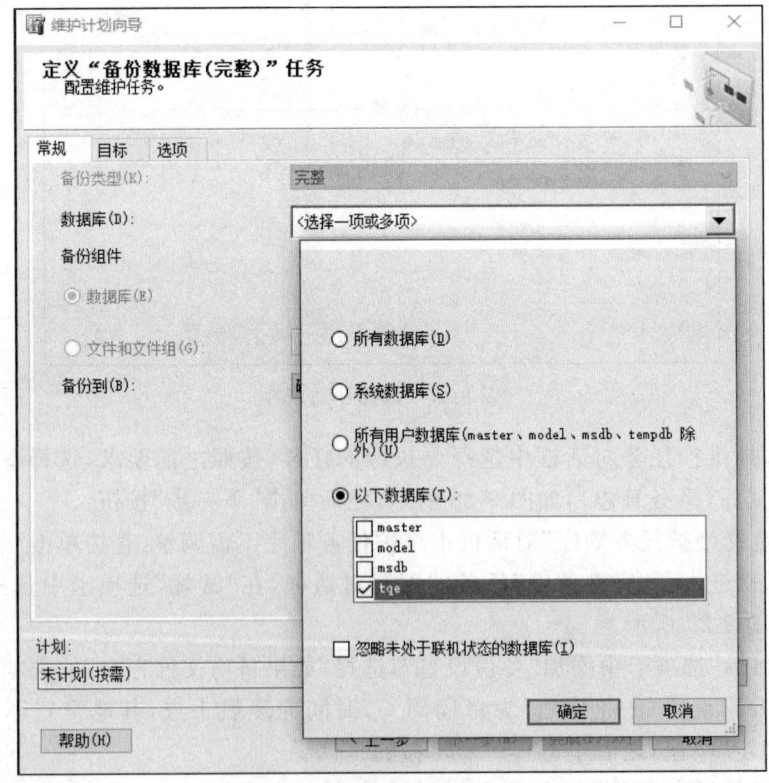

图 9-29　选择"特定数据库"为 tqe

(8) 确认刚刚设置的维护计划内容后，单击"完成"按钮，这样就成功创建了维护计划。维护计划中的维护任务将会在指定的时间点执行。

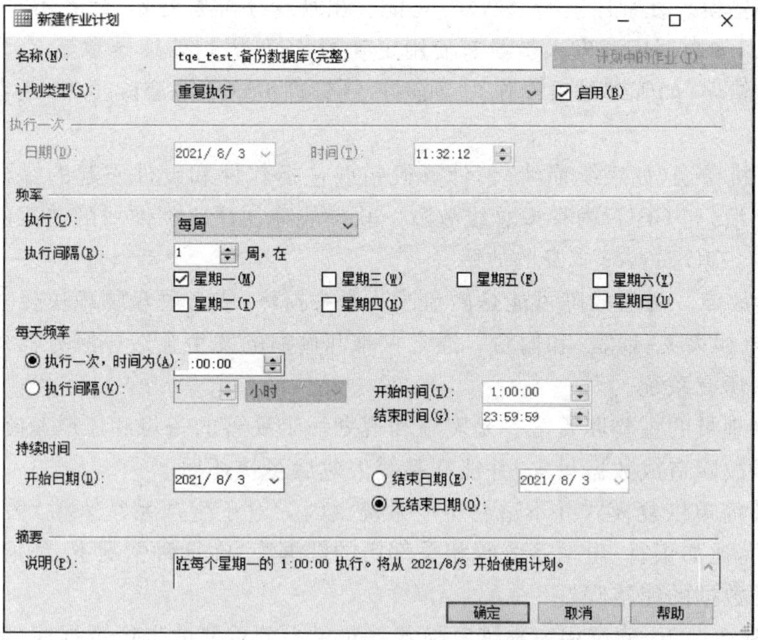

项目 9 "教学质量评价系统"数据库的恢复

图 9-30 定义"备份数据库(完整)"任务

【拓展实践】

创建一个维护计划,名称自拟,用于每周日 00:00:00 对教学质量评价数据库进行完整备份,以系统时间为备份文件名(如 2021 年 8 月 1 日零点,则命名为 20210801000000),在一周内每天晚上 1:00 对数据库进行增量备份。

【思考与练习】

1. 单选题

下面不属于维护计划可以使用的维护任务的是(　　)。
A. 备份数据库　　B. 收缩数据库　　C. 重新生成索引　　D. 安装数据库

2. 多选题

(1) 下面属于维护计划中可以使用的维护任务有(　　)。
　　A. 检查数据库完整性　　　　B. 重新组织索引
　　C. 重新生成索引　　　　　　D. "清除维护"任务

(2) 下面属于维护计划中可以使用的维护任务有(　　)。
　　A. 收缩数据库　　B. 备份数据库　　C. 清除历史记录　　D. 更新统计信息

常见问题解析

【问题 1】数据备份是为了保证数据的安全性,造成数据丢失的主要原因是什么?

【答】数据的安全性是至关重要的,任何数据的丢失都可能产生严重的后果。通常造成数据丢失的原因主要包括以下几类。

（1）程序错误。在程序运行过程中，可能会出现程序异常终止，或者由于逻辑错误而导致的数据丢失，如数据库开发人员没有使用正确的 SQL 语句处理异常等。

（2）人为错误（如管理员误操作）。如用户或管理员错误地删除了表，或者错误地更新、删除了数据。

（3）计算机错误（如系统崩溃）。计算机错误包括软件和硬件引起的错误，硬件问题往往导致系统崩溃，如 CPU、内存或总线故障。软件故障往往比硬件故障造成的损失更严重，如操作系统或 SQL Server 本身的故障。

（4）磁盘故障。磁盘故障可能是磁盘读写磁头损坏，或者磁盘物理块损坏。

（5）灾难（如火灾、地震）和偷窃。通常灾难和偷窃的发生会造成服务器永久性的损失，需要重新配置所有系统。

数据库管理员的主要职责之一是实施和规划一个妥善的备份和还原策略，以保护数据，避免由于各种故障造成数据丢失，并能在系统失效后尽快还原。

【问题 2】简单恢复模式并不适合生产系统。因为对于生产系统来说，丢失最新的更改是无法接受的，比如银行、电信系统等相关部门的数据库，在这种情况下，我们应该用什么恢复模式来保证数据的完整呢？

【答】这种情况下，建议用完整恢复模式。对于十分重要的生产数据库，如银行、电信系统等部门的数据库，在发生故障时要求能恢复到历史上的某一时刻，一旦发生故障，必须保证数据不丢失。要使数据能够恢复到发生故障前的状态，就必须采用完整恢复模式。

完整恢复模式可以最大限度地防止出现故障时的数据丢失，它包括数据库备份和事务日志备份，并提供全面保护，使数据库免受物理故障影响。此模式使用数据库和所有事务日志备份来恢复数据库，如果事务日志没有损坏，则 SQL Server 可恢复所有数据，除了在发生故障那一刻的事务。

【问题 3】在不同数据源之间进行数据转换时，需要考虑哪些问题？

【答】在不同数据源之间进行数据转换时，需要考虑以下问题。

（1）更改数据格式。对数据进行转换通常需要更改数据的格式。例如，假设 tqe 数据库中 Student 表的 sex 列中存储的是 1 或 0 的数值，而转换后的数据却以 True 或 False 来表示，也就是要将数字型数据转换为逻辑型数据。

（2）数据的重构和映射。数据的重构和映射一般涉及将多个数据源中的数据组合成目标中的单个数据集。例如，对数据进行预处理（如统计），并将处理后的数据存储到目标中；或者为了完成一个报告，需要从多个表中抽取数据，然后存储到一个单独的表中。

（3）数据的一致性。当从一个数据源导入数据时，应确保目标数据和源数据保持一致，这也称为数据洗涤。数据不一致的原因有很多种，例如：

- 数据是一致的，但格式不一样。
- 数据的表示形式可能不统一。

（4）验证数据有效性。对数据进行有效性验证，可以检验输入数据的正确性和精确度。在将新数据转换为目标数据之前，可以要求数据必须保持某个特定条件。例如，将学生信息转换成目标数据之前，先验证学生 ID 是否存在。

项目 10

综合实训——科研业务管理数据库的设计与实现

◆ 单元简介

由于高校科研业务管理的工作量越来越大也越来越复杂,为了适应数字校园的建设和科研管理的需求,需要开发一个科研业务管理系统,为教师和科研业务管理人员提供方便,其中非常重要的一个环节就是科研业务管理数据库的设计与实现。通过该系统将有效节省学院办公和人力资源,实现教师科研业务的管理和统计,减轻科研工作管理人员的负担,提高计算结果的准确性和客观性,能够极大的提高工作效率。同时在进行系统的设计和实现时,应增强系统的灵活性和扩展性,为将来能够应对科研业务新的需求尽量预留空间。

◆ 单元目标

1. 掌握需求分析的概念、常用分析工具和方法。
2. 熟练掌握数据库概念设计和逻辑设计步骤和方法。
3. 掌握创建数据库的方法。
4. 掌握创建表的方法。
5. 掌握管理和查询数据的方法。
6. 掌握创建视图的方法。

10.1 分析需求

信工学院为了适应数字校园的建设和科研管理的需求,需要开发科研业务管理系统,该项目由如意科技有限公司来承接。

信工学院科研处副处长刘雯(以下简称刘处长)到如意科技有限公司向项目部主管李宏(下面简称李主管)咨询有关问题。

李主管:您好,我是项目部主管李宏,请问有什么能帮到您的?

刘处长:您好,我是信工学院科研处的刘雯,由于我们学院科研业务管理的工作量不断增大,也越来越复杂,所以需要通过信息管理系统来规范日常的科研业务管理工作,这样也能提高科研业务的处理效率。现在想委托贵公司帮我们开发一套基于B/S模式的科研业务管理系统。

李主管:好的,这是我们的系统设计师华立,他主要和您对接系统需求。

华设计师:您好,我是系统设计师华立,您要的管理系统主要想实现什么功能呢?

刘处长：我们想要一套适合学校教师科研业务管理的信息系统，主要有部门信息管理、教师信息管理、论文信息管理、著作信息管理、课题信息管理和科研信息审核等功能，功能详细描述如下。

（1）部门信息管理。当学校设置了新的部门时，需要在管理系统中输入部门相关信息，保存部门信息；当部门信息有误或需要变更时，则需要修改信息；而当撤销某部门时，需要删除该部门信息；查询部门信息，可以输入部门名称进行相关信息查询。

（2）教师信息管理。当有新入职的教师时，系统显示空白教师信息，系统管理员需输入教师各项信息后，之后保存教师信息；当教师信息有误或变动时，需要修改教师信息；而当教师离职时，需要在系统中删除该教师信息；当进行教师信息查询时，可以按部门查询该部门所有教师信息，也可以按教工号或教师姓名查询某个教师的详细信息。

（3）论文、著作和课题。是教师主要的科研信息，当需要录入这些信息的时候，教师可以在空白信息表格中输入论文、著作或是课题的各项信息，输入完成之后保存信息；如果这些信息有误可以修改信息；而当这些信息不需要的时候，可以进行删除操作；论文、著作和课题信息的查询都可以按照时间段来查询，既可以查询某个部门全体教师的科研信息，也可以查询某个教师的各项科研信息。

（4）科研信息审核。录入各项科研信息以后，需要管理人员再次对科研信息进行审核才可以将这些信息用于科研数据统计年报、学院的质量年报、数据平台填报、专业技术职务的申报、专业技术人员职务分级聘用、年度考核等。

华设计师：好的，您的需求我大概了解了，明天我们就安排项目组成员到您的学校做详细的需求调研。

华设计师交代项目部实习生许松一起参加系统需求调研。

许松：华设计师，我知道需求分析在数据库开发的整个过程中处于一个非常重要的地位，那需求分析具体分析哪些内容呢？分析结果又是什么呢？

华设计师：需求分析简单地说就是分析用户的需求，它是设计数据库的起点，需求分析结果是否准确反映了用户的实际要求并将直接影响到后面各阶段的设计，进而影响到设计结果是否合理和实用。

1. 需求分析的任务

需求分析的任务是详细调查现实世界要处理的对象（组织、部门、企业等），充分了解原系统（手工系统或计算机系统）的工作概况，明确用户的各种需求，然后在此基础上确定新系统的功能。对新系统的设计和研发必须充分考虑今后可能的扩充和改变，不能仅仅按当前应用需求来设计数据库。

调查的重点是"数据"和"处理"，通过调查、收集与分析，获得用户对数据库的以下要求。

（1）信息要求。指用户需要从数据库中获得信息的内容与性质。由信息要求可以导出数据要求，即在数据库中需要存储哪些数据。

（2）处理要求。指用户要求完成的数据处理功能，以及对处理性能的要求。

（3）安全性与完整性要求。

2. 需求分析的方法

（1）调查组织机构情况。

(2) 调查各部门的业务活动情况。

(3) 在熟悉业务活动的基础上,协助用户明确对新系统的各种需求,包括数据需求、功能需求、完整性与安全性需求。

3. 科研业务管理系统数据库需求分析

要对科研业务管理系统进行系统需求分析,首先要了解信工学院科研管理部门的组织结构和工作岗位,然后了解各部门要处理的数据和业务流程,并绘制数据流图。分析用户的数据管理要求,说明系统功能需求。分析所有的数据项,建立数据字典。

许松:明白了,那我按照这些步骤去进行需求分析了。

通过多次调研沟通,许松在华设计师的指导下得出了需求分析结果,为了学习方便,需求分析结果简化如下。

1. 组织结构

组织结构是用户业务流程与信息的载体,对分析人员理解企业的业务、确定系统范围具有很好的帮助。学院科研管理部门组织结构如图 10-1 所示。

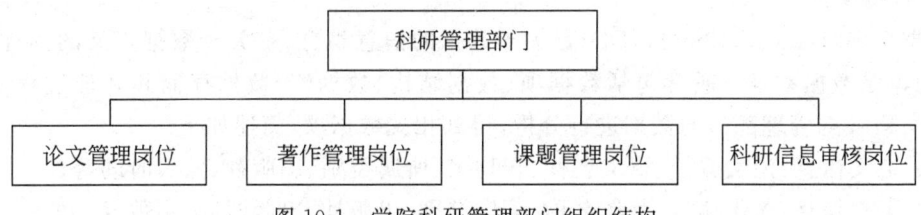

图 10-1 学院科研管理部门组织结构

2. 数据流图

数据流图(Data Flow Diagram,DFD)是指从数据传递和加工角度,以图形方式来表达系统的逻辑功能,以及数据在系统内部的逻辑流向和逻辑变换过程,是结构化系统分析方法的主要表达工具及用于表示软件模型的一种图示方法。其基本图形元素请参考 1.2.3 小节的需求分析部分。

分析科研业务管理的业务流程,并通过对科研管理部门各科室进行数据传递和加工业务流程的调研,得到数据流图如图 10-2 所示。

3. 功能需求

功能需求即用户的数据处理需求,通常指用户要完成什么处理功能及采取的处理方式。对科研业务管理部门各科室进行数据处理调研,得到功能需求如下。

(1) 论文管理功能:能够插入、更新和删除论文信息,查询和分类统计论文信息。

(2) 著作管理功能:能够插入、更新和删除著作信息,查询和分类统计著作信息。

(3) 课题管理功能:能够插入、更新和删除课题信息,查询和分类统计课题信息。

(4) 科研信息审核管理功能:能够插入、更新和删除各类科研信息审核信息,查询和分类统计科研信息审核信息。

(5) 教师管理功能:能够插入、更新和删除教师信息,查询和分类统计教师信息。本功能属于人事管理部门的职工管理范畴。

对于以上功能需求按照自顶向下逐步求精的方法进行模块划分,应用程序设计语言实

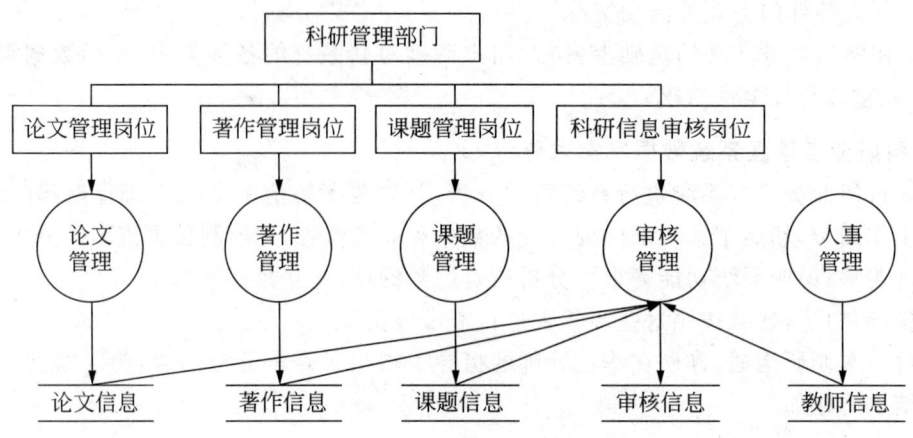

图 10-2　科研业务管理系统数据流图

现各功能模块的界面设计和数据访问。

4. 数据字典

数据字典(Data Dictionary,DD)是关于数据的信息集合,是关于数据定义的描述,即元数据,而不是数据本身。通常包括数据项、数据结构、数据流、数据存储和处理过程 5 个部分。对科研业务管理部门的数据进行分析,得到相关数据项,简述如下。

(1) 论文信息:论文编号、论文名称、刊物名、所属类别、出版社、发表时间等。

(2) 著作信息:著作编号、著作名称、著作类别、出版社、出版时间、字数等。

(3) 课题信息:课题编号、课题名称、课题级别、课题来源、开题时间、结题时间等。

(4) 教师信息:教工号、姓名、性别、出生日期、职称、学历、所属系部、权限等。

(5) 论文审核信息:教工号、论文编号、审核时间等。

(6) 著作审核信息:教工号、著作编号、审核时间等。

(7) 课题审核信息:教工号、课题编号、审核时间等。

华设计师:你做得非常好,有了需求分析得出的这些结果,我们就能书写需求分析文档,就可以交付客户了。

许松按要求书写需求分析文档,华设计师联系刘处长。

华设计师:刘处长您好,根据贵校的需求,我们已经整理好科研业务管理系统数据库需要的需求分析文档,请您接收查看,后续我们会按该文档内容展开工作,所以,如果有问题,请尽早提出。

刘处长:好的,我们研究完需求文档,会尽快给您回复。

【思考与练习】

(1) 数据库(DB)、数据库系统(DBS)和数据库管理系统(DBMS)之间的关系是(　　)。

　　A. DBS 包括 DB 和 DBMS　　　　B. DBMS 包括 DB 和 DBS

　　C. DB 包括 DBS 和 DBMS　　　　D. DBS 就是 DB,也就是 DBMS

(2) 下列四项中,不属于数据库系统特点的是(　　)。

　　A. 数据共享　　　　　　　　　　B. 提高数据完整性

　　　　C. 数据冗余度高　　　　　　　　D. 提高数据独立性
(3) 数据库的三要素,不包括(　　)。
　　　A. 完整性规则　　B. 数据结构　　　C. 恢复　　　　D. 数据操作
(4) 下列不属于系统需求分析阶段的工作是(　　)。
　　　A. 建立数据字典　　　　　　　　B. 建立数据流图
　　　C. 建立 E-R 图　　　　　　　　　D. 系统功能需求分析
(5) 数据流图是在数据库系统开发(　　)阶段进行的。
　　　A. 逻辑设计　　　B. 物理设计　　　C. 需求分析　　　D. 概念设计

10.2　创 建 模 型

经过客户确认,需求分析结果符合客户要求,接下来进入创建数据库模型阶段。

许松:华设计师,有了需求分析结果,具体应该怎么设计数据库呢?

华设计师:数据库设计阶段包括五个阶段,分别是需求分析阶段、概念结构设计阶段、逻辑结构设计阶段、物理设计阶段、数据库实施阶段、数据库运行和维护阶段。需求分析确认后,接下来我们就该进行数据库的概念设计和逻辑设计了。

数据库概念设计的目标是对需求分析得到的数据流图、功能需求和数据字典等分析结果进行综合、归纳与抽象,建立实体及其属性、实体间的联系以及对信息的完整性制约条件的概念模型。

概念模型是对信息世界的建模,所以概念模型应能够方便、准确地表示出信息世界的常用概念。概念模型的表示方法很多,其中最为著名且常用的是 P.P.S.Chen 于 1976 年提出的实体—联系方法,简称 E-R 方法,是描述现实世界概念模型的有效方法。

我们依据需求分析的数据流图和需求文档,确定实体和属性,并根据数据流图中所表示的对数据的处理来确定实体之间的联系。科研业务管理数据库的概念模型如图 10-3 所示。

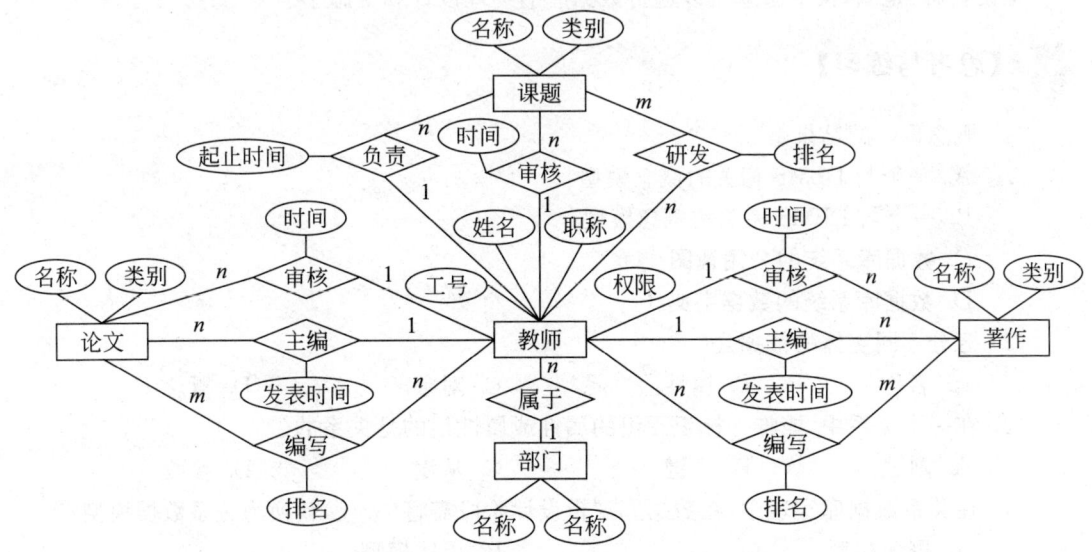

图 10-3　科研业务管理数据库的概念模型

数据库逻辑设计的目标就是将数据库概念设计得到的概念模型转换为关系模型,之后对关系模型进行实体完整性、域完整性、参照完整性和用户自定义完整性的设计,以及对关系模型进行规范化和优化等操作。

按照数据库系统概述中设计系统数据模型的规则,我们进行科研业务管理数据库概念模型到关系模型的转换。

将科研业务管理数据库概念模型中的实体和联系转换为关系模式。

- Department(<u>DepartmentID</u>,DepartmentName,usefulness,Remark)
  PK:DepartmentID
- Teacher(<u>TeacherID</u>,RealName,Birthday,Sex,Password,TechnicalDuty,DepartmentID,Remark)
  PK:TeacherID   FK:DepartmentID
- Thesis(<u>ThesisID</u>,ThesisName,PublicationName,PublicationNO,PublicationCategory,PublicationDate,AddRecordUserID,Remark)   PK:ThesisID   FK:AddRecordUserID
- Work(<u>WorkID</u>,WorkName,WorkCategory,Press,PublishingDate,AddRecordUserID,Remark)   PK:WorkID   FK:AddRecordUserID
- Project(<u>ProjectID</u>,ProjectName,ProjectCategory,Source,StartTime,EndTime,AddRecordUserID,Remark)   PK:ProjectID   FK:AddRecordUserID
- ThesisWriter(ThesisID,FirstWriterID,MemberNumber,Members)
  PK:ThesisID + FirstWriterID   FK:ThesisID,FirstWriterID
- WorkWriter(WorkID,FirstWriterID,MemberNumber,Members)
  PK:WorkID + FirstWriterID   FK:WorkID,FirstWriterID
- ProjectWriter(ProjectID,FirstWriterID,MemberNumber,Members)
  PK:ProjectID + FirstWriterID   FK:ProjectID,FirstWriterID

许松:有了关系模型,是不是我们就可以创建数据库了?

华设计师:是的,接下来就可以进行数据库的物理设计和实施了。

【思考与练习】

(1) 概念设计的结果是(   )。
  A. 一个与 DBMS 相关的概念模型
  B. 一个与 DBMS 无关的概念模型
  C. 数据库系统的公用视图
  D. 数据库系统的数据字典

(2) 区分不同实体的依据是(   )。
  A. 名称 B. 属性 C. 对象 D. 概念

(3) 在一个关系中,能唯一标识元组的属性或属性组的是关系的(   )。
  A. 副键 B. 主键 C. 从键 D. 参数

(4) 在关系数据库实现中,在数据库逻辑设计阶段需将(   )转换为关系数据模型。
  A. 概念模型   B. 层次模型
  C. 关系模型   D. 网状模型

(5) SQL Server 属于(　　)类型的数据模型。
   A. 关系　　　　　B. 层次　　　　　C. 网状　　　　　D. 对象

10.3　创建数据库

数据库工程师张亮以及测试工程师王丽、实习生许松一起讨论数据库实施与测试。

张亮：数据库物理设计的目标主要是对逻辑设计得到的关系模型进行物理存储，由于客户学校需要的科研业务管理系统规模不是很大，属于中小规模，日常工作业务和数据处理的工作量不是很大，在选取数据库管理软件时，我们选用微软公司的 SQL Server 2019 作为科研业务管理数据库的开发工具。

许松：张工，那是不是就可以直接在 SQL Server 2019 中创建数据库了？创建数据库我们有没有一些规范要求呢？

张亮：这个问题问得很好，我们先来看数据库物理设计阶段的任务，主要是利用数据库管理系统提供的方法和技术，对已经确定的数据逻辑结构，以较优的存储结构、数据存取路径、合理的数据存储位置及存储分配，使用 DBMS 提供的数据定义语言(DDL)在数据库服务器上创建数据库(DATABASE)，建立数据库的物理模型(数据库的内模式)。在所创建的数据库中创建基本表(TABLE)等数据库对象，物理上实现数据库的模式结构。

再明确点说，我们在 SQL Server 中创建科研业务管理数据库，用 Research 和 Manage 这两个英文单词的组合来作为数据库名称，也就是将数据库命名为 ResearchManage。接下来设置数据库文件信息，根据客户科研业务信息量我们设置数据文件中的主要数据文件初始大小为 10MB，最大大小为 1024MB，自动增长速度为 10%，存储路径为"D:\科研业务管理"。事务日志文件的初始大小为 5MB，不限制文件大小，自动增长速度为 5MB，路径为"D:\科研业务管理"。

许松：哦，我明白了，接下来创建科研业务管理数据库的工作就让我来操作吧。

张亮：好的，操作都按规定来实施就可以，数据库创建好以后，让测试工程师王丽来进行测试工作。

许松：在创建数据库时有图形用户界面创建和使用 T-SQL 语句创建两种方式，下面我们选择使用 T-SQL 语句来创建数据库。

(1) 确认磁盘中有"D:\科研业务管理"文件夹，若没有先创建这个文件夹，否则由于文件夹不存在会导致创建数据库失败。

(2) 在 SQL Server 主界面中，单击工具栏中的"新建查询"按钮，在"查询编辑器"中输入如下代码。

```
CREATE DATABASE ResearchManage
    ON
    (
        NAME = ResearchManage,
        FILENAME ='D:\科研业务管理\ResearchManage.mdf',
        SIZE = 10,
        MAXSIZE = 1024,
        FILEGROWTH = 10%
```

```
)
LOG ON
(
    NAME = ResearchManage_log,
    FILENAME ='D:\科研业务管理\ResearchManage_log.ldf',
    SIZE = 5,
    MAXSIZE = UNLIMITED,
    FILEGROWTH = 5
)
```

（3）检查无误后，单击工具栏中的"执行"按钮或按 F5 快捷键，执行 T-SQL 语句，没有拼写错误的话就会在下方显示"命令已成功完成"，这就表示数据库创建成功了，如图 10-4 所示。

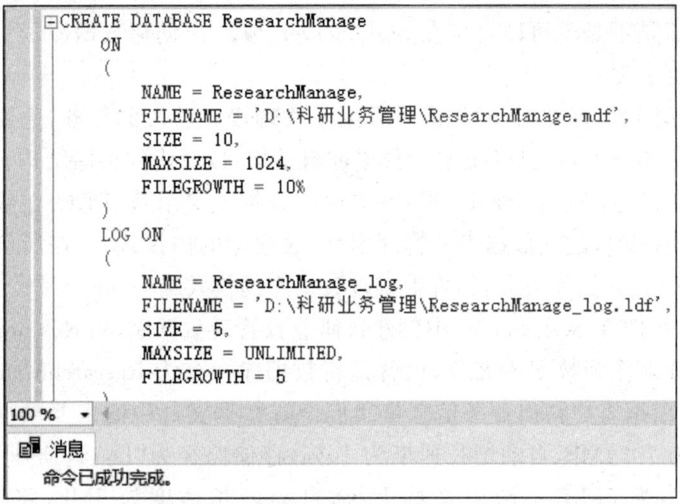

图 10-4 使用 T-SQL 语句创建数据库

（4）在"对象资源管理器"窗口右击数据库节点，并在弹出的快捷菜单中选择"刷新"命令，数据库节点下会显示出已创建好的 ResearchManage 数据库。

王丽：经过测试，创建的 ResearchManage 数据库符合各项要求，可以进行后面的操作了。

【思考与练习】

（1）在创建数据库时，系统会自动将（　　）系统数据库中的所有用户定义的对象都复制到数据库中。

  A．master B．msdb C．model D．tempdb

（2）在新建数据库对话框中，数据库文件列表里第一个文件的文件类型是（　　）。

  A．数据 B．日志 C．行数据 D．事务日志

（3）在新建数据库对话框中，数据库文件列表里第二个文件的文件类型是（　　）。

  A．数据 B．日志 C．行数据 D．事务日志

（4）使用 T-SQL 语句创建数据库的开始命令是（　　）。

  A．CREATE DATA B．CREATE DB

  C．CREATE DATABASE D．以上都正确

10.4 创建数据表

许松：张工，数据库创建好了，是不是就该创建数据表了？

张亮：对，在数据库设计过程的物理设计阶段，需要在具体的 DBMS 实例中，将逻辑设计阶段得到的关系模型转化成表，所以接下来我们的任务是在创建好的科研业务管理数据库中定义表的数据结构和完整性约束。

我们可以使用图形用户界面或 T-SQL 语句两种方式创建科研业务管理数据库的 8 个表。表的具体定义见表 10-1~表 10-8。

表 10-1　Department 表（系部表）

列名	数据类型	长度	标识	主键	外键	允许空	默认值	说　明
id	int	4	是	是		否		系部编号
Name	varchar	50				否		系部名称

表 10-2　Teacher 表（教师表）

列　名	数据类型	长度	标识	主键	外键	允许空	默认值	说　明
TeacherCode	varchar	50		是		否		账号
RealName	varchar	50				是		姓名
DepartmentID	int	4			是	否		所在单位
Sex	char	2				是	女	性别
TechnicalDuty	varchar	50				是		专技职务
Authority	varchar	50				是		权限

注：1. 为 Sex 列设置默认值约束（'女'）。
　　2. 为 Sex 列设置检查约束（[Sex]= '男' OR [Sex]= '女'）。

表 10-3　Project 表（课题表）

列　名	数据类型	长度	标识	主键	外键	允许空	默认值	说　明
id	int	4	是	是		否		自增 ID
ProjectID	varchar	60				否		课题编号
ProjectCategory	varchar	50				否		课题类别
ProjectName	varchar	100				是		课题名称
Source	varchar	50				是		课题来源
StartTime	datetime	8				是		起始时间
EndTime	datetime	8				是		终止时间
Status	varchar	50				是	未审核	状态

续表

列名	数据类型	长度	标识	主键	外键	允许空	默认值	说明
AddRecordUser	varchar	50			是	否		填写人
VeriID	varchar	50			是	否		审核人账号
VeriTime	datetime	8				是		审核时间

注：为 Status 列设置默认值约束（'未审核'）。

表 10-4　ProjectMember 表（课题成员表）

列名	数据类型	长度	标识	主键	外键	允许空	默认值	说明
ID	int	4	是	是		否		课题编号
UserID	varchar	50		是		否		用户账号
Place	int	4				是		总排名

表 10-5　Thesis 表（论文表）

列名	数据类型	长度	标识	主键	外键	允许空	默认值	说明
id	int	4	是	是		否		刊物编号
ThesisName	varchar	100				否		论文名称
PublicationName	varchar	60				否		刊物名称
PublicationCategory	varchar	50				是		刊物类别
PublicationYear	varchar	4				是		刊物年
PublicationMonth	varchar	2				是		刊物月
AddRecordUser	varchar	50			是	否		填写人
Status	varchar	50				是	未审核	状态
VeriID	varchar	50			是	否		审核人账号
VeriTime	datetime	8				是		审核时间

注：为 Status 列设置默认值约束（'未审核'）。

表 10-6　ThesisMember 表（论文成员表）

列名	数据类型	长度	标识	主键	外键	允许空	默认值	说明
ThesisID	int	4	是	是		否		论文编号
UserID	varchar	50		是		否		用户帐号
Place	int	4				是		总排名

表 10-7　Work 表（著作表）

列名	数据类型	长度	标识	主键	外键	允许空	默认值	说明
WorkID	varchar	50		是		否		书号

续表

列 名	数据类型	长度	标识	主键	外键	允许空	默认值	说 明
WorkName	varchar	100				否		著作名称
WorkCategory	varchar	50				是		著作类别
Press	varchar	50				是		出版社
PublishingYear	varchar	4				是		出版日期年
PublishingMonth	varchar	2				是		出版日期月
AddRecordUser	varchar	50			是	否		填写人
Status	varchar	50				是	未审核	状态
VeriID	varchar	50			是	否		审核人账号
VeriTime	datetime	8				是		审核日期

注：为 Status 列设置默认值约束('未审核')。

表 10-8 WorkMember 表（著作成员表）

列 名	数据类型	长度	标识	主键	外键	允许空	默认值	说 明
WorkID	varchar	50		是	是	否		书号
UserID	varchar	50		是	是	否		用户账号
Place	int	4				是		总排名

科研业务管理数据库中的表关系如图 10-5 所示。

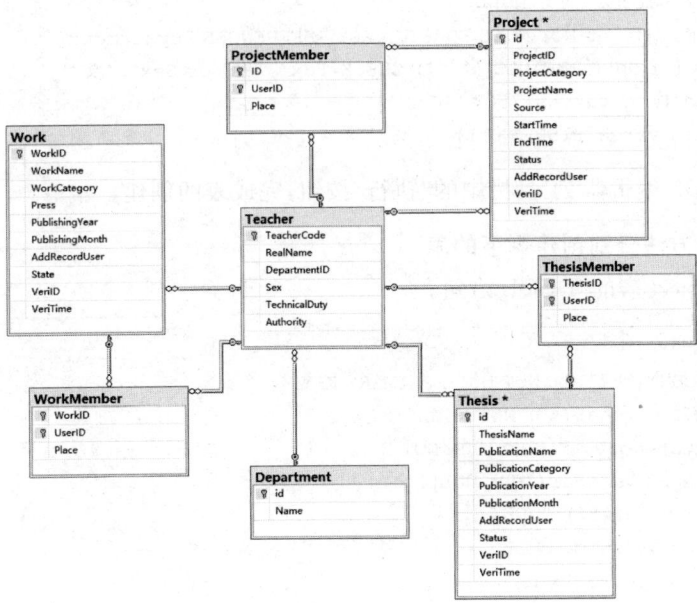

图 10-5 表关系图

创建表的时候需要注意以下几点。
- 在给表命名的时候，只需按照公司 SQL 编码规范文件里面的要求去做就可以了，但是有几个地方要特别注意，表名尽量以英文命名，也可使用汉语拼音的首字符命名。表名中汉语拼音均采用小写，且字符间不加分割符；以英文命名的表名一般采用名词，各单词的首字符大写，其他字符小写。多个英文单词间不加任何分割符，如果整个单词太长，则使用完整的第一音节或经过仔细选择的缩写词。
- 属性命名与表名相似，注意不要使用像 Name、Password 等系统保留关键字作为列名。
- 任何表都必须定义主键，根据需求定义外键。
- 添加必要的各种约束。

许松：下面我来用 T-SQL 语句创建表吧。

1. 创建 Department 表

（1）启动图形用户界面，在"查询编辑器"窗口中输入如下 T-SQL 语句。

```
CREATE TABLE Department
(id int IDENTITY(1,1) NOT NULL PRIMARY KEY,
Name varchar(50) NOT NULL)
```

（2）单击"SQL 编辑器"工具栏中的"执行"按钮，提示"命令已成功完成"。

2. 创建 Teacher 表

（1）在"查询编辑器"窗口中输入如下 T-SQL 语句。

```
CREATE TABLE Teacher
(    TeacherCode varchar(50) NOT NULL PRIMARY KEY,
     RealName varchar(50) NULL,
     DepartmentID int NOT NULL FOREIGN KEY REFERENCES Department(id),
     Sex char(2) NULL DEFAULT ('女') CHECK(Sex= '男' or Sex= '女'),
     TechnicalDuty varchar(50) NULL,
     Authority varchar(50) NULL)
```

（2）单击"SQL 编辑器"工具栏中的"执行"按钮，完成表的创建。

3. 以相同的方法分别创建剩下的表

（1）创建 Project 表的 T-SQL 语句。

```
CREATE TABLE Project
(    id int IDENTITY(1,1) NOT NULL PRIMARY KEY,
     ProjectID varchar(60) NOT NULL,
     ProjectCategory varchar(50) NOT NULL,
     ProjectName varchar(100) NULL,
     Source varchar(50) NULL,
     StartTime datetime NULL,
     EndTime datetime NULL,
     Status varchar(50) NULL DEFAULT ('未审核'),
     AddRecordUser varchar(50) NOT NULL FOREIGN KEY REFERENCES Teacher(TeacherCode),
     VeriID varchar(50) NOT NULL FOREIGN KEY REFERENCES Teacher(TeacherCode),
     VeriTime datetime NULL)
```

(2) 创建 ProjectMember 表的 T-SQL 语句。

```
CREATE TABLE ProjectMember
(   ID int NOT NULL FOREIGN KEY REFERENCES Project(id),
    UserID varchar(50) NOT NULL FOREIGN KEY REFERENCES Teacher(TeacherCode),
    Place int NULL,
    CONSTRAINT PK_ProjectMember PRIMARY KEY (ID,UserID))
```

(3) 创建 Thesis 表的 T-SQL 语句。

```
CREATE TABLE Thesis
(   id int IDENTITY(1,1) NOT NULL PRIMARY KEY,
    ThesisName varchar(400) NOT NULL,
    PublicationName varchar(60) NOT NULL,
    PublicationCategory varchar(50) NULL,
    PublicationYear varchar(4) NULL,
    PublicationMonth varchar(2) NULL,
    AddRecordUser varchar(50) NOT NULL FOREIGN KEY REFERENCES Teacher(TeacherCode),
    Status varchar(50) NUL LDEFAULT ('未审核'),
    VeriID varchar(50) NOT NULL FOREIGN KEY REFERENCES Teacher(TeacherCode),
    VeriTime datetime)
```

(4) 创建 ThesisMember 表的 T-SQL 语句。

```
CREATE TABLE ThesisMember
(   ThesisID int NOT NULL FOREIGN KEY REFERENCES Thesis(id),
    UserID varchar(50) NOT NULL FOREIGN KEY REFERENCES Teacher(TeacherCode),
    Place int NULL,
    CONSTRAINT PK_ThesisMember PRIMARY KEY (ThesisID,UserID))
```

(5) 创建 Work 表的 T-SQL 语句。

```
CREATE TABLE Work
(   WorkID varchar(50) NOT NULL PRIMARY KEY,
    WorkName varchar(100) NOT NULL,
    WorkCategory varchar(50) NULL,
    Press varchar(50) NULL,
    PublishingYear varchar(4) NULL,
    PublishingMonth varchar(2) NULL,
    AddRecordUser varchar(50) NOT NULL FOREIGN KEY REFERENCES Teacher(TeacherCode),
    Status varchar(50) NULL DEFAULT ('未审核'),
    VeriID varchar(50) NOT NULL FOREIGN KEY REFERENCES Teacher(TeacherCode),
    VeriTime datetime)
```

(6) 创建 WorkMember 表的 T-SQL 语句。

```
CREATE TABLE WorkMember
(   WorkID varchar(50) NOT NULL FOREIGN KEY REFERENCES Work(WorkID),
    UserID varchar(50) NOT NULL FOREIGN KEY REFERENCES Teacher(TeacherCode),
    Place int NULL,
    CONSTRAINT PK_WorkMember PRIMARY KEY (WorkID,UserID))
```

张工:科研业务管理数据库中的数据表已经都按要求创建好了,各个表里的主键、外键、非空、检查、默认等约束也都创建好了,您验收一下。

张亮:非常好,辛苦了,我看了你创建的表,都很符合我们公司的规范要求和客户的需求,不过还有一点需要注意,为了应对后期需求的变化,最好给每张表加上一个或两个备用字段。

许松:您提醒的对,我又学了一招,我马上去做。

【思考与练习】

(1) 下列选项中无效的数据类型是( )。
    A. binary   B. varchar   C. time   D. image

(2) SQL Server 的字符型数据类型主要包括( )。
    A. int、money、char   B. char、varchar、text
    C. datetime、binary、int   D. char、varchar、int

(3) 下列 SQL 语句常用的命令中,修改表结构的是( )。
    A. ALTER   B. CREATE   C. UPDATE   D. INSERT

(4) SQL 中,删除一个表的命令是( )。
    A. DELETE   B. DROP   C. CLEAR   D. REMOVE

(5) 实现参照完整性约束的是( )。
    A. primary key   B. check   C. foreign key   D. unique

10.5 管理和查询数据

张亮:我们的科研业务管理系统数据库已经搭建好了,下面就可以管理和查询数据了。

SQL Server 中数据的管理主要包括数据记录的插入、数据记录的修改和数据记录的删除等操作,既可以使用 SQL Server 图形用户界面来操作,也可以使用 T-SQL 语句中心 INSERT、UPDATE 和 DELETE 等命令。由于数据表之间存在一定的联系,因此在插入、修改和删除数据时还要参考其他相关数据表。

使用图形用户界面向已经定义好的表中插入数据时,虽然在"表编辑器"中插入数据行都是在表的最后添加的,但当下次打开表的时候,表的数据行会根据对表建立的聚集索引的顺序重新排列。通常情况下主键就是聚集索引,数据行会按照主键的顺序排列。

使用图形用户界面更新数据时,右击要更新数据的表,从快捷菜单中选择"编辑前 200 行"命令,即可在打开的"表编辑器"中更新数据。如何能显示和编辑更多行的数据呢? 在图形用户界面中,选择主菜单"工具"→"选项"命令,在弹出的"选项"对话框中选择→"SQL Server 对象资源管理器"→"命令"选项,将"表和视图选项"下的"编辑前<n>行命令的值"右侧文本框里的值修改为 0,确定后,就可以编辑所有行了。

许松:下面可按照需求尝试对 ResearchManage 数据库进行插入部分数据、修改数据和删除数据等操作了。

1. 向科研业务管理数据库的 Teacher 表中插入下表中数据

插入的数据见表 10-9。

表 10-9　插入 Teacher 表中的数据

TeacherCode	RealName	DepartmentID	Sex	TechnicalDuty	Authority
10001	李永芳	3	女	教授	—
10002	赵小萌	2	男	助教	—
10003	刘芳	4	女	副教授	审核

（1）启动图形用户界面，在"查询编辑器"窗口中输入如下 T-SQL 语句。

```
INSERT INTO Teacher VALUES ('10001', '李永芳', 3, '女','教授',NULL)
INSERT INTO Teacher VALUES ('10002', '赵小萌', 2, '男','助教',NULL)
INSERT INTO Teacher VALUES ('10003', '刘芳', 4, '女','副教授','审核')
```

也可以使用一条 INSERT 语句插入这些数据，T-SQL 语句如下。

```
INSERT INTO Teacher
VALUES ('10001', '李永芳', 3, '女','教授',NULL),
       ('10002', '赵小萌', 2, '男','助教',NULL),
       ('10003', '刘芳', 4, '女','副教授','审核')
```

（2）单击"SQL 编辑器"工具栏中的"执行"按钮，运行结果如图 10-6 所示。

图 10-6　插入数据

2. 将系部表中的软件技术系改成软件工程系

（1）在"查询编辑器"窗口中输入如下 T-SQL 语句。

```
UPDATE Department SET Name= '软件工程系' WHERE Name= '软件技术系'
```

（2）单击"SQL 编辑器"工具栏中的"执行"按钮，运行后显示"1 行受影响"。

3. 将教师表中的已退休的教师信息删除掉

在"查询编辑器"中输入并执行下面的 T-SQL 语句。

```
DELETE FROM Teacher WHERE DepartmentID= 2
```

注：在科研业务管理系统中，将退休教师的部门编号设置为 2。

张亮：完成数据表数据的插入、修改和删除操作以后，这些数据在很大程度上满足了用户的查询、计算、汇总、统计等要求。接下来我们就可以依据客户需求来完成数据库中最基本也是最重要的功能——数据查询了。T-SQL 提供了 SELECT 语句，该语句可用来实现上述所提到的用户需求。在应用中既有简单的查询，比如仅仅需要查询某个教师的基本信息、部门的基本信息等,这在一个表中就能找到相关的数据;也有比较复杂的查询需求,比如,需要查询某个部门的所有教师某个年份的论文,这就需要从多个表中查询到相关的数据。下面我们以几个实例来说明查询的方法。

(1) 从教师信息表 Teacher 中查询出各部门的教师人数。

① 在"查询编辑器"窗口中输入如下 T-SQL 语句。

```
SELECT '部门名称'= Department.Name,'人数'= COUNT(teacher.Realname)
FROM Teacher INNER JOIN Department
ON Teacher.DepartmentID= Department.ID
GROUP BY Department.Name
```

② 单击"SQL 编辑器"工具栏中的"执行"按钮,运行结果如图 10-7 所示。

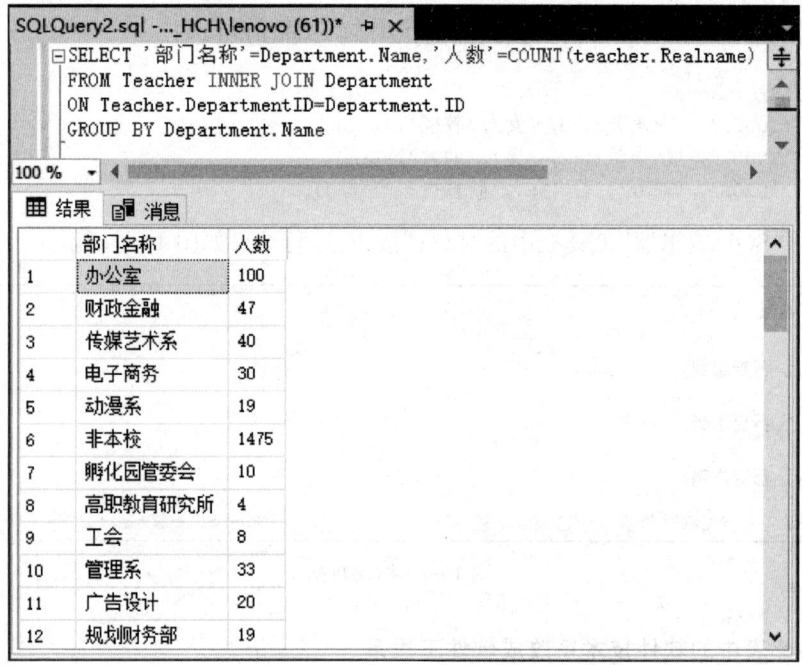

图 10-7 查询部门人数

以上就是查询的方法,在下面实例中只列出实现查询的 T-SQL 语句,不再做过多说明。

(2) 从课题信息表 Project 中查询出课题名包含"计算机"的课题的编号、名称、课题来源以及主持人姓名。

```
SELECT Project.ProjectID,ProjectName,Source,RealName
FROM Teacher INNER JOIN ProjectMember
    ON Teacher.TeacherCode= ProjectMember.UserID
    INNER JOIN Project ON ProjectMember.ID= Project.ID
WHERE ProjectName LIKE '% 计算机%' AND Place= 1
```

(3) 从论文信息表 Thesis 中根据作者姓"尚"、发表时间为"2020 年 7 月"并且状态为"审核中"查询出论文信息。

```
SELECT *
```

```
FROM Thesis INNER JOIN ThesisMember ON Thesis.ID= ThesisMember.ThesisID
WHERE ThesisMember.UserID LIKE '尚%' AND Thesis.PublicationYear= '2020'
    AND Thesis.PublicationMonth= '7' AND Thesis.Status= '审核中'
```

（4）从论文信息表 Thesis 和教师信息表 Teacher 中查询出论文名为"浅谈 Linux 内核的重编译"的作者信息，并按照署名顺序升序排序。

```
SELECT ThesisName,ThesisMember.userID,place
FROM Thesis INNER JOIN ThesisMember ON thesis.id= ThesisMember.ThesisID
WHERE ThesisName= '浅谈 Linux 内核的重编译'
ORDER BY Place
```

（5）从著作信息表 work 中查询出由清华大学出版社出版的著作的名称和作者信息。

```
SELECT Work.WorkID ISBN 号,WorkName 著作名,WorkCategory 类别,
    Press 出版社,PublishingYear 出版年份,Teacher.RealName 作者,Place 排名
FROM Work INNER JOIN WorkMember ON Work.WorkID= WorkMember.WorkID
    INNER JOIN Teacher ON WorkMember.UserID= Teacher.TeacherCode
WHERE Press= '清华大学出版社'
ORDER BY Work.WorkID, Place
```

以上实现了数据的插入、修改、删除和查询操作，后边我们还会根据客户的需求进行功能的调整，小许，一定要多学习多思考，后边还有更大的挑战呢！

【思考与练习】

（1）在 SELECT 语句中，用于去除重复行的关键字是（   ）。
　　A. TOP　　　　　　B. DISTINCT　　　　C. PERCENT　　　　D. HAVING

（2）在 SELECT 语句的下列子句中，通常和 HAVING 子句同时使用的是（   ）。
　　A. ORDED BY 子句　　　　　　　　B. WHERE 子句
　　C. GROUP BY 子句　　　　　　　　D. 均不需要

（3）SQL 通常称为（   ）。
　　A. 结构化定义语言　　　　　　　　B. 结构化操纵语言
　　C. 结构化查询语言　　　　　　　　D. 结构化控制语言

（4）下列（   ）是外连接。
　　A. CROSS JOIN　　　　　　　　　B. INNER JOIN
　　C. JOIN　　　　　　　　　　　　 D. FULL JOIN

（5）能对某列进行平均值运算的函数是（   ）。
　　A. SUM()　　　B. AVERAGE()　　　C. COUNT()　　　D. AVG()

10.6　创 建 视 图

许松：张工，您不是一直强调，学习新知识的时候一定要尽量将以前学过的旧的知识融合起来，这样才不会学了新的忘了旧的。我昨天练习连接查询的时候想到一个问题，即在进行连接查询的时候条件不再是单一的某列等于某值，而是常常需要 A 表的某列等于 B 表的某列，

这样做的时候，索引还有用吗？当然这个是小问题，反正都是查询，倒是另外还有以下几个比较严重的问题。

第一个问题，您看我们创建表的时候，为了业务逻辑清晰，通常都是将一个对象抽象成一张表，而对象之间的关系则体现为表之间的主外键关联。可是对于这些对象的信息往往需要同时显示，于是又学习了连接查询、联合查询、子查询等技术来解决这个问题。虽然问题确实得到圆满解决，不过查询数据的人却惨了，每次都要写那么复杂的 SQL 语句，太累了。有没有什么办法可以将一些常常要用的对象组合起来？其实我还想过另外一种解决办法，就是定时地将需要同时显示在一个结果集的数据查询出来，然后同时创建一张表批量插入数据。但是在学习这个方法的时候您说过尽量不要这样做，而且这样做最大的问题是，数据无法随时保证同步。

第二个问题，现在的程序越来越复杂了，我希望在一个系统中，将不同的数据库对象分配给不同的管理员来管理，可是有时候需要查看，也仅需要查看其他管理员管理的数据，这个时候就为难了，设置权限的时候哪能想得这么周全啊。

第三个问题，每次都去联合几张表的数据，仅仅是这条 SQL 语句就很长，更不用说每次查询都需要系统去重新编译一次，如果是一个大型系统，随时都要查询数据，那效率岂不太低了，这该怎么处理呢？

张亮：你上面的问题我总结了一下，如果有一样东西具备存储你那些复杂的 SQL 语句功能，最好每次调用的时候都可以根据数据库中的表来获取最新的结果集，再将这个结果集像真正的数据表一样地展示，最好是能够看见数据但又只能修改属于自己的那部分内容。

许松：对，还有，它不但要像表一样地展示，还应该可以像查询表一样来检索这个虚拟表的数据，那就完美了，因为我想连接多张表，都显示全部的字段，以后查询的时候直接在这个已经连接好的结果集中再次用 T-SQL 语句筛选即可。

张亮：在很久很久以前，SQL Server 的一项最新研发成果横空出世，IT 江湖中人称为"视图"，可以解决这些问题，下面做个大概的解释。

视图是一个虚拟表，其内容由查询定义。同真实的表一样，视图包含一系列带有名称的列和行数据。视图在数据库中并不是以数值存储集形式存在，除非是索引视图。由行和列数据来自由定义视图的查询所引用的表，并且在引用视图时动态生成。

对其中所引用的基础表来说，视图的作用类似于筛选。定义视图的筛选可以来自当前或其他数据库的一个或多个表，或者其他视图。分布式查询也可用于定义使用多个异类源数据的视图。例如，如果有多台不同的服务器分别存储您的单位在不同地区的数据，而您需要将这些服务器上结构相似的数据组合起来，这种方式就很有用。

通过视图进行查询没有任何限制，通过它们进行数据修改时的限制也很少。下面我们就根据科研业务管理系统的功能需求设计创建几个视图。

(1) 从论文信息表 Thesis 中查询状态为"未审核"的论文的作者、系部名称和论文名称、发表时间等信息，尝试应用这个视图，修改某篇论文的审核状态。

① 在查询编辑器中输入并执行如下语句。

```
CREATE VIEW View_Thesis
AS
SELECT Realname,[Name],ThesisName,(PublicationYear+ '年'+ PublicationMonth + '月')
```

发表时间,Status
FROM Thesis INNER JOIN Teacher ON AddRecorduser= Teacher.TeacherCode
    INNER JOIN Department ON Department.ID= Teacher.DepartmentID
WHERE Status= '未审核'
ORDER BY '发表时间'
```

② 刷新视图节点,在新建的视图 View_Thesis 节点上右击,从快捷菜单中选择"编辑"命令。

③ 在打开的"视图编辑器"中修改某论文的审核状态。

④ 在"对象资源管理器"窗口中打开表 Thesis,可以看到表中数据已被修改。

(2) 统计当年已结题课题的信息,包括名称、来源、成员和排名等信息。

在"查询编辑器"中输入并执行如下语句。

```
CREATE VIEW View_Project
AS
SELECT ProjectName,Source,CONVERT(varchar(100),EndTime,102),RealName,Place
FROM Project INNER JOIN ProjectMember ON Project.id= ProjectMember.ID
    INNER JOIN Teacher ON ProjectMember.UserID= Teacher.TeacherCode
WHERE DateDiff(yy,Project.EndTime,getdate())= 0
ORDER BY EndTime,Place
```

其中,CONVERT 函数将列 EndTime 的数据转换为 varchar 数据类型,格式为 102,即 yy.mm.dd。

(3) 查询出所有著作信息。

在"查询编辑器"中输入并执行如下语句。

```
CREATE VIEW View_Work
AS
SELECT Work.Workid AS ISBN号,WorkName AS 著作名,WorkCategory AS 类别,
Press 出版社,PublishingYear 出版年份,RealName 作者,Place 排名
FROM Work INNER JOIN WorkMember ON Work.WorkID= WorkMember.WorkID
    INNER JOIN Teacher On WorkMember.UserID= Teacher.TeacherCode
ORDER BY Work.WorkID,Place
```

通过上面的介绍,我想你基本上已经清楚了视图到底是什么以及有什么用处。接下来看看视图的优缺点,先说优点吧。

- 数据保密:通过对不同的用户设置不同的视图,数据的安全得到了保证。
- 数据简化操作:如果让你一次去连接 10 张表,这已经和痛苦没有多大关系了,更多的是如何保证逻辑正确,但是通过视图则可以尽量简化逻辑。
- 保证数据的逻辑独立性:因为我们的操作都仅仅是调整视图使用的 SELECT 语句,对于基表的结构,则一般不会去碰。
- 由于可以将视图当成一张表来使用,所以针对视图再进行查询就简单多了。

许松:我觉得您上面说的这些优点,其实都是针对查询来的,我想和索引一样,视图的缺点也来自于对数据的增、删、改等操作吧?

张亮:是的,所以说这些缺点其实也不算是缺点,充其量算是提醒或者注意。为什么这样说呢? 因为我们对视图不仅仅是可以把它当成表对象一样执行 SELECT 检索,同样也可以进
```

行增、删、改操作。而我们对视图进行的增、删、改操作其实最终都是对基表的操作。因为视图本身只是将创建视图的 SELECT 语句的结果集模拟成一张表而已。不过有些视图是根本不允许进行增、删、改操作的。

许松：为什么不允许更新数据？不允许更新的视图都有些什么特征？

张亮：因为无从更新。不允许更新的往往是具备以下特点的视图。

- 有 UNION 等集合操作符。
- 有 GROUP BY 子句的。
- 有聚合函数，比如 MAX、AVG、SUM 等。
- 有 DISTINCT 关键字。
- 连接表的视图（这个也有例外）。

许松：其实我觉得直接说不能对视图进行更新还好点，最起码不让人去瞎折腾，您看，上面这几条，有 GROUP BY 子句和聚合函数的视图这两个我都能够理解，毕竟数据已经经过处理了，而并非原来的那些列，所以不准更新。而使用了 UNION 等集合操作符的和连接表的视图，这两个我也可以理解，毕竟面对多表，这确实让人头疼，因为一次去更新多表的话，稍不注意就可能将几张基表中的数据搞得乱七八糟。可为什么 DISTINCT 关键字的视图也不能更新呢？

张亮：其实有 DISTINCT 关键字的更麻烦，因为 SQL Server 在处理查询语句的时候，当遇到 DISTINCT 关键字时，即建立一个中间表。然后以 SELECT 子句中的所有字段建立一个唯一索引，接着将索引用于中间表，并把索引中的记录放入查询结果中。这样就消去了重复记录，但是当 SELECT 子句中的字段很多时，这一过程会很慢。

许松：哦，是不是可以这么理解，用视图就最好只想着如何对检索数据有利，而别老想着利用视图去更新数据？

张亮：对了，年轻人，慢慢在实践中多学习吧！

【思考与练习】

1. 单选题

（1）SQL 的视图是从（　　）中导出的。

  A. 基本表　　　　B. 视图　　　　C. 基本表或视图　　　　D. 数据库

（2）SQL Server 不允许修改视图中表达式、聚合函数和（　　）子句派生的列。

  A. ORDER BY　　　B. GROUP BY　　　C. FROM　　　D. SELECT

2. 判断题

（1）视图是一个虚拟表。　　　　　　　　　　　　　　　　　　　　　　　（　　）

（2）视图的数据存储在视图所引用的表中。　　　　　　　　　　　　　　　（　　）

（3）视图只能由一个表导出。　　　　　　　　　　　　　　　　　　　　　（　　）

附 录

 附录 A　教学质量评价系统数据库 tqe 表结构

 附录 B　SQL Server 常用关键字

 附录 C　《数据库设计报告》格式

参 考 文 献

[1] 西尔伯沙茨. 数据库系统概念[M]. 杨冬青,等译. 北京:机械工业出版社,2012.
[2] 周慧,等. SQL Server 2012 数据库技术及应用[M]. 北京:人民邮电出版社,2017.
[3] 王永乐. SQL Server 2008 数据库项目教程[M]. 北京:北京邮电大学出版社,2012.
[4] 李锡辉,等. SQL Server 2016 数据库案例教程[M]. 北京:清华大学出版社,2018.
[5] 邹茂扬,等. 大话数据库[M]. 北京:清华大学出版社,2013.